科学出版社“十四五”普通高等教育本科规划教材

大学基础物理学

（第三版）

主　编　胡玉才　汪　静　周　丹
副主编　曲　冰　王丽娜　于　游

科学出版社
北　京

内 容 简 介

本书是根据高等农林院校基础物理课的教学基本要求，结合编者多年教学实践经验和教学研究成果编写的. 全书共 12 章，分别为物质与物体运动、振动和波、刚体的转动、生物流体力学基础、热物理学基础、电场及其生物效应、磁场与生物磁现象、电磁场及其与生物体的相互作用、波动光学、波粒二象性、原子的量子理论、电离辐射生物效应，通过扫描书中二维码，可观看本书的重难点讲解视频. 在每章末选编了现代物理学发展的新成果和物理学在相关领域的应用技术，以提高学生理论联系实际、开拓创新的科学素质.

本书可作为农林类、生物学类、食品科学类、环境科学类等专业的大学物理课程教材，也可作为农业工程类、林业工程类、轻工纺织类、航海等工科专业少学时的大学物理课程教材，还可以作为其他相关专业师生用于学习或科研的参考资料.

图书在版编目(CIP)数据

大学基础物理学/胡玉才，汪静，周丹主编. —3 版. —北京：科学出版社，2023. 12

科学出版社"十四五"普通高等教育本科规划教材

ISBN 978-7-03-076552-9

Ⅰ. ①大…　Ⅱ. ①胡…②汪…③周…　Ⅲ. ①物理学-高等学校-教材

Ⅳ. ①O4

中国国家版本馆 CIP 数据核字(2023)第 188314 号

责任编辑：龙嫚嫚/责任校对：杨聪敏

责任印制：赵　博/封面设计：迷底书装

科学出版社 出版

北京东黄城根北街 16 号

邮政编码：100717

http://www.sciencep.com

涿州市般润文化传播有限公司印刷

科学出版社发行　各地新华书店经销

*

2011 年 8 月第 一 版　开本：720×1000 1/16

2017 年 1 月第 二 版　印张：24

2023 年 12 月第 三 版　字数：484 000

2025 年 1 月第十三次印刷

定价：59.00 元

（如有印装质量问题，我社负责调换）

前　言

物理学是研究物质的结构、相互作用、运动规律及实际应用的科学.物理学的研究对象十分广泛,从微观、介观到宏观、宇观,物理学把人类对自然界的认识推进到了前所未有的深度和广度.在物理学研究过程中形成和发展起来的基本概念、基本理论、基本实验手段和精密测量方法,不断促进诸如天文学、化学、生物学、地学、医学、农业科学和计量学等学科的发展.物理学还与其他学科相互渗透,产生了一系列交叉学科,如化学物理、生物物理、大气物理、海洋物理、地球物理、天体物理等.原子能的研究和应用、激光技术的出现、半导体材料的发现以及电子计算机的飞速发展都是以20世纪物理学中的两个伟大发现——相对论和量子理论为基础的.

物理学是一门以实验为基础的自然科学,它是发展最成熟、高度定量化的精密科学,又是具有方法论性质、被人们公认为最重要的基础科学.物理学取得的成果极大地丰富了人们对物质世界的认识,有力地促进了人类文明的进步.正如国际纯粹和应用物理学联合会第23届代表大会的决议《物理学对社会的重要性》所指出的,物理学是一项国际事业,它对人类未来的进步起着关键性的作用:探索自然、驱动技术、改善生活、培养人才.因此,向各专业的大学生介绍现代物理基础知识,特别是物理学思想方法、物理学前沿及物理学在工程技术中的应用,将有利于他们开阔眼界、活跃思维、启迪心智,使学生的创新精神等科学素养得到大幅度提高.

本教材修订依据是《农林类专业大学物理课程教学基本要求(2021年版)》,体现了"两性一度"和立德树人课程建设的新要求,编者结合多年从事农、林、水产院校的大学物理教学实践与研究成果,力求概念准确、叙述清晰,保持并突出了以下几个特点:

(1) 物理学系统完整,基本规律精炼;压缩经典内容,增加现代物理知识应用.

(2) 力图把物理学与生命科学之间的联系反映出来,介绍了各种物理环境因子的生物学效应.

(3) 取材适当,选题典型,基本概念清晰,物理图像鲜明.

(4) 编入了一些具有启发性和学科交叉的物理科技知识,以便在教学过程中培养学生的创新意识和知识应用能力.

(5) 提供配套智能化作业系统支撑，首次实现了大学物理课程包括计算题在内的全部作业都能够通过网络智能化作业系统来完成.

本教材主要由国家级一流本科课程教学团队编写完成，其中胡玉才负责统稿并编写第 10～12 章，汪静编写第 1～3 章，周丹编写第 6～7 章，曲冰编写第 4、8 章，王丽娜编写第 5 章，于游编写第 9 章. 为了突出本教材的易教易学性，大连海洋大学的教学团队负责提供配套电子课件（编制人：白亚乡、梅妍）、建设教学微课资源（曲冰负责力学部分、王丽娜负责热学部分、唐德龙负责电磁学部分、迟建卫负责光学部分、于游负责原子与量子物理部分），并提供智能化在线作业系统支撑（负责人：周丹、曲冰）.

限于编者水平，书中疏漏与不足之处在所难免，希望使用本书的教师、学生和其他读者批评指正.

编　者

2023 年 7 月

目　录

第 1 章

物质与物体运动

在自然科学中，宇宙万物的存在形式分为两类：物质和能量.物质是万物的存在形式，能量是物质相互作用与转化的量度，物质与能量是相互依存的.物理学就是研究自然界物质存在的基本形式、物质的性质、物质的运动规律、物质之间相互作用与转化、各种物质形态内部结构等基本规律的学科.

在自然界中，没有不运动的物质，也没有脱离物质的运动.运动是物质的固有属性.运动的形式是多种多样的，物理学研究的物质运动形式是自然界最基本和最普遍的，它的基本研究方法和内容渗透在社会科学和自然科学所涉及的一切领域，应用于科学研究和生产技术的各个方面.

本章简要讨论物质形态及质点力学的基本概念和基本定律.

本章基本要求：

1. 理解物质与场的概念.

2. 了解物质形态.

3. 理解动量守恒定律、机械能守恒定律；了解角动量守恒定律.

1.1 物质与物质形态

1.1.1 物质存在的基本形式

物质存在的基本形式是实物和场.实物不仅是指由大量原子、分子所组成的宏观实体,也包括原子、分子、离子和静止质量不为零的基本粒子(如电子、质子、中子、夸克等).实物是实实在在占据于自然界的一定空间,并以一定的方式存在于时段的.场是物质存在的另一种形式,虽然它看不见摸不着,但具有力和能量等物理特性,是传递物体间相互作用的介质.每一种实物都会在自己周围激发与之相应的场,如静止电荷激发静电场,运动电荷除激发电场外还激发磁场,一定质量的实物激发引力场.实物粒子之间的相互作用是由场来传递的,例如传递引力的介质为引力场,传递电磁相互作用的介质为电磁场等.场对处于其中的物质产生力的作用,并具有做功的特性.不同的场在空间可同时存在,具有叠加性.场没有确定的空间界限,连续不断地弥漫在一定的空间中.

1.1.2 物质形态

物态是指实物在一定条件下所处的相对稳定的状态,它表现为大量实物粒子作为一个大的整体而存在的集聚状态.固态、液态和气态是我们熟悉的物态.20世纪中期,科学家确认物质第四态,即"等离子体态".1995年,美国国家标准技术研究院和美国科罗拉多大学的科学家组成的联合研究小组,首次创造出物质的第五态,即"玻色-爱因斯坦凝聚态".随着科学的发展,在某些特定条件下发现了一些超态(如超高压下的超固态、中子态和超低温下的超导态、超流态等).

1. 固体

固体中分子的热运动占次要地位,组成物质的粒子(分子、原子或离子)在各自的平衡位置做微弱的热运动,所以固体具有一定的形状和体积.人们常将固体分为晶体(如食盐、云母、金刚石等)和非晶体(玻璃、沥青、塑料等)两大类.从外观上看,晶体具有规则的几何形状,在晶体内的粒子是按一定规则周期性重复排列的.而非晶体内的粒子排列却是完全不规则的.实际上,在晶体与非晶体之间还存在一种准晶体.1984年底,科学家谢赫特曼(D. Shechtman)等宣布,他们在急冷凝固的Al-Mn合金中发现了具有五重旋转对称但并无平移周期性的合金相,在晶体学及相关的学术界引起了很大的震动.不久,这种无平移周期性但有位置序的晶体就被称为准晶体.准晶体最明显的特征是存在长程有序性而无周期性.准晶体已被开发为有用的材料.例如,人们发现由铝、铜、铁、铬组成的准晶体具有低摩擦系数、高硬度、低表面能以及低传热性，其被开发为炒菜锅的镀层.

2. 液体和气体

液体和气体都具有流动性，故统称为流体. 流体是一种连续介质，在其运动过程中将会表现出特定的规律和性质. 液体中分子热运动动能和分子间引力相互作用势能相当，分子有较大的活动余地，分子间作用力能够建立起暂时稳定的局部结构. 尽管液体内的分子力较固体有所减弱，但还是大到足以使液体有一个自由表面而且有一定体积. 液体具有流动性，形状随容器形状而改变. 气体中分子热运动远大于分子间的相互作用，分子处于完全无序状态，所以没有固定的形状和体积. 在没有电磁场、重力场等外界作用时，气体分子向空间任意方向运动概率相等，自动形成空间稳定均匀的平衡状态.

3. 等离子体

等离子体是由部分电子被剥夺后的原子及原子被电离后产生的正负电子组成的离子化气体状物质，它是除去固、液、气态外，物质存在的第四态. 相关内容将在本章物理科技中进行详细介绍.

4. 玻色-爱因斯坦凝聚态

玻色-爱因斯坦凝聚是 20 世纪 20 年代玻色和阿尔伯特 · 爱因斯坦在玻色的关于光子的统计力学研究基础上预言的一种新物态. 这里的“凝聚”与日常生活中的凝聚不同，它表示原来不同状态的原子突然“凝聚”到同一状态(一般是基态)，即处于不同状态的原子“凝聚”到了同一种状态.

在正常温度下，原子可以处于任何一个能级(能级是指原子的能量像台阶一样从低到高排列)，但在非常低的温度下，大部分原子会突然跌落到最低的能级上，就好像一座突然坍塌的大楼一样. 处于这种状态的大量原子的行为像一个大超级原子. 打个比方，练兵场上散乱的士兵突然接到指挥官的命令“向前齐步走”，于是他们迅速集合起来，像一个士兵一样整齐地向前走去. 后来物理界将物质的这一状态称为玻色-爱因斯坦凝聚态(BEC).

然而，实现玻色-爱因斯坦凝聚态的条件极为苛刻和矛盾：一方面需要达到极低的温度，另一方面还需要原子体系处于气态. 极低温下的物质如何能保持气态呢？物理学家使用稀薄的金属原子气体，金属原子气体有一个很好的特性：不会因制冷出现液态，更不会高度聚集形成常规的固体. 实验对象找到了，下一步就是创造出可以冷却到足够低温度的条件. 由于激光冷却技术的发展，人们可以制造出与绝对零度仅仅相差 10^{-9} K 的低温. 并且利用电磁操纵的磁阱技术可以对任意金属物体实行无触移动. 这样的实验系统经过不断改进，终于在玻色-爱因斯坦凝聚理论提出 71 年之后的 1995 年 6 月，两名美国科学家康奈尔、维曼以及德国科学家克特勒分别在铷原子蒸气中第一次直接观测到了玻色-爱因斯坦凝聚态. 这三位科学家也因此而荣膺 2001 年度诺贝尔物理学奖.

5. 超态

在某些特定条件下，物质的某些物理性质发生突变，表现出完全不同于常温常压下的性质，成为一种超常态. 目前研究比较多的有超导态、超流态、超固态和中子态等. 当温度下降到临界温度以下时，某些金属或金属化合物的电阻为零，产生完全抗磁性等特殊性质，称为超导态. 超导详细内容将在第 6 章物理科技中进行详细介绍. 在超低温下液体的黏滞系数为零，称为超流态. 1937 年，苏联物理学家彼得 · 列奥尼多维奇 · 卡皮察惊奇地发现，当液态氦的温度降到 2.17K 的时候，它就由原来液体的一般流动性突然变化为"超流动性"：它可以无任何阻碍地通过连气体都无法通过的极微小的孔或狭缝(线度约 10^{-7}m)，还可以沿着杯壁"爬"到杯口外. 这是在我们日常生活中没有碰到过的现象，只有在低温世界才会发生. 在超高压下，物质的原子就可能被"压碎"，电子全部被"挤出"原子，形成电子气体，裸露的原子核紧密地排列，物质密度极大，这就是超固态. 一块乒乓球大小的超固态物质，其质量至少在10^3t 以上. 已有充分的根据说明，质量较小的恒星发展到后期阶段的白矮星就处于这种超固态. 它的平均密度是水的几万到一亿倍. 在超固态物质上再加上巨大的压力，原来已经压得紧紧的原子核和电子，就不可能再紧了，这时候原子核解散，从里面释放出质子和中子. 从原子核中放出的质子，在极大的压力下会和电子结合成为中子，这样的状态称为中子态. 这种形态大部分存在于一种称为"中子星"的星体中，它是由大质量恒星晚年发生收缩而造成的，所以，中子星是小得可怜的、没有生机的星球.

实际上把物态划分为固态和液态不是很准确、很科学的. 例如，非晶体没有确定的熔点，而是有一个从固态软化为液态的温度范围(称为软化温度). 当非晶体处在它的软化温度范围内时，无法说出物质是处于固态还是液态. 此外，胶体也是介于固态和液态之间的一种中间状态. 于是人们又把固态、液态和介于两者之间的各种状态，以及只有在低温下才存在的特殊量子态(如超流态、玻色-爱因斯坦凝聚)，还包括稠密气体的物态统称为物质的凝聚态. 物质的气态则专指稀薄气体的物态. 凝聚态和气态的基本区别是：凝聚态物质中的粒子(原子、离子、分子)间存在相互作用；气态物质分子间的相互作用非常小，近似地可以忽略不计.

1.2 质点力学的基本概念和基本定律

1.2.1 质点运动的描述

具有一定质量而没有大小和形状的点称为质点. 实际物体结构复杂，大小形状各异，但在一定条件下，可以把它们简化为质点进行研究.

为判断一个质点是否运动，需假定一个或一群物体处于静止状态，这些被假定不动的物体称为参考系. 对于质点运动的描述总是对某参考系而言的. 通常取地面参考系.

为了定量描述质点运动规律，需要在参考系上建立固定的坐标系. 最常用的是笛卡儿直角坐标系.

1. 位置矢量　位移

质点在空间的位置可以用一矢量简洁清楚地表示出来. 如图 1.1 所示，质点在 t 时刻的位置在 P 点，我们从坐标原点 O 向此点引一有向线段 OP，并记作矢量 $\boldsymbol{r}$，把 $\boldsymbol{r}$ 称为质点的位置矢量，简称位矢. 质点运动时，它的位矢是随时间变化的，即 $\boldsymbol{r}$ 是 t 的函数，记作

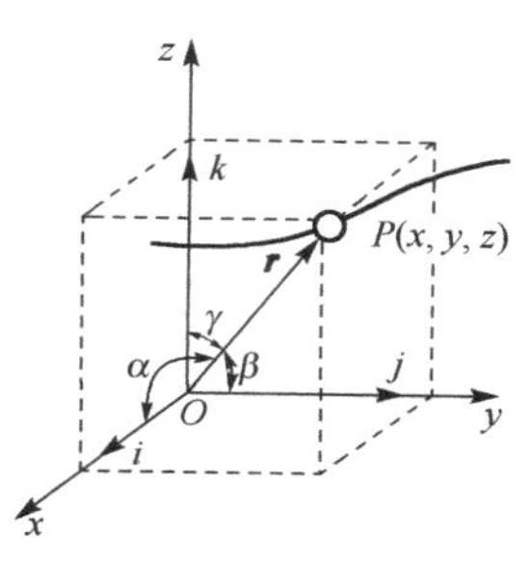

图 1.1　质点的位置矢量

$$\boldsymbol{r}=\boldsymbol{r}(t) \tag{1-1}$$

这就是质点的运动方程.

在直角坐标系中，有

$$\boldsymbol{r}=x(t)\boldsymbol{i}+y(t)\boldsymbol{j}+z(t)\boldsymbol{k} \tag{1-2}$$

位移是描写质点位置变动的大小和方向的物理量. 质点在一段时间内位置的改变，称为它在这段时间内的位移. 如图 1.2 所示，设质点在 t 和 $t+\Delta t$ 时刻分别通过 A 点和 B 点，其位矢分别为 $\boldsymbol{r}_A$ 和 $\boldsymbol{r}_B$，则由 A 引到 B 的矢量表示位矢的增量，即

$$\Delta\boldsymbol{r}=\boldsymbol{r}_B-\boldsymbol{r}_A \tag{1-3}$$

这一位矢的增量就是质点在 Δt 时间内的位移.

位移是矢量，既有大小，又有方向，它与质点所经过的路程不同. 路程 Δs，是指 Δt 时间内质点沿轨道所经过的路程. 如图 1.2 所示，它只有大小，没有方向，路程是标量.

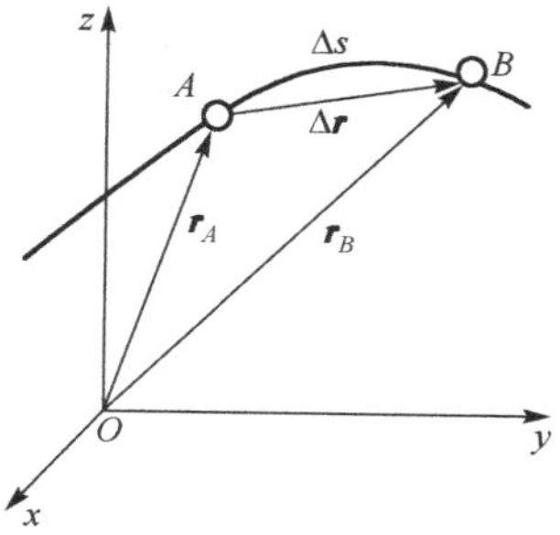

图 1.2　质点的位移

2. 速度

速度是描写质点位置变动快慢和方向的物理量. 我们把位移 $\Delta\boldsymbol{r}$ 和发生这段位移所经历的时间 Δt 的比称为质点在这一段时间内的平均速度. 以 $\bar{\boldsymbol{v}}$ 表示平均速度，则有

$$\bar{\boldsymbol{v}}=\frac{\Delta\boldsymbol{r}}{\Delta t}$$

平均速度也是矢量，它的方向就是位移方向. 当 Δt 趋于零时，上式的极限，即位移矢量对时间的变化率，称为质点在 t 时刻的瞬时速度，简称速度. 以 $\boldsymbol{v}$ 表示速度，则有

$$\boldsymbol{v}=\lim_{\Delta t\to 0}\frac{\Delta \boldsymbol{r}}{\Delta t}=\frac{\mathrm{d}\boldsymbol{r}}{\mathrm{d}t} \tag{1-4}$$

速度的方向，就是 $\Delta t\to 0$ 时，$\Delta\boldsymbol{r}$ 的方向，即质点在 t 时刻的速度方向就是该时刻质点所在处沿运动轨道的切线且指向运动前方的方向.

速度的大小称为速率，以 v 表示速率，则有

$$v=|\boldsymbol{v}|=\left|\frac{\mathrm{d}\boldsymbol{r}}{\mathrm{d}t}\right|=\lim_{\Delta t\to 0}\frac{|\Delta\boldsymbol{r}|}{\Delta t}$$

由于 $\Delta t\to 0$ 时，$|\Delta\boldsymbol{r}|\to\Delta s$，则有

$$v=\lim_{\Delta t\to 0}\frac{|\Delta\boldsymbol{r}|}{\Delta t}=\lim_{\Delta t\to 0}\frac{\Delta s}{\Delta t}=\frac{\mathrm{d}s}{\mathrm{d}t} \tag{1-5}$$

这就是说速率又等于质点所走过的路程对时间的变化率.

将(1-2)式代入(1-4)式，有

$$\boldsymbol{v}=\frac{\mathrm{d}x}{\mathrm{d}t}\boldsymbol{i}+\frac{\mathrm{d}y}{\mathrm{d}t}\boldsymbol{j}+\frac{\mathrm{d}z}{\mathrm{d}t}\boldsymbol{k}=v_x\boldsymbol{i}+v_y\boldsymbol{j}+v_z\boldsymbol{k} \tag{1-6}$$

其中 v_x、v_y、v_z 分别为 $\boldsymbol{v}$ 沿三个坐标轴的分量，显然有

$$v_x=\frac{\mathrm{d}x}{\mathrm{d}t},\quad v_y=\frac{\mathrm{d}y}{\mathrm{d}t},\quad v_z=\frac{\mathrm{d}z}{\mathrm{d}t}$$

速度大小，即速率为

$$v=\sqrt{v_x^2+v_y^2+v_z^2} \tag{1-7}$$

在国际单位制(SI制)中速度的单位是 m/s.

3. *加速度*

加速度是描写质点运动速度变化快慢和方向的物理量. 如图 1.3 所示，在 t 时刻，质点位于 A 点速度为 $\boldsymbol{v}_A$；在 $t+\Delta t$ 时刻，质点位于 B 点，速度为 $\boldsymbol{v}_B$，则 $\Delta\boldsymbol{v}=\boldsymbol{v}_B-\boldsymbol{v}_A$ 是 Δt 时间内质点速度的增量. 则 $\Delta\boldsymbol{v}$ 与 Δt 之比称为质点在这段时间内的**平均加速度**，以 $\bar{\boldsymbol{a}}$ 表示平均加速度，则有

$$\bar{\boldsymbol{a}}=\frac{\Delta\boldsymbol{v}}{\Delta t}$$

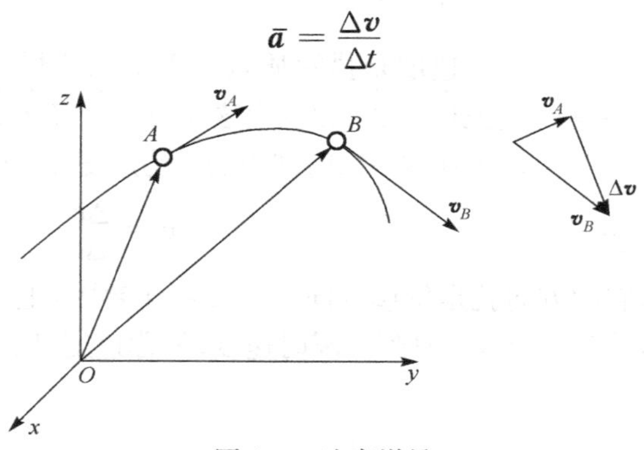

图 1.3　速度增量

当 Δt 趋于零时,上式的极限,即速度对时间的变化率,称为质点在 t 时刻的瞬时加速度,简称加速度,以 $\boldsymbol{a}$ 表示加速度,则有

$$\boldsymbol{a}=\lim_{\Delta t\to 0}\frac{\Delta \boldsymbol{v}}{\Delta t}=\frac{\mathrm{d}\boldsymbol{v}}{\mathrm{d}t}=\frac{\mathrm{d}^2\boldsymbol{r}}{\mathrm{d}t^2} \tag{1-8}$$

加速度也是矢量.不管是速度大小发生变化还是速度方向发生变化,都有加速度.将(1-6)式代入(1-8)式,有

$$\boldsymbol{a}=\frac{\mathrm{d}v_x}{\mathrm{d}t}\boldsymbol{i}+\frac{\mathrm{d}v_y}{\mathrm{d}t}\boldsymbol{j}+\frac{\mathrm{d}v_z}{\mathrm{d}t}\boldsymbol{k}=a_x\boldsymbol{i}+a_y\boldsymbol{j}+a_z\boldsymbol{k} \tag{1-9}$$

式中 a_x、a_y、a_z 分别为 $\boldsymbol{a}$ 沿三个坐标轴的分量,显然有

$$a_x=\frac{\mathrm{d}v_x}{\mathrm{d}t}=\frac{\mathrm{d}^2x}{\mathrm{d}t^2},\quad a_y=\frac{\mathrm{d}v_y}{\mathrm{d}t}=\frac{\mathrm{d}^2y}{\mathrm{d}t^2},\quad a_z=\frac{\mathrm{d}v_z}{\mathrm{d}t}=\frac{\mathrm{d}^2z}{\mathrm{d}t^2}$$

加速度大小可表示为

$$a=\sqrt{a_x^2+a_y^2+a_z^2} \tag{1-10}$$

在国际单位制(SI 制)中加速度的单位是 $\mathrm{m/s^2}$.

4. 圆周运动的描述

质点做圆周运动时,它的速率通常称为线速度.线速度随时间可能改变,也可能不改变.但是由于其速度矢量的方向总是在改变的,所以总是有加速度的.一般我们将加速度 $\boldsymbol{a}$ 分解为沿圆周切线方向和与之垂直的法线方向两个分量.若用 $\boldsymbol{a}_\mathrm{t}$ 和 $\boldsymbol{a}_\mathrm{n}$ 分别表示这两个分量,如图 1.4 所示,则有

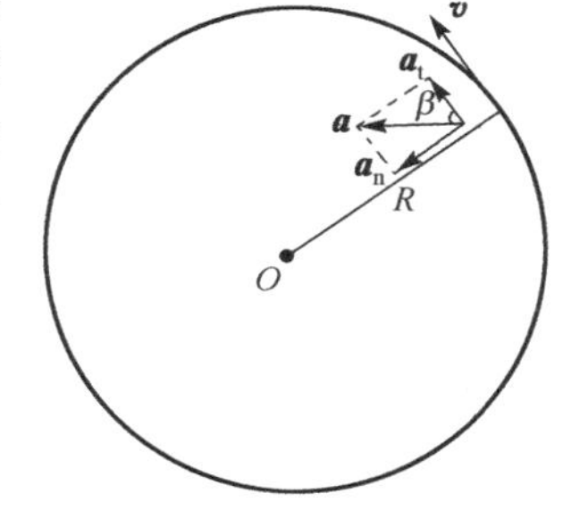

图 1.4 加速度方向

$$\boldsymbol{a}=\boldsymbol{a}_\mathrm{t}+\boldsymbol{a}_\mathrm{n}$$

我们把 $\boldsymbol{a}_\mathrm{t}$ 称为切向加速度,其大小为

$$a_\mathrm{t}=\frac{\mathrm{d}v}{\mathrm{d}t} \tag{1-11}$$

它表示质点速率变化快慢的.当速率随时间增大时,$\boldsymbol{a}_\mathrm{t}$ 方向与速度 $\boldsymbol{v}$ 方向相同;当速率随时间减小时,$\boldsymbol{a}_\mathrm{t}$ 方向与速度 $\boldsymbol{v}$ 方向相反.我们把 $\boldsymbol{a}_\mathrm{n}$ 称为法向加速度(或向心加速度),其大小为

$$a_\mathrm{n}=\frac{v^2}{R} \tag{1-12}$$

式中 R 为圆的半径.法向加速度方向,始终垂直于圆的切线沿着半径指向圆心.由于 $\boldsymbol{a}_\mathrm{t}$ 总是与 $\boldsymbol{a}_\mathrm{n}$ 垂直,所以总加速度的大小为

$$a=\sqrt{a_\mathrm{t}^2+a_\mathrm{n}^2} \tag{1-13}$$

质点做圆周运动时,除了可以用上述的线量描述外,还可以用角量来描述.如图 1.5所示,用 θ 表示半径 R 从 OA 位置开始转过的角度,则其所经过的弧长 s 与 θ

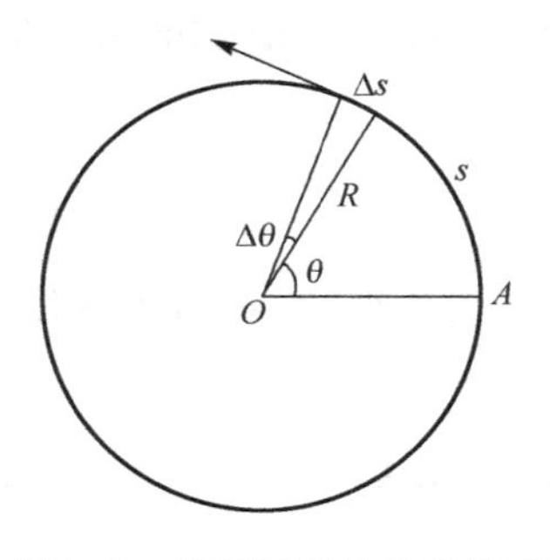

图 1.5 圆周运动的角量描述

的关系为 $s=R\theta$. 若将此关系式代入(1-5)式中,则得

$$v=\frac{\mathrm{d}s}{\mathrm{d}t}=R\frac{\mathrm{d}\theta}{\mathrm{d}t}$$

式中 $\frac{\mathrm{d}\theta}{\mathrm{d}t}$ 称为质点运动的角速度,以 ω 表示角速度,则有

$$\omega=\frac{\mathrm{d}\theta}{\mathrm{d}t} \tag{1-14}$$

这样就得到了线速度与角速度的关系

$$v=R\omega \tag{1-15}$$

对于做匀速率圆周运动的质点,其 ω 和 v 均保持不变,可求得其运动一周的时间,即周期为

$$T=\frac{2\pi R}{v}=\frac{2\pi}{\omega} \tag{1-16}$$

将(1-15)式代入(1-11)式,可得到

$$a_{\mathrm{t}}=\frac{\mathrm{d}v}{\mathrm{d}t}=R\frac{\mathrm{d}\omega}{\mathrm{d}t}$$

式中 $\frac{\mathrm{d}\omega}{\mathrm{d}t}$ 称为质点运动的角加速度,以 β 表示角加速度,则有

$$a_{\mathrm{t}}=R\beta \tag{1-17}$$

上式表示切向加速度等于半径与角加速度的乘积.

将(1-15)式代入(1-12)式,可得到

$$a_{\mathrm{n}}=\frac{v^2}{R}=R\omega^2 \tag{1-18}$$

上式表示法向加速度等于半径与角速度平方的乘积.

在国际单位制(SI 制)中,角速度的单位是 rad/s 或 1/s,角加速度的单位是 rad/s^{2}或 1/s^2.

1.2.2 动量守恒定律

1. 动量

把质点的质量 m 与其速度 $\boldsymbol{v}$ 的乘积,称为动量,即

$$\boldsymbol{p}=m\boldsymbol{v} \tag{1-19}$$

动量是矢量,其方向与速度方向相同. 在国际单位制(SI 制)中,动量的单位是 kg · m/s. 动量是一个状态量.

牛顿第二定律常可表述为:质点的动量对时间的变化率与所加外力成正比,并且发生在这个外力的方向上,即

$$\boldsymbol{f}=\frac{\mathrm{d}\boldsymbol{p}}{\mathrm{d}t}=\frac{\mathrm{d}(m\boldsymbol{v})}{\mathrm{d}t} \tag{1-20}$$

通常情况下质点的质量可视为恒量，于是有

$$\boldsymbol{f} = m\frac{\mathrm{d}\boldsymbol{v}}{\mathrm{d}t} = m\boldsymbol{a}$$

这正是中学已学习过的牛顿第二定律的形式.

2. 冲量 动量定理

力作用到质点上，可以使质点的动量发生变化. 当我们要讨论力对时间的积累效果时，可将(1-20)式写成微分形式，即

$$\boldsymbol{f}\mathrm{d}t = \mathrm{d}\boldsymbol{p} \tag{1-21}$$

式中乘积 $\boldsymbol{f}\mathrm{d}t$ 表示力 $\boldsymbol{f}$ 在时间 $\mathrm{d}t$ 内的积累量，称为在 $\mathrm{d}t$ 时间内质点所受外力的冲量. 上式表明在 $\mathrm{d}t$ 时间内质点所受外力的冲量等于在同一时间内质点动量的增量，称为动量定理，上式是以微分形式给出的.

如果将(1-21)式两边积分，并用 $\boldsymbol{p}_1$、$\boldsymbol{p}_2$ 表示质点在 t_1、t_2 时刻动量，则有

$$\int_{t_1}^{t_2} \boldsymbol{f}\mathrm{d}t = \int_{\boldsymbol{p}_1}^{\boldsymbol{p}_2} \mathrm{d}\boldsymbol{p} = \boldsymbol{p}_2 - \boldsymbol{p}_1$$

或写成

$$\boldsymbol{I} = \boldsymbol{p}_2 - \boldsymbol{p}_1 \tag{1-22}$$

式中 $\boldsymbol{I} = \int_{t_1}^{t_2} \boldsymbol{f}\mathrm{d}t$ 为在 t_1 到 t_2 这段时间内外力的冲量. 上式是动量定理的积分形式.

3. 动量守恒定律

由若干个彼此间有相互作用的质点组成的系统，称为质点组或质点系. 系统内各质点间的相互作用力称为内力，系统外物体对系统内质点的作用力称为外力. 由于内力总是成对存在的，而一对力是以作用力和反作用力形式出现的，它们总是大小相等、方向相反，作用在同一直线上，所以它们的矢量总和等于零. 若用 $\boldsymbol{p}$ 表示质点系的总动量，用 $\boldsymbol{F}$ 表示质点系所受合外力，即 $\boldsymbol{p} = \sum\limits_i \boldsymbol{p}_i$，$\boldsymbol{F} = \sum \boldsymbol{f}_i$. 类似于(1-20)式讨论，有

$$\boldsymbol{F} = \frac{\mathrm{d}\boldsymbol{p}}{\mathrm{d}t} \tag{1-23}$$

它表明质点系的总动量随时间的变化率等于该质点系所受的合外力. 内力虽然能使质点系内各点的动量发生变化，但对系统的总动量没有影响.

若把上式写成微分形式，则有

$$\boldsymbol{F}\mathrm{d}t = \mathrm{d}\boldsymbol{p} \tag{1-24}$$

这是质点系动量定理的微分形式，它表明质点系所受的合外力的冲量等于该质点系总动量的增量.

当质点系所受的合外力为零时，即 $\boldsymbol{F}=0$，则由(1-23)式可得

$$\frac{\mathrm{d}\boldsymbol{p}}{\mathrm{d}t}=0$$

于是有

$$\boldsymbol{p}=\sum \boldsymbol{p}_i=\boldsymbol{c}(\text{恒矢量})$$

即

$$\sum m_i\boldsymbol{v}_i=\boldsymbol{c}(\text{恒矢量}) \tag{1-25}$$

这就是质点系的动量守恒定律. 它指出：当一个质点系所受的合外力为零时，这一质点系的总动量就保持不变. 动量守恒定律是自然界中一切物理过程的一条最基本规律.

1.2.3 角动量守恒定律

角动量定理与角动量守恒定律

1. 质点的角动量

如图 1.6 所示，一个质量为 m、动量为 $\boldsymbol{p}$ 的质点某时刻相对于某一固定点 O 的矢径为 $\boldsymbol{r}$，则定义该质点相对于 O 点的角动量 $\boldsymbol{L}$ 为

$$\boldsymbol{L}=\boldsymbol{r}\times\boldsymbol{p}=\boldsymbol{r}\times m\boldsymbol{v} \tag{1-26}$$

根据矢积的定义，可知 L 大小为

$$L=rp\sin\varphi=mrv\sin\varphi$$

式中 φ 为 $\boldsymbol{r}$ 与 $\boldsymbol{p}$ 的夹角. $\boldsymbol{L}$ 的方向垂直于 $\boldsymbol{r}$ 和 $\boldsymbol{p}$ 所决定的平面，其指向可用右手螺旋法则(图 1.6)确定.

一个质量为 m 质点沿半径为 r 的圆周运动时，如图 1.7 所示，其动量 $\boldsymbol{p}$ 与相对圆心 O 的矢径 $\boldsymbol{r}$ 始终保持垂直，因此质点相对于圆心 O 角动量的大小为

$$L=rp=mvr=mr^2\omega \tag{1-27}$$

其方向用右手螺旋法则确定，见图 1.7.

在国际单位制(SI 制)中，角动量的单位为 $\mathrm{kg\cdot m^2/s}$.

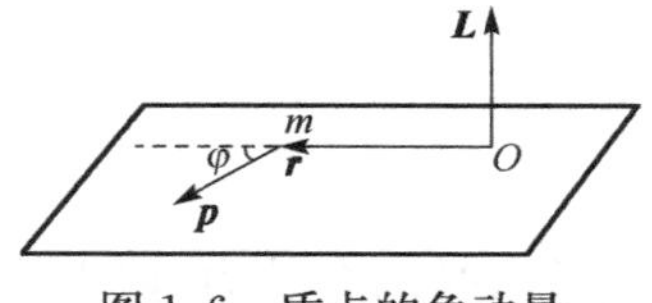

图 1.6 质点的角动量

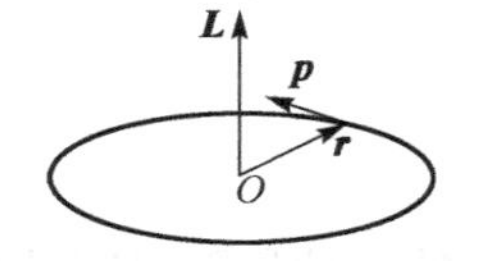

图 1.7 质点对圆心角动量

2. 力矩 角动量定理

如图 1.8 所示，合外力 $\boldsymbol{F}$ 对一固定点 O 的力矩大小等于此力和力臂 $r_\perp$ 的乘积，力臂是从 O 点到力的作用线的垂直距离，$r_\perp=r\sin\alpha$，则力矩大小为

$$M=r_\perp F=rF\sin\alpha$$

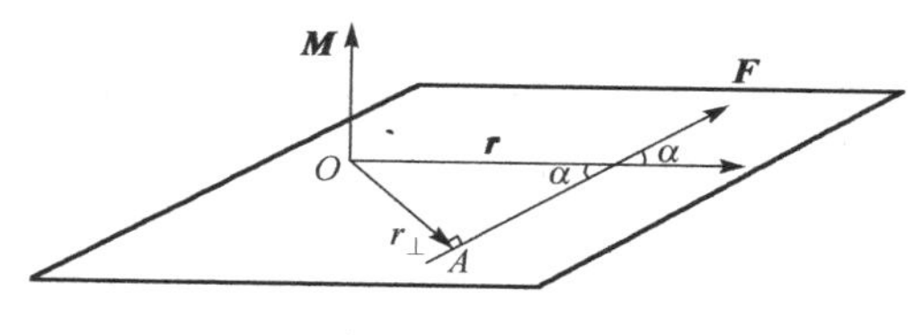

图 1.8　力矩

考虑到力矩的方向为垂直于 $\boldsymbol{r}$ 和 $\boldsymbol{F}$ 所决定的平面，指向由右手螺旋法则确定，如图 1.8 所示，则力矩定义为

$$\boldsymbol{M}=\boldsymbol{r}\times\boldsymbol{F} \tag{1-28}$$

由质点角动量的定义式(1-26)，可求出其对时间的变化率为

$$\frac{\mathrm{d}\boldsymbol{L}}{\mathrm{d}t}=\frac{\mathrm{d}}{\mathrm{d}t}(\boldsymbol{r}\times\boldsymbol{p})=\frac{\mathrm{d}\boldsymbol{r}}{\mathrm{d}t}\times\boldsymbol{p}+\boldsymbol{r}\times\frac{\mathrm{d}\boldsymbol{p}}{\mathrm{d}t}$$

由于 $\frac{\mathrm{d}\boldsymbol{r}}{\mathrm{d}t}=\boldsymbol{v},\boldsymbol{p}=m\boldsymbol{v}$，则 $\frac{\mathrm{d}\boldsymbol{r}}{\mathrm{d}t}\times\boldsymbol{p}=0$，上式变为

$$\frac{\mathrm{d}\boldsymbol{L}}{\mathrm{d}t}=\boldsymbol{r}\times\frac{\mathrm{d}\boldsymbol{p}}{\mathrm{d}t}$$

由(1-20)式知，$\frac{\mathrm{d}\boldsymbol{p}}{\mathrm{d}t}=\boldsymbol{F}$，由(1-28)式又知 $\boldsymbol{r}\times\boldsymbol{F}=\boldsymbol{M}$，则上式变为

$$\boldsymbol{M}=\frac{\mathrm{d}\boldsymbol{L}}{\mathrm{d}t} \tag{1-29}$$

这就是**质点的角动量定理**. 它表明质点所受的合外力矩等于它的角动量随时间的变化率.

3. 角动量守恒定律

在(1-29)式中，当 $\boldsymbol{M}=0$ 时，则 $\frac{\mathrm{d}\boldsymbol{L}}{\mathrm{d}t}=0$，因而有

$$\boldsymbol{L}=\boldsymbol{C}(\text{恒矢量}) \tag{1-30}$$

这就是**角动量守恒定律**. 它表明如果对于某一固定点，质点所受的合外力矩为零时，则此质点对该固定点的角动量保持不变. 角动量守恒定律也是自然界中的一条最基本定律.

1.2.4　机械能守恒定律

1. 功

一质点在力 $\boldsymbol{F}$ 的作用下，产生一小的位移 $\mathrm{d}\boldsymbol{r}$ 时，如图 1.9 所示，则力 $\boldsymbol{F}$ 对该质点所做的功定义为

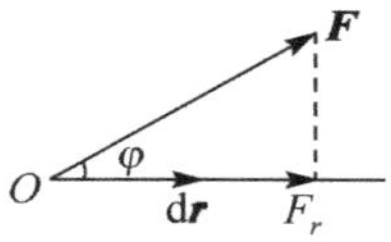

$$\mathrm{d}W = \boldsymbol{F} \cdot \mathrm{d}\boldsymbol{r} \tag{1-31}$$

上式表明,功等于质点所受的力和它的位移的标积. 按照标积的定义,上式也可写成

$$\mathrm{d}W = F\cos\varphi \mathrm{d}r \tag{1-32}$$

图 1.9　功的定义

这就是说,功等于力在位移方向上的分量与该位移大小的乘积.

如图 1.10 所示,质点沿路径 L 从 A 点到 B 点,力 $\boldsymbol{F}$ 对它所做的功为

$$W = \int_{\substack{A\\L}}^{B} \mathrm{d}W = \int_{\substack{A\\L}}^{B} \boldsymbol{F} \cdot \mathrm{d}\boldsymbol{r}$$

在国际单位制(SI 制)中,功的单位是焦耳,符号为J,1J=1N · m.

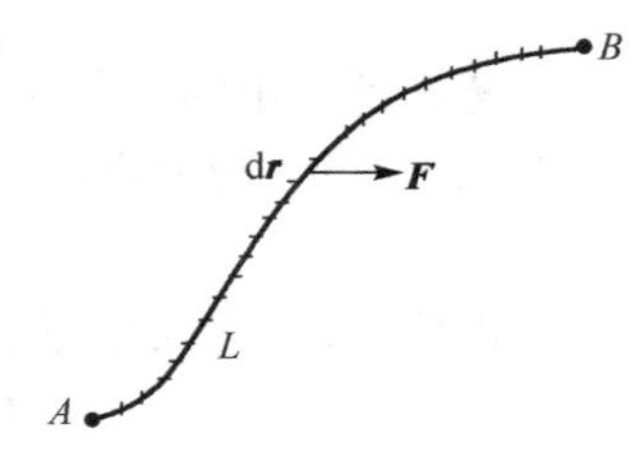

图 1.10　力沿一段曲线的功

2. 动能、动能定理

定义质点的动能 E_k 为

$$E_\mathrm{k} = \frac{1}{2}mv^2 = \frac{p^2}{2m} \tag{1-33}$$

式中 v 为质点的速率,p 为质点的动量大小. 动能是表示质点运动状态的量.

为了描述力对质点做功能改变质点的运动状态,我们引进质点动能定理. 若用 $E_{\mathrm{k}A}$ 和 $E_{\mathrm{k}B}$ 分别表示质点在 A 点和 B 点时的动能,则由 A 点到 B 点力 $\boldsymbol{F}$ 对质点所做的功 W 为

$$W = E_{\mathrm{k}B} - E_{\mathrm{k}A} \tag{1-34}$$

这是质点的动能定理. 它表明,力对质点所做的功等于质点动能的增量.

对于一个质点系,若用 $W_{外}$ 表示外力对质点系所做的功,用 $W_{内}$ 表示内力对质点系所做的功,则有

$$W_{外} + W_{内} = E_{\mathrm{k}B} - E_{\mathrm{k}A} \tag{1-35}$$

这里的 $E_{\mathrm{k}A}$ 和 $E_{\mathrm{k}B}$ 分别表示质点系在 A、B 两点的总动能. 上式是质点系动能定理. 它表明,所有外力对质点系做的功和内力对质点系做功之和等于质点系总动能的增量.

3. 势能　机械能守恒定律

重力、弹力、万有引力、静电力等,它们对质点所做的功,只决定于质点的始末位置,而与质点所经过的路径无关,把这样的力称为保守力. 摩擦力、流体的黏滞阻力等,它们对质点所做的功与路径有关,把这种力称为非保守力.

保守力的功与路径无关的性质,大大简化了保守力做功的计算,并由此引入势能的概念. 若用 E_p 表示势能,那么系统在 A 和 B 两个状态的势能可用 $E_{\mathrm{p}A}$ 和 $E_{\mathrm{p}B}$ 表示.

保守力由 A 到 B 所做的功为

$$W_{保内} = E_{pA} - E_{pB} = -\Delta E_p \tag{1-36}$$

上式表明保守力的功等于系统势能的减少量，或等于势能增量的负值．应该指出，势能是由质点系内保守力做功决定的．

将(1-35)式中，内力做功写成 $W_{内} = W_{非内} + W_{保内}$，考虑到(1-36)式，则有

$$W_{外} + W_{非内} = (E_{kB} + E_{pB}) - (E_{kA} + E_{pA}) \tag{1-37}$$

系统的总动能和势能之和称为系统的机械能，用 E 表示，即

$$E = E_k + E_p \tag{1-38}$$

若以 E_A 和 E_B 分别表示系统初状态和末状态的机械能，则(1-37)式可写成

$$W_{外} + W_{非内} = E_B - E_A \tag{1-39}$$

当 $W_{外} = 0$ 且 $W_{非内} = 0$ 时，可得

$$E_B = E_A = 常量 \tag{1-40}$$

上式表明，在只有保守力做功的情况下，质点系的机械能保持不变．这就是机械能守恒定律．

本章小结

1. 位置矢量：$\boldsymbol{r} = \boldsymbol{r}(t) = x(t)\boldsymbol{i} + y(t)\boldsymbol{j} + z(t)\boldsymbol{k}$.

   位移矢量：$\Delta\boldsymbol{r} = \Delta\boldsymbol{r}(t + \Delta t) - \boldsymbol{r}(t)$.

2. 速度：$\boldsymbol{v} = \dfrac{\mathrm{d}\boldsymbol{r}}{\mathrm{d}t} = \dfrac{\mathrm{d}x}{\mathrm{d}t}\boldsymbol{i} + \dfrac{\mathrm{d}y}{\mathrm{d}t}\boldsymbol{j} + \dfrac{\mathrm{d}z}{\mathrm{d}t}\boldsymbol{k}$.

3. 加速度：$\boldsymbol{a} = \dfrac{\mathrm{d}\boldsymbol{v}}{\mathrm{d}t} = \dfrac{\mathrm{d}^2\boldsymbol{r}}{\mathrm{d}t^2}$.

4. 圆周运动：$\boldsymbol{a} = \boldsymbol{a}_n + \boldsymbol{a}_t$.

   法向加速度大小：$a_n = \dfrac{v^2}{R} = R\omega^2$.

   切向加速度大小：$a_t = \dfrac{\mathrm{d}v}{\mathrm{d}t} = R\beta$.

   其中，角速度 $\omega = \dfrac{\mathrm{d}\theta}{\mathrm{d}t}$，角加速度 $\beta = \dfrac{\mathrm{d}\omega}{\mathrm{d}t}$.

5. 动量：$\boldsymbol{p} = m\boldsymbol{v}$.

   冲量：$\boldsymbol{I} = \int_{t_1}^{t_2} \boldsymbol{f}\mathrm{d}t$.

   动量定理：合外力冲量等于质点动量增量，$\boldsymbol{I} = \boldsymbol{p}_2 - \boldsymbol{p}_1$.

   动量守恒定律：质点系所受合外力为零时，$\boldsymbol{p} = \sum_i m_i \boldsymbol{v}_i =$ 恒矢量.

6. 质点的角动量：对于某一定点，$\boldsymbol{L} = \boldsymbol{r} \times \boldsymbol{p} = \boldsymbol{r} \times m\boldsymbol{v}$.

   力矩：合外力对一定点，$\boldsymbol{M} = \boldsymbol{r} \times \boldsymbol{F}$.

   角动量定理：对于同一定点，$\boldsymbol{M} = \dfrac{\mathrm{d}\boldsymbol{L}}{\mathrm{d}t}$.

角动量守恒定律：对于某一定点，质点所受合外力矩为零时，则对同一定点，$\boldsymbol{L}=$ 恒矢量.

7. 功：$\mathrm{d}W=\boldsymbol{f}\cdot\mathrm{d}\boldsymbol{r}$，$W=\int_A^B\boldsymbol{f}\cdot\mathrm{d}\boldsymbol{r}$.

质点动能定理 $E=\frac{1}{2}mv_B^2-\frac{1}{2}mv_A^2$.

保守内力功：$W_{保}=E_{pA}-E_{pB}=-\Delta E_p$.

机械能守恒定律：在只有保守内力做功的情况下，系统的机械能保持不变.

思考题

1. 在表达式 $\boldsymbol{v}=\lim\limits_{\Delta t\to 0}\frac{\Delta\boldsymbol{r}}{\Delta t}$ 中，位置矢量是哪个量？位移矢量是哪个量？

2. 质点在做匀加速圆周运动的过程中，

(1)切向加速度的大小、方向是否改变？

(2)法向加速度的大小、方向是否改变？

(3)总加速度的大小、方向是否改变？

3. 有人说“物体在相互作用的过程中，只要选取适当系统，动量守恒定律总是适用的”，这句话对吗？为什么？

4. 做匀速直线运动的质点角动量是否一定为零？一定守恒？做匀速圆周运动的质点角动量是否一定守恒？

5. 若把电子视为经典粒子，电子绕核做圆周运动时，电子的动量是否守恒？对圆心的角动量是否守恒？

6. 由两个质点组成的质点系，两质点间只有引力作用，两质点所受外力矢量和为零，问该质点系的动量是否一定守恒？角动量是否一定守恒？机械能是否一定守恒？为什么？

习题 1

1. 某质点的运动方程为 $x=3t-5t^3+6$(SI)，则该质点做　　[　　]

(A)匀加速直线运动，加速度沿 x 轴正方向.

(B)匀加速直线运动，加速度沿 x 轴负方向.

(C)变加速直线运动，加速度沿 x 轴正方向.

(D)变加速直线运动，加速度沿 x 轴负方向.

2. 一质点在平面上运动，已知质点位置矢量的表示式为 $\boldsymbol{r}=at^2\boldsymbol{i}+bt^2\boldsymbol{j}$，其中 a、b 为常量，则该质点做　　[　　]

(A)匀速直线运动.　　(B)变速直线运动.

(C)抛物线运动.　　(D)一段曲线运动.

3. 一质点做匀速率圆周运动时　　[　　]

(A)它的动量不变，对圆心的角动量也不变.

(B)它的动量不变，对圆心的角动量不断改变.

(C)它的动量不断改变,对圆心的角动量不变.

(D)它的动量不断改变,对圆心的角动量也不断改变.

4. 保守力做功的特点是 [ ]

(A)与路径无关,只与初末位置有关.

(B)做功等于势能的增加.

(C)沿闭合路径做功等于势能的减少.

(D)等于动能的减少.

5. 某质点在力 $\boldsymbol{F}=(4+5x)\boldsymbol{i}$(SI)的作用下沿 x 轴做直线运动,在从 $x=0$ 移动到 $x=10\text{m}$ 的过程中,力 $\boldsymbol{F}$ 所做的功为__________.

6. 一质点沿直线运动,其运动学方程为 $x=6t-t^2$(SI),则在 t 由 0 至 4s 的时间间隔内,质点的位移大小为__________,在 t 由 0 到 4s 的时间间隔内质点走过的路程为__________.

7. 质量为 m 的质点以速度 v 沿一直线运动,则它对直线外垂直距离为 d 的一点的角动量大小为__________ $\text{kg}\cdot\text{m}^2/\text{s}$.

8. 已知一质点运动方程 $\boldsymbol{r}=2t\,\boldsymbol{i}+(2-t^2)\boldsymbol{j}$. 当 $t=2\text{s}$ 时,$\boldsymbol{a}=$__________ m/s^2.

习题 8 讲解及拓展

9. 有一质点沿 x 轴做直线运动,t 时刻的坐标为 $x=4.5t^2-2t^3$(SI). 试求:

(1)第 2 秒内的平均速度;

(2)第 2 秒末的瞬时速度;

(3)第 2 秒内的路程.

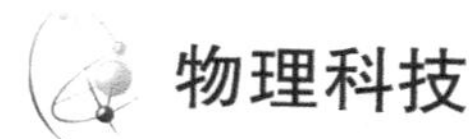

物理科技

I 等离子体技术

等离子体(plasma)是由部分电子被剥夺后的原子及原子被电离后产生的正负电子组成的离子化气体状物质,它是除去固、液、气外,物质存在的第四态. 等离子体是一种很好的导电体,利用经过巧妙设计的磁场可以捕捉、移动和加速等离子体. 等离子体物理的发展为材料、能源、信息、空间环境、空间物理、地球物理等科学的进一步发展提供新的技术和工艺.

一、等离子体简介

等离子体通俗地讲就是电离的气体. 等离子体的概念最早由美国著名的科学家朗缪尔(Langmuir)在 1928 年提出. 比较严格的定义是:等离子体是由电子、阳离子和中性粒子组成的整体上呈电中性的气体,是由大量带电粒子组成的非束缚态宏观体系. 等离子体粒子之间的相互作用力是电磁力,电磁力是长程的,原则上来说,彼此相距很远的带电粒子仍然感觉得到对方的存在. 在相互作用的力程范围内存在着大量的粒子，这些粒子间会发生多体的彼此自洽的相互作用，结果使得等离子体中粒子运动行为在很大程度表现为集体的运动，存在集体运动是等离子体最重要的特点. 由于等离子体的微观基本组元是带电粒子. 一方面，电磁场支配着粒子的运动，另一方面，带电粒子运动又会产生电磁场，因而等离子体中粒子的运动与电磁场的运动紧密耦合，不可分割.

等离子体与固体、液体、气体一样，是物质的一种聚集状态. 常规意义上的等离子体态是中性气体中产生了相当数量的电离. 当气体温度升高到其粒子的热运动动能与气体的电离能可以比拟时，粒子之间通过碰撞就可以产生大量的电离过程. 对于处于热力学平衡态的系统，提高系统的温度是获得等离子体态的唯一途径. 按温度在物质聚集状态中由低向高的顺序，等离子体态是物质的第四态.

等离子体是宇宙中一种常见的物质，在恒星、闪电中都存在等离子体，它占了整个宇宙的 99%. 地球上，人造的等离子体也越来越多地出现在我们的周围. 日光灯、电弧、等离子体显示屏是日常生活中的例子.

等离子体按等离子体焰温度分为高温等离子体和低温等离子体. 高温等离子体的温度相当于 $10^8 \sim 10^9$K 完全电离的等离子体，如太阳、受控热核聚变等离子体. 低温等离子体又分为热等离子体和冷等离子体，热等离子体温度范围 $10^3 \sim 10^5$K，属于稠密高压(1 大气压以上)，如电弧、高频和燃烧等离子体. 冷等离子体的电子温度高($10^3 \sim 10^4$K)、气体温度低，如稀薄低压辉光放电等离子体、电晕放电等离子体、索梯放电等离子体等.

二、等离子体技术

在工业生产中，等离子体技术涉及的领域相当广泛. 其中，等离子体刻蚀、显示、镀膜、表面改性、喷涂、烧结、冶炼、加热、有害物处理是等离子体几种典型的工业应用，托卡马克、惯性约束聚变、核爆、高功率微波器件、离子源等是等离子体涉及高技术应用的若干方面.

1. 等离子体刻蚀技术

等离子体刻蚀(也称干法刻蚀)是集成电路制造中的关键工艺之一，其目的是完整地将掩膜图形复制到硅片表面，其范围涵盖前端 CMOS 栅极(gate)大小的控制，以及后端金属铝的刻蚀及 Via 和 Trench 的刻蚀. 在今天没有一个集成电路芯片能在缺乏等离子体刻蚀技术情况下完成. 刻蚀设备的投资在整个芯片厂的设备投资中约占 10%～12%比重，它的工艺水平将直接影响到最终产品质量及生产技术的先进性.

2. 等离子显示技术

等离子平面屏幕技术支持下的等离子体显示(plasma display panel,PDP)在广阔的可视角度和均匀的光亮度分布上表现优异.早在1964年美国伊利诺斯大学就成功研制出了等离子显示平板,但那时等离子显示器为单色.现在等离子平面屏幕技术的高质图像和大纯平屏幕使得观看者可以在任何环境下看电视,等离子面板拥有一系列像素,同时这些像素又包含有三种次级像素,它们分别呈红、绿、蓝色.在等离子状态下的气体能与每个次像素里的磷光体反应,从而能产生红、绿或蓝色.这种磷光体与用在阴极射线管(CRT)装置(如电视机和普通电脑显示器)中的磷光体是一样的,每种由一个先进的电子元件控制的次像素能产生16亿种不同的颜色,所有的这些意味着你能在约不到6英寸厚的显示屏上更容易看到最佳画面.

3. 等离子体在高分子材料表面改性处理上的应用

等离子体刻蚀及注入处理.由于等离子体的刻蚀作用,使得基质表面积增大,从而增强了表面分子间的黏合力,可以对不同性质的材料进行复合.

等离子体引发聚合.通过等离子体的引发聚合造成沉降覆膜,使膜的性质与本体材料性能相近,而人为的黏结达不到这一要求.等离子体的表面接枝处理.利用等离子体对材料进行接枝改性,可以获得许多具有特殊性能的材料.非聚合体有机物和无机物的接枝、有机物和气体的接枝以及先无机物气体后有机物气体的接枝利用普通的化学方法是难以实现,等离子体技术则比较容易做到.

4. 等离子体在材料结构研究中的应用

等离子体在纤维结构研究中的应用非常广泛.利用等离子体的刻蚀作用,将基质表层剥离下来,结合电子显微镜检测表面的组成,剖析其结构,这在新材料的研制过程中有非常重要的作用.例如利用等离子体技术,可以对纤维进行鉴别,尤其是对外观难以区分而内部结构不同的纤维,利用等离子体技术可以进行准确鉴别.同时,等离子体技术在检查纤维损伤,纤维各层次的结构分析上的应用也日趋广泛.

5. 等离子体在纺织行业中的应用

等离子体在纺织行业的应用甚广,尤其是随着人们对纺织面料性能的要求越来越高.等离子体在合成纤维的亲水化处理、服装的无缝黏结、面料风格的改善、抗静电处理以及改善纤维的表面摩擦性等方面的应用非常广泛.在染整加工过程中,等离子体处理可以改善纤维的染色性和显色性,这一点对于超细纤维和羊绒的染色尤为重要.利用等离子体技术,还可以对纤维进行减量或增量处理,使功能纤维的表面活化或进行涂层整理.

6. 低温等离子体在废液处理中的应用

低温等离子体处理废液技术是引起人们极大关注的一项技术,它对污染物兼具物理作用、化学作用和生物作用,具有处理范围广、快速、高效、无二次污染等特点,特别是用于难降解有毒废液的处理,例如对于制药、印染、生物技术、医院等行业的废液中,通常含有多氯联苯(PCBs)、六氧环己烷、双对氯苯基三氯乙烷等有毒物质,与常规处理方法相比,其效果更为突出,具有无可比拟的优越性,代表着目前国内外用于难降解有毒废液处理的发展趋势.

除了以上介绍的等离子体技术以外,等离子体在惯性约束聚变和磁约束聚变等领域的研究也成为近年来世界各国研究的热点.特别是随着国际热核聚变实验堆(international thermonuclear experimental reactor,ITER)计划的开展,等离子体相关技术的研究开展得如火如荼.另外,等离子体在空间方面的研究,如空间天气预报、等离子体隐身技术等也都是人们感兴趣的研究领域.

Ⅱ　纳米科学技术

纳米作为材料的衡量尺度,其大小为1nm(纳米)$=10^{-9}$m(米),即1纳米是十亿分之一米,约为10个原子的尺度.形象地讲,一纳米颗粒放到足球上,就好像一个足球放在地球上一样.纳米科技与单原子、分子测控科学技术密切相关,是用单原子、分子制造物质的科学技术,即在单个原子、分子层次上对物质存在的种类、数量和结构形态进行精确的测量、识别与控制的研究与应用.纳米科技是21世纪科技产业革命的重要内容之一,是高度交叉的综合性学科.纳米科学技术的发展将推动信息、材料、能源、环境、生物、农业、国防等领域的技术创新,将导致继工业革命以来三次主导技术引发的产业革命后,由纳米技术引发的第四次浪潮.

一、纳米科技简介

纳米科学技术是研究由尺寸在0.1～100nm的物质组成的体系的运动规律和相互作用,以及可能的实际应用中的技术问题的科学技术.

早在1959年,美国著名物理学家理查德·费恩曼(R. P. Feynman,1965年诺贝尔物理学奖获得者)在一次题为“There is plenty of room at the bottom”演讲中最早提出：人类能够用宏观的机器制造比其体积小的机器，而这较小的机器可以制作更小的机器，这样一步步达到分子尺度，即逐级缩小生产装置，以致最后直接按意愿排列原子、分子，制造产品. 他预言，化学将变成根据人们的意愿逐个地准确放置原子的技术问题. 这被公认为最早具有现代纳米科技概念的思想.

20 世纪 70 年代，相对微米加工技术，人们提出了描述精细机械加工发展的纳米技术(nanotechnology)一词，1989 年有文献提出了纳米结构材料的新概念. 20 世纪 80 年代末 90 年代初，表征纳米尺度的重要工具——扫描隧道显微镜(STM)、原子力显微镜(AFM)等认识纳米尺度和纳米世界物质的直接工具问世，极大地促进了在纳米尺度上认识物质的结构以及结构与性质的关系，标志着纳米技术形成. 1990 年在美国巴尔的摩召开的第一届纳米科技会议上统一了概念，正式提出了纳米材料学、纳米生物学、纳米电子学和纳米机械学的概念.

二、纳米材料

纳米材料是纳米技术的基础和先导，已成为世界各国纳米科技发展的热点. 纳米材料所具有的独特性质和规律，使之被誉为“二十一世纪最有前途的材料”.

1. 纳米材料的性质

(1) 小尺寸效应

纳米颗粒的尺寸与光波波长、传导电子的德布罗意波长及超导态的相干波长或透射深度等物理特征尺寸相当或更小时，晶体周期性的边界条件将被破坏，非晶态纳米微粒表面层附近原子密度减小，纳米颗粒表现出新的光、电、声、磁等体积效应，其他性质都是此效应的延伸. 例如：光吸收显著增加，并产生等离子体共振频移；磁有序态向磁无序态转变；超导相向正常相转变；声子谱发生改变等. 纳米粒子的这些小尺寸效应为实用技术开拓了新领域. 小尺寸效应的表现首先是纳米微粒的熔点发生改变，如普通金属金的熔点是 1337K，当金的颗粒尺寸减小到 2nm 时，金微粒熔点降到 600K；纳米银的熔点可降低到 100℃，此特性为粉末冶金工业提供了新工艺. 纳米尺度的强磁性颗粒(Fe-Co 合金、氧化铁等)，当颗粒尺寸为单磁畴临界尺寸时，具有甚高的矫顽力，可制成磁性信用卡、磁性钥匙、磁性车票，还可以制成磁性液体，广泛地用于电声器件、阻尼器件和旋转密封、润滑、选矿等领域. 利用等离子共振频率随颗粒尺寸变化的性质，可以改变颗粒尺寸，控制吸收边的位移，制造具有一定频宽的微波吸收纳米材料，用于电磁波屏蔽、隐形飞机等.

(2) 表面效应

表面效应是指纳米粒子表面原子数与总原子数之比随着纳米粒子尺寸的减小而

大幅度增加，粒子表面结合能随之增加，从而引起纳米微粒性质发生变化的现象．粒径为5nm时，表面将占40%，粒径为2nm时，表面的体积百分数增加到80%．由于庞大的比表面，表面原子数增加，无序度增加，键态严重失配，出现许多活性中心，表面台阶和粗糙度增加，表面出现非化学平衡和非整数配位的化学价．这就是导致纳米体系的化学性质和化学平衡体系出现很大差别的原因．表面原子数增多、原子配位不足及高的表面能，使这些表面原子具有高的活性，极不稳定，很容易与其他原子结合，例如金属的纳米粒子在空气中会燃烧；无机的纳米粒子暴露在空气中会吸附气体，并与气体进行反应．

(3) 量子尺寸效应

当粒子尺寸下降到或小于某一值时，金属费米能级附近的电子能级由准连续变为离散能级的现象，以及纳米半导体微粒存在不连续的最高被占据分子轨道和最低未被占据的分子轨道能级，这些能隙变宽现象均称为量子尺寸效应．当能级间距大于热能、磁能、静磁能、静电能、光子能量或超导态的凝聚能时，这时必须要考虑量子尺寸效应，这会导致纳米微粒磁、光、声、热、电以及超导电性与宏观特性有着显著的不同．量子尺寸效应带来的能级改变、能级变宽，使微粒的发射能量增加，光学吸收向短波方向移动，直观上表现为样品颜色的改变．例如CdS微粒由黄色变为浅黄色．有趣的是，Cd_3P_2微粒降至1.5nm时，其颜色从黑变到红、橙、黄，最后变为无色．量子尺寸效应带来的能级改变不仅导致了纳米微粒的光谱性质的变化，同时也使半导体纳米微粒产生较强的光学三阶非线性响应．

(4) 宏观量子隧道效应

微观粒子具有波粒二象性，具有贯穿势垒的能力称为隧道效应．纳米粒子总的磁化强度和量子相干器件中的磁通量等一些宏观物理量也具有隧道效应，称之为宏观量子隧道效应．量子尺寸效应、宏观量子隧道效应将会是未来微电子、光电子器件的基础，或者它确立了现存微电子器件进一步微型化的极限，当微电子器件进一步微型化时必须考虑上述的量子效应．例如，在制造半导体集成电路时，当电路的尺寸接近电子波长时，电子就通过隧道效应而溢出器件，使器件无法正常工作，经典电路的极限尺寸大约在0.25μm．

上述的小尺寸效应、表面界面效应、量子尺寸效应及量子隧道效应是纳米微粒与纳米固体的基本特性．它使纳米微粒和纳米固体呈现许多奇异的物理、化学性质，出现一些“反常现象”．

2. 纳米材料的分类

从狭义上说，纳米材料就是有关原子团簇、纳米颗粒、纳米线、纳米薄膜、碳纳米管和纳米固体材料等的总称.从广义上看,纳米材料应该是晶粒或晶界等显微构造能达到纳米尺寸水平的材料.如果按传统的材料学科体系划分,纳米材料又可进一步分为纳米晶体材料、纳米陶瓷材料、纳米复合材料、纳米高分子材料.若按应用目的分类,又可将纳米材料分为纳米电子材料、纳米磁性材料、纳米发光材料、纳米隐身材料、纳米生物材料等.纳米材料按维数可分为:零维的纳米颗粒和原子团簇,它们在空间的三维尺度均在纳米尺度内(均小于100nm);一维的纳米线、纳米棒和纳米管,它们在空间有二维处于纳米尺度;二维的纳米薄膜,纳米涂层和超晶格等,它们在空间有一维处于纳米尺度.备受人们关注的准一维纳米材料——碳纳米管(carbon nanotube)于1991年由NEC(日本电气)筑波研究所的饭岛澄男(Sumio Iijima)首次发现.碳纳米管,又称巴基管(buckytubes),属于富勒碳系.碳纳米管由于其独特的结构和奇特的物理,化学和力学特性以及其潜在的应用前景而备受人们的关注,并迅速在世界上掀起了一段研究的热潮.

第 2 章

振动和波

振动和波

振动是自然界中最常见的运动形式之一，例如动物的心跳、钟摆的摆动. 一些宇宙学家认为，整个宇宙可能正在做两次间隔在数百亿年的振动. 物体在某一位置附近做往返的周期性运动，这种运动称为机械振动. 如果把机械运动范围内的这一概念推广到分子热运动、电磁运动等其他物质运动形式，则广义而言，对于电量、电压、电流、电场强度和磁感应强度等物理量，当它们围绕某一值做周期性变化，都可以认为该物理量在振动. 尽管这些物理现象的具体机制各不相同，但只要所言及的物理量在振动，它们就具有共同的物理特征.

与振动紧密相连的是两类运动：圆周运动和波动. 气温随季节的更替而周期性地变化，与地球绕太阳的圆周运动相联系. 而振动在空间的传播形成波，如水波、声波、电磁波等. 各种信息的传播几乎都要借助于波. 各类波性质各不相同，但它们均有类似的波动方程，都有干涉及衍射等波特有的性质，通常把波的这些共性称为波动性. 近代物理学研究发现：物质微粒具有二象性——粒子性和波动性. 因此研究电子、中子、质子等微观粒子的运动规律时波动概念也是重要的.

本章讨论机械振动和机械波，但其基本概念和基本规律对各种振动和波都是适用的.

本章基本要求：

1. 理解简谐振动的概念及其三个特征量（振幅 A、角频率 ω、初相位 φ）的意义和决定因素. 掌握用旋转矢量表示简谐振动的方法.

2. 理解相位和相位差的意义.

3. 掌握利用初始条件写出振动方程式的方法.

4. 了解简谐振动的能量特征.

5. 掌握同方向、同频率简谐振动的合成规律.

6. 理解机械波产生的条件和波长、波速、频率的意义.

7. 掌握波动方程的物理意义.

8. 掌握干涉现象中合振动出现振幅极大和极小的条件.

9. 了解声波、超声波及其生物效应.

2.1 简谐振动

2.1.1 描述简谐振动的特征量

物体运动时,如果离开平衡位置的位移按余弦函数(或正弦函数)的规律随时间变化,这运动就称为简谐运动.

简谐振动可以用一个弹簧振子来演示.一个轻质弹簧的一端固定,另一端连接一个可以自由运动的物体,就构成一个弹簧振子.图2.1就画了一个在水平光滑面上安置的弹簧振子.在弹簧处于自然长度时,物体的位置称为平衡位置,以O表示,并取为坐标原点.如果拉动物体然后释放,则物体将在O点两侧做往复的直线运动.在这种运动中,物体对于平衡位置的位移(以下简称位移)x将按余弦的规律随时间t变化,物体的这种运动就是简谐振动.它的数学表达式是

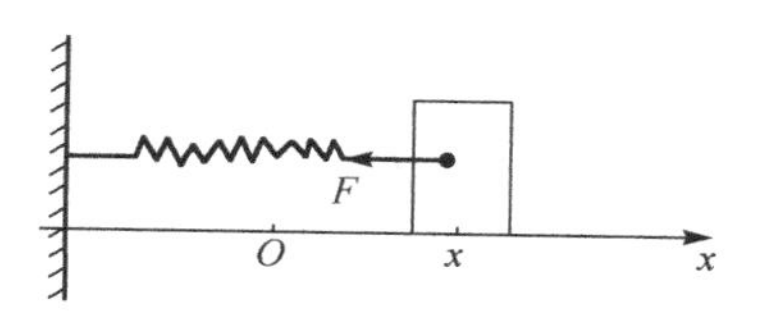

图2.1 弹簧振子的简谐振动

$$x = A\cos(\omega t+\varphi) \tag{2-1}$$

将物体视为质点,(2-1)式中的A表示质点离开平衡位置的最大距离,称为振幅.振幅给出了质点运动的范围.

(2-1)式表示质点的位置变化具有时间上的周期性.以T代表周期,即质点做一次完全振动所需的时间.周期的倒数ν表示单位时间内质点所做的完全振动的次数,称为振动的频率.频率的2π倍称为角频率,用ω表示,显然这几个物理量有如下关系:

$$\nu=\frac{1}{T},\qquad \omega=2\pi\nu=\frac{2\pi}{T} \tag{2-2}$$

在国际单位制中T的单位是“秒(s)”,ν的单位是“赫兹(Hz)”,ω的单位是“弧度/秒(rad/s)”.$\omega t+\varphi$被称为相位,$t=0$时相位为φ,称φ为初相位.相位的单位是“弧度(rad)”.简谐振动可由振幅A、角频率ω、初相位φ这三个物理量完全确定下来.即可依此写出振动的完整的表达式.因此称这三个量为描述简谐振动的三个特征量.

2.1.2 简谐振动的速度和加速度

我们将位移(2-1)式对时间求导数,即可得简谐振动的速度

$$v_x=\frac{\mathrm{d}x}{\mathrm{d}t}=-A\omega\sin(\omega t+\varphi)=v_{\mathrm{m}}\cos\left(\omega t+\varphi+\frac{\pi}{2}\right) \tag{2-3}$$

式中$v_{\mathrm{m}}=\omega A$称为速度振幅.

把速度(2-3)式对时间求导数,即得加速度

$$a_x=\frac{\mathrm{d}v_x}{\mathrm{d}t}=\frac{\mathrm{d}^2x}{\mathrm{d}t^2}=-\omega^2A\cos(\omega t+\varphi)=a_{\mathrm{m}}\cos(\omega t+\varphi+\pi) \tag{2-4}$$

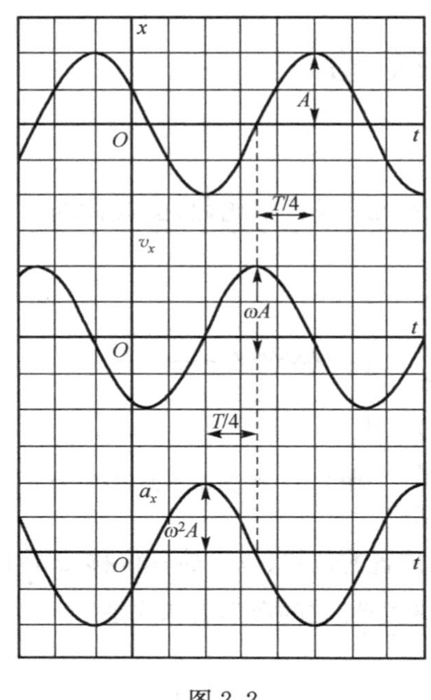

图 2.2

式中 $a_m = \omega^2 A$ 称为加速度振幅.

从(2-3)和(2-4)式可知,做简谐振动的质点的速度和加速度也是时间的余弦函数,但相位不相同.

将(2-1)式与(2-4)式相比较,我们得出一个重要结果

$$a_x = -\omega^2 x \tag{2-5}$$

此式说明简谐振动的加速度和位移总是成正比而方向相反. 这是简谐振动的运动学特征.

简谐振动的位移、速度、加速度与时间函数关系可用图线表示如图 2.2 所示,其中的 x-t 曲线称为振动曲线.

2.1.3　旋转矢量与振动的相位

简谐振动与匀速圆周运动有一个很简单的关系. 如图 2.3 所示. 设一质点沿半径为 A 的圆周做匀速转动,其角速度为 ω. 以圆心 O 为原点. 设当质点的矢径经过与 x 轴夹角为 φ 时的位置开始计时. 则在任意时刻 t,此矢径与 x 轴夹角为($\omega t + \varphi$),而质点在 x 轴上的投影的坐标为

$$x = A\cos(\omega t + \varphi) \tag{2-6}$$

这正是(2-1)式表示的简谐振动定义公式. 由此可知:做匀速圆周运动的质点在某一直径(取作 x 轴)上投影的运动就是简谐振动. 圆周运动的角速度(或周期)就等于振动的角频率(或周期),圆周的半径就等于振动的振幅. 初始时刻做圆周运动的质点的矢径与 x 轴的夹角就是振动的初相位.

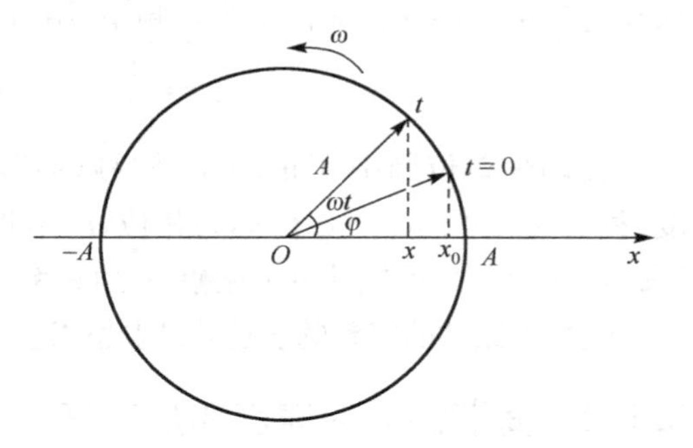

图 2.3　匀速圆周运动与简谐振动

正是由于匀速圆周运动与简谐振动的上述关系,所以常常借助于匀速圆周运动来研究简谐振动. 这个对应的圆周叫参考圆.

如果画一个图表示出做匀速圆周运动的质点的初始矢径的位置,并标以 ω(图 2.4),则相应的简谐振动的三个特征量都表示出来了. 因此可以用这样一个图表示一个确定的简谐振动. 简谐振动的这种表示法称为旋转矢量图法,长度等于振幅的旋转矢量就叫振幅矢量. 旋转矢量与 x 轴的夹角对应于相位 $\omega t + \varphi$, 在旋转矢量图中,它

还有一个直观的几何意义，即在时刻 t 振幅矢量和 x 轴的夹角. 由(2-1)式、(2-3)式、(2-4)式可知当振幅 A 和角频率 ω 一定时刻的位置、速度、加速度都决定于 $\omega t+\varphi$ 这个物理量. 即一定相位对应于振动质点一定时，简谐振动一定时刻的运动状态. 因此说明简谐振动时，常不分别地指出位置和速度，而直接用相(相位)表示物体的运动状态. 例如当用余弦函数表示简谐振动时，$\omega t+\varphi=0$，即相位为零的状态，表示物体在正位移最大处而速度为零；$\omega t+\varphi=\frac{\pi}{2}$，即相位为 $\frac{\pi}{2}$ 的状态表示物体正越过平衡位置以最大速率向 x 轴负向运动；$\omega t+\varphi=\frac{3}{2}\pi$ 的状态表示物体也正越过平衡位置但是以最大速率向 x 轴正向运动等. 因此相位是说明简谐振动时最常用的一个概念. 相的概念在比较两个同频率的简谐振动的步调时特别有用.

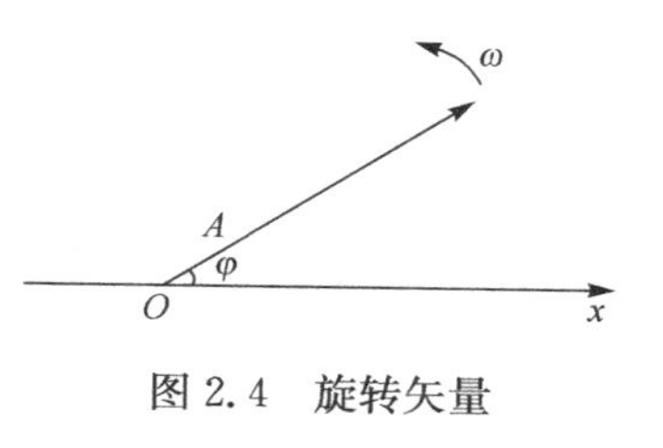

图 2.4 旋转矢量

设有下列两个简谐振动：

$$x_1=A_1\cos(\omega t+\varphi_1)$$
$$x_2=A_2\cos(\omega t+\varphi_2)$$

它们的相位差为

$$\Delta\varphi=(\omega t+\varphi_2)-(\omega t+\varphi_1)=\varphi_2-\varphi_1 \tag{2-7}$$

即它们在任意时刻的相位差恒等于其初相位差. 由这个相位差值就可以知道它们的步调是否一致.

如果 $\Delta\varphi=0$ (或 2π 的整数倍)，两振动物体同时到达各自的同方向的极端位置，并同时越过平衡位置而且向同方向运动. 它们的步调相同. 这种情况我们说二者同相.

如果 $\Delta\varphi=\pi$ (或者 π 的奇数倍)，两振动物体将同时到达各自的相反方向的极端位置，并且同时越过平衡位置向相反方向运动. 它们的步调相反. 这种情况我们说二者反相.

当 $\Delta\varphi$ 为其他值时，我们一般地说二者不同相. 当 $\Delta\varphi=\varphi_2-\varphi_1>0$ 时，x_2 将先于 x_1 到达各自同方向的极大值，我们说 x_2 振动超前 x_1 振动 $\Delta\varphi$，或者说 x_1 振动落后于 x_2 振动 $\Delta\varphi$. 当 $\Delta\varphi<0$ 时，我们说 x_1 振动超前 x_2 振动 $|\Delta\varphi|$. 在这种说法中，由于相差的周期是 2π，所以我们把 $|\Delta\varphi|$ 的值限在 π 以内，例如当 $\Delta\varphi=\frac{3}{2}\pi$ 时，我们不说 x_2 振动超前 x_1 振动 $\frac{3}{2}\pi$，而改写为 $\Delta\varphi=\frac{3}{2}\pi-2\pi=-\frac{\pi}{2}$，说 x_2 振动落后于 x_1 振动 $\pi/2$，或者说 x_1 振动超前 x_2 振动 $\pi/2$.

相位不但表示两个相同的做简谐振动物理量的步调，而且可以用来表示不同的物理量变化的步调. 例如由位移、速度、加速度表达式中看出，加速度和位移反相，速

度超前位移 $\pi/2$，而落后于加速度 $\pi/2$.

例 2.1 一质点沿 x 轴做简谐振动，振幅 $A=0.12\text{m}$，周期 $T=2\text{s}$，当 $t=0$ 时，质点对平衡位置的位移 $x_0=0.06\text{m}$，此时刻质点向 x 正向运动. 求：

(1) 此简谐振动的表达式；

(2) $t=T/4$ 时质点的位置、速度、加速度；

(3) 从初始时刻开始第一次通过平衡位置的时刻.

解 (1) 取平衡位置为坐标原点. 设

$$x=A\cos(\omega t+\varphi)$$

其中 $\omega=\frac{2\pi}{T}=\pi$，$A$ 已知，只需求 φ. 由初始条件 $t=0$ 时 $x_0=0.06\text{m}$ 可得

$$x_0=A\cos\varphi$$

$$\cos\varphi=\frac{x_0}{A}=\frac{0.06}{0.12}=\frac{1}{2}$$

在 $-\pi$ 到 π 之间取值

$$\varphi=\pm\frac{\pi}{3}$$

这两个值中取哪一个，要看初始条件. 由于

$$v=-\omega A\sin(\omega t+\varphi)$$

所以

$$v_0=-\omega A\sin\varphi$$

由于 $t=0$ 时质点向正 x 方向运动，所以 $v_0>0$，因此取

$$\varphi=-\frac{\pi}{3}$$

于是简谐振动的表达式为

$$x=0.12\cos\left(\pi t-\frac{\pi}{3}\right)\quad(\text{SI})$$

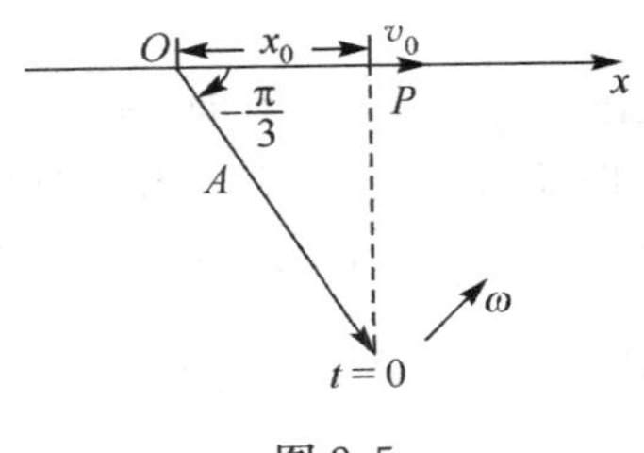

图 2.5

利用旋转矢量法求解是很直观方便的. 根据初始条件就可以画出如图 2.5 所示的振幅矢量的初始位置，从而得出 $\varphi=-\frac{\pi}{3}$.

(2) 此简谐振动的速度表达式为

$$v=-\omega A\sin(\omega t+\varphi)=-0.12\pi\sin\left(\pi t-\frac{\pi}{3}\right)$$

加速度表达式为

$$a=-\omega^2A\cos(\omega t+\varphi)=-0.12\pi^2\cos\left(\pi t-\frac{\pi}{3}\right)$$

将 $t=0.5\text{s}$ 代入 x、v、a 表达式，可得质点在 $t=0.5\text{s}$ 时的位置、速度、加速度分别为

$$x=0.104\text{m}$$
$$v=-0.188\text{m/s}$$
$$a=-1.03\text{m/s}^2$$

(3) 我们直接从旋转矢量法来求. 按题意质点在$x=0.06$m处，且向 x 正方向的运动的振幅矢量的位置如图 2.6 所示. 图中也画出了质点第一次回到平衡位置时的振幅矢量位置. 很明显旋转矢量转过的角度为

$$\Delta\varphi=\frac{\pi}{3}+\frac{\pi}{2}=\frac{5}{6}\pi$$

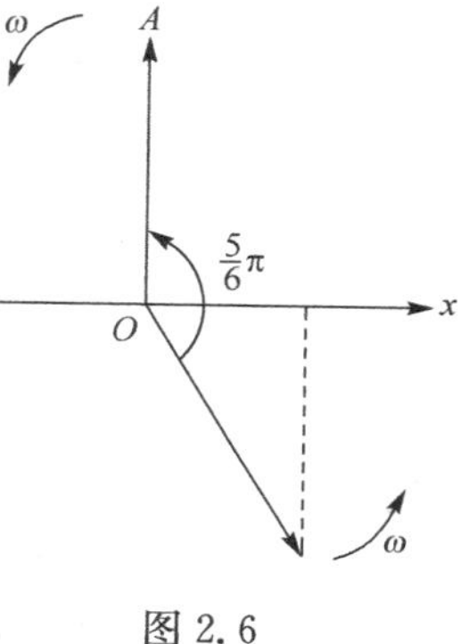

图 2.6

由于匀速转动转过的角度 $\Delta\varphi$ 与经历的时间 Δt 有如下关系：

$$\frac{\Delta t}{T}=\frac{\Delta\varphi}{2\pi}$$

故可得

$$\Delta t=\frac{\Delta\varphi}{2\pi}T=\frac{5}{6}\pi\cdot\frac{2}{2\pi}=\frac{5}{6}(\text{s})$$

2.1.4 简谐振动的能量

以图 2.1 所示弹簧振子为例. 当物体的位移为 x，而速度为 v 时，系统的弹性势能和动能分别为

$$E_{\text{p}}=\frac{1}{2}kx^2=\frac{1}{2}kA^2\cos^2(\omega t+\varphi) \tag{2-8}$$

$$E_{\text{k}}=\frac{1}{2}mv^2=\frac{1}{2}m\omega^2A^2\sin^2(\omega t+\varphi) \tag{2-9}$$

对于简谐振动来说，有

$$\omega^2=\frac{k}{m}$$

$$E_{\text{k}}=\frac{1}{2}kA^2\sin^2(\omega t+\varphi)$$

因此弹簧振子系统的总机械能为

$$E=E_{\text{p}}+E_{\text{k}}=\frac{1}{2}kA^2 \tag{2-10}$$

由此可知，弹簧振子的总能量不随时间改变，即其机械能守恒. 其动能和势能都随时间变化. 在位移最大处，势能最大，动能为零；物体通过平衡位置时，势能为零，动能最大，如图2.7所示.

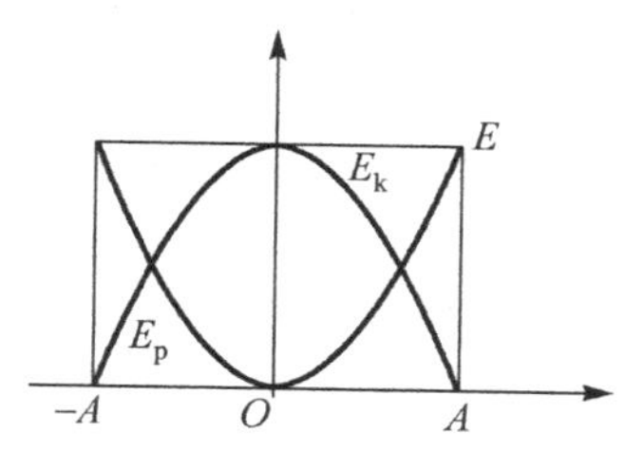

图 2.7 势能和动能对坐标 x 的图线

2.1.5　阻尼振动、受迫振动和共振

1. 阻尼振动

在上节中我们研究了在没有阻力只有弹性恢复力作用的情况下弹簧振子的振动，这样的简谐振动又称为无阻尼自由振动(“尼”字也是阻止的意思)，实际上，任何振动系统总还是要受到阻力的作用，这时的振动叫作阻尼振动. 由于存在阻力的作用，振动物体的振幅将逐渐减小，最后停止振动. 当阻力足够大(如把弹簧振子浸在黏稠的液体里)，振动物体甚至来不及振动一次就停止在平衡位置上了.

在阻尼振动过程中，振动系统所具有的能量将逐渐减少. 能量因阻尼而减小的方式通常有两种：一种是由于介质对振动物体的摩擦阻力使振动系统的能量逐渐转变为热运动的能量，这称为摩擦阻尼. 另一种是由于振动物体引起邻近质点的振动，使振动系统的能量逐渐向四周辐射出去，转变为波动的能量，这称为辐射阻尼.

图 2.8 表示阻尼振动的位移时间曲线. 阻尼越小，振幅衰减得越慢，每个周期损失的能量也越少，振动越接近于简谐振动.

图 2.9 表示不同阻尼下的阻尼振动和阻尼过大时的非周期性运动. 图中 1、2、3、4、5 五条线表示了阻尼愈来愈大的情形.

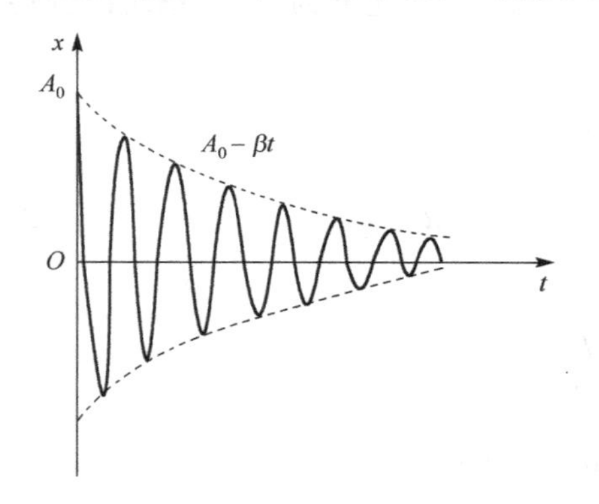

图 2.8　阻尼振动

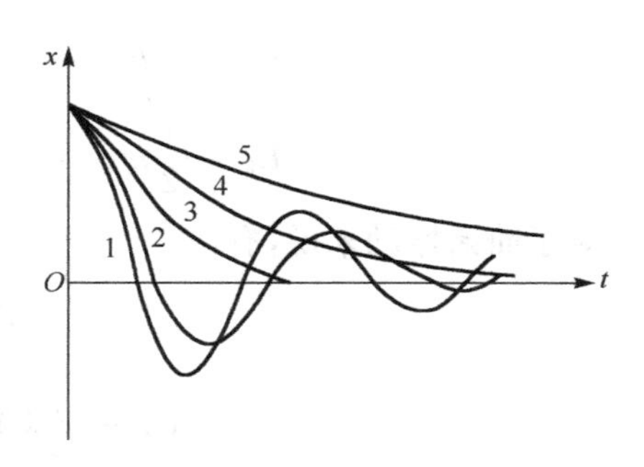

图 2.9　几种不同阻尼下的阻尼振动

图 2.9 中曲线 2 比曲线 1 的振幅要减得快，曲线 4、5 阻尼过大，甚至在未达到平衡位置以前，能量就消耗完毕. 曲线 3 表示阻尼的大小刚好使振动物体开始作非周期性运动，这种阻尼称为临界阻尼. 在临界阻尼状态，振动物体从运动到静止所经历的时间最短.

2. 受迫振动　共振

由于阻尼总是存在的，在实践中为了获得不衰减的稳定的振动，通常是对振动系

统施加一个周期性的外力. 图 2.10 所示一个演示实验装置,让弹簧振子浸在混有少量甘油的水中,通过电动机匀速转动时所施加的周期性外力使弹簧振子振动. 物体在周期性外力的持续作用下发生的振动称为受迫振动. 这种周期性外力称为强迫力. 实验表明,受迫振动开始时的情形非常复杂,但经过一段时间后可以达到稳定状态. 如果外力是按简谐振动的规律变化的,那么达到稳定状态时的受迫振动就是简谐振动,情况如图 2.11 所示. 在稳定的状态下受迫振动的周期就是外力的周期,振动的振幅保持稳定. 振幅的大小不仅与周期性外力的大小有关,而且和外力的频率以及振动系统的固有频率等因素都有关. 当外力的频率和振动系统的固有频率相等时,即外力的周期性变化能够和系统的固有振动周期合拍时,外力能在整个周期内和物体的运动方向一致,使外力在整个周期内对物体都做正功. 这时外界所提供的能量最多,受迫振动的能量也达到最大值,振动最剧烈,如图 2.12 所示.

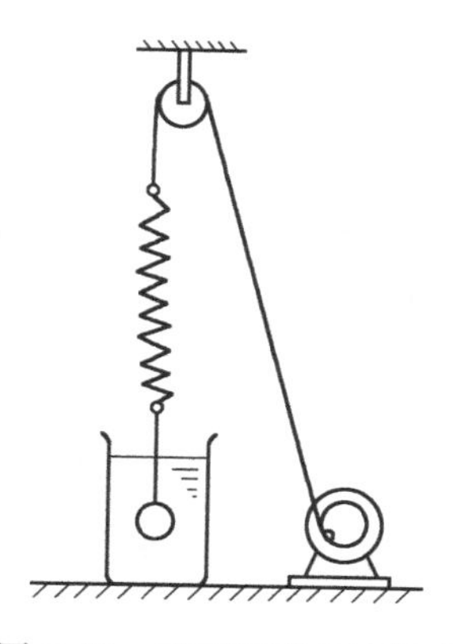

图 2.10 弹簧振子受迫振动

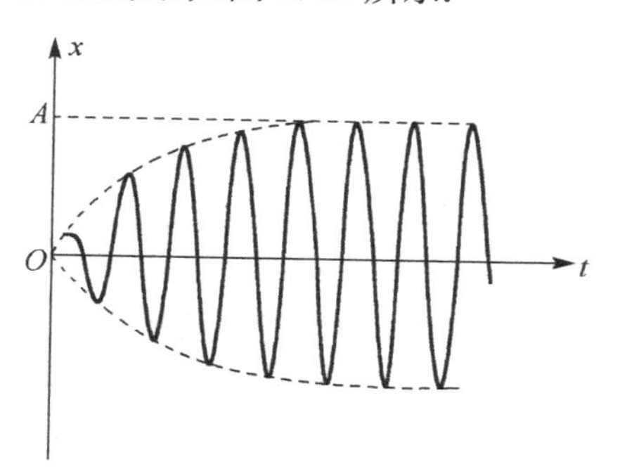

图 2.11 受迫振动

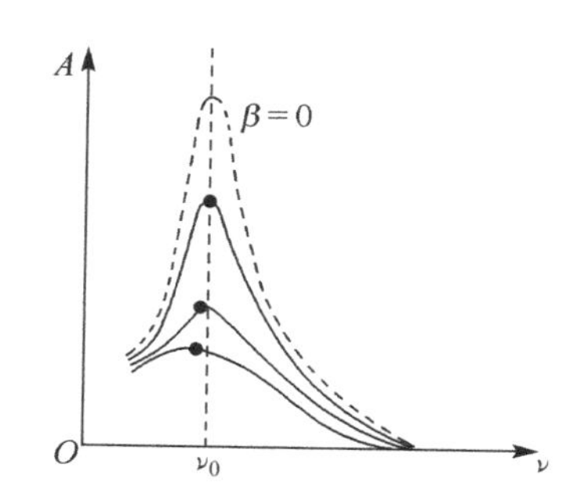

图 2.12 受迫振动的振幅与外力频率的关系

我们把这种振幅达到最大值的现象称为共振. 共振现象是极为普遍的,在声、光、无线电、原子内部及工程技术中都常遇到. 共振现象有有利的一面,例如,许多仪器就是利用共振原理设计的:收音机利用电磁共振(电谐振)进行选台,一些乐器利用共振来提高音响效果,核内的核磁共振被利用来进行物质结构的研究以及医疗诊断等等. 共振也有不利的一面,例如共振时因为系统振幅过大会造成机器设备的损坏等.

2.2　简谐振动的合成

有时质点会同时参与两个(或两个以上)的简谐振动. 例如两列声波同时传到空间中某一点时,该点空气质点的运动就是两个振动的合成. 一般的振动合成问题比较复杂,下面先从简单情况入手.

2.2.1　同方向同频率的简谐振动的合成

设一质点同时参与了两个同方向、同频率的简谐振动,即

$$x_1 = A_1 \cos (\omega t + \varphi_1)$$
$$x_2 = A_2 \cos (\omega t + \varphi_2)$$

式中 A_1、A_2 和 φ_1、φ_2 分别为两个简谐振动的振幅和初相,x_1、x_2 表示两振动的位移. 在任意时刻合振动的位移为

$$x = x_1 + x_2 = A_1 \cos (\omega t + \varphi_1) + A_2 \cos (\omega t + \varphi_2) \tag{2-11}$$

把上式展开,然后加以整理便可以得到合成结果,但是用旋转矢量法可以更简捷直观地得出结论.

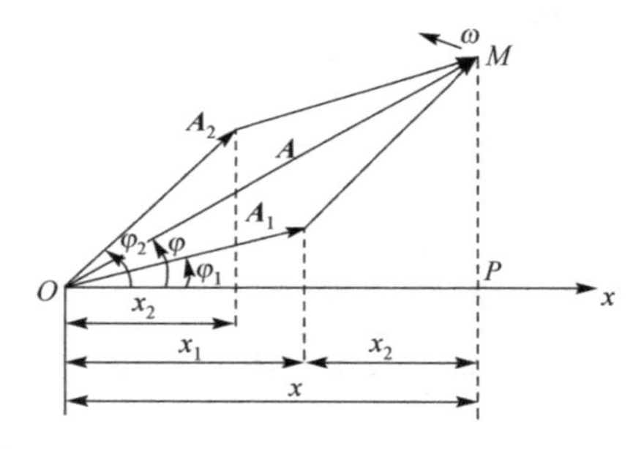

图 2.13　在 x 轴上两个同频率简谐振动合成

如图 2.13 所示旋转矢量 $\boldsymbol{A}_1$、$\boldsymbol{A}_2$ 分别表示简谐振动 x_1 和 x_2 的振幅矢量. $\boldsymbol{A}_1$、$\boldsymbol{A}_2$ 的合矢量为 $\boldsymbol{A}$,$\boldsymbol{A}$ 在 x 轴上的投影 $x = x_1 + x_2$.

因为 $\boldsymbol{A}_1$、$\boldsymbol{A}_2$ 以相同的角速度 ω 匀速旋转,所以在旋转过程中平行四边形的形状保持不变,因而合矢量 $\boldsymbol{A}$ 的长度保持不变,并以同一角速度 ω 匀速旋转. 因此,合矢量 $\boldsymbol{A}$ 就是相应的合振动的振幅矢量,而合振动的表达式为

$$x = A\cos (\omega t + \varphi)$$

参照图 2.13 利用余弦定理可求得合振幅为

$$A = \sqrt{A_1^2 + A_2^2 + 2A_1A_2 \cos (\varphi_2 - \varphi_1)} \tag{2-12}$$

由直角三角形 OMP 可以求得合振动的初相 φ 中满足

$$\tan\varphi = \frac{A_1 \sin\varphi_1 + A_2 \sin\varphi_2}{A_1 \cos\varphi_1 + A_2 \cos\varphi_2} \tag{2-13}$$

(2-12)式表明合振幅不仅与两个分振动的振幅有关,还与它们的初相差($\varphi_2 - \varphi_1$)有关. 下面是两个重要的特例.

(1) 两分振动同相,$\varphi_2 - \varphi_1 = 2k\pi$, $k = 0, \pm 1, \pm 2, \cdots$. 这时 $\cos(\varphi_2 - \varphi_1) = 1$,

由(2-12)式得

$$A=\sqrt{A_1^2+A_2^2+2A_1A_2}=A_1+A_2$$

合振幅最大.

(2) 两分振动反相，$\varphi_2-\varphi_1=(2k+1)\pi$，$k=0,\pm1,\pm2,\cdots$. 这时 $\cos(\varphi_2-\varphi_1)=-1$，由(2-12)式得

$$A=\sqrt{A_1^2+A_2^2-2A_1A_2}=|A_1-A_2|$$

合振幅最小. 当 $A_1=A_2$ 时，$A=0$，说明两个同幅反相的振动合成的结果将使质点处于静止状态.

当相差 $\varphi_2-\varphi_1$ 为其他值时. 合振幅的值在 A_1+A_2 与 $|A_1-A_2|$ 之间.

2.2.2 互相垂直的简谐振动的合成

设有一物体同时参与两个同频率互相垂直的分振动，其分振动的表达式分别为

$$x=A_1\cos(\omega t+\varphi_1)$$
$$y=A_2\cos(\omega t+\varphi_2)$$

在这两方程中，消去时间 t，就可得到合振动的轨迹方程.

$$\frac{x^2}{A_1^2}+\frac{y^2}{A_2^2}-\frac{2xy}{A_1A_2}\cos(\varphi_2-\varphi_1)=\sin^2(\varphi_2-\varphi_1) \quad (2\text{-}14)$$

由此可见，两个同频率的相互垂直振动合成时，在一般情况下，合振动为椭圆. 椭圆的形状由分振动的振幅及分振动的相位差 $(\varphi_2-\varphi_1)$ 决定. 下面讨论几种特殊情况.

(1) 若相差 $\Delta\varphi=\varphi_2-\varphi_1=0$，即分振动的相位相同时，(2-14)式变为

$$\frac{x^2}{A_1^2}+\frac{y^2}{A_2^2}-\frac{2xy}{A_1A_2}=0$$

因此有 $y=\dfrac{A_2}{A_1}x$，即合振动的轨迹是一条通过原点的直线，直线的斜率由分振动的振幅决定，如图 2.14 中第 1 小图所示.

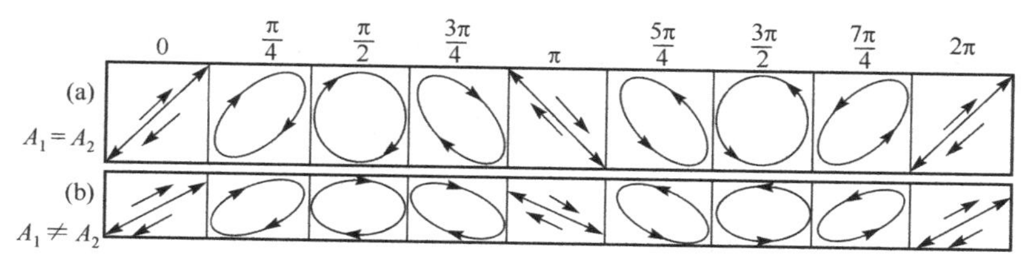

图 2.14 两个相互垂直的同频率的谐振动的合成

(2) 若 $\varphi_2-\varphi_1=\dfrac{\pi}{4}$，合振动的轨迹为一斜椭圆，并作顺时针运动，如第 2 小图所示.

(3) 若 $\varphi_2-\varphi_1=\dfrac{1}{2}\pi$，(2-14)式变为 $\dfrac{x^2}{A_1^2}+\dfrac{y^2}{A_2^2}=1$ 即合振动的轨迹为一正椭圆.

当 $A_1 = A_2$ 时上式变为圆方程式,即合振动为圆运动(第 3 小图).

(4) 若 $\varphi_2 - \varphi_1 = \pi$,(2-14)式变为 $y = -\frac{A_2}{A_1}x$,即当分振动的相位相反时,合振动仍为一条通过坐标原点的直线,但这时斜率为负(第 5 小图).

(5) 当 $\pi < \Delta\varphi < 2\pi$ 时,合振动轨迹做逆时针运动;当 $0 < \Delta\varphi < \pi$ 时,合振动轨迹作顺时针运动,这个结论在光学中将要用到.

如果两个相互垂直的谐振动具有不同的周期,且它们的周期有简单整数比时,也可以得到稳定而封闭的合振动的轨迹. 图 2.15 表示的是一些重要的特例,即 x 方向的振动周期 T_1 和 y 方向的振动周期 T_2 为一简单整数比 1∶1、1∶2、1∶3 时的运动轨迹,称为李萨如图形. 根据李萨如图形,可由一个频率已知的振动求得另一个振动的频率,这是电子学中常用的测定频率的一种方法.

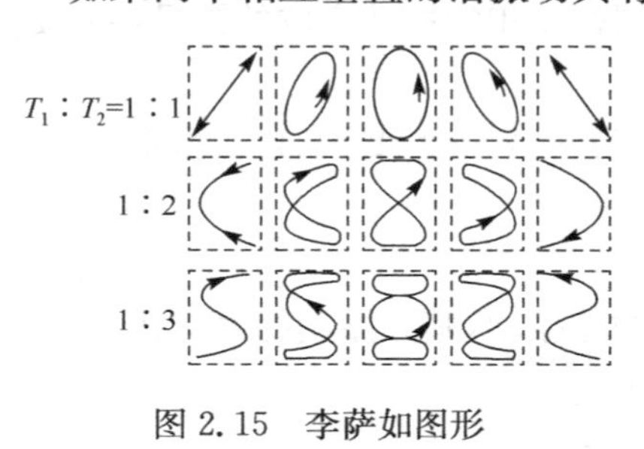

图 2.15　李萨如图形

2.3　波的描述

2.3.1　机械波的传播

一般的介质都由大量相互联系着的质点所组成. 当介质内的质点靠弹性相互作用相互联系时,这种介质称为弹性介质. 机械波的形成首先要有做机械振动的物体作为波源,其次就要有能够传播这种机械运动的弹性介质.

当波源的振动使介质中某一质点离开平衡位置时,由于形变,邻近的质点将对它作用一个弹性回复力,使它回到平衡位置,并在平衡位置附近振动起来. 同时这个质点也给邻近质点弹性力,迫使邻近质点也在它的平衡位置附近振动起来. 这样介质中各质点就由近及远依次振动起来,形成了波动.

按照介质中质点振动方向的不同,在弹性介质中的波基本上分成横波和纵波两类. 振动方向与波的传播方向垂直的波称为横波. 手执一端抖动一条软的绳子,可以产生横波. 振动方向与波的传播方向平行的波称为纵波,如声波. 固体能传播横波,也能传播纵波. 而气体只传播纵波.

波在一维介质中传播,只有正、反两个传播方向. 但在高维介质中,从振源发出的波可沿各种不同方向传播. 沿着每个传播方向看去,远处的介质是受近处振动的波及而振动起来的,其步调,即相位,自然要比近处落后. 从振源出发,波动同时到达的地点,振动的相位都相同. 同相位各点所组成的面,称为波阵面;表明波动传播方向的线,称为波线;在各向同性的介质中波线与波面垂直. 波面沿波线传播的速度称为波的相速,亦称波速.

在各向同性介质中，从点波源发出的波沿各方向传播的速度是一样的，波面为同心球面，这种波称为球面波. 用平面波源产生的波动，波面是平行平面，这种波称为平面波. 如图 2.16 所示.

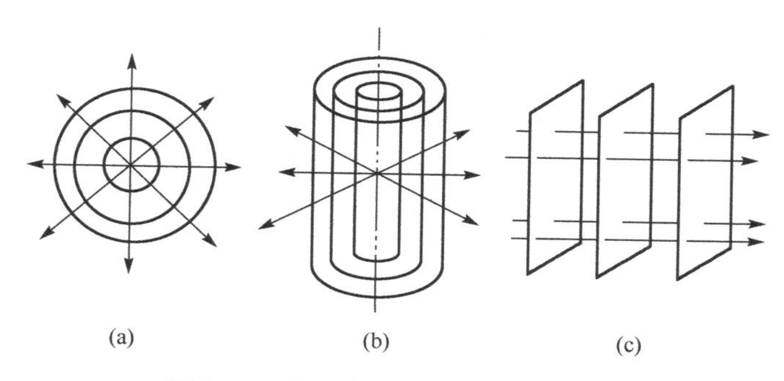

图 2.16 球面波、柱面波、平面波、波线

波速的大小取决于介质的性质，波速用 u 表示. 则可以证明，在拉紧的细绳中，横波波速由下式给出：

$$u = \sqrt{T/\eta}$$

式中 T 为绳索中的张力，η 为其质量线密度.

在固体介质中，横波和纵波的波速公式为

$$u_{横} = \sqrt{N/\rho}$$

$$u_{纵} = \sqrt{Y/\rho}$$

式中 ρ 为介质密度，N、Y 分别为介质的切变弹性模量和杨氏弹性模量. 一般在同一固体介质中，纵波的波速大于横波. 例如地震波中纵波速率为 6km/s，而横波速率约为 3.5km/s.

在液体或气体介质中，由于不可能发生切变，所以不能传播横波. 但因它们具有容变弹性，所以能传播纵波. 液体和气体中的波速公式为

$$u = \sqrt{B/\rho}$$

式中 B 为介质的容变弹性模量，ρ 为其密度. 在标准状态下，空气中的声速为 331m/s.

同一波线上两个相邻的振动步调相同(相位差为 2π)的点之间的距离称为波长，用 λ 表示. 波传播一个波长的距离所需时间称为波的周期，以 T 表示. 周期的倒数 $\frac{1}{T} = \nu$ 称为波的频率.

因为在一个周期内波前进一个波长，故有

$$u = \lambda/T = \lambda\nu \tag{2-15}$$

2.3.2 简谐波的波函数

波是振动的传播. 如果所传播的是简谐振动，即介质中各质元均做简谐振动，则相应的波称为简谐波. 简谐波是最基本最简单的波，任何复杂的波都可看成是若干频率不同的简谐波的叠加.

下面我们来看如何描述一个一维简谐波.

波函数(又称波的表达式)就是有波传播时弹性介质的运动函数. 由于波形成时，各质点都在振动，所以波函数应表示出任意一个质点在任意时刻的位移. 为简单起见我们只讨论一维简谐波.

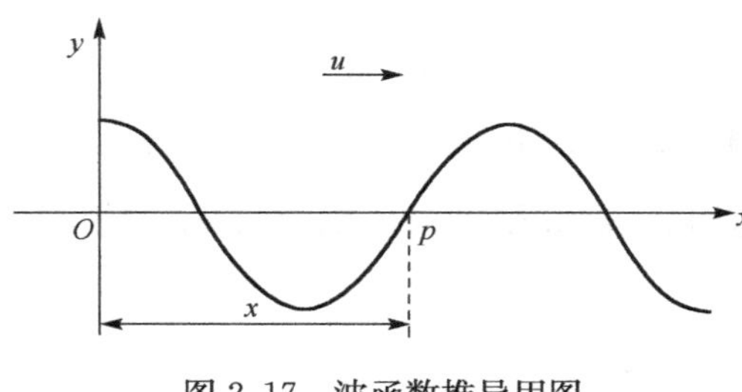

图 2.17 波函数推导用图

有一个一维简谐波以波速 u 沿 x 轴正方向传播，在 t 时刻的波形图如图 2.17 所示. 坐标原点处($x=0$)质点的振动位移为

$$y_0 = A\cos\omega t$$

同一时刻 t，距原点 x 处的 p 点的振动相位比 O 点落后，这是因为 p 点开始振动时刻比 O 点晚，所延迟的时间就是波从 O 点传播到 p 点所经历的时间 $\Delta t = x/u$. 于是 p 点 t 时刻的振动状态与振源(O 处) $t-\Delta t$ 时刻的振动状态相同，p 点 t 时刻的振动位移为

$$y(x,t) = A\cos\left[\omega\left(t-\frac{x}{u}\right)\right] \tag{2-16}$$

利用 $u=\lambda\omega/2\pi$，并定义 $k=\dfrac{2\pi}{\lambda}$ 为波数，则(2-16)式可以写成

$$y(x,t) = A\cos(\omega t - kx) \tag{2-17}$$

及

$$y(x,t) = A\cos\left[2\pi\left(\nu t-\frac{x}{\lambda}\right)\right] \tag{2-18}$$

其中 $(\omega t - kx)$ 表示位于 x 处质点在 t 时刻的振动状态，即振动的相位；x 越大，该处的相位比坐标原点处质点落后得越多. (2-16)式、(2-17)式、(2-18)式为简谐波各种形式的表达式，即波函数.

如果波沿 x 轴负方向传播，则沿 x 轴正向各质点振动相位将依次领先，我们可得到波函数为

$$y(x,t) = A\cos\left[\omega\left(t+\frac{x}{u}\right)\right] \tag{2-19}$$

下面进一步说明波函数的物理意义.

(1) 当 x 一定(即考察波线上的某一点)，则 y 仅为 t 的函数. 此时波函数表示距

原点为 x 处的给定点在不同时刻的位移,即该质点做简谐振动的情况.

(2) 当 t 一定时(即在某一瞬时),观察 x 轴上所有质点位移 y 的分布情况. 以 y 为纵坐标,x 为横坐标做给定时刻的 y-x 曲线,称为波形图.

由波形图可看出,在同一时刻,距波源为 x_1 和 x_2 的两质点,它们的相位是不同的. 由波函数 $y = A\cos(\omega t - kx)$ 可知,其相位差为

$$\Delta\varphi = k(x_2 - x_1) = \frac{2\pi}{\lambda}\Delta x \tag{2-20}$$

其中 $\Delta x = x_2 - x_1$ 称为波程差,上式表明了同一时刻,波线上两点相位差与波程差的关系.

(3) 如果 x、t 都在变化,波函数给出波线上所有各质点在各个时刻的位移,即波的传播情况. 图 2.18 给出了某一时刻 t_1 的波形图和稍后时刻 $t_1 + \Delta t$ 的波形图.

在时刻 t_1 的位移 y_1 为

$$y_1 = A\cos\left[\omega\left(t_1 - \frac{x}{u}\right)\right]$$

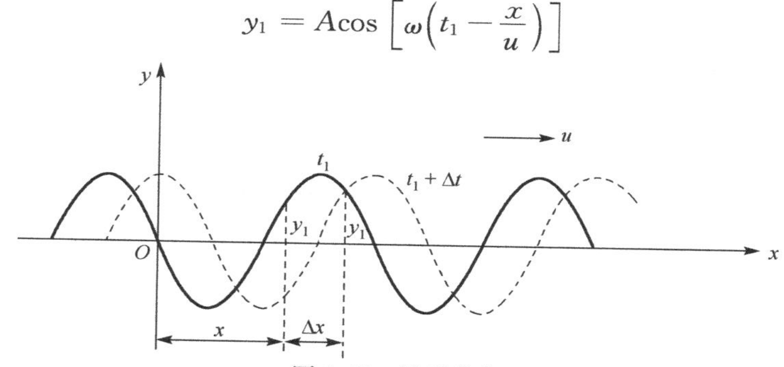

图 2.18　波形曲线

在 $t_1 + \Delta t$ 时刻的位移 y_1 应为

$$y_1 = A\cos\left[\omega\left(t_1 + \Delta t - \frac{x + \Delta x}{u}\right)\right]$$

比较两式有

$$t_1 - \frac{x}{u} = t_1 + \Delta t - \frac{x + \Delta x}{u}$$

整理后得

$$\Delta x = u\Delta t$$

这就是说在 Δt 时间内一定的位移 y_1 沿 x 轴传播了 $\Delta x = u\Delta t$ 的距离. 由于 y_1 是任意的,这就代表了整个波沿 x 轴传播了 $\Delta x = u\Delta t$, 即表示了波动的传播过程.

例 2.2　设有一简谐波 $y = 4 \times 10^{-2}\cos\left[2\pi\left(2000t - \frac{x}{0.20}\right)\right]$(SI),求此波的振幅、频率、波长、波速以及 x=10cm 处振动的初相位.

解　我们从简谐波的几种表达式中选择出与本题所给出的形式相似的一种

$$y = A\cos\left[2\pi\left(\nu t - \frac{x}{\lambda}\right)\right]$$

将它与所给平面简谐波的波函数作比较,可得

$$A = 4 \times 10^{-2}\,\mathrm{m}$$
$$\nu = 2000\,\mathrm{Hz}$$
$$\lambda = 20\,\mathrm{cm}$$

由关系式 $u = \lambda\nu$,可以求出波速

$$u = 20 \times 2000\,\mathrm{cm/s} = 4 \times 10^4\,\mathrm{cm/s} = 400\,\mathrm{m/s}$$

以 $t=0$,$x=10\mathrm{cm}$ 代入该波函数,可以求出 $x=10\mathrm{cm}$ 处质点振动的初相 φ

$$\varphi = -2\pi\frac{0.10}{0.20} = -\pi$$

例 2.3　一列平面简谐波以波速 u 沿 x 轴正向传播,波长为 λ,已知在 $x_0 = \lambda/4$ 处质点的振动表达式为 $y = A\cos\omega t$. 试写出波函数,并在同一张图上画出 $t = T$ 和 $t = \frac{5}{4}T$ 时的波形图.

解　设 x 轴上任一点 p 处质点的坐标为 x,则它的振动要比 x_0 处质点的相位落后. 由 $\Delta\varphi = \frac{2\pi}{\lambda}\Delta x$ 得

$$2\pi(x - x_0)/\lambda = 2\pi\left(x - \frac{\lambda}{4}\right)\Big/\lambda = 2\pi x/\lambda - \frac{1}{2}\pi$$

因此 p 点的振动方程为

$$y = A\cos\left(\omega t - \frac{2\pi}{\lambda}x + \frac{1}{2}\pi\right)$$

这就是所求的波函数.

现在来画波形曲线图. 由于波的周期性,$t=T$ 时的波形曲线应与 $t=0$ 时的波形曲线相同,而 $t=0$ 时波形曲线由下式给出:

$$y = A\cos\left(-\frac{2\pi}{\lambda}x + \frac{\pi}{2}\right) = A\sin\frac{2\pi}{\lambda}x$$

见图 2.19,$t=5T/4$ 时的波形曲线应比 $t=T$ 时的波形曲线向正 x 方向平移一段距离 Δx

$$\Delta x = u\Delta t = u\left(\frac{5}{4}T - T\right) = \frac{1}{4}uT = \frac{1}{4}\lambda$$

波形图如图 2.19 所示.

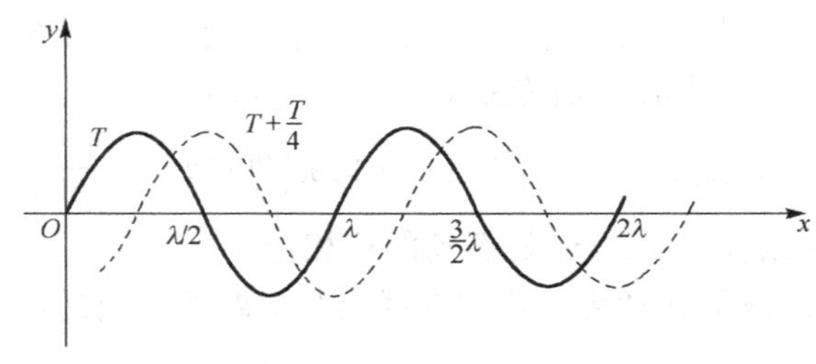

图 2.19

2.4　波的衍射和干涉

当波在传播途中遇到障碍物时,能够绕过障碍物的边缘继续前进,这种现象称为波的绕射或衍射. 波的衍射现象可以用惠更斯原理解释.

2.4.1　惠更斯原理

惠更斯原理是研究波动传播方向的一个基本原理. 它的内容是:介质中任一波阵面上的各点,都可以看作是发射子波的波源,其后任一时刻,这些子波的波阵面的包迹就是新的波阵面. 因此,根据惠更斯原理,只要知道某一时刻的波阵面,就可以用几何方法决定下一时刻的波阵面. 如图 2.20(a)所示,以 O 为中心的球面波的波速 u 在各向同性的均匀介质中传播,在 t 时刻的波阵面是半径为 R_1 的球面 S_1, 根据惠更斯原理, S_1 上各点都可以看成是发射子波的点波源. 以 S_1 上各点为中心,以 $r = u\Delta t$ 为半径,可以画出许多球形的子波,这些子波在波行进的前方的包迹面 S_2, 就是 $t + \Delta t$ 时刻新的波阵面. 显然, S_2 是以 O 为中心,以 $R_2 = R_1 + u\Delta t$ 为半径的球面.

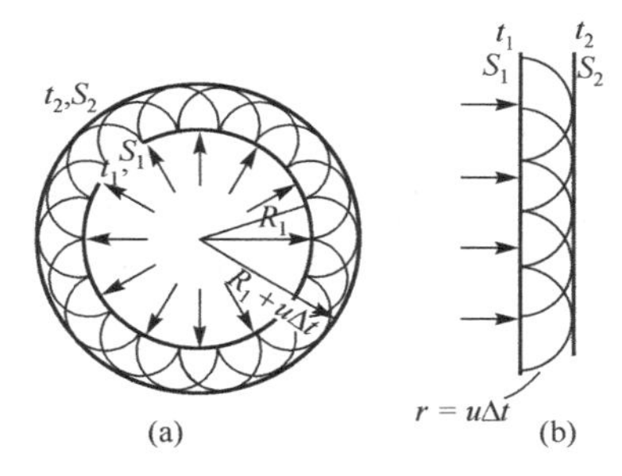

图 2.20　惠更斯原理

同理,若已知平面波在某时刻的波阵面 S_1, 也可以根据惠更斯原理,应用同样的方法,画出以后时刻的新的波阵面 S_2, 如图 2.20(b)所示.

2.4.2　波的衍射

用惠更斯原理可以解释波的衍射现象. 如图 2.21(a)所示,一平面波在传播过程中遇到一平行于波面的屏 AB,屏上有一缝,缝的宽度 d 可与波的波长 λ 相比拟. 按惠更斯原理,波面在缝中的各点都看作子波的波源, Δt 时间后,每个子波源都发出以 $u\Delta t$ 为半径的球面子波. 这些子波包迹就是通过缝后的新波面. 由图可见,波能偏离原入射方向绕过边缘前进. 这就是波的衍射现象. 若狭缝非常小,衍射现象更明显,新波阵面如图 2.21(b)所示.

波的衍射现象与障碍物相对于波长的大小有关. 某障碍物,若对于波长较长的声波来说(约米的数量级),可以看作小障碍物,声波就能绕过它发生明显的衍射现象,例如躲在大树后面的人,能听到别人说话的声音. 而对于波长较短的光波来说(约 10^{-7} 米的数量级),同一障碍物就是一个很大障碍物,光波通过它时的衍射现象很不明显,例如用手电筒去照躲在大树后的人,光线就照不到他,道理也就在此.

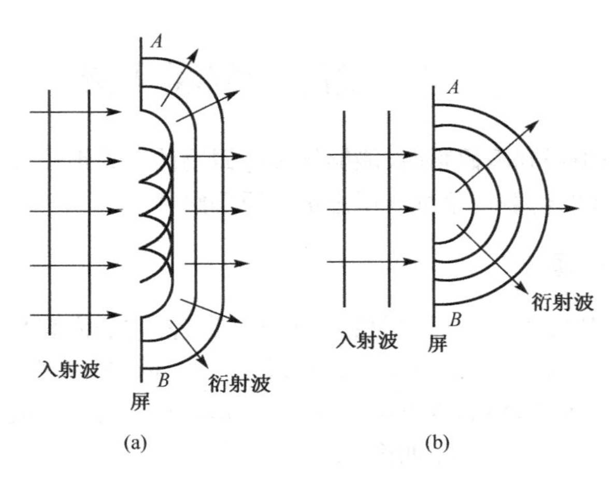

图 2.21　波的衍射

惠更斯原理不是完善无缺的，它不能解决衍射波的强度分布问题，后来菲涅耳补充了惠更斯原理的不足，引入波相干叠加的因素，就很好地解决了这个问题. 这一点将在波动光学一章中详细介绍.

2.4.3　波的干涉

1. 波的叠加原理

当几列波同时在一种介质中传播时，各波都在相遇区保持自己原有的特性（频率、波长、振动方向等），沿着各自原来的传播方向继续前进. 在各个波重叠处，质点的振动位移是各个波单独存在时在该点引起振动位移的矢量和. 这称为波的叠加原理，或波的独立传播性.

波的叠加原理我们在生活中见得很多，例如两粒石子在平静的水池中激起的两个波可以互不干扰地相互贯穿而过. 又如管弦乐队演奏乐曲时，各种乐器的声音叠加的效果是十分和谐的乐音，但是人们仍能够分辨出其中不同的乐器的声音.

2. 波的干涉

现在我们来讨论一种最重要的波的叠加情形，即频率相同、振动方向相同、相位差恒定的两列波的叠加.

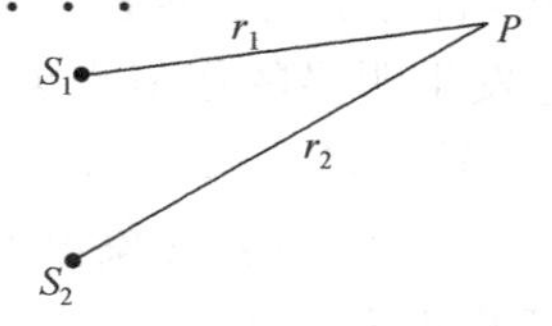

图 2.22　波的干涉图

如图 2.22 所示，设 S_1、S_2 为满足以上条件的两个波源，其振动方向垂直图面，它们的振动方程为

$$y_{10} = A_{10}\cos(\omega t + \varphi_1)$$

$$y_{20} = A_{20}\cos(\omega t + \varphi_2)$$

由这两个波源发出的波在空间任一点 P 相遇，P 点的振动可

由叠加原理求得. 设 P 点到 S_1、S_2 的距离分别为 r_1、r_2，两个波到达 P 点时的振幅分别为 A_1、A_2，波长为 λ，则到达 P 点的两个分振动位移为

$$y_1 = A_1\cos\left(\omega t + \varphi_1 - \frac{2\pi}{\lambda}r_1\right)$$

$$y_2 = A_2\cos\left(\omega t + \varphi_2 - \frac{2\pi}{\lambda}r_2\right)$$

两波到达 P 点时的相位差为

$$\Delta\varphi = \varphi_2 - \varphi_1 - \frac{2\pi}{\lambda}(r_2 - r_1) \tag{2-21}$$

由于 y_1 和 y_2 是两个同方向、同频率的简谐振动，根据叠加原理 P 点的合振动为

$$y = y_2 + y_1 = A\cos(\omega t + \varphi)$$

式中 A 为合振幅，由下式确定：

$$A^2 = A_1^2 + A_2^2 + 2A_1A_2\cos\Delta\varphi \tag{2-22}$$

由于波的强度正比于振幅的平方，用 I_1、I_2 和 I 分别表示两分振动和合振动的强度时，就有

$$I = I_1 + I_2 + 2\sqrt{I_1I_2}\cos\Delta\varphi$$

两波的相位差 $\Delta\varphi$ 决定了合振幅的大小. 其中 $\varphi_2 - \varphi_1$ 是两波源的初相位差. $\frac{2\pi}{\lambda}(r_2 - r_1)$ 是由于波的传播路程(简称波程)不同而产生的相位差. 对空间任一点 P 来说，$(r_2 - r_1)$ 是一定的，如果波源的相位差恒定则两列波在 P 点的相位差 $\Delta\varphi$ 也将保持恒定. 因此，两个频率相同、相位差恒定、振动方向相同的波源所发出波叠加结果将是合振幅 A(或强度 I)在空间形成稳定的分布. 这种现象称为**干涉**. 能产生干涉现象的两列波称**相干波**，相应的波源称为**相干波源**.

两列波发生干涉时，在合振幅最大的地方，强度最大称为**干涉相长**；在合振幅最小的地方，强度最小称为**干涉相消**，由(2-21)式和(2-22)式可知干涉相长的条件是

$$\Delta\varphi = \varphi_2 - \varphi_1 - \frac{2\pi}{\lambda}(r_2 - r_1) = 2k\pi, \qquad k = 0, \pm 1, \pm 2, \cdots \tag{2-23}$$

即

$$A = A_{\max} = A_1 + A_2$$

干涉相消的条件是

$$\Delta\varphi = (\varphi_2 - \varphi_1) - \frac{2\pi}{\lambda}(r_2 - r_1) = (2k+1)\pi, \qquad k = 0, \pm 1, \pm 2, \cdots \tag{2-24}$$

即

$$A = A_{\min} = |A_1 - A_2|$$

如果 $\varphi_2 = \varphi_1$，即两相干波为同相波源时，则 $\Delta\varphi$ 仅决定于波程差 $(r_2 - r_1)$. 用 δ 表示波程差，则(2-23)式和(2-24)式可简化为

$$\delta = r_2 - r_1 = k\lambda, \quad k = 0, \pm 1, \pm 2, \cdots \qquad \text{(最大强度)} \tag{2-25}$$

$$\delta = r_2 - r_1 = (2k+1)\frac{\lambda}{2}, \quad k = 0, \pm 1, \pm 2, \cdots \qquad \text{(最小强度)} \tag{2-26}$$

上式说明，两个同相相干波源发出的波叠加时波程差等于波长整数倍的各点，强度最大；波程差等于半波长奇数倍的各点，强度最小. 所以两列波产生干涉时，相遇区某些地方振动始终加强，某些地方振动始终减弱，因而强度有一稳定分布.

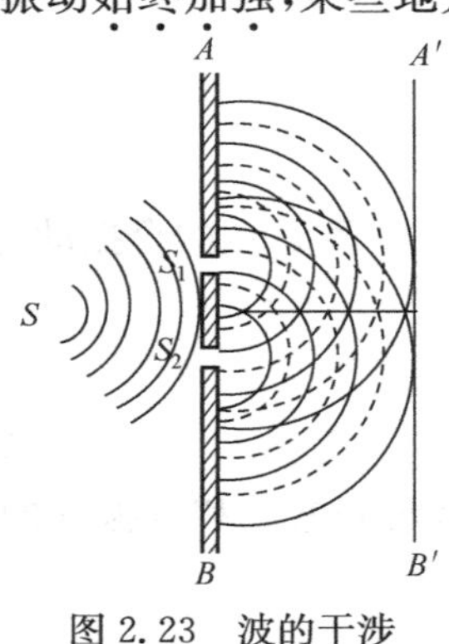

图 2.23　波的干涉

实验可用下述方法获得相干波源. 设 S 为一球面波的波源，如图 2.23 所示，在波源附近放置具有 S_1、S_2 两个小孔的障碍物 AB，S_1、S_2 可以看作两个新的源，它们是满足相干条件的一对相干波源，所以在 AB 的右边空间会产生干涉现象. 如果 S_1、S_2 是两个相干声源，那么话筒沿着 $A'B'$ 的移动，可以听到强度交替地变化的声音.

例 2.4　波源位于同一介质中 A、B 两点如图 2.24 所示，其振幅相等，频率皆为 100Hz，B 比 A 相位超前 π，若 A、B 相距 30m，波速为 400m/s，试求 AB 连线上因干涉而静止和干涉加强的位置.

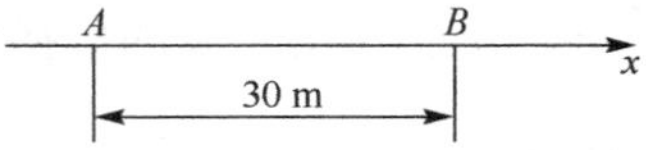

图 2.24

解　(1) 取点 A 为坐标原点，AB 连线方向为 x 轴正方向，如图 2.25(a)所示. 在 AB 间取任意一点 P，$r_A = x$，则 $r_B = 30 - x$，按题意，$\varphi_B - \varphi_A = \pi$，$\lambda = \dfrac{u}{\nu} = \dfrac{400}{100}\text{m} = 4\text{m}$，则 $\Delta\varphi = \varphi_B - \varphi_A - 2\pi\dfrac{r_B - r_A}{\lambda} = \pi(x - 14)$. 按减弱条件，则令 $\Delta\varphi = \pi(x-14) = (2k+1)\pi$，得 $x = 15 + 2k$. 所以，在 AB 连线上，因干涉而静止的各点的位置为

k	−7	−6	−5	−4	−3	−2	−1	0	1	2	3	4	5	6	7
x	1	3	5	7	9	11	13	15	17	19	21	23	25	27	29

(2) 在点 A 左侧任取一点，如图 2.25(b)所示. $r_A = -x$，$r_B = -x + 30$，则

$$\Delta\varphi = \varphi_B - \varphi_A - 2\pi\frac{(-x+30)-(-x)}{4} = -14\pi$$

同理，在点 B 右侧任取一点，如图 2.25(c)所示 $r_A = x$，$r_B = x - 30$，则

$$\Delta\varphi = \varphi_B - \varphi_A - 2\pi\frac{r_B - r_A}{\lambda} = \pi - 2\pi\frac{(x-30)-x}{4} = 16\pi$$

$\Delta\varphi = -14\pi$ 和 16π 满足加强条件：$\Delta\varphi = 2k\pi$，$k = 0, \pm 1, \pm 2, \cdots$，所以在点 A 左侧和点 B 右侧任一点处均为干涉加强.

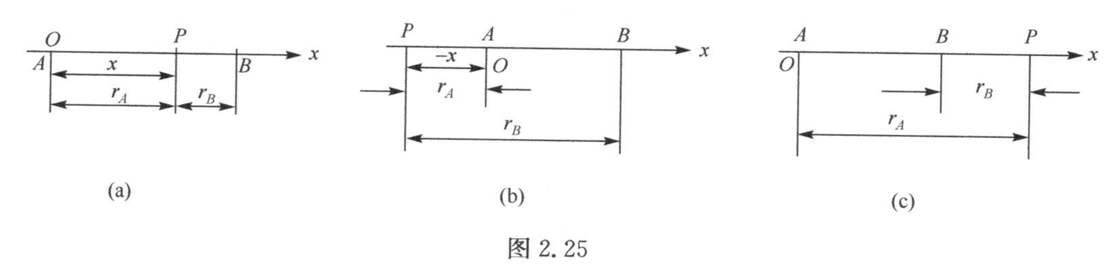

图 2.25

2.5 声波及超声波的生物效应

2.5.1 声波

声波是机械纵波. 其频率在 20Hz 到 20000Hz 之间的波，能引起人的听觉，称为可闻声波，简称声波. 频率低于 20Hz 的称为次声波；高于 20000Hz 的称为超声波.

声波具有机械波的一般特性，这里我们只介绍声波的某些特殊问题.

声强和声强级. 介质中有声波传播，也伴随着能量的传播. 声波的能流密度称为**声强.**

$$I = \frac{1}{2}\rho u A^2 \omega^2 \tag{2-27}$$

由上式可知，声强与频率的平方、振幅的平方成正比. 声强的单位是 W/m^2.

引起人的听觉的声波，不仅要求有一定的频率范围，而且要求有一定的声强范围，声强太大，只能引起痛觉；声强太小，不能引起听觉. 能引起人的听觉的声强范围大约为$10^{-12}\sim 1W/m^2$. 可见，声强的变化范围是很大的. 因此，在声学中常用声强级来描述声波的强弱.

通常规定声强 $I_0 = 10^{-12}W/m^2$(即当频率为 100Hz 的声波能够引起听觉的最弱的声强)作为声强的标准. 如果某一声强为 I，则 I 与 I_0比值的对数，即

$$L = \log\frac{I}{I_0} \tag{2-28}$$

L 称为相应于声强 I 的声强级. L 的单位为贝尔(Bel). 由于贝尔这个单位太大，所以通常采用分贝(dB)为单位，它的定义是

$$L = 10\log\frac{I}{I_0}(\text{dB}) \tag{2-29}$$

声音响度是人对声音强度的主观感觉，它与声强级有一定的关系，声强级越大，人感觉越响. 表 2.1 给出了常见的一些声音的声强级和响度.

表2.1 几种声音的声强、声强级和响度

声源	声强/(W/m^2)	声强级/(dB)	响度
聚焦超声波	10^9	210	
炮声	1	120	
痛觉阈	1	120	
铆钉机	10^{-2}	100	震耳
闹市车声	10^{-5}	70	响
通常谈话	10^{-6}	60	正常
室内轻声收音机	10^{-8}	40	较轻
耳语	10^{-10}	20	轻
树叶沙沙声	10^{-11}	10	极轻
听觉	10^{-12}	0	

2.5.2 超声波及其生物效应

从物理观点来看，声波、次声波和超声波没有本质上的不同.因此广义上的声波包括次声波和超声波，只是次声波和超声波不能引起人耳听觉，而且有其各自的特点.

1.超声波

超声波的特点是频率高，一般在气体中使用的超声波频率达10^6 Hz，在固体和液体中使用的超声波频率可达10^9 Hz，它的波长很短，一般为$10^{-6}\sim10^{-4}$ m.由于超声波的频率高，波长短，使它有很多特殊的物理特性.

(1) 由于波长短，衍射现象不显著，近似沿直线传播，方向性好，便于定向发射.

(2) 超声波的频率高，功率(声强)大，功率可达$10^5\sim10^8$ W/m^2.

(3) 超声波在液体中传播时，会引起空化作用.由于液体耐压不耐拉，当频率高、功率大的超声波作用于液体介质时，液体不断受到压缩和拉伸.如果液体支持不住这种拉力就会产生断裂，在液体内形成“空穴”(短暂的近似真空的空间).当空穴发生崩溃时，空穴内部最大瞬时压强可达几万大气压，同时产生局部高温以及放电现象等，这种现象称为**空化作用**.

(4) 固体和液体对超声波吸收很弱，因此它在固体和液体中传播时，衰减很小，穿透本领很大.

由于超声波的这些特点，它在科学技术和工农业生产上有广泛的应用.这些应用大致分成两大类.

一类是利用超强机械振动和高能量密度及空化等作用.比如可用来制备乳化剂和胶液；进行超声清洗.在生物学研究中有时要打碎细胞或其他组织等，超声破碎有特别好的效果.另外科学家正在研究超声波的生物效应.作物的种子经超声处理可以提高发芽率，并可以打破某些种子的“休眠期”，还可能在遗传性方面发生变异，所以可以用这种方法培育作物新品种. 超声波还是生物工程中外源基因引入的一种手段. 由于生物组织的复杂性，超声波的生物效应也是一个非常复杂的过程，已经发现，细胞组织、染色体、原生质以及新陈代谢、酶的活性等都会因超声的作用而发生变化. 总之，超声波的生物效应是一个值得进一步研究和探索的课题.

另一类是利用超声传播特点即超声的方向性好，在界面上有强反射，并易于探测等特性. 常用超声探测工件内部缺陷. 也可以检查人体和家畜内部病变. 这就是人们常说的“B”超. 所谓 B 超就是超声波 B 型显示切面成像方法的简称. 它把照到人体内部的超声波的反射波，用声电管把声信号变换为电信号，再用显像管显示出来，形成脏器或异物的图像，其情况与将该处切开后用相机从纵切面拍摄的照片相似，随着激光全息技术的发展，声全息也日益发展起来. 把声全息记录的信息再用光显示出来. 可看到被检测物体的三维图像. 声全息在医学、生物工程、地质等领域都有重要意义.

2. 次声波

次声波又称亚声波，它与地球、海洋和大气等的大规模运动有密切关系. 例如火山爆发、地震、陨石落地、大气湍流、雷暴、磁暴等自然活动中，都有次声波产生，因此次声波已成为研究地球、海洋、大气等大规模运动的有力工具.

次声波频率低，衰减极小，具有远距离传播的突出优点. 在大气中传播几千千米后，吸收还不到万分之几分贝. 因此对它的研究和应用受到越来越多的重视，已形成现代声学的一个新的分支——次声学.

本章小结

1. 简谐振动表达式：$x = A\cos(\omega t + \varphi)$.

三个特征量：振幅 A——决定于振动的能量；

角频率 ω——决定于振动系统的性质；

初相 φ——决定于起始时刻的状态.

2. 振动的相位：$(\omega t + \varphi)$.

两个同频率的振动的相位差：同相，$\Delta\varphi = 2k\pi$；反相，$\Delta\varphi = (2k+1)\pi$.

3. 简谐振动的能量：$E = E_k + E_p = \frac{1}{2}kA^2$.

4. 两个简谐振动的合成

(1) 同一直线上两个同频率振动：合振动仍为简谐振动，合振动的振幅决定于两分振动的振幅和相位差.

(2) 相互垂直的两个同频率振动：合振动的运动轨迹一般为椭圆，其具体形状决定于两个分振动的相位差和振幅.

(3) 相互垂直的两个不同频率的振动：两个分振动周期为简单整数比时，运动轨迹为李萨如图.

5. 波速、周期和波长

波速 u：单位时间内振动传播的距离，其值决定于介质的性质.

波的周期 T：波的各质元完成一次全振动所需的时间，表示波在时间上的周期性.

波长 λ：沿着波线相差为 2π 的两点间的距离，表示波在空间上的周期性.

波的频率 ν：单位时间内通过波线上某点的“完整波”的数目.

$$T=\frac{1}{\nu}, \qquad u=\frac{\lambda}{T}$$

6. 一维简谐波

已知某点的振动表达式和波速就可写出波函数

$$y=A\cos\left[\omega\left(t-\frac{x}{u}\right)\right]=A\cos\left[2\pi\left(\nu t-\frac{x}{\lambda}\right)\right]=A\cos(\omega t-kx)$$

其中 $k=\dfrac{2\pi}{\lambda}$ 为波数.

7. 惠更斯原理：介质中波阵面上的各点都可看作发射子波的波源，其后任一时刻这些子波的波面的包迹就是新的波阵面.

8. 波的叠加原理：几列波可以保持各自的特点通过同一介质，好像没有其他波一样. 在它们重叠的区域内，每一质点的振动是各个波单独在该点产生的振动的合成.

9. 波的干涉

现象：几列波叠加时产生强度的稳定分布.

波的相干条件：频率相同，振动方向相同，相位差恒定.

两相干波源发出的波叠加时，干涉加强或减弱的条件由波在某处的相位差 $\Delta\varphi$ 决定

$$\Delta\varphi=\varphi_2-\varphi_1-\frac{2\pi}{\lambda}(r_2-r_1)$$

当 $\Delta\varphi=2k\pi$，振幅最大；当 $\Delta\varphi=(2k+1)\pi$，振幅最小.

10. 声强级

$$L=\log\frac{I}{I_0}\,(\mathrm{Bel})$$

式中 $I_0=10^{-12}\,\mathrm{W/m^2}$.

思 考 题

1. 当一个给定的弹簧振子的振幅加倍时，问下列物理量将如何变化？振动的周期、最大速度、最大加速度和振动的能量.

2. 已知一弹簧振子在 $t=0$ 时物体的位置，问能否用此条件确定其初相位？为什么？试用旋转矢量法加以分析说明.

3. 两个简谐振动的能量相同，振幅也相同，问它们的最大速度是否也一定相同？

4. 同方向同频率的两个简谐振动合成结果是否是简谐振动？如果是，其频率等于多少？振幅由哪些因素决定？

5. 什么叫波动？波动与振动有什么区别？有什么联系？

6. 当波动从一种介质传播到另一种介质时，波长、波速和波的周期三个物理量中，哪些是变化的？哪些是不变的？试加以分析.

7. 简谐波的表达式中，坐标原点是否一定要取在波源处？为什么？

8. 当原点 O 处的振动方程为 $x=A\cos(\omega t+\varphi_0)$ 时，波从 O 点传播到距离 x 处 P 点时，由于 P 点比 O 点振动时刻晚 $\frac{x}{u}$，因而 O 点 t 时刻的相位对 P 点要在 $(t+\frac{x}{u})$ 时刻才出现，若由此出发，把沿 x 轴正方向传播的平面简谐波的表达式写成 $y=A\cos[\omega(t+\frac{x}{u})+\varphi_0]$ 的形式，问是否可以？为什么？

9. 平面简谐波的表达式 $y=A\cos[\omega(t-\frac{x}{u})+\varphi_0]$ 中，$\frac{x}{u}$ 表示什么？φ_0 表示什么？如写成 $y=A\cos(\omega t-\frac{\omega}{u}x+\varphi_0)$，则 $\frac{\omega}{u}x$ 又表示什么？

10. 波的干涉条件是什么？若两波源发出的振动方向相同、频率相同的两列波，当它们在空间相遇时，是否一定发生干涉？为什么？

11. 两相干机械波，它们波源振动的相位差为 π，发出的两列相干波在空间 P 点相遇，若达 P 点的波程差为半波长的偶数倍时，P 点振动是加强还是减弱？试加以说明.

习　题　2(A)

1. 一个质点做简谐振动，振幅为 A，在起始时刻质点的位移为 $\frac{1}{2}A$，且向 x 轴的正方向运动，代表此简谐振动的旋转矢量图为　　[　　]

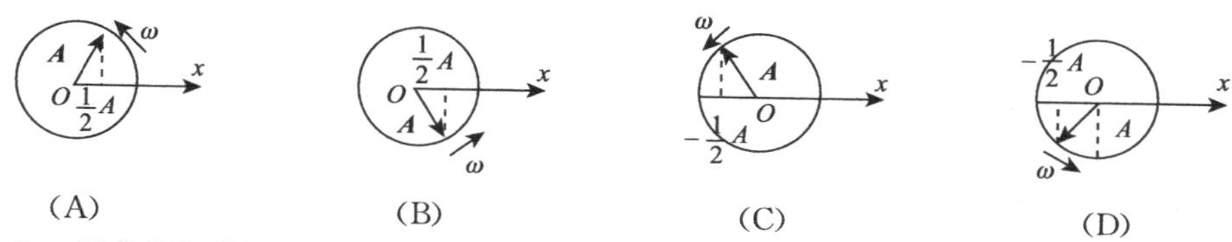

2. 一质点做简谐振动，周期为 T. 当它由平衡位置向 x 轴正方向运动时，从二分之一最大位移处到最大位移处这段路程所需要的时间为　　[　　]

(A) $T/4$.　　(B) $T/12$.　　(C) $T/6$.　　(D) $T/8$.

3. 一弹簧振子做简谐振动，振幅为 A，周期为 T，其运动方程用余弦函数表示. 若 $t=0$ 时，

(1)振子在负的最大位移处，则初相位为__________；

(2)振子在平衡位置向正方向运动，则初相位为__________；

(3)振子在位移为 $A/2$ 处，且向负方向运动，则初相位为__________.

4. 两个同方向简谐振动的振动方程分别为

$$x_1=3\times10^{-2}\cos\left(10t+\frac{3}{4}\pi\right)\text{(SI)},\quad x_2=4\times10^{-2}\cos\left(10t+\frac{1}{4}\pi\right)\text{(SI)}$$

则合振动的振幅为__________cm.

5. 一质点做简谐振动，其振动方程为 $x=0.24\cos\left(\frac{1}{2}\pi t+\frac{1}{3}\pi\right)$(SI)，试用旋转矢量法求出质

点由初始状态($t=0$ 的状态)运动到 $x=-0.12\text{m}, v<0$ 的状态所需最短时间 t.

6. 两个同方向简谐振动的振动方程分别为

$$x_1=5\times10^{-2}\cos(10t+3\pi/4)\text{(SI)},\qquad x_2=6\times10^{-2}\cos(10t+\pi/4)\text{(SI)}.$$

求合振动方程.

习 题 2(B)

1. 已知一平面简谐波动方程为 $y=A\cos(at-bx+\pi/2)$(a、b 为正值),则 [　　]

(A)波的频率为 a.　　(B)波的周期为 $2\pi/a$.

(C)波长为 π/b.　　(D)波的传播速度为 b/a.

2. 机械波的表达式为 $y=0.03\cos6\pi(t+0.01x)$(SI),则 [　　]

(A)其振幅为 3m.　　(B)其周期为 $\frac{1}{3}$s.

(C)其波速为 10m/s.　　(D)波沿 x 轴正向传播.

3. 一平面简谐波的波动方程为 $y=0.25\cos(125t-0.37x)$,其波速 $u=$________m/s,波长 $\lambda=$________m,圆频率 $\omega=$________rad/s.

4. 频率为 500Hz 的波,其速度为 350m/s,相位差为 $2\pi/3$ 的两点间距为________m.

5. 如题图 2.1 所示,一平面波在介质中以波速 $u=20\text{m/s}$ 沿 x 轴负方向传播,已知 A 点的振动方程为 $y=6\times10^{-2}\cos4\pi t$(SI).

(1)以 A 点为坐标原点写出波的表达式;

(2)以距 A 点 5m 处的 B 点为坐标原点,写出波的表达式.

u
x
B　A

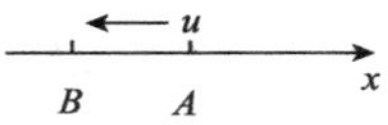

题图 2.1

6. 在均匀介质中,有两列余弦波沿 Ox 轴传播,波动表达式分别为 $y_1=A\cos[2\pi(vt-x/\lambda)]$ 与 $y_2=2A\cos[2\pi(vt+x/\lambda)]$,试求 Ox 轴上合振幅最大与合振幅最小的那些点的位置.

物理科技

超 声 技 术

超声技术是一门以物理、电子、机械及材料学为基础的通用技术之一. 超声技术是通过超声波产生、传播及接收的物理过程而完成的. 超声波具有聚束、定向及反射、透射等特性. 按超声振动幅大小不同大致可分为:

(1) 用超声波使物体或物性变化的功率应用称功率超声,例如,在液体中产生足够大的能量,产生空化作用,能用于清洗、乳化.

(2) 用超声波得到若干信息,获得通信应用,称检测超声,例如,用超声波在介质中的脉冲反射对物体进行厚度测试称超声测厚.

一、超声波清洗及应用

1. 超声波清洗原理

超声波清洗属物理清洗，把清洗液放入槽内，在槽内作用超声波. 由于超声波与声波一样是一种疏密的振动波，在传播过程中，介质的压力作交替变化. 在负压区域，液体中产生撕裂的力，并形成真空的气泡. 当声压达到一定值时，气泡迅速增长，在正压区域气泡由于受到压力挤破灭、闭合. 此时，液体间相互碰撞产生强大的冲击波. 虽然位移、速度都非常小，但加速度却非常大，局部压力可达几千个大气压，这就是所谓的空化效应.

2. 影响清洗效果的几个因素

(1) 与频率有关

一般频率越低空化效果越明显，但噪声相对较高，适用于物体面相对平整的物体. 频率越高，空化效果越差，但噪声相对较低，适用于微孔、盲孔较多的物体及电子晶体等.

(2) 与温度有关

温度可以影响清洗液的表面张力和黏度，从而影响清洗效果. 一般 30～50℃的介质温度清洗效果最好.

(3) 与声强有关

声波的能量强度与超声波清洗频率有关，频率越高，则声波振荡越强. 根据频率不同，声强一般选在 1～2W/cm^2 左右.

(4) 与清洗液有关

清洗液是超声波清洗过程中的介质在声波作用下，通过能量传递来分解污垢. 一般来说，清洗液的黏度越低含气量越高，清洗效果越好.

(5) 与清洗液的深度及被清洗物的位置有关

清洗液的深度及被清洗物的位置会影响超声波的传播路径和效果. 对于一些复杂的清洗物结构，需要调整清洗参数以确保清洗效果.

3. 超声波清洗机在各种领域的应用

由于超声波清洗本身具有其他物理清洗或化学清洗无可比拟的优越性，因此广泛应用于服务业、电子业、医药业、实验室、机械业、硬质合金业、化学工业等诸多领域，下面就个别行业作简单介绍.

(1) 在服务业中的应用

日常生产中，眼镜、首饰都可以用超声波进行清洗，速度快，无损伤，大型的宾馆、饭店用它清洗餐具，不仅清洗效果好，还具有杀灭病毒的作用.

(2) 超声波在微粉业的应用

众所周知,要取得不同大小的颗粒,是把破碎料放在球磨机内研磨后,经过不同规格筛子层层筛分而得的. 筛子长时间使用后,筛孔会被堵塞(如金刚石筛),用其他方法刷洗会破坏筛子,且效果不理想,用超声波清洗,不仅不损坏筛子,而且筛子上面的堵塞颗粒完全被回收.

(3) 超声波在制药工业的应用

超声波清洗技术经过众多制药企业的应用而得到广泛使用,特别是对西林瓶、口服液瓶、安瓶、大输液瓶的清洗以及对丁基胶塞、天然胶塞的清洗方面,已经得到广泛好评.

(4) 超声波对金属的清洗

众所周知,金属棒材经挤压成丝后,金属丝的外部往往有一层碳化膜和油,用酸清洗或其他清洗方法,很难让污物去除(尤其整盘丝),超声波洗丝机是根据实际生产需要而设计的一种连续走丝,高效清洗设备,粗洗部分由清洗液储槽、换能器、循环泵、过滤器及配套管道系统组成,金属丝经超声波粗洗精洗后,再经过吹干,从而完成整个清洗过程.

(5) 超声波清洗技术在磷化处理中的应用

产品喷涂前处理工艺非常重要,一般的传统工艺使用酸液对工件进行处理,对环境污染较重,工作环境较差,同时,最大的弊端是结构复杂零件酸洗除锈后的残酸很难冲洗干净. 工件喷涂后,时间不长,沿着夹缝出现锈蚀现象,破坏涂层表面,严重影响产品外观和内在质量. 超声波清洗技术应用到涂装前处理后,不仅能使物体表面和缝隙中的污垢迅速剥落,而且涂装件喷涂层牢固不会返锈.

二、超声波测厚及应用

在工业领域中超声波测厚是一门成熟的高新技术,它的最大优点是检测安全、可靠及精度高,而且它可以巡回在运行状态进行检测. 超声测厚仪按工作原理分:有共振法、干涉法及脉冲反射法等几种,由于脉冲反射法并不涉及共振机理,与被测物表面的光洁度关系不密切,所以超声波脉冲法测厚仪是最受欢迎的一种仪表.

1. 工作原理

超声波测厚仪主要由主机和探头两部分组成. 主机电路包括发射电路、接收电路、计数显示电路三部分,由发射电路产生的高压冲击波激励探头,产生超声发射脉冲波,脉冲波经介质界面反射后被接收电路接收,通过单片机计数处理后,经液晶显示器显示厚度数值,它主要根据声波在试样中的传播速度乘以通过试样的时间的一半而得到试样的厚度.

2. 测厚仪应用领域

由于超声波处理方便，并有良好的指向性，超声技术测量金属、非金属材料的厚度，既快又准确，还无污染，尤其是在只许可一个侧面可接触的场合，更能显示其优越性，广泛用于各种板材、管材壁厚，锅炉容器壁厚及其局部腐蚀、锈蚀的情况，因此对冶金、造船、机械、化工、电力等各工业部门的产品检验，对设备安全运行及现代化管理起着主要的作用.

三、超声波传感技术

超声波对液体、固体的穿透本领很大，尤其是在不透明的固体中，它可穿透几十米的深度. 超声波碰到杂质或分界面会产生显著反射形成反射回波，碰到活动物体能产生多普勒效应. 因此超声波检测广泛应用在工业、国防、生物医学等方面. 以超声波作为检测手段，必须产生超声波和接收超声波，完成这种功能的装置就是超声波传感器，习惯上称为超声换能器，或者超声探头. 其灵敏度主要取决于制造晶片本身. 机电耦合系数大，灵敏度高；反之，灵敏度低. 采用双探头的传感设备中，声束由发射换能器处发出，沿着直线传到接收换能处. 这种设备有多种用途，包括装料设备中料位的控制，传送带上输送元件的计数以及工件位置的控制等. 它也可以用来监测办公室或仓库等处不速之客的闯入，当超声波束被闯入者阻断时，接收换能器能辨别接收信号的减小，由此可触发报警器报警.

单探头传感设备的应用包括盲人用的障碍导引器，它可以做成袖珍手电筒的形式，便于盲人拿在手里. 一般来讲，盲人用障碍导引器是可以调频的，即频率随时间做周期性变化. 这样换能器接收到的回波与此时发射出去的声波将具有不同的频率. 这种频率的差别是与声波往返一次所用的时间长短有关的，因此盲人用耳机听取这种回波信号时，障碍的远近就可以听得出来了. 这样就能够使盲人判别障碍物的位置. 从回波的强度上，盲人还可以听出有关障碍的一些特征，比如较硬的障碍物有较大的反射系数，其回波就强些.

另外，超声波传感技术还可以应用到海上军事方面. 比如，利用超声波来确定潜艇、潜水器或水下目标的位置，这种技术被称为声呐技术，也可以发射信号作为通信联络. 利用超声波还可以进行海洋勘探，包括海床测深和渔船定位等. 利用自动走笔记录仪，在采用这种设备做海床测深时，可自动绘出海床的剖面图. 在做鱼群定位时，这种设备可以给出鱼群的大小范围，甚至根据回波的形状还可以判断出鱼的种类.

在未来的应用中，超声波将与信息技术、新材料技术结合起来，将出现更多的智能化、高灵敏度的超声波传感器.

四、超声乳化

当液体受到大幅值迅速交变的压力作用时，就会发生空化现象，这种现象在烧开的开水中或在船舶的螺旋桨附近可以观察到. 利用强度很大的声波也可以产生空化现象. 超声空化的一个重要应用就是使油和水这样两种原本不相溶的液体乳化成一体. 先将油注入水中,然后用超声波激励使之发生空化. 空化的结果是,非常细小的油滴在强大的推力下进入水中,微小的油粒在水中迅速弥散开,形成高度稳定的乳化液,这个过程一般称之为均化过程. 利用超声乳化可以使燃料油(煤油、汽油、柴油、重油、渣油)和水组成乳化液,该乳化液也被称为乳化燃料.

在食品工业中,超声乳化的用途也很广泛. 它可以用来制备乳制品、酱汁、肉汁、蛋黄酱、色拉油以及合成奶油等. 在冷冻食品业中,由超声乳化过程制备的调味汁能承受反复的冷冻解冻的过程等而不变样,因为超声乳化具有很高的稳定性. 人们还利用超声乳化来制备药剂,包括抗菌素的制备等. 超声乳化还可以用于化妆品、软膏和各种擦光剂的制备过程.

五、超声雾化

早在 1927 年,伍德(Wood)和鲁梅斯(Loomis)就曾指出当一束强超声波从液体中的换能器发出后,液面将出现一层薄雾,这种现象就是超声雾化. 薄雾的浓度与超声波的强度有关,而雾滴的大小则与超声波的频率及液体的表面张力有关. 这时在液体的表面处有表面波传播,表面波的波长也与超声波的频率及液体的表面张力有关. 现已经证明,液滴的直径稍小于表面波的半波长,这使人们倾向于认为雾滴是表面波在波峰处的喷出物质.

超声雾化现已用于药剂吸入疗法来治疗呼吸系统疾病以及皮肤系统疾病. 超声雾化在燃油器中也有重要的应用,可以省去常规燃油器中的输油细管. 这种管路很细,容易堵塞. 无论什么情况下,一旦有堵塞块出现,超声波就会把它清除掉. 另外,在目前市场上最常见的超声雾化设备就是超声波加湿器. 在 170 万次/秒的高频振荡作用下,将水雾化成小于或等于 $5\mu m$ 的超微粒子,形成水雾. 超声波加湿器是将水雾通过风动装置扩散到空气中,以增加周围空气的湿度的设备. 它是目前加湿市场上的主要产品,具有耗电省,噪声低,加湿明显及产生负氧离子等特点.

六、超声波的生物效应及其在医学方面的应用

超声波在医学上的应用主要是诊断疾病,它已经成为了临床医学中不可缺少的诊断方法. 超声波诊断的优点是:对受检者无痛苦、无损害,方法简便,显像清晰,诊断的准确率高等. 因而推广容易,受到医务工作者和患者的欢迎.

超声波诊断可以基于不同的医学原理,我们来看看其中有代表性的一种所谓的 A 型方法. 这个方法是利用超声波的反射. 当超声波在人体组织中传播遇到两层声阻抗不同的介质界面时,在该界面就产生反射回声. 每遇到一个反射面时,回声在示波器的屏幕上显示出来,而两个界面的阻抗差值也决定了回声的振幅的高低. 在某些

情况下,健康组织与有恶性病变的组织间的声学特征之间存在很大的差别.这可以为癌症的早期预测提供依据.

利用超声波扫描成像技术,人们在医学诊断方面取得了惊人的进展.超声波在医学临床上的应用始于1942年,目前已经发展成为一种比较成熟的技术.超声波检查是一种非电离辐射,它是一种物理因素,通过B超或彩超等超声波仪器发出的超声波遇到人体的组织会反射回来,形成图像,由此能够帮助观察并发现胎儿在母体内不同孕期时的图像,身体结构发育是否正常、判断胎儿的大小及准妈妈实际的怀孕周数等.

由于超声空化会损坏活细胞,甚至使活细胞破碎,使之萃取其内部物质.利用这一原理,超声萃取技术已经被成功运用到了酿酒工业中.该方法在常温下进行,它的萃取效率较常规的萃取法的效率高得多,而且由于不需要煮沸处理,因此几乎不破坏生物体的质量.

高强度超声技术还经常用于灭菌处理过程,比如用于牛奶灭菌处理等.不过经过超声灭菌处理后的牛奶,味道会发生一些变化,这可能是在处理过程中引发了某种化学反应的缘故.超声波还可以用来处理鲜肉,使其质感变嫩,这是因为超声波可以打破肉里的纤维组织.

除此之外,还有很多领域都可以应用到超声技术.比如超声波焊接、超声波钻孔、超声波研磨、超声波抛光、超声马达等.超声波技术将在各行各业得到越来越广泛的应用.

第 3 章 刚体的转动

自然界中有形物质的存在状态可分为固态、液态、气态、等离子态. 在外力和内力的作用下,这些形态的物质都会有一定的形变. 本章的研究对象为当整体上形变可忽略的特殊固态物质(质点系)——刚体. 与质点类似,显然刚体也是一种理想化的模型. 刚体是自然界中比较常用的特殊质点系模型,因此,了解其运动规律具有重要的意义.

本章以质点力学基本概念和基本定律为基础,将力矩、角动量定理及角动量守恒定律引用到刚体定轴转动中,重点讨论刚体定轴转动定律、刚体定轴转动的角动量定理与角动量守恒定律及其应用;将功、机械能等概念引入刚体定轴转动中,介绍刚体定轴转动的动能定理及其应用.

本章基本要求:

1. 理解刚体模型.

2. 掌握力对固定轴的力矩的计算方法;掌握刚体定轴转动定律.

3. 理解角动量概念;理解角动量守恒定律.

4. 了解力矩的功,刚体的转动动能、刚体的重力势能及刚体定轴转动的动能定理.

3.1 刚体模型与刚体的运动形式

3.1.1 刚体模型

刚体是整体及各部分的形状和大小都保持不变的物体，即任意两个质元之间的距离无论运动或受外力时都保持不变的质点系. 实际物体的形状与大小是有变化的，当这种变化与物体的形状及大小相比很小时，我们可以将它视为刚体.

3.1.2 刚体的自由度

确定一个力学系统的空间几何位形所需的独立变量个数称为这个力学系统的自由度. 例如，自由质点的位置由三个独立坐标确定，其自由度为 3；N 个自由质点构成的质点系的自由度为 $3N$. 约束条件会减少自由度. 例如，两个质点构成的质点系，当两个质点间距离不变时，自由度为 $3\times2-1=5$；由三个质点构成的质点系，当三个质点间距离均不变时，自由度为 $3\times3-3=6$；由四个质点构成的质点系，当四个质点间距离均不变时，自由度为 $3\times4-6=6$. 进一步可以导出，由无数个质点构成的刚体自由度为 6.

3.1.3 刚体的运动形式

刚体在空间运动是很复杂的. 下面介绍其中几种较为简单的运动形式.

1. 平动

若刚体在运动时，固联在刚体上的任一条直线始终保持平行，这样的运动称为平动. 此时刚体上所有质点运动情况完全一致，可以用刚体上任意一质点的运动描述刚体运动情况，即采用我们熟悉的质点模型来研究平动的刚体，此时自由度为 3.

2. 定轴转动

质点做圆周运动，过圆心作垂直于圆平面的垂线，此直线称为该质点运动的转轴. 质点绕轴做圆周运动，也称为绕轴转动. 若转轴相对所选的惯性系固定不动，此转轴称为固定转轴，相应质点的转动称为绕固定轴的转动. 刚体可以看成由许多质点组成，每一个质点也称为刚体的一个质元. 对于刚体，在外力作用下，各质元之间的相对位置保持不变. 若刚体上各质元都绕同一固定轴做圆周运动，则称刚体做定轴转动. 刚体做定轴转动时，除位于轴上的质元位置保持不变外，位于轴外的质点的角位移是相同的，此时自由度为 1.

刚体定轴转动时，各质元的线速度、加速度一般是不同的（图 3.1），但由于各质

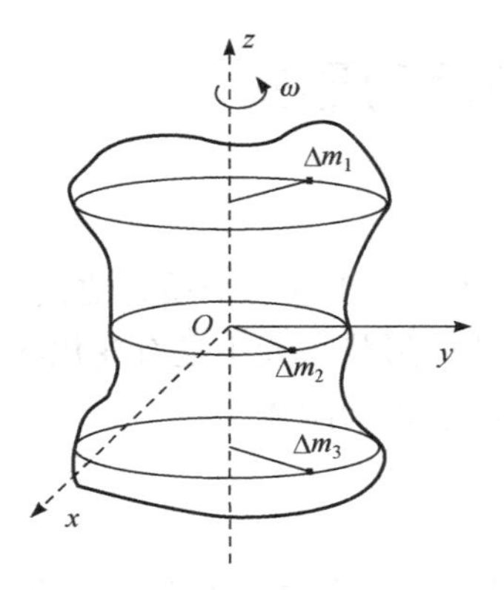

图 3.1　刚体的定轴转动

元的相对位置保持不变，描述各质元的角位移、角速度、角加速度等角量是一样的，因此用角量描述刚体的整体运动. 同第 1 章中圆周运动的描述，刚体的角速度为

$$\omega=\frac{\mathrm{d}\theta}{\mathrm{d}t} \tag{3-1}$$

刚体的角加速度为

$$\beta=\frac{\mathrm{d}\omega}{\mathrm{d}t}=\frac{\mathrm{d}^2\theta}{\mathrm{d}t^2} \tag{3-2}$$

离转轴距离为 R 的质元的线速度与角速度的关系为

$$v=R\omega \tag{3-3}$$

相应的线加速度与角加速度和角速度有

$$a_\tau=R\beta \tag{3-4}$$

$$a_\mathrm{n}=R\omega^2 \tag{3-5}$$

3. 平面平行运动

若刚体在运动时，所有质点都在平行于某一平面的一些平面内运动，这种运动称为平面平行运动. 此时，刚体的质心做平面运动，同时刚体绕通过质心的垂直于该平面的直线做定轴转动. 此时，自由度为 2(质心在平面内运动)＋1(绕通过质心的轴的定轴转动)＝3.

3.2　刚体定轴转动的转动定律

刚体的定轴转动

3.2.1　质点系的角动量定理

三个质点组成的质点系，如图 3.2 所示. 对每个质点相对固定参考点 O 应用角动量定理(1-29)式有

对 m_1：
$$\boldsymbol{r}_1\times(\boldsymbol{F}_1+\boldsymbol{F}_{21}+\boldsymbol{F}_{31})=\frac{\mathrm{d}(\boldsymbol{r}_1\times m_1\boldsymbol{v}_1)}{\mathrm{d}t} \tag{3-6a}$$

对 m_2：
$$\boldsymbol{r}_2\times(\boldsymbol{F}_2+\boldsymbol{F}_{12}+\boldsymbol{F}_{32})=\frac{\mathrm{d}(\boldsymbol{r}_2\times m_2\boldsymbol{v}_2)}{\mathrm{d}t} \tag{3-6b}$$

对 m_3：
$$\boldsymbol{r}_3\times(\boldsymbol{F}_3+\boldsymbol{F}_{13}+\boldsymbol{F}_{23})=\frac{\mathrm{d}(\boldsymbol{r}_3\times m_3\boldsymbol{v}_3)}{\mathrm{d}t} \tag{3-6c}$$

对(3-6)各式相加有

$$\boldsymbol{M}_{外}+\boldsymbol{M}_{内}=\frac{\mathrm{d}\boldsymbol{L}}{\mathrm{d}t} \tag{3-7}$$

图 3.2　三个质点组成的质点系

其中

$$\boldsymbol{M}_{外}=\sum_{i=1}^{3}\boldsymbol{r}_i\times\boldsymbol{F}_i \tag{3-8a}$$

$$\boldsymbol{M}_{内}=(\boldsymbol{r}_1\times\boldsymbol{F}_{21}+\boldsymbol{r}_2\times\boldsymbol{F}_{12})+(\boldsymbol{r}_1\times\boldsymbol{F}_{31}+\boldsymbol{r}_3\times\boldsymbol{F}_{13})+(\boldsymbol{r}_2\times\boldsymbol{F}_{32}+\boldsymbol{r}_3\times\boldsymbol{F}_{23}) \tag{3-8b}$$

$$\boldsymbol{L}=\sum_{i=1}^{3}\boldsymbol{r}_i\times m_i\boldsymbol{v}_i \tag{3-8c}$$

(3-8a)式、(3-8b)式、(3-8c)式分别称为质点系上外力的力矩之和、内力力矩之和、质点系的总角动量. 值得注意的是，(3-8a)式、(3-8b)式所示的力的力矩之和并不等于合力的力矩，因为力矩是与作用力的作用点有关的.

(3-8b)式所示的内力力矩之和是一对内力力矩之和再求和得到的. 依据内力的特点

$$\boldsymbol{F}_{12}=-\boldsymbol{F}_{21},\quad \boldsymbol{F}_{13}=-\boldsymbol{F}_{31},\quad \boldsymbol{F}_{23}=-\boldsymbol{F}_{32} \tag{3-9}$$

所以，(3-8b)式可整理为

$$\boldsymbol{M}_{内}=(\boldsymbol{r}_1-\boldsymbol{r}_2)\times\boldsymbol{F}_{21}+(\boldsymbol{r}_1-\boldsymbol{r}_3)\times\boldsymbol{F}_{31}+(\boldsymbol{r}_2-\boldsymbol{r}_3)\times\boldsymbol{F}_{32} \tag{3-10}$$

由于，$\boldsymbol{r}_1-\boldsymbol{r}_2$ 与 $\boldsymbol{F}_{21}$、$\boldsymbol{r}_1-\boldsymbol{r}_3$ 与 $\boldsymbol{F}_{31}$、$\boldsymbol{r}_2-\boldsymbol{r}_3$ 与 $\boldsymbol{F}_{32}$ 的方向分别在同一直线上，叉乘后为零. 所以，(3-10)式，亦即(3-8b)式所示的质点系内力的力矩之和零. 也就是说，作用在质点系上的对于固定参考点 O 的所有力矩之和仅为外力力矩之和，而与内力无关.

将三个质点组成的质点系推广到 N 个质点组成的系统有

$$\boldsymbol{M}=\frac{\mathrm{d}\boldsymbol{L}}{\mathrm{d}t} \tag{3-11a}$$

$$\boldsymbol{M}=\sum_{i=1}^{N}\boldsymbol{r}_i\times\boldsymbol{F}_i \tag{3-11b}$$

$$\boldsymbol{L}=\sum_{i=1}^{N}\boldsymbol{r}_i\times m_i\boldsymbol{v}_i \tag{3-11c}$$

其中(3-11b)式、(3-11c)式所定义的物理量分别称为作用在质点系上的总外力力矩和质点系的总角动量. (3-11a)式即为质点系的角动量定理.

(3-11a)式为一矢量式，其沿某一选定的 z 轴的分量式为

$$M_z=\frac{\mathrm{d}L_z}{\mathrm{d}t} \tag{3-12}$$

式中 M_z 和 L_z 分别为质点系所受的合外力矩和它的总角动量沿 z 轴的分量.

3.2.2 刚体定轴转动的角动量

刚体在定轴转动时，刚体上各质元都绕同一固定轴做角速度为 ω 的圆周运动，所以重要的是角动量在转轴 z 的分量 L_z. 如图 3.3 所示，刚体中的一个质元 Δm_i 沿 z 轴的角动量分量 L_{iz} 为

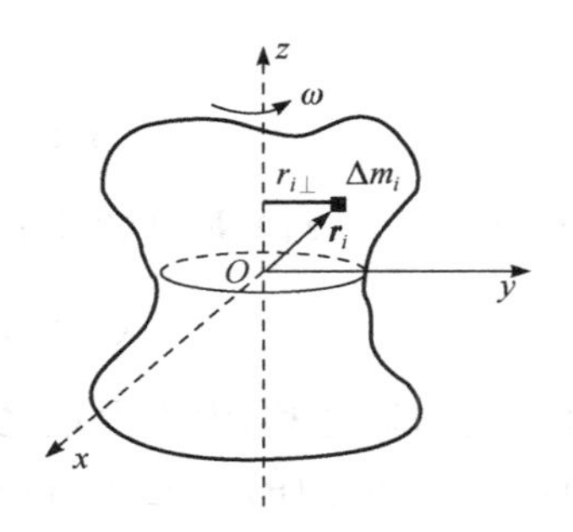

图 3.3　刚体定轴转动角动量

$$L_{iz}=r_{i\perp}\Delta m_i v_i=r_{i\perp}^2\Delta m_i\omega \tag{3-13}$$

则刚体的角动量在转轴 z 的分量 L_z 为

$$L_z=\sum r_{i\perp}\Delta m_i v_i=\sum r_{i\perp}^2\Delta m_i\omega=\left(\sum r_{i\perp}^2\Delta m_i\right)\omega \tag{3-14a}$$

若刚体的质量是连续分布的，角动量用积分运算，即

$$L_z=\int r_\perp \mathrm{d}mv=\int r_\perp^2\,\mathrm{d}m\omega=\left(\int r_\perp^2\,\mathrm{d}m\right)\omega \tag{3-14b}$$

(3-14)式中的 $\sum\limits_i \Delta m_i r_{i\perp}^2$ 及 $\int r_\perp^2\,\mathrm{d}m$ 的含义为：物体中每个质点的质量 Δm_i（或质元的质量 $\mathrm{d}m$）（如图 3.3 所示）与其到某转轴垂直距离平方的乘积之和，显然这个物理量是由刚体的各个质元相对于固定转轴的分布所决定的，与刚体的运动及所受的外力无关. 这个表示刚体本身相对于转轴的特征物理量称为刚体对该转轴的转动惯量 J，即

$$J=\sum_i \Delta m_i r_{i\perp}^2 \tag{3-15a}$$

$$J=\int r_\perp^2\,\mathrm{d}m \tag{3-15b}$$

引入转动惯量后，(3-14a)式和(3-14b)式可以统一表示为

$$L_z=J\omega \tag{3-16}$$

3.2.3　刚体定轴转动的转动定律

将(3-16)式 $L_z=J\omega$ 代入(3-12)式 $M_z=\dfrac{\mathrm{d}L_z}{\mathrm{d}t}$，有 $M_z=\dfrac{\mathrm{d}L_z}{\mathrm{d}t}=\dfrac{\mathrm{d}}{\mathrm{d}t}(J\omega)$. 对于刚体来说，$J$ 是常数，于是

$$M_z=\frac{\mathrm{d}}{\mathrm{d}t}(J\omega)=J\,\frac{\mathrm{d}\omega}{\mathrm{d}t}=J\beta \tag{3-17}$$

对于刚体定轴转动，通常将 M_z 的下标去掉，写作 $M=J\beta$. 这一角动量定理用于刚体定轴转动的具体形式，称为刚体定轴转动的转动定律.

例 3.1　如图 3.4 所示，质量为 m、半径为 R 的滑轮两边跨一轻绳，绳和轮之间无相对滑动，轻绳两端各系质量为 m_1 和 m_2 的物体. 求两物体的加速度、滑轮转动的角加速度以及绳中张力（轴处摩擦忽略）. 已知滑轮的转动惯量为 $\dfrac{1}{2}mR^2$.

解　用隔离法对系统内的物体进行受力分析，建立如例 3.4 图所示的坐标系.

对 m_1 应用牛顿第二定律

$$m_1g - F_{T1} = m_1a_1$$

对 m_2 应用牛顿第二定律

$$m_2g - F_{T2} = m_2a_2$$

对滑轮应用转动定律

$$F_{T1}R - F_{T2}R = J\beta$$

按滑轮正向假设转动,A 点切向加速度为

$$a_{A\tau} = -\beta R$$

且

$$-a_1 = a_2 = a_{A\tau} = -\beta R$$

联立可得

$$a_1 = \frac{2(m_1 - m_2)g}{2(m_1 + m_2) + m}, \quad a_2 = \frac{2(m_2 - m_1)g}{2(m_1 + m_2) + m}$$

$$\beta = \frac{2(m_1 - m_2)g}{[2(m_1 + m_2) + m]R}, \quad F_{T1} = \frac{(4m_2 + m)m_1g}{2(m_1 + m_2) + m}, \quad F_{T2} = \frac{(4m_1 + m)m_2g}{2(m_1 + m_2) + m}$$

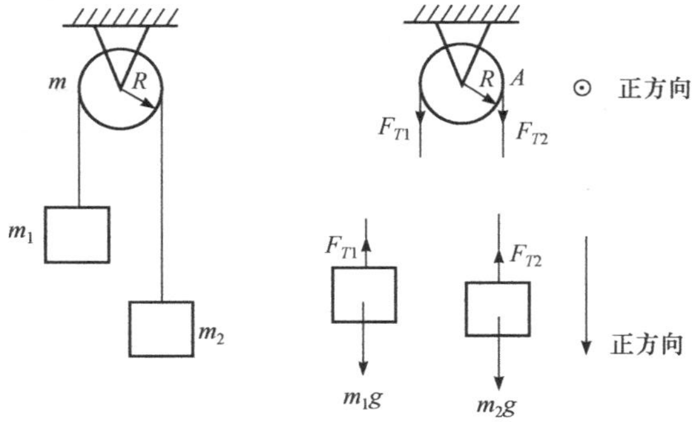

图 3.4 例 3.1 图

3.3 转动惯量

3.3.1 转动惯量的物理意义

将 $L_z = J\omega$ 与 $p = mv$、将 $M = J\alpha$ 与 $F = ma$ 比较,不难看出转动惯量 J 对物体转动所起的作用,与质量 m 对质点平动所起的作用相同,它是物体转动惯性大小的量度. 显然它依赖于物体相对转轴的质量分布,转轴不同,同一物体的转动惯量是不同的. 所以,提到转动惯量 J 时,一定要说明它是对哪个轴的.

3.3.2 转动惯量的计算方法

转动惯量 J 是表示刚体本身相对于转轴的特征物理量. 由定义式 $J=\sum_i \Delta m_i r_{i\perp}^2$ 或 $J=\int r_{\perp}^2\,\mathrm{d}m$ 可求得.

例 3.2 如图 3.5 所示,细棒长为 L,质量为 m,求通过中心且与棒垂直的转轴的转动惯量.

解 在细棒 L 上取质元 $\mathrm{d}m$,单位长度的质量(线密度)为 $\lambda=\dfrac{m}{l}$,则 $\mathrm{d}m=\lambda\mathrm{d}x$,由(3-15b)式,有

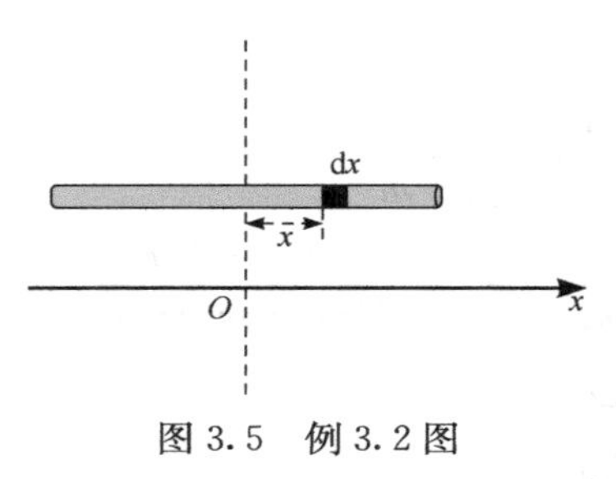

图 3.5 例 3.2 图

$$J=\int x^2\,\mathrm{d}m=\int_{-\frac{l}{2}}^{\frac{l}{2}} x^2\lambda\mathrm{d}x=\frac{1}{12}ml^2$$

对于形状规则、质量分布均匀的刚体,取过质心的对称轴为转轴,由(3-15)式很容易求出其转动惯量. 表 3.1 列出几种形状简单的刚体绕对称轴转动时的转动惯量.

表 3.1 常见刚体绕对称轴转动时的转动惯量

刚体	图示	绕对称轴的转动惯量
细棒	L	$J=\dfrac{1}{12}mL^2$
中空圆柱体	R_2 R_1	$J=\dfrac{1}{2}m(R_1^2+R_2^2)$

续表

刚体	图示	绕对称轴的转动惯量
薄圆盘、圆柱体	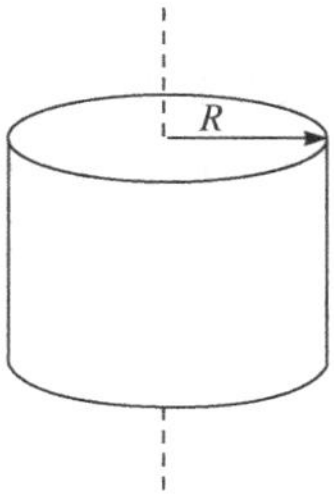 R	$J=\frac{1}{2}mR^2$
薄圆环、圆筒	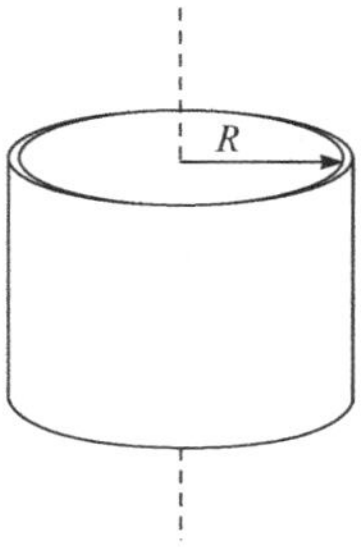 R	$J=mR^2$
球壳	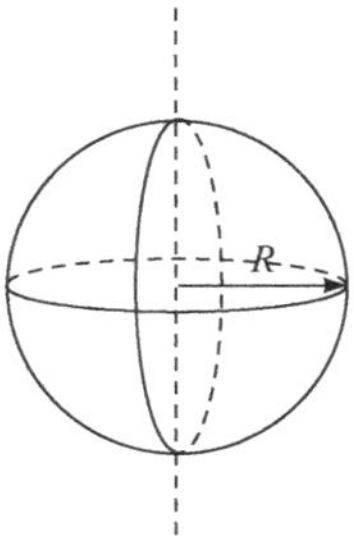 R	$J=\frac{2}{3}mR^2$
球体	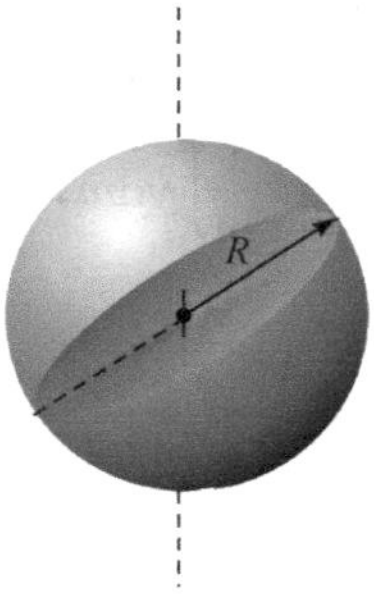 R	$J=\frac{2}{5}mR^2$

3.3.3 平行轴定理和正交轴定理

若已知刚体绕过质心轴的转动惯量，通过下面的定理，可以求出刚体绕其他轴的转动惯量.

1. 质心

在讨论质点系运动时，常常用到质心概念. 设一个质点系由 N 个质点组成，以 $m_1, m_2, \cdots, m_i, \cdots, m_N$ 分别表示各质点的质量，以 $\boldsymbol{r}_1, \boldsymbol{r}_2, \cdots, \boldsymbol{r}_i, \cdots, \boldsymbol{r}_N$ 分别表示各质点对坐标原点的位置矢量，则这一质点系的质心的位矢为

$$\boldsymbol{r}_c = \frac{\sum_i m_i \boldsymbol{r}_i}{\sum_i m_i} = \frac{\sum_i m_i \boldsymbol{r}_i}{m} \tag{3-18}$$

其中 $m = \sum_i m_i$ 是质点系的总质量.

由(3-18)式可以看出质点系质心的位矢依赖于参考系的选取，但可以证明质心的位置相对质点系本身来说是确定的、唯一的，不会因坐标系选取的不同而不同，即质心是相对于质点系本身的一个特点物理量. 因此，在求质点系的质心时，以方便质心的求解为标准来选取坐标系.

在直角坐标系下，质心位矢可以用分量表示

$$x_c = \frac{\sum_i m_i x_i}{m}, \quad y_c = \frac{\sum_i m_i y_i}{m}, \quad z_c = \frac{\sum_i m_i z_i}{m} \tag{3-19}$$

对连续的质点系，可将其看成是由无穷多个分立质点组成的，因此

$$\boldsymbol{r}_c = \lim_{\substack{N \to \infty \\ \Delta m_i \to 0}} \frac{\sum_i^N \Delta m_i \boldsymbol{r}}{m} = \frac{1}{m}\int \boldsymbol{r} \mathrm{d}m \tag{3-20}$$

其中，$\boldsymbol{r}$ 是质元 $\mathrm{d}m$ 所在的位置矢量，积分遍及整个质点系. 连续质点系质心 $\boldsymbol{r}_c$ 的矢量式同样可用坐标系的分量表示，例如，在直角坐标系下可表示为

$$x_c = \frac{1}{m}\int x \mathrm{d}m, \quad y_c = \frac{1}{m}\int y \mathrm{d}m, \quad z_c = \frac{1}{m}\int z \mathrm{d}m \tag{3-21}$$

2. 平行轴定理

设刚体的质量为 m，若刚体对于通过质心的轴的转动惯量为 J_c，则对于通过任何与其平行的其他轴的转动惯量为

$$J = J_c + mh^2 \tag{3-22}$$

其中 h 为质心另一转轴的垂直距离，这一关系叫作平行轴定理. 证明如下.

设刚体质量为 m，质心为 c，绕质心轴(c 轴)的转动惯量为 J_c. 以质心为坐标原点，建立如图 3.6 所示的 $O\text{-}xyz$ 直角坐标系，转轴与 z 轴重合. 以 $O\text{-}xyz$ 坐标系下的

P 点为坐标原点建立平行的 $P\text{-}x'y'z'$ 坐标系，P 点在 $O\text{-}xyz$ 坐标系下的坐标为(a,b)，设过 P 点与 z 轴平行的轴为 P 轴，则两轴间距 h 为

$$h=\sqrt{a^2+b^2} \tag{3-23}$$

刚体绕 c 轴的转动惯量在 $O\text{-}xyz$ 坐标系下的表示为

$$J_c=\sum_i \Delta m_i(x_i^2+y_i^2) \tag{3-24}$$

刚体绕 P 轴的转动惯量在 $P\text{-}x'y'z'$ 坐标系的表示为

$$J_P=\sum_i \Delta m_i(x'^2_i+y'^2_i) \tag{3-25}$$

两个坐标系之间的坐标变换关系为

$$x_i=a+x_i',\quad y_i=b+y_i' \tag{3-26}$$

由(3-23)式～(3-26)式联立得

$$J_P=J_c+Mh^2-2aM\frac{\sum_i \Delta m_i x_i}{m}-2bM\frac{\sum_i \Delta m_i y_i}{m} \tag{3-27}$$

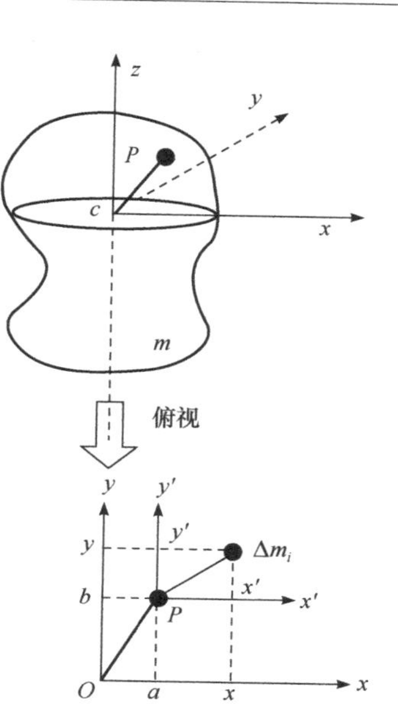

图 3.6 平行轴定理的证明

由于 c 为物体的质心(坐标原点)，所以，$\dfrac{\sum_i \Delta m_i x_i}{m}=\dfrac{\sum_i \Delta m_i y_i}{m}=0$，即

$$J_p=J_c+mh^2$$

例 3.3 求细长杆对过其一端并与杆垂直的转轴的转动惯量.

解 绕过质心 c 的轴转动的转动惯量为

$$J_c=\frac{1}{12}ml^2,\quad h=\frac{l}{2}$$

由(3-22)式所示的平行轴定理，过一端点的垂直 l 轴的转动惯量

$$J_L=J_c+m\left(\frac{1}{2}l\right)^2=\frac{1}{3}ml^2$$

3. 薄板的正交轴定理

对一个薄刚体，在薄刚体平面内建 x 轴、y 轴，垂直 $x\text{-}y$ 平面为 z 轴. 过任一点 O 垂直于 $x\text{-}y$ 平面的轴的转动惯量 J_z，等于该刚体分别绕 x 轴、y 轴的转动惯量 J_x、J_y 之和，即

$$J_z=J_x+J_y \tag{3-28}$$

证明如下.

如图 3.7 所示，设薄板位于 $O\text{-}xy$ 平面内，显然绕 x 轴、y 轴、z 轴的转动惯量分布为

$$J_x = \int y^2 \mathrm{d}m, \quad J_y = \int x^2 \mathrm{d}m, \quad J_z = \int (x^2 + y^2) \mathrm{d}m$$

于是可得

$$J_z = J_x + J_y$$

例 3.4　求图 3.8 所示薄圆盘过 P 点平行 y 轴的转动惯量.

解　由对称性知 $J_x = J_y$，由正交轴定理得 $J_z = J_x + J_y = 2J_y$，已知 $J_z = \frac{1}{2}mR^2$，故 $J_y = \frac{1}{4}mR^2$.

再运用平行轴定理，得到 $J_P = J_y + mR^2 = \frac{5}{4}mR^2$.

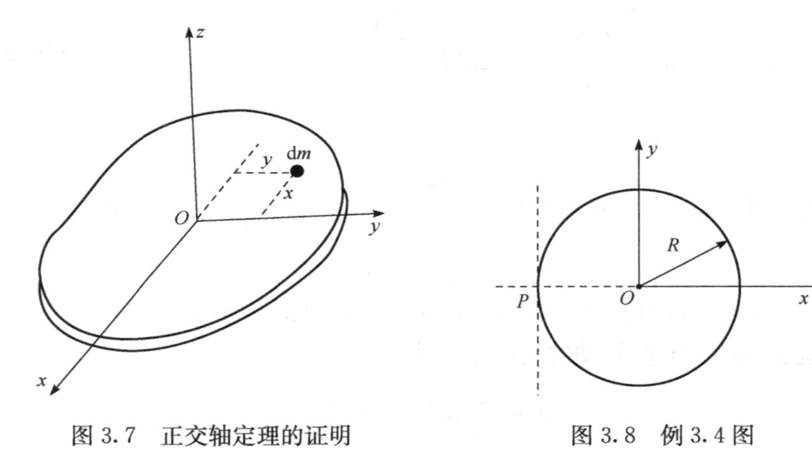

图 3.7　正交轴定理的证明　　图 3.8　例 3.4 图

3.4　角动量守恒定律

由(3-12)式 $M_z = \frac{\mathrm{d}L_z}{\mathrm{d}t}$ 知，如果 $M_z = 0$，则 $L_z = C$，即对于一个质点系，如果它受的对于某一固定轴的合外力矩为零，则它对于这一固定轴的角动量保持不变，这个结论称为定轴转动的角动量守恒定律. 这里的质点系可以不是刚体，其中的质点系也可以组成一个或几个刚体. 对于刚体，$L_z = J\omega$，可得

$$J_1\omega_1 = J_2\omega_2 = C \tag{3-29}$$

称为角动量守恒定律.

当刚体处于不同状态时，对同一轴的转动惯量不同，即 $J_1 \neq J_2$. 如图 3.9 所示，一人坐在竖直光滑轴的转椅上，手持哑铃，两臂平伸，另一人用手推他，使其以 ω_1 转起来后不再推他. 此时 $M_z=0$，转动角速度 ω_1 不变[图 3.9(a)]. 当此人把两臂收回使哑铃紧贴胸前时，他的转速 ω_2 明显加大[图 3.9(b)]. 其原因是人在两臂平伸和两臂收回是同一刚体的两种状态，显然 $J_1 > J_2$. 由角动量守恒可得 $\omega_1 < \omega_2$. 滑冰运动员、芭蕾舞演员的旋转运动即是定轴转动. 当人与地面间的摩擦力可忽略时，角动量守恒. 即可通过改变转动惯量 J 的大小（不同状态）来实现角速度的变化.

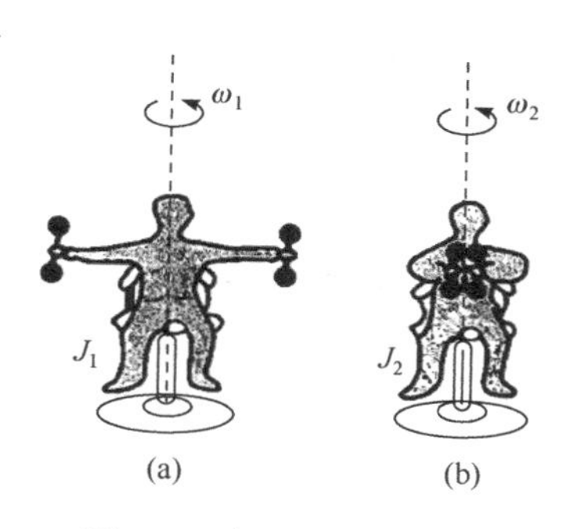

图 3.9 角动量守恒演示

3.5 转动中的功和能

3.5.1 力矩的功

当一个质点在力的作用下发生了一段位移，即这个力对该质点做了功. 类似地，当一刚体在外力矩作用下绕固定轴发生了一段角位移，这个力矩对刚体也做了功.

如图 3.10 所示，假设一个刚体在力 $\boldsymbol{F}$ 的作用下发生了角位移 $\mathrm{d}\theta$，力 $\boldsymbol{F}$ 在转动平面内，则 F 所做的元功为

$$\mathrm{d}W = \boldsymbol{F} \cdot \mathrm{d}\boldsymbol{r} = Fr\cos\varphi \mathrm{d}\theta$$

又由于力 F 对转轴的力矩为

$$M = Fr\cos\varphi$$

得到

$$\mathrm{d}W = M\mathrm{d}\theta$$

当刚体从 θ_1 转到 θ_2，力矩做的功为

$$W = \int_{\theta_1}^{\theta_2} M\mathrm{d}\theta \tag{3-30}$$

其中，M 可正可负. (3-30)式是力做的功在刚体转动中的特殊表示形式.

3.5.2 定轴转动的动能定理

力矩做的功对刚体运动的影响可以通过转动定律得出. 将(3-17)式 $M = J\dfrac{\mathrm{d}\omega}{\mathrm{d}t}$ 两侧乘以 $\mathrm{d}\theta$ 并积分，可得

$$\int_{\theta_1}^{\theta_2} M\mathrm{d}\theta = \int_{\theta_1}^{\theta_2} J\frac{\mathrm{d}\omega}{\mathrm{d}t}\mathrm{d}\theta = \int_{\theta_1}^{\theta_2} J\omega\mathrm{d}\omega$$

对于刚体，$J=C$，可得

$$\int_{\theta_1}^{\theta_2} M\mathrm{d}\theta = \frac{1}{2}J\omega_2^2 - \frac{1}{2}J\omega_1^2 \tag{3-31}$$

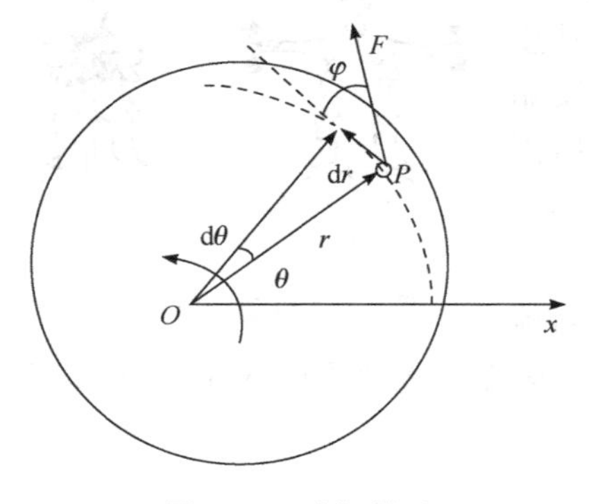

图 3.10　力矩的功

(3-31)式左侧是合外力矩对刚体做的功 W，可以证明，右侧为绕定轴转动的刚体的动能增量，即刚体的转动动能为

$$E_\mathrm{k} = \frac{1}{2}J\omega^2 \tag{3-32}$$

则(3-31)式可以表示为

$$W = E_{\mathrm{k}2} - E_{\mathrm{k}1} \tag{3-33}$$

与质点的动能定理类似，(3-33)式表明合外力矩对定轴转动刚体所做的功等于它的转动动能的增量，称之为定轴转动的动能定理.

3.5.3　刚体的重力势能

选 $z=0$ 处为势能零面，如图 3.11 所示. 将物体分解为无穷多个小质元 Δm_i，每一小质元可看成一质点，其重力势能为 $E_{\mathrm{p}i}=\Delta m_i g z_i$. 则物体的重力势能为

$$E_\mathrm{p} = \sum_i E_{\mathrm{p}i} = \sum_i \Delta m_i g z_i = mg\frac{\sum\limits_i \Delta m_i z_i}{m} = mgz_c \tag{3-34}$$

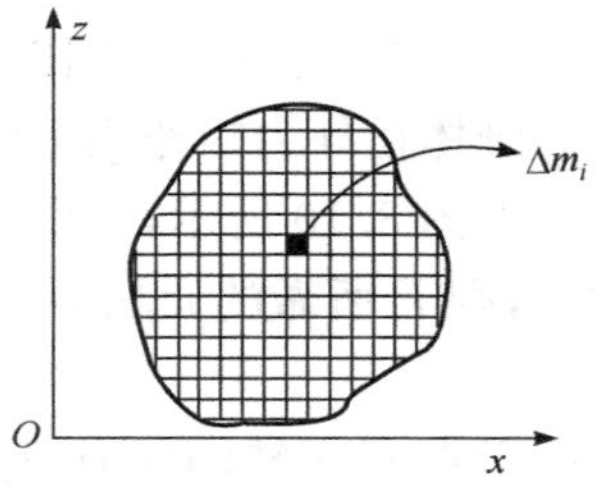

图 3.11　质点系的重力势能

即物体的重力势能为质心的势能. 因为在上述推导过程中并没有用到刚体这一条件，所以结论对任一质点系都成立.

3.5.4　刚体的机械能守恒定律

由于刚体是特殊的质点系，所以机械能守恒定律自然成立，即：对于包括刚体在内的系统，如果在运动过程中，只有保守内力做功，则系统的机械能守恒.

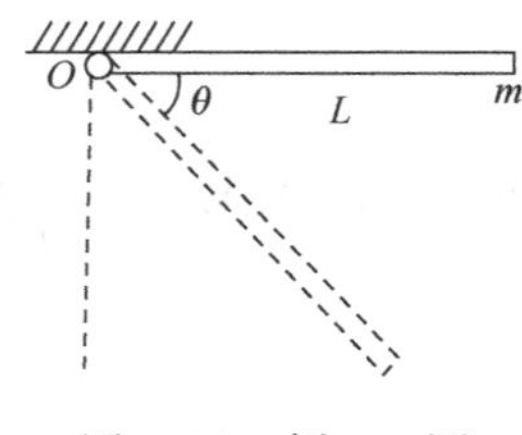

图 3.12　例 3.5 图

例 3.5　如图 3.12 所示，长为 L、质量为 m 的匀质细棒，可绕水平轴 O 在竖直面内旋转，若轴光滑，今使棒从水平位置自由下摆. 求：(1)在水平位置和竖直位置棒的角加速度；(2)棒转过 θ 角时的角速度.

解　(1)棒在转动过程中，只受到重力矩的作用. 由刚体定轴转动定律得 $M=J\beta$，其中，转轴位于棒的一端时转

动惯量 J 为

$$J=\frac{1}{3}mL^2$$

得细棒在水平位置的角加速度为

$$\beta=\frac{M}{J}=\frac{mg\frac{L}{2}}{\frac{1}{3}mL^2}=\frac{3g}{2L}$$

细棒在竖直位置的角加速度为

$$\beta=\frac{M}{J}=\frac{0}{\frac{1}{3}mL^2}=0$$

(2) 细棒在转动的过程中机械能守恒,以棒转过 θ 角时的质心处为势能零点,由机械能守恒定律有

$$mg\frac{L}{2}\sin\theta=\frac{1}{2}J\omega^2$$

得到

$$\omega=\sqrt{\frac{3g\sin\theta}{L}}.$$

本章小结

1. 刚体定轴转动定律:$M=J\beta$.
2. 刚体的转动惯量: $J=\sum_i \Delta m_i r_{i\perp}^2$, $J=\int r_\perp^2\,\mathrm{d}m$.
   平行轴定理:$J=J_c+mh^2$.
   薄板的正交轴定理:$J_z=J_x+J_y$.
3. 定轴转动的角动量守恒:对于一个质点系,如果它受的对于某一固定轴的合外力矩为零,则它对于这一固定轴的角动量保持不变,这个结论称为定轴转动的角动量守恒定律.
4. 力矩的功: $W=\int_{\theta_1}^{\theta_2}M\mathrm{d}\theta$.
   刚体的转动动能: $E_\mathrm{k}=\frac{1}{2}J\omega^2$.
   刚体的重力势能:$E_\mathrm{p}=mgz_c$.
   质心在直角坐标系下位置: $x_c=\frac{1}{m}\int x\mathrm{d}m$, $y_c=\frac{1}{m}\int y\mathrm{d}m$, $z_c=\frac{1}{m}\int z\mathrm{d}m$.
   机械能守恒定律:只有保守力做功时,$E_\mathrm{k}+E_\mathrm{p}=C$.
5. 质点的运动规律与刚体定轴转动规律对比

如表 3.2 所示，把质点的直线运动与刚体定轴转动的规律进行对比，有助于加深对刚体定轴转动理解同时从整体上系统掌握力学规律.

表 3.2　质点的直线运动与刚体定轴转动的规律对比

质点直线运动	刚体定轴转动
速度 $v=\frac{\mathrm{d}x}{\mathrm{d}t}$	角速度 $\omega=\frac{\mathrm{d}\theta}{\mathrm{d}t}$
加速度 $a=\frac{\mathrm{d}v}{\mathrm{d}t}$	角加速度 $\beta=\frac{\mathrm{d}\omega}{\mathrm{d}t}$
质量 m	转动惯量 $J=\int r_{\perp}^{2}\,\mathrm{d}m$
力 F	力矩 M
运动定律 $F=ma$	转动定律 $M=J\beta$
动量 $p=mv$	角动量 $L=J\omega$
动量定理 $\int_{t_1}^{t_2} f\mathrm{d}t=mv_2-mv_1$	角动量定理 $\int_{t_1}^{t_2} M\mathrm{d}t=J\omega_2-J\omega_1$
动量守恒定律 $f=0$，　$mv_2=mv_1$	角动量守恒定律 $M=0$，　$J\omega_2=J\omega_1$
力的功 $W=\int F\mathrm{d}x$	力矩的功 $W=\int M\mathrm{d}\theta$
动能 $E_{\mathrm{k}}=\frac{1}{2}mv^2$	转动动能 $E_{\mathrm{k}}=\frac{1}{2}J\omega^2$
动能定理 $W=\frac{1}{2}mv_2^2-\frac{1}{2}mv_1^2$	动能定理 $W=\frac{1}{2}J\omega_2^2-\frac{1}{2}J\omega_1^2$
重力势能 $E_{\mathrm{p}}=mgz$	重力势能 $E_{\mathrm{p}}=mgz_c$
机械能守恒 $W=0$，　$\frac{1}{2}mv^2+mgz=C$	机械能守恒 $W=0$，　$\frac{1}{2}J\omega^2+mgz_c=C$

思　考　题

1. 一个有固定轴的刚体，受到两个力的作用. 当这两个力的合力为零时，它们对轴的合力矩也一定为零吗？当这两个力对轴的合力矩为零时，它们的合力也一定为零吗？举例说明.

2. 两个半径相同的轮子，质量相同，但一个轮子的质量聚集在边缘附近，另一个轮子的质量分布均匀. 如果它们的角动量相同，哪个轮子转得快？

3. 花样滑冰运动员想高速旋转时，她先把一条腿和双臂伸展开，并用脚蹬冰使自己转动起来，然后再收拢腿和双臂，这样明显加快了转速. 这是利用了什么原理？

4. 就我们自身而言，做什么姿势和对什么样的轴，转动惯量最大或最小？

5. 刚体定轴转动时，它的动能增量只决定于外力对它做的功而与内力无关，对于非刚体的质点系也是这样吗？为什么？

习 题 3(A)

1. 关于刚体对轴的转动惯量，下列说法中正确的是 [ ]

(A)只取决于刚体的质量，与质量的空间分布和轴的位置无关.

(B)取决于刚体的质量和质量的空间分布，与轴的位置无关.

(C)取决于刚体的质量、质量的空间分布和轴的位置.

(D)只取决于转轴的位置，与刚体的质量和质量的空间分布无关.

2. 几个力同时作用在一个具有光滑固定转轴的刚体上，如果这几个力的矢量和为零，则此刚体 [ ]

(A)必然不会转动. (B) 转速必然不变.

(C)转速必然改变. (D) 转速可能不变，也可能改变.

3. 均匀细棒 OA 可绕通过其一端 O 而与棒垂直的水平固定光滑轴转动，如题图 3.1 所示。今使棒 从水平位置由静止开始自由下落，在棒摆动到竖直位置的过程中，下述说法哪一种是正确的？ [ ]

(A)角速度从小到大，角加速度从大到小

(B)角速度从小到大，角加速度从小到大

(C)角速度从大到小，角加速度从大到小

(D)角速度从大到小，角加速度从小到大

4. 如题图 3.2 所示，P、Q、R 和 S 是附于刚性轻质细杆上的质量分别为 $4m$、$3m$、$2m$ 和 m 的四个质点，$\overline{PQ}=\overline{QR}=\overline{RS}=l$，求系统对 OO' 轴的转动惯量.

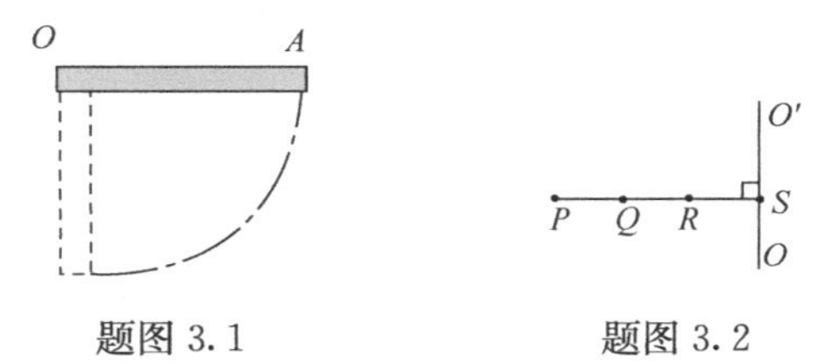

题图 3.1　　题图 3.2

5. 一个做定轴转动的物体，对转轴的转动惯量为 J. 正以角速度 $\omega_0=10\text{rad}\cdot\text{s}^{-1}$ 匀速转动. 现对物体加一恒定制动力矩 $M=-0.5\text{N}\cdot\text{m}$，经过时间 $t=5.0\text{s}$ 后，物体停止了转动. 物体的转动惯量 $J=$________.

6. 质量分别为 m 和 $2m$、半径分别为 r 和 $2r$ 的两个均匀圆盘，同轴地粘在一起，可以绕通过盘心且垂直盘面的水平光滑固定轴转动，对转轴的转动惯量为 $9mr^2/2$，大小圆盘边缘都绕有绳子，绳子下端都挂一质量为 m 的重物，如题图 3.3 所示，求盘的角加速度的大小.

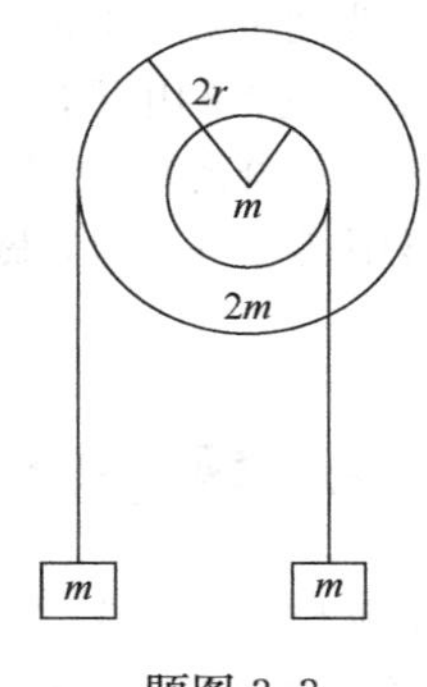

题图 3.3

习　题　3(B)

1. 花样滑冰运动员绕通过自身的竖直轴转动，开始时两臂伸开，转动惯量为 J_0，角速度为 ϖ_0. 然后她将两臂收回，使转动惯量减少为 $\frac{1}{3}J_0$. 这时她转动的角速度变为　　[　　]

(A) $\frac{1}{3}\varpi_0$.　　(B) $(1/\sqrt{3})\varpi_0$.　　(C) $3\varpi_0$.　　(D) $\sqrt{3}\omega_0$.

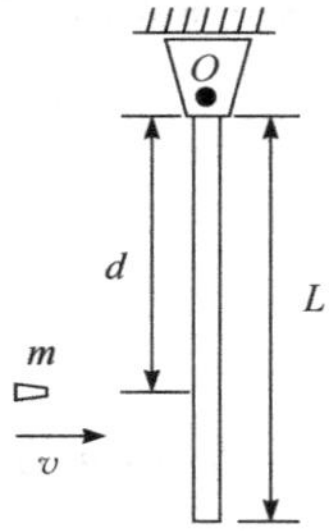

2. 如题图 3.4 所示，均匀细杆长为 L，质量为 M，由其上端的光滑水平轴吊起而处于静止. 今有一质量为 m 的子弹以 v 的速率水平射入杆中而不复出，射入点在轴下 d 处. 则子弹停在杆中时杆的角速度是　　[　　]

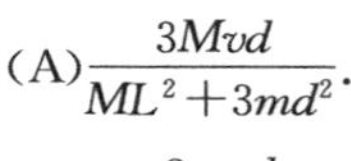

(A) $\frac{3Mvd}{ML^2+3md^2}$.　　(B) $\frac{3mvL}{ML^2+3md^2}$.

(C) $\frac{3mvd}{2ML^2+3md^2}$.　　(D) $\frac{3mvd}{ML^2+3md^2}$.

题图 3.4

3. 一质量为 M、半径为 R 的均匀圆盘水平放置，以角速度 ω_0 绕过其圆心的竖直固定光滑轴匀速转动(圆盘的转动惯量为 $\frac{1}{2}MR^2$). 今有一质量为 M 的人从中心沿半径走到边缘，此时人和盘的总角速度与总转动动能分别为　　[　　]

(A) $\frac{\omega_0}{3}$, $\frac{MR^2\omega_0^2}{12}$.　　(B) ω_0, $\frac{3MR^2\omega_0^2}{4}$.

(C) $\frac{\omega_0}{2}$, $\frac{3MR^2\omega_0^2}{16}$.　　(D) $\frac{\omega_0}{4}$, $\frac{3MR^2\omega_0^2}{64}$.

4. 有一半径为 R 的匀质圆形水平转台，可绕通过盘心 O 且垂直于盘面的竖直固定轴 OO' 转动，转动惯量为 J. 台上有一人，质量为 m. 当他站在离转轴 r 处时($r<R$)，转台和人一起以 ω_1 的角速度转动，如题图 3.5

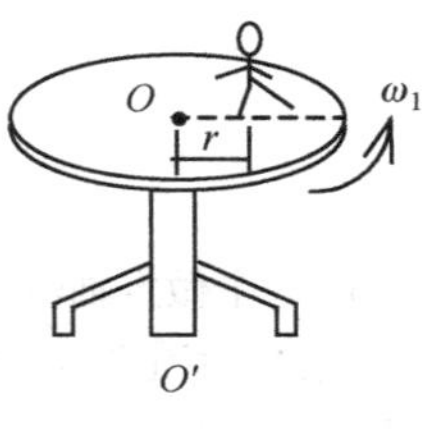

题图 3.5

所示. 若转轴处摩擦可以忽略，当人走到转台边缘时，转台和人一起转动的角速度 $\omega_2=$______.

5. 如题图 3.6 所示，一长为 $2L$、质量为 M 的匀质细棒，可绕棒中点的水平轴 O 在竖直面内转动，开始时棒静止在水平位置，一质量为 m 的小球一速度 u 垂直下落在棒的端点，设小球与棒做弹性碰撞，问碰撞后小球的反弹速度 v 及棒转动的角速度 ω 各为多少？

6. 如题图 3.7 所示，质量为 m 的物体与绕在质量为 M 的定滑轮上的轻绳相连，设定滑轮质量 $M=2m$，半径为 R，转轴光滑，设 $t=0$ 时物体静止. 求：(1)物体下落速度与时间的关系；(2) $t=4\text{s}$ 时，物体下落的距离；(3)绳中的张力.

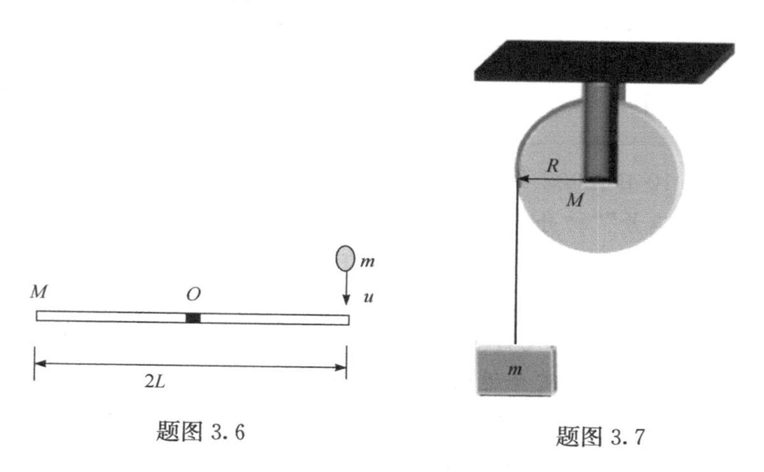

题图 3.6　　题图 3.7

物理科技

中国载人航天器

载人航天是人类驾驶和乘坐载人航天器进入太空进行科学研究、资源开发应用的活动，载人航天器是人类进行载人航天活动的平台. 从 1961 年 4 月 12 日苏联航天员加加林乘坐人类第一个载人航天器“东方一号”宇宙飞船进入太空开始，载人航天器技术经过六十多年的发展，形成了包含载人飞船、货运飞船、空间实验室、空间站、航天飞机、登月飞行器等一系列载人航天器的航天技术体系，拓展了人类的生存和活动范围，增进了人类对宇宙空间的认识.

一、中国载人航天工程发展历程

1986 年，我国开始实施国家高技术研究发展计划(“863”计划)，把发展载人航天技术列入其中，经论证专家建议从载人飞船开始起步，发展我国的载人航天技术. 1992 年 9 月 21 日，中央正式决策实施载人航天工程，并确定了我国载人航天“三步走”发展战略，代号为“921”工程. 三十年来，工程相继突破和掌握天地往返、空间出舱、空间交会对接等载人航天领域关键技术，开展了一系列空间科学实验与技术试验，截至“神舟十六号”发射成功，已将18名、29人次航天员送入太空，牢牢占据了世界载人航天的重要一席.

(1) 发射载人飞船，建成初步配套的试验性载人飞船工程，开展空间应用实验.

1999年11月20日，我国发射了无人飞船“神舟一号”，标志着我国载人航天发展战略开始启动. 这是中国载人航天工程的首次飞行，考核了运载火箭性能和可靠性，验证了飞船关键技术和系统设计的正确性，以及包括发射、测控通信、着陆回收等地面设施在内的整个系统工作的协调性，标志着我国载人航天技术实现新的重大突破.

2001年1月10日、2002年3月25日、2002年12月30日我国又分别发射了三艘无人飞船“神舟二号”“神舟三号”“神舟四号”，通过系统技术的进一步提高和多项科学实(试)验的在轨完成，为实现载人飞行打下了坚实基础.

2003年10月15日，发射了第一艘载人飞船“神舟五号”，我国首飞航天员杨利伟搭乘“神舟五号”飞船在轨飞行14圈，历时21小时23分后安全返回，实现了“成功发射、精确测控、正常运行、安全返回”的任务目标，标志着我国成为世界上第三个独立掌握载人航天技术的国家. 2005年10月12日，发射了乘坐费俊龙、聂海胜两名航天员的“神舟六号”载人飞船，在轨飞行4天19时32分，实现了“成功发射、正常飞行、安全返回、航天员健康出舱”的任务目标，掌握了环境控制与生命保障、飞行器控制、航天医学保障等载人飞船“多人多天”在轨飞行关键技术，首次开展了真正意义上有人参与的空间科学实验.

通过实施四次无人飞行任务，以及“神舟五号”“神舟六号”载人飞行任务，突破和掌握了载人天地往返技术，使我国成为第三个具有独立开展载人航天活动能力的国家，实现了工程第一步任务目标.

(2) 突破航天员出舱活动技术、空间飞行器的交会对接技术，发射空间实验室，解决有一定规模、短期有人照料的空间应用问题.

2008年9月25日，我国发射了乘坐翟志刚、刘伯明、景海鹏三名航天员的“神舟七号”载人飞船，翟志刚于9月27日成功实施首次空间出舱活动；9月28日，航天员安全返回，实现了“准确入轨、正常运行，出舱活动圆满、安全健康返回”的任务目标，突破和掌握了空间出舱活动技术，是我国载人航天事业发展史上的又一重要里程碑.

2011年9月29日，“天宫一号”目标飞行器发射升空. 2011年11月1日，“神舟八号”无人飞船发射升空，“神舟八号”与“天宫一号”完成了我国首次空间交会对接任务，突破和掌握了载人航天器交会对接技术.

2012年6月16日，我国发射了乘坐景海鹏、刘旺、刘洋(女)三名航天员的“神舟九号”载人飞船发射升空，与“天宫一号”目标飞行器完成了我国首次载人空间交会对接和人控交会对接任务.

2013 年 6 月 11 日,搭载航天员聂海胜、张晓光、王亚平(女)的"神舟十号"载人飞船发射升空并与"天宫一号"目标飞行器交会对接,开展了我国首次太空授课. 2016 年 9 月 15 日,"天宫二号"空间实验室发射升空.

2016 年 10 月 17 日,搭载航天员景海鹏、陈冬的"神舟十一号"载人飞船发射升空并与"天宫二号"交会对接. 在"天宫二号"空间实验室上,"神舟十一号"航天员乘组完成了 33 天的中期驻留任务,开展了一批体现国际科学前沿和高新技术发展方向的空间科学与应用任务.

2017 年 4 月 20 日,"天舟一号"货运飞船发射升空并与"天宫二号"空间实验室交会对接. "天舟一号"与"天宫二号"开展了 3 次推进剂在轨补加试验,突破并掌握了推进剂在轨补加技术. 原本作为"天宫一号"目标飞行器备份的"天宫二号"被改造为我国第一个真正意义的空间实验室.

(3) 建造空间站,解决有较大规模的、长期有人照料的空间应用问题.

2021 年 6 月 17 日,中国再次成功实现了载人航天工程的突破,首次发射了搭载聂海胜、刘伯明、汤洪波三名航天员的"神舟十二号"载人飞船,在空间站进行了为期 3 个月的驻留,与天宫核心舱对接. 在轨期间进行了 2 次出舱活动,开展了一系列空间科学实验和技术试验,验证了航天员长期驻留、再生生保、空间物资补给、出舱活动、舱外操作、在轨维修等空间站建造和运营关键技术,首次检验了东风着陆场的搜索回收能力. 这次发射不仅验证了中国的空间交会对接技术,也为中国空间站建设打下了重要基础.

2021 年 10 月 16 日成功发射了搭载航天员翟志刚、王亚平(女)、叶光富的"神舟十三号"载人飞船,随后与天和核心舱对接形成组合体,三名航天员进驻核心舱,进行了为期 6 个月的驻留,创造了中国航天员连续在轨飞行时长新纪录. 航天员在轨飞行期间先后进行了 2 次出舱活动,2 次"天宫课堂"太空授课,开展了手控遥操作交会对接、机械臂辅助舱段转位等多项科学技术实(试)验,验证了航天员长期驻留保障、再生生保、空间物资补给、出舱活动、舱外操作、在轨维修等关键技术,标志着空间站关键技术验证阶段任务圆满完成. 2022 年 4 月,经全面系统评估,工程转入空间站建造阶段.

2022 年 6 月 5 日成功发射了搭载航天员陈冬、刘洋(女)、蔡旭哲的"神舟十四号"载人飞船,全面完成了以天和核心舱、问天实验舱和梦天实验舱为基本构型的天宫空间站建造,建成国家太空实验室. 2022 年 11 月 29 日成功发射了搭载航天员费俊龙、邓清明和张陆的"神舟十五号"载人飞船,"神舟十五号""神舟十四号"两个乘组 6 名航天员首次在太空"会师","面对面"进行在轨交接,验证了空间站支持乘组轮换能力,完成了空间站在轨建造任务. 当前,中国载人航天已全面迈入空间站时代.

2023 年 5 月 30 日成功发射了搭载航天员景海鹏、朱杨柱、桂海潮的"神舟十六号”载人飞船,“神舟十六号”与“神舟十七号”的航天员将在太空对接,并预计于2023年11月返回.航天员景海鹏是第四次执行飞行任务,是截至到目前为止参与飞行任务最多的航天员.

二、我国载人航天器技术

在载人航天工程实践中,载人航天器的研制和飞行发挥了至关重要的作用.目前我国已研制了“神舟”系列载人飞船、“天宫”系列空间实验室、“天舟”系列货运飞船3个载人航天器平台,并且正在进一步研制的空间站.

1. 载人飞船

载人飞船又称载人航天飞船,它借助于运载火箭发射进入太空,绕地球轨道运行或进行轨道机动飞行,飞船内有适合航天员工作和生活的人造环境.完成任务后,载人飞船的一部分返回大气层,用降落伞和缓冲装置实现软着陆.

我国第一艘试验飞船“神舟一号”于1999年发射升空,准确进入轨道,标志着我国载人航天技术取得了重大突破.截至2023年9月,已经成功完成了16艘“神舟”载人飞船的发射任务.我国成为世界上第三个掌握载人航天技术、成功发射载人飞船的国家.

“神舟”系列载人飞船采用轨道舱、返回舱、推进舱三舱构型,可乘载3名航天员,总质量约8吨.返回舱用于携带航天员再人返回地球,轨道舱用于航天员在轨工作和生活,推进舱用于为飞船提供能源和推力.在返回地球前载人飞船进行三舱在轨分离,分离后返回舱携带航天员返回地球.“神舟”载人飞船采用弹道-升力式载人技术返回大气层,采用降落伞实现着陆.“神舟”载人飞船具备自动交会对接与人控交会对接功能,配置有微波雷达、激光雷达、光学成像敏感器等交会对接敏感器和异体同构周边式主动对接机构.

2. 空间实验室

空间实验室又称太空实验室,是一种可重复使用和多用途的载人航天科学实验空间站.空间实验室用于开展各类空间科学实验的实验室.空间实验室的建设过程是先发射无人空间实验室,而后再用运载火箭将载人飞船送入太空,与停留在轨道上的实验室交会对接,航天员从飞船的附加段进入空间实验室,开展工作.

和地球上普通的实验室相比,太空实验室的独特优势在于它能提供长时间、稳定的微重力和辐射环境,这有助于开展探索宇宙起源、揭示物质本质和运动规律的基础性科学实验,以及面向空间生命科学、材料科学等一系列实验.在地球上,生命体和物质受到重力的作用,某些本质规律会被掩盖.空间站的重力只有地球表面的千分之一到万分之一,在微重力条件下有希望发现被重力掩盖的物质本质规律.此外,由于大气的吸收和干扰，宇宙中的伽马射线、X射线、紫外线、红外线和超长波等无法在地面有效观测到，相关谱段的天文观测可以发射探测器到太空中开展观测.

“天宫”是我国的空间实验室，“天宫”空间实验室配置了控制力矩陀螺，用于姿态的高精度控制，具有交会对接支持功能；配置有交会对接敏感器合作目标和异体同构周边式被动对接机构.“天宫”空间实验室还具有接受推进剂在轨补加的功能，配置有压气机，可通过气体回用法实现推进剂补加.

“天宫”系列空间实验室采用实验舱和资源舱两舱构型，总质量约8吨.“天宫”空间实验室资源舱用于为空间实验室提供能源和推力.资源舱采用整体壁板式结构，以满足在轨长寿命和密封舱漏率需求.“天宫”空间实验室的实验舱用于为航天员提供在轨生活和工作支持，其中问天实验舱主要面向空间生命科学研究，梦天实验舱则主要面向微重力科学研究.未来中国将通过国家太空实验室科技成果的转移转化与推广应用，推动生物、材料、信息、能源等产业的技术进步，助力国家经济社会高质量发展，最大程度地惠及民生.

3. “天舟”系列货运飞船

“天舟”系列货运飞船主要用于对中国空间站在轨运行期间，提供补给支持.“天舟”系列货运飞船采用货物舱和推进舱两舱构型，总质量约13.5吨.货物舱用于货物的运输，推进舱用于为飞船提供能源和推力.货运飞船可提供货物运输和推进剂在轨补加服务，货物运输能力约6.5吨，推进剂补加能力约2吨.“天舟”货运飞船除了具备与“神舟”载人飞船类似的主动交会对接功能外，还具备快速交会对接功能，可通过船上自主控制实现6小时快速交会对接.

三、火箭的运动

1. 变质量系统动力学方程

火箭和航天飞船是人类进入外空间的主要工具.火箭(主体)飞行中不断喷出燃烧物质(附体)，它们同以往研究的不变质量系统的情况不同，称之为变质量系统.这类系统可简化为如图T3.1所示的模型.假如有一质量为m_0的物体，在外力$\boldsymbol{F}$作用下以速度$\boldsymbol{v}$相对惯性系S运动.在运动中不断地有质量$\mathrm{d}m$以相对主体速度$\boldsymbol{u}$离开主体，质量流出主体的速率为$\frac{\mathrm{d}m_0}{\mathrm{d}t}$.由于有质量离开主体时，$\mathrm{d}m_0$为负值，附体的质量$\mathrm{d}m=-\mathrm{d}m_0$.

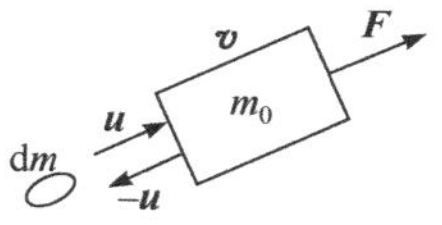

图T3.1　变质量系统

取t和$t+\mathrm{d}t$为初、末态，选取附体为研究对象，对附体应用动量定理(1-21)式得

$$\boldsymbol{F}_{\text{主-附}}\mathrm{d}t=\mathrm{d}m(\boldsymbol{v}+\mathrm{d}\boldsymbol{v}+\boldsymbol{u})-\mathrm{d}m\boldsymbol{v} \tag{1}$$

其中，$\boldsymbol{v}+\mathrm{d}\boldsymbol{v}+\boldsymbol{u}$、$\boldsymbol{v}$ 分别为附体在 $t+\mathrm{d}t$ 时刻和 t 时刻相对惯性系 S 的速度. 忽略二阶小量，整理得

$$\boldsymbol{F}_{\text{主-附}}=-\boldsymbol{u}\frac{\mathrm{d}m}{\mathrm{d}t}=-\boldsymbol{u}\frac{\mathrm{d}m_0}{\mathrm{d}t} \tag{2}$$

(2)式表明主体与附体之间的相互作用力都与附体相对主体的流出速度以及主体的质量变化率有关.

对主体+附体应用动量定理(1-24)，得

$$\boldsymbol{F}\mathrm{d}t=[(m_0+\mathrm{d}m)(\boldsymbol{v}+\mathrm{d}\boldsymbol{v})]-[m_0\boldsymbol{v}+\mathrm{d}m(\boldsymbol{v}+\boldsymbol{u})] \tag{3}$$

其中，$\boldsymbol{F}$ 为主体和附体所受的合外力，m_0 为 t 时刻主体的质量；在 $t+\mathrm{d}t$ 和 t 时刻，主体相对惯性系 S 的速度分别对应 $\boldsymbol{v}+\mathrm{d}\boldsymbol{v}$、$\boldsymbol{v}$，附体相对惯性系 S 的速度分别对应 $\boldsymbol{v}+\mathrm{d}\boldsymbol{v}$、$\boldsymbol{v}+\boldsymbol{u}$. 忽略二阶小量，整理得

$$\boldsymbol{F}+\boldsymbol{u}\frac{\mathrm{d}m_0}{\mathrm{d}t}=m_0\frac{\mathrm{d}\boldsymbol{v}}{\mathrm{d}t} \tag{4}$$

从上述讨论可以看出，如果以**附体**或以**主体**+**附体**为研究对象，图 T3.1 所示的系统并非变质量系统. 对附体应用动量定理可得(2)式所示的主体对附体的作用力 $\boldsymbol{F}_{\text{主-附}}$；对主体+附体应用动量定理可得(4)式所示的主体所满足的动力学方程. 比较(2)式和(4)式，可将主体满足的方程表示为

$$\boldsymbol{F}+\boldsymbol{F}_{\text{附-主}}=m_0\frac{\mathrm{d}\boldsymbol{v}}{\mathrm{d}t} \tag{5}$$

上述讨论说明，如果仅以主体为研究对象，则图 T3.1 所示的系统就是变质量系统，原则上说，此时不能针对主体应用质心运动定律或动量定理. 但(5)式表明，如果以主体为研究对象，将附体对主体的作用力作为主体的外力，就可以对主体直接应用质心运动定律了，但需注意的是，此时主体的质量 m_0 是随时间变化的.

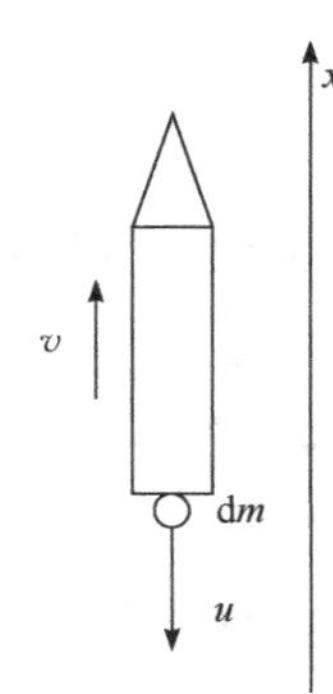

图T3.2　火箭的运动

2. 火箭的运动

如图 T3.2 所示，选取向上为坐标正方向. 设 t 时刻，火箭主体的质量为 m，向上运动速度的大小为 v，喷射物质相对火箭速度的大小为 u.

发射火箭的推力即为喷射物质对火箭的作用力，根据(1)式，其大小为 $F=-u\dfrac{\mathrm{d}m}{\mathrm{d}t}$，其中 $\mathrm{d}m$ 为负值. 以火箭主体为研究对象，应用变质量动力学方程(5)有

$$-mg+F-F_{\text{阻力}}=m\frac{\mathrm{d}v}{\mathrm{d}t}$$

其中，$F=-u\frac{\mathrm{d}m}{\mathrm{d}t}$为喷射物质对火箭的推力，代入上式并忽略空气阻力，整理得

$$-mg-u\frac{\mathrm{d}m}{\mathrm{d}t}=m\frac{\mathrm{d}v}{\mathrm{d}t}$$

进一步整理有

$$-g\mathrm{d}t-u\frac{\mathrm{d}m}{m}=\mathrm{d}v$$

积分得

$$v=v_0-gt+u\ln\frac{m_0}{m}$$

若火箭在自由空间飞行，$g=0$，有

$$v=v_0+u\ln\frac{m_0}{m}$$

其中 v_0、m_0 分别是火箭发射时的初速度和总质量，所以，要想使火箭获得高的速度，要求火箭主体的质量要小，也就是说要尽快燃烧并甩掉多余的物质.

由于火箭从地面起飞时速度不能太大，火箭以较小速度通过稠密的大气层，然后以高速度进入稀薄的大气层，飞离地球. 为了进一步提高末速度，通常采用多级火箭，即整个火箭与第一级火箭燃料耗尽时第一级火箭脱落，余下的整个火箭与第二级火箭燃料耗尽再脱落……最终可以达到较高的速度.

1992 年中国载人航天工程正式立项实施，2022 年圆满完成“三步走”战略任务，全面建成中国空间站，目前已正式进入空间站应用与发展阶段. 经过三十年几代航天人的接续奋斗，历史性地实现了中华民族的千年飞天梦想，成功突破掌握了一系列关键核心技术，创造了重大飞行任务 27 战 27 捷的辉煌战绩，建成了命脉完全掌握在中国人自己手中的大国重器，走出了一条符合中国国情的载人航天发展道路，孕育了纳入中国共产党人精神谱系的伟大载人航天精神，拥有了与世界航天强国比肩发展的自信和能力，在建设航天强国、攀登科技高峰的征程上增添了又一座彪炳史册的“里程碑”，在浩瀚宇宙书写了用航天梦托举中国梦的壮丽篇章.

第 4 章 生物流体力学基础

流体是气体和液体的统称，它们最基本的特征是可以流动，即流体内部各部分之间极易发生相对运动，因而没有固定的形状. 流动性赋予了流体生命气息.

流体力学是研究流体平衡和运动的规律的科学. 它在工业与农业工程中的诸多方面有着广泛的应用. 植物体内水分和养料的运输，动物体内的血液循环以及动物的呼吸过程，海水、淡水渔业环境等都与流体力学有关.

作为物理学原理的基础，本章讨论流体静力学、表面张力、流体的流动、伯努利方程和黏滞流体的流动等基本问题及其在生物学中的应用分析.

本章基本要求：

1. 理解静止流体内的压强分布.

2. 理解表面张力和表面张力系数的意义. 掌握液滴的内、外压强差.

3. 理解毛细现象及其应用.

4. 理解理想流体、定常流动、流线和流管等概念.

5. 理解连续性原理及其应用；掌握伯努利方程及其应用.

6. 了解实际流体的黏滞性和黏滞定律的物理意义.

7. 理解泊肃叶公式，会应用公式计算黏滞流体中的流量问题.

8. 了解斯托克斯公式的意义及离心分离问题.

4.1 流体静力学

4.1.1 静止流体内的压强

1. 静止流体内一点的压强

飞机能凭借大气的升力在天空飞翔，水库里水对水坝有极大推力，甚至能使水坝发生极小的位移. 这些例子表明了空气、水能给物体以力的作用，由此我们可以想象，流体内部各部分之间是存在着相互作用力的. 为了描述这种相互作用，我们引进应力这个物理量. 在流体内部某点取一假想面元 ΔS，用 Δf 和 $-\Delta f$ 分别表示通过该面元两侧流体的作用力和反作用力，则通过该点面元的应力定义为 $T=\lim\limits_{\Delta S\to 0}\dfrac{\Delta f}{\Delta S}$.

在一般情况下，力 Δf 可与面元 ΔS 成任意角度，而且在同一点对于不同面元，Δf 的大小和方向都可以不同，因此在提到应力时，不但需要指出流体内点的位置，还必须指出过该点面元的方位和作用力的方向.

在静止流体内，应力的描述可大为简化. 因为在静止流体内，作用于任一面元的应力方向必与该面元垂直，即 Δf 恒垂直于 ΔS，流体对容器壁的静压力必垂直于器壁，如图 4.1 所示.

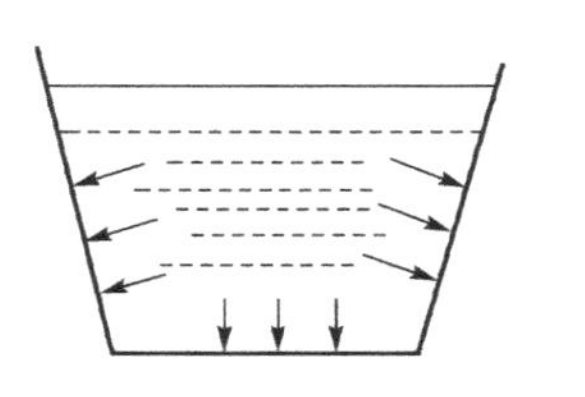
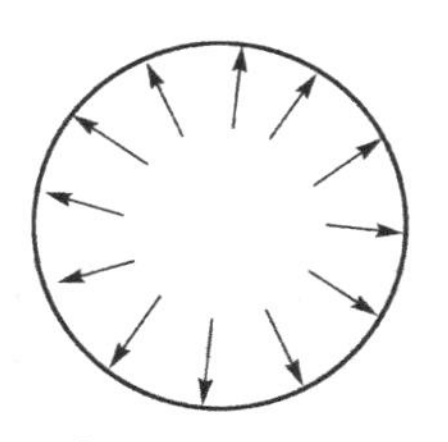

图 4.1 流体静压力垂直器壁

另外在静止流体内过同一点取不同方位的面元，其应力大小都是相等的，即 Δf 大小与面元 ΔS 方位无关. 基于以上两个原因，在描述静止流体的应力时，只要指出研究点的位置，而不需要指明面元 ΔS 方位和作用力 Δf 的方向. 可见，只要用应力的大小去描述静止流体内部的相互作用就够了. 把静止流体内部应力大小称为压强，用 p 表示，则有 $p=\lim\limits_{\Delta S\to 0}\dfrac{\Delta f}{\Delta S}$. 静止流体内一点的压强等于该点任一假想面元上正压力大小与面元面积之比当面元面积趋于零时的极限.

在国际单位制(SI 制)中，压强单位为“牛顿/米^2($\mathrm{N/m^2}$)”，称为“帕斯卡(Pascal)”，简称“帕”，国际符号为“Pa”，压强的量纲式为$[\mathrm{P}]=\mathrm{ML^{-1}T^{-2}}$. 在厘米克秒制(CGS 制)中，压强单位为“达因/厘米^2($\mathrm{dyn/cm^2}$)”，$1\mathrm{Pa}=10\mathrm{dyn/cm^2}$. 暂时与国际

制并用的压强单位还有巴(bar),规定 $1\text{bar} = 10^5\text{Pa}$. 也有用“标准大气压(atm)”作为压强单位,规定 $1\text{atm} = 760\text{mmHg} = 1.013250\text{bar}$.

2. 静止流体内压强分布

虽然静止流体内过一点各面元上压强大小相等,但各个点的压强并不一定相等,以下我们讨论在重力作用下静止流体内各点压强分布规律.

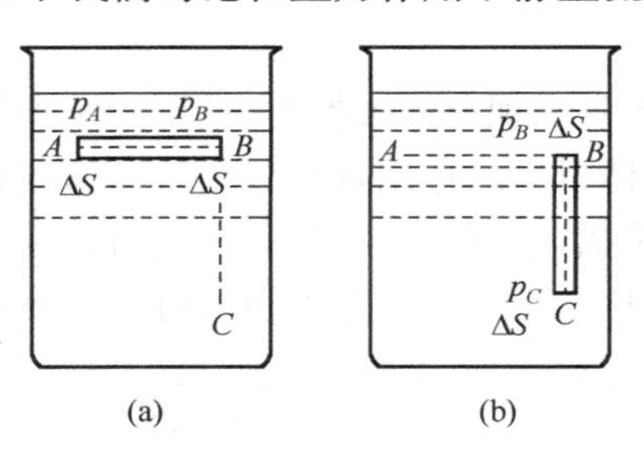

图 4.2　静止流体内两点间压强差

(1) 等高的地方压强相等

如图 4.2(a)所示,设 A、B 两点等高,作以 AB 连线为轴、底面积为 ΔS 的小柱体,考虑该柱体在水平方向的平衡条件,有

$$p_A \Delta S - p_B \Delta S = 0$$

即

$$p_A = p_B \tag{4-1}$$

因为这里 A、B 两点是任意选取的,故我们证明了,**静止流体中所有等高的地方压强都相等**.

(2) 高度相差 h 的两点间压强差为 $\rho g h$

如图 4.2(b)所示,设 B、C 两点在同一铅垂线,作以 BC 为轴线、底面积为 ΔS 的小柱体,考虑该柱体沿铅垂方向的平衡条件,有

$$p_B \Delta S + \rho g h \Delta S - p_C \Delta S = 0 \tag{4-2}$$

$$p_C - p_B = \rho g h$$

即

$$p = p_0 + \rho g h$$

由前面(4-1)式可知,等高点压强相等,即使 B、C 两点在不同一铅垂线上,(4-2)式也成立.

由上述讨论可知,如果液体具有自由表面,取表面处压强为 p_0,则液体内深度 h 处的压强为

$$p = p_0 + \rho g h \tag{4-3}$$

式中 ρ 为该液体的密度,由于可忽略其压缩性,视为恒量.

对于气体来说,因为密度 ρ 很小,若高度范围不是很大,气体内部各点可认为压强相等.

例 4.1　水坝截面如图 4.3 所示,坝长 1.0 千米,水深 5.0 米,坡度角为 60°,求水对坝身的总压力.

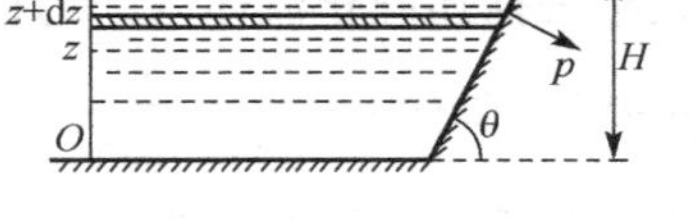

图 4.3　例 4.1 图

解　取 z 轴垂直底部向上,以底部为坐标原点 O,则高为 z 处的压强为

$$p(z) = p_0 + \rho g (H - z)$$

式中 p_0 为水面处大气压强,H 为水深.

若将坝身迎水坡沿水平方向(垂直于图面)分成许多狭长面元,其中任意面元的长度即为坝长L,若宽度用$\mathrm{d}l$表示,则长条形面元面积为$L\mathrm{d}l$,水对该面元的作用力为

$$\mathrm{d}f = pL\,\mathrm{d}l = [p_0 + \rho g(H-z)]L\,\frac{\mathrm{d}z}{\sin\theta}$$

作用在水坝坡面上的总压力为

$$f = \int_0^H [p_0 + \rho g(H-z)]\,\frac{L}{\sin\theta}\mathrm{d}z = \left(p_0 H + \frac{1}{2}\rho g H^2\right)\frac{L}{\sin\theta}$$

将$L=1.0\times10^3\mathrm{m}$,$H=5.0\mathrm{m}$,$p_0=1.013\times10^5\mathrm{Pa}$,$\rho=10^3\mathrm{kg/m^3}$,$\theta=60°$代入,可得

$$f = 7.3\times10^8\mathrm{N}$$

4.1.2　帕斯卡定律

1. 定律的表述及推证

帕斯卡定律是17世纪法国的帕斯卡(Pascal)提出的,通常表述如下:作用在密闭容器中流体上的压强等值地传到流体各处和器壁上去.

如图4.4所示,设A点最初压强为p_0,根据(4-3)式,B点的压强应等于$p_0+\rho gh$,若对活塞加力f后,A点的压强变为$p_0+\dfrac{f}{S}=p_0+\Delta p$,式中$S$为活塞面积,同样根据(4-3)式,这时$B$点的压强应等于$p_0+\Delta p+\rho gh$,即同样增加了$\Delta p$.由压强分布规律可知,流体各处和器壁上的压强都增加了Δp,好像活塞作用于液体内的压强$\Delta p=\dfrac{f}{S}$大小不变地"传"到其他部分一样,这样便推证出帕斯卡定律.

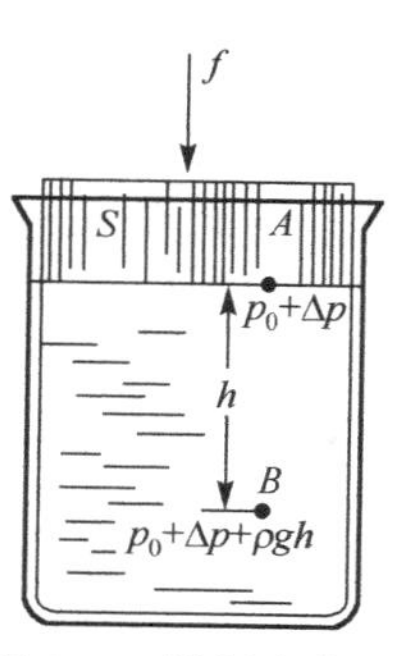

图4.4　帕斯卡定律

2. 液压机

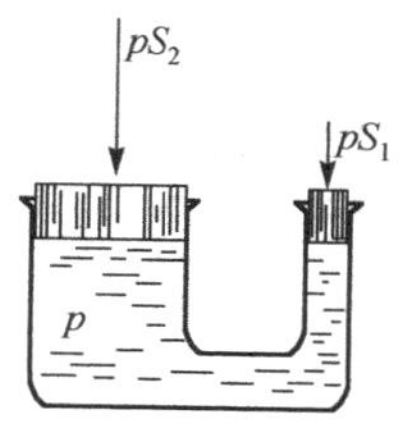

图4.5　液压机原理

液压机等设备工作时,活塞加于液体的压强是很大的,相比之下,因高度不同引起的压强差ρgh可以忽略,帕斯卡定律表现为密闭容器内流体各点的压强和作用于器壁的压强相等,各种油压机和水压机都是根据这个原理制成的.如图4.5所示,根据帕斯卡定律,大活塞和小活塞下面的压强均为p,若小活塞截面积为S_1,大活塞截面积为S_2,虽然小活塞对流体的作用力仅有pS_1,而流体对大活塞的作用力却能达到pS_2,S_2与S_1之比越大,大活塞受力与小活塞受力之比也越大,液压机在起重、锻压等多方面应用,是我们大家所熟知的.

4.1.3　阿基米德原理

1. 原理的表述及推证

阿基米德原理是公元前三世纪由古希腊的阿基米德(Archimedes)提出的. 通常表述如下:物体在流体中所受的浮力等于该物体排开同体积流体的重量.

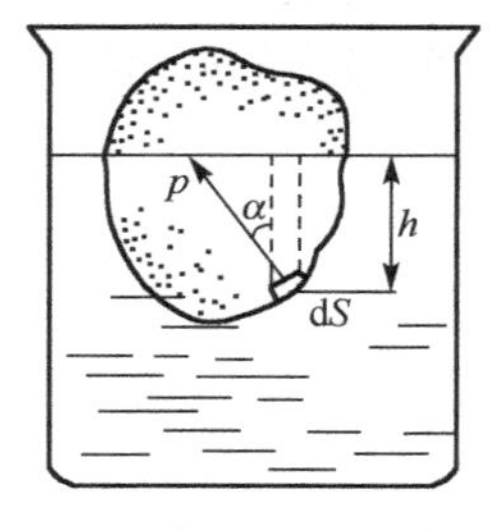

图 4.6　阿基米德原理

这个原理同样可以从流体静力学中流体内压强分布基本规律导出. 物体的一部分或全部浸没于流体中,其表面必将与流体接触,从而受到流体的压力. 物体表面各面元所受流体压力的合力,构成了物体所受浮力. 如图 4.6 所示,物体表面面元 dS 受到的力等于 $\rho gh\,dS$,其中 ρ 为流体的密度,h 为面元 dS 距液面的深度. 所有作用于各面元上的力沿铅直方向分力之和即为浮力. 作用于上述面元上力沿铅直方向分力为 $\rho gh\,dS\cos\alpha$,故浮力等于

$$f=\int_S \rho gh\cos\alpha dS$$

积分遍及物体和流体的接触面. 由于式中 $\cos\alpha dS$ 等于面元 dS 在水平面上投影,则 $h\cos\alpha dS$ 就等于 dS 上方以 $\cos\alpha dS$ 为底的柱体的体积 dV,因此此式积分变为

$$f=\int_V \rho g\,dV=\rho g\int_V dV$$

积分遍及物体排开流体的体积,上式右端正好等于排开流体重量. 这就是阿基米德原理.

2. 原理应用举例

如果物体的平均密度小于液体的密度,那么,物体只有一部分浸在液体自由上表面内,如图 4.7 所示,是大家熟知的比重计. 比重计下沉到它的重量等于它排开的那部分液体的重量时为止. 显然,对于同样的比重计,液体的密度越大,被比重计排开的液体体积就越小,因而比重计浸在液体里的那部分体积也越小. 这就是说,液体的密度越大,比重计浮起的越高,就好像在海水里游泳的人,比在淡水里要浮起得高一些一样.

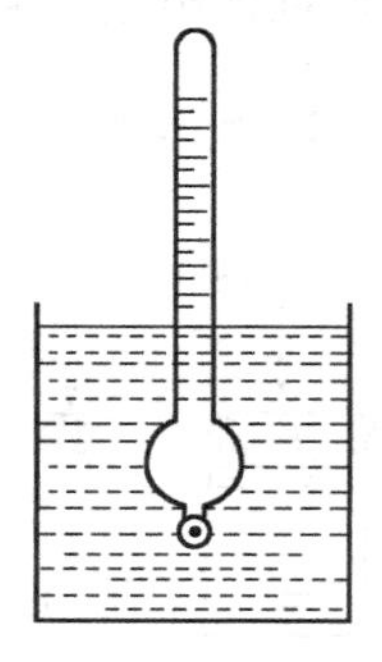
图 4.7　简单比重计

浮力的一个重要医疗应用是水疗法,如果人的四肢肌肉或关节有病或受伤,因而不能举起或移动时,可让患者浸在水中,由于人体的平均密度稍大于水的密度,这时身体变得好像几乎没有重量,结果人只需要用很小的力,就能使四肢运动,这就可使患者得以理疗.

4.2 液体表面性质

液体表面性质

4.2.1 液体的表面现象

从移液管尖端缓慢流出的液体，并不会呈现为连续的液流，而是一些断续的液滴；荷叶上的水会成球形水珠；一根缝衣针，虽然它的密度可能约为水的密度的十倍但如果把它轻轻地放在水面上，就能把水面压成一条小沟而不下沉；把一个清洗干净的玻璃毛细管插入水中，则水在玻璃管中上升，若把玻璃毛细管插入水银中，则管中水银面被压低. 所有这些现象以及其他一些类似性质的现象都与液体与其他物质存在接触界面有关. 我们把这些现象称为液体的表面现象.

由于不论是生物体内部还是生物体周围环境，都广泛存在着水和各种水溶液，因此，研究液体的表面现象，对于农业生产和各种生物现象研究都具有重要作用.

4.2.2 表面张力及表面张力系数

在上一节我们讨论了流体内部的应力，而在两种不相溶液体或液体与气体间会形成分界面，界面上存在着一种额外的应力，这种应力称为表面张力. 表面张力使液体表面有如张紧的弹性薄膜，有收缩的趋势. 在上节我们讨论液体内部应力时，引进一个假想面元 ΔS . 对于表面张力，我们需要在液体表面上引进一条假想的线元 Δl ，如图 4.8 所示，把液面分割为两部分，表面张力就是这两部分液面相互之间拉力，这也是一对作用力和反作用力，若用 Δf 表示拉力的大小，则有

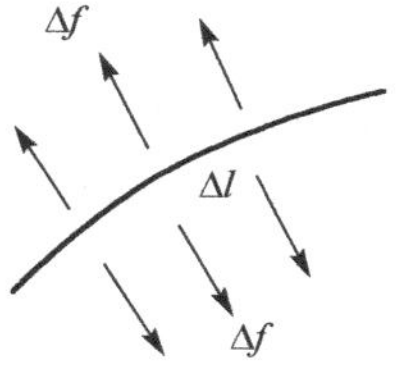

图 4.8 表面张力

$$\Delta f = \alpha \Delta l \tag{4-4}$$

式中 α 称为表面张力系数，它标志着通过单位长度分界线两边液面之间的相互作用力. 在国际单位制(SI 制)中，α 单位为“牛顿/米(N/m)”. 表 4.1 给出几种液体的表面张力系数.

表 4.1 几种液体的表面张力系数

液体	温度/℃	$\alpha/(\times 10^{-3}$N/m)	液体	温度/℃	$\alpha/(\times 10^{-3}$N/m)
甘油	20	65	水	0	75.34
肥皂液	20	40		20	72.6
酒精	20	22		35	70.34
乙醚	20	17		60	67.10
水银	20	470		75	64.26
液态铅	400	445		90	61.31
液态锡	400	520		100	59.25
胆汁	20	48	血浆	20	60
牛奶	20	50	正常尿	20	66

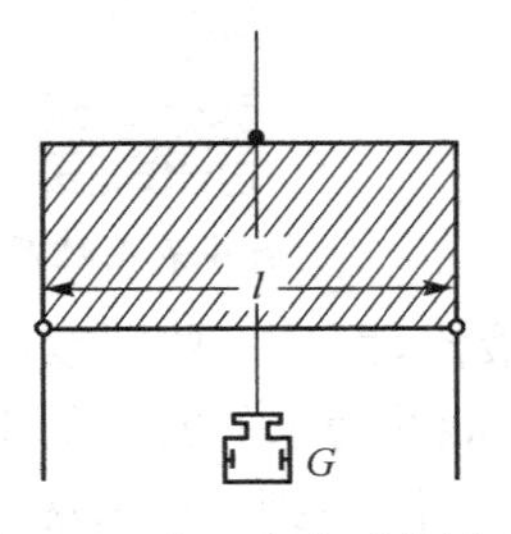

图 4.9　表面张力系数测定

测量表面张力系数的装置有很多种,如图 4.9 所示,是一种简单测量装置.用金属丝弯成框子.它的下边是可以滑动的.在框内形成液膜后,将它竖起来.下坠一定的砝码,使其重量与液面的表面张力平衡.设砝码的重量为 G,金属框下边长为 l,则有 $G=2\alpha l$,这里出现因子 2,是因为液膜有两个表面.

下面我们从功与能的观点来讨论一下表面张力系数的意义.设想若在图 4.9 的装置里,我们用一个与液膜表面张力大小相等的外力 f 拉金属框的下边,使之移动距离 Δx,则此力所做的功为

$$\Delta W = f\Delta x = 2\alpha l\,\Delta x = \alpha\Delta S$$

式中 $\Delta S = 2l\Delta x$ 表示此过程中增加液面面积. 由能量守恒,外力 f 抵抗表面张力所做的功,应全部转化为液膜的所谓“表面能”的增量 ΔE,即

$$\Delta E = \Delta W = \alpha\Delta S$$

由上式可得

$$\alpha = \frac{\Delta E}{\Delta S} = \frac{\Delta W}{\Delta S} \tag{4-5}$$

上式表明,表面张力系数也可以看作是增大单位面积液面所增加的表面能,或增大单位面积液面时外力所做的功.

实验表明,液体的表面张力系数随着温度的升高而减小.液体的表面张力系数还和纯度有关,掺入杂质能显著改变液体的表面张力系数,有的能使表面张力系数减小,有的能使表面张力系数增大.能使表面张力系数减小的物质称为活性物质,肥皂就是最常见的表面活性物质,一般说来,醇、酸、醛、酮等有机物质大都是表面活性物质.在制备一些农药时,为了使一些不溶于水的药物为乳化液,常加入表面活性物质作为乳化剂.为了使喷洒在作物叶片上的农药能适当地展布开来,往往也要在稀释过程中加进表面活性物质.

4.2.3　球形液滴内外的压强差

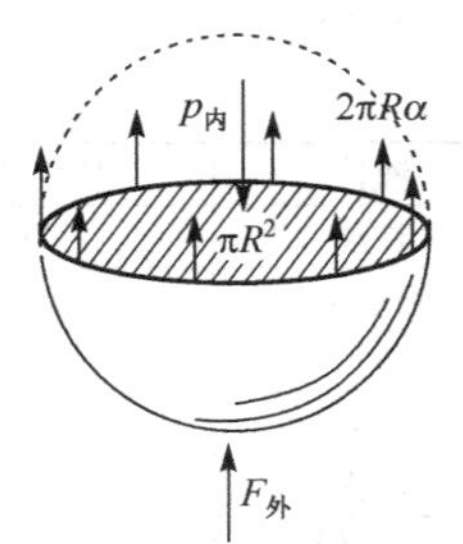

图 4.10　液滴内外压强差

如图 4.10 所示,将液滴视为一球,通过球心取一轴线,作垂直于此轴线的假想大圆面把液滴分成两半,它们之间通过表面张力产生的相互拉力大小为

$$f = \alpha \cdot 2\pi R$$

式中 R 是球的半径.此拉力应为液滴内、外的压力差所平衡.如图 4.10,内压力作用在半球的大圆面上,数值上等于

$p_{内}\pi R^2$，外压力垂直作用在半球面上，其沿轴的分量相当于 $p_{外}$ 均匀作用在投影面积 πR^2 上，则半球的平衡条件为

$$p_{内}\pi R^2 = \alpha 2\pi R + p_{外}\pi R^2$$

即液滴的内外压强差(或叫附加压强)为

$$\Delta p = p_{内} - p_{外} = \frac{2\alpha}{R} \tag{4-6}$$

上式是由球形液滴得到的，其结论对一般的凸形液面都是成立的，只是式中 R 表示了该凸形液面的曲率半径. 对凹形液面，上面讨论仍成立，只是压强差为负的，即

$$\Delta p = p_{内} - p_{外} = -\frac{2\alpha}{R} \tag{4-7}$$

这说明液面内的压强小于液面外的压强.

4.2.4 毛细现象

1. 润湿与不润湿现象

玻璃板上放一小滴水银，它总近似呈球形，且容易在玻璃上滚动，而不会贴附在玻璃上，我们说水银不润湿玻璃；若玻璃板上放一滴水，水不仅不收缩成球形，反而紧贴玻璃板面扩展，形成薄层而附着在玻璃板上，我们说水能润湿玻璃. 上述现象是液体与固体接触时产生的.

通常把接触处液面与固体表面切线之间的夹角称为接触角，用 θ 表示，θ 的大小只与固体与液体的性质有关，是一个量度液体和固体间润湿程度的物理量. 我们取固体表面的切线指向液体内部，如图 4.11 所示，若 θ 为锐角，我们说液体润湿固体，如图(a)；若 θ 为钝角，我们说液体不润湿固体，如图中(b). $\theta = 0$ 为完全润湿情况；$\theta = \pi$ 为完全不润湿情况. 水几乎能完全润湿干净的玻璃表面，但不能润湿石蜡；水银不能润湿玻璃，但能润湿干净的铜、铁等.

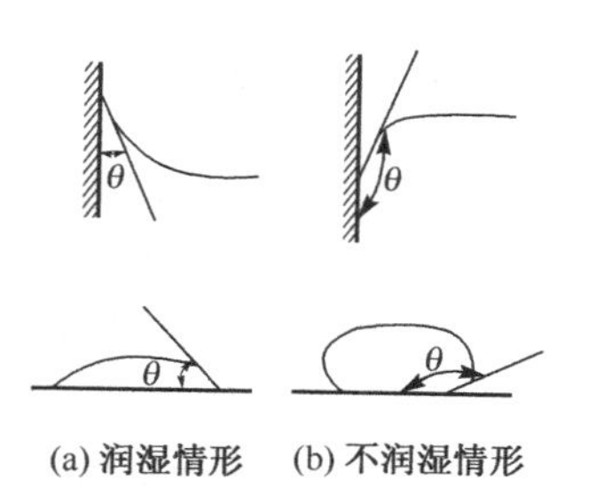

图 4.11 接触角

在农业上制备农药时，需要考虑药物是否润湿作物叶子，润湿情况越好，作物吸收药物的效果越好；润湿情况不好时，药物则不易被作物吸收，利用效率就低.

2. 毛细现象

管径很细的管子称为**毛细管**，将毛细管插入液体中，管内外液面会产生高度差. 如果液体能润湿管壁，管内液面升高；如果液体不能润湿管壁，管内液面将下降. 把这一现象称为毛细现象. 如纸张、灯芯、纱布、土壤、植物的根茎等都是由许许多多毛细

管所组成,毛细现象在其中起着重要作用.

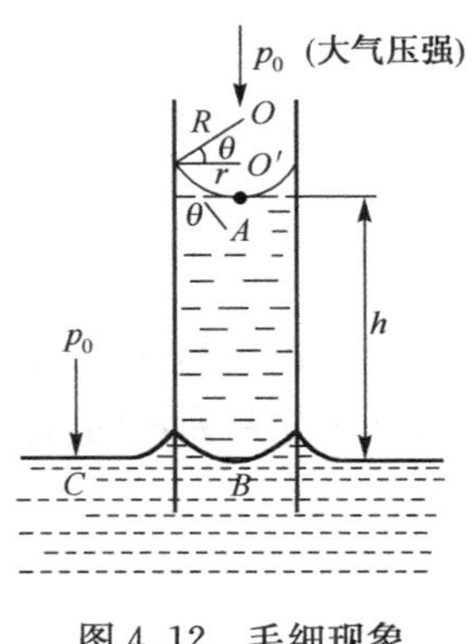

图 4.12　毛细现象

毛细现象是由表面张力和接触角所决定的.如图 4.12所示,以润湿情况为例,令大气压强为 p_0,毛细管的半径为 r,液体的密度和表面张力系数分别为 ρ 和 α,接触角为 θ,由图中不难看出,液面的曲率半径 R 和毛细管半径 r 之间关系为

$$r = R \cdot \cos\theta$$

由(4-7)式可知,A 点的压强为

$$p_A = p_0 - \frac{2\alpha}{R}$$

由流体静力学原理中(4-1)式和(4-2)式可知

$$p_B = p_C = p_0, \quad p_B = p_A + \rho g h$$

则有

$$p_B = p_0 = p_0 - \frac{2\alpha}{R} + \rho g h$$

由此得毛细血管内水柱高度为

$$h = \frac{2\alpha}{\rho g R} = \frac{2\alpha\cos\theta}{\rho g r} \tag{4-8}$$

3. 气体栓塞现象

动、植物的大部分组织都是由各种各样的管道连通起来的. 动物体内的微血管,植物体内的导管,都可视为毛细管,所以毛细现象在生物物理学研究中起重要作用. 下面以毛细管气体栓塞现象为例加以讨论.

毛细管中液体表面的弯曲,对于管中流体的流动是有影响的. 如图 4.13 所示,在一根毛细管中,液体可以润湿毛细管,管中液体可被小气泡分隔成许多液柱段. 若在图 4.13(a)的情况下,管内中部有一小段液体,我们把它看作一个小液滴,这个液滴左右两个端面是对称的凹形弯月面,如果液滴两边 A、B 压强相等,都为 p,则液滴不动. 若在 4.13 图(b)中情况下,A 边的压强比 B 边的大一个 Δp, 这时 A 边的弯月面形状改变了,由(4-7)式可知,其凹形弯月面曲率半径变小,两个液面的附加压强之差产生了一个向左的压强,企图使液滴恢复原来的形状,也就是产生了 一个向左的合力,来抵消由于左边压强增加对于液滴所施的向右的压力,这样液滴仍然保持不动. 液滴两边压强差越大,左边弯曲液面形状改变就越甚,直至外加压强差达到一定限度 Δp 时,液滴才开始移动. 若在图 4.13(c)中情况下,毛细管中有一串液滴,液滴之间都出现气泡,根据上述讨论,如果最右边的压强为 p,则向左的第一个气泡压强必大

于 $(p+\Delta p)$，才能使这一个水滴移动，依次类推，对于图中第三个气泡，压强必须大于 $p+3\Delta p$，才能使液滴移动，若有几个液滴，要一起移动，两端外加的压强差必须大于 $n\Delta p$，否则液滴就不能移动. 可见，当液体在毛细管中流动时，如果管中出现了气泡，液体的流动就要受到阻碍，气泡产生多了，就能堵住毛细管，使液体不能流动，把这种现象称为气体栓塞现象.

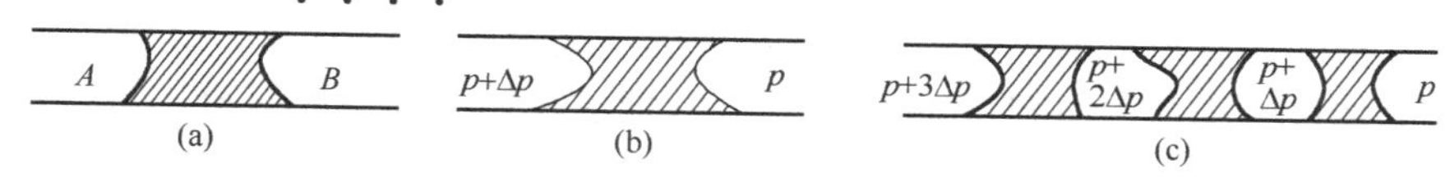

图 4.13 毛细管栓塞现象

植物体内输送营养液的导管很细，当环境变化温度升高时，溶解在液汁中的气体会析出形成气泡，就会使一些导管栓塞，使该部分枝叶缺乏营养液的补充而凋萎. 如果血液中有了气泡，微血管也能发生栓塞，因此静脉注射时要防止把气体注入血管中. 通常人的血液中溶有少量气体，其溶解度与压强成正比，当工作或生活环境突然改变压强降低时，溶解血液中的气体就会被析出而形成气泡，产生栓塞，在人体组织内可引起严重的障碍. 例如潜水员从深海很快上升到水面，就可能造成血管栓塞而致命.

4.3 液体的流动

4.3.1 理想流体的概念

实际流体的运动是很复杂的，它既可压缩，也有黏滞性. 为了简化一些问题的分析，突出起作用的主要因素，我们引进理想流体概念，为此要对实际流体作以下两个简化.

第一个简化是假设流体是不可压缩的，即流体的密度 $\rho=$ 常量. 当然，任何实际流体都是可压缩的. 但是，液体在外力作用下体积只有微小的改变，因此液体的可压缩性一般都可以忽略. 气体的可压缩性固然比较大，但它的流动性好，只要有很小的压强差，就足以使气体迅速流动起来，从而使各处的密度差异减到很小，因此在研究气体流动的许多问题中，气体的可压缩性仍然可以忽略.

第二个简化是假设流体如此之“稀”，其黏滞性可以完全不考虑. 实际流体都有黏滞性，但是很多液体(例如水和酒精)和气体，它们在小范围内流动时，由黏滞性造成的影响，可以忽略掉.

概括以上两条，我们把完全不可压缩的无黏滞性流体称为理想流体.

由于理想流体在运动时，没有相互作用的切向力，因此其内部的应力具有与静止流体内部应力相同特点，即任一点压强大小只与该点位置有关，而与截面方位无关.

但是,当理想流体流动时,其内部任何两点间压强差与静止流体并不相同.

4.3.2　定常流动、流线和流管

1. 定常流动

通常把流体看作是由大量流体质元组成的连续介质. 一般说来,流体质元流经空间各点处速度大小和方向都是随时间变化的,即流体质元在不同时刻 t,在空间各不同点 $r(x,y,z)$具有不同速度 $v(x,y,z,t)$,常把这种分布称为流速场.

如果流体质元在流经空间各点的速度不随时间变化,也就是流体质元速度仅仅是空间坐标函数 $v = v(x,y,z)$,与时间 t 无关,即流速场空间分布不随时间变化,这种流动称为定常流动,也叫稳定流动.

2. 流线和流管

为了形象地描述流体的流动,可以设想在流体中作出许多曲线,使曲线上每一点的切线方向和位于该点的流体质元的速度方向一致,如图 4.14 所示,这种曲线称为流线.

流体作定常流动,流线的形状将不随时间改变. 流体质元在图 4.14 中同一流线上的 A、B 两点虽有不同的速度,却不随时间变化. 由于流线上每点切线方向和流体质元速度方向一致,所以流线实际上是流体质元的运动轨迹. 由于每一点都有唯一确定的流速,因此流线不会相交.

如图 4.15 所示,在流体内作一微小的闭合曲线,通过该曲线上各点的流线所围成的细管称为流管. 由于流线不会相交,流管内、外的流体都不会穿越管壁. 我们在研究流体运动时,常将流体划分成许多细流管,分析流管中流体运动规律,从而掌握流体整体的运动规律.

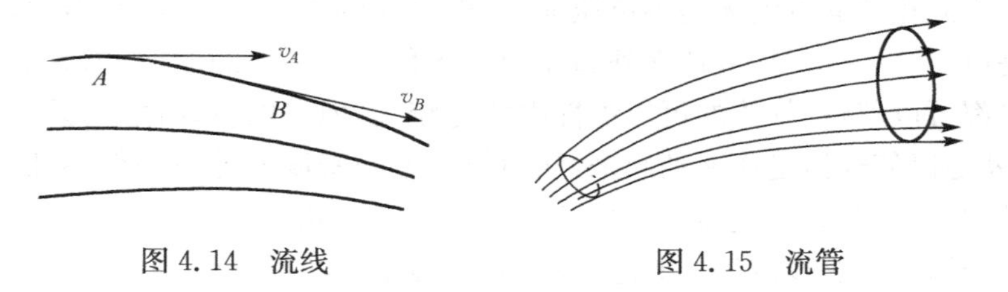

图 4.14　流线　　　　图 4.15　流管

4.3.3　连续性原理

在流体作定常流动时,在其中取任意一段流管,如图 4.16 所示,设其两端的垂直截面积分别为 S_1 和 S_2,其上各点速度分别为 v_1 和 v_2,密度分别为 ρ_1 和 ρ_2. 在定常流动中流管是静止不动的,故这段流管内的流体质量为常量,单位时间内从一端流进的流体质量(称为质量流量) $Q_{m1}=\rho_1 v_1 S_1$ 与从另一端流出的流体的质量 $Q_{m2}=\rho_2 v_2 S_2$ 总是相等的,即

$$\rho_1 v_1 S_1=\rho_2 v_2 S_2$$

或者说,沿任意流管

$$\rho v S=常量 \tag{4-9}$$

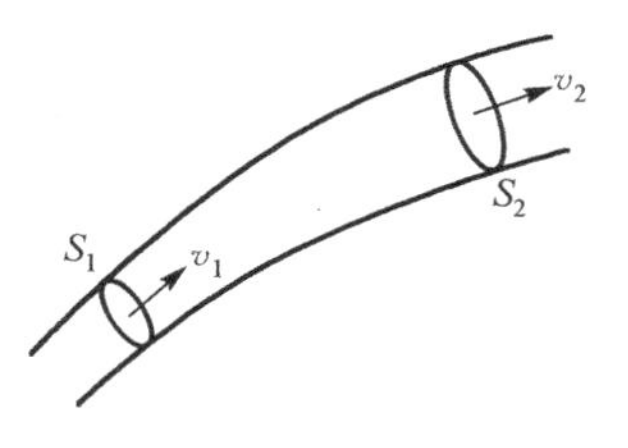

图 4.16 连续性原理

如果流体是不可压缩的,则它密度不变,我们有 $\rho_1=\rho_2$,从而有

$$v_1 S_1=v_2 S_2$$

或者说,沿任意流管

$$vS=常量 \tag{4-10}$$

有时,把单位时间内通过截面 S 流体的体积称为体积流量,用 $Q_V=v\cdot S$ 表示.

以上方程称为流体的连续性原理. 在物理实质上它体现了流体在流动中质量守恒.

连续性原理可以帮助理解动物和人的体循环等生理流动. 血液从左心房射出后,经动脉、毛细血管和静脉回到右心房. 毛细血管分支很多,总截面积要比主动脉的截面积大得多,所以毛细血管虽然很细,但其中血液的流速要比主动脉慢数百倍.

4.4 伯努利方程及应用

伯努利方程是流体动力学的基本规律之一,它不是一个新的基本原理,而是把机械能守恒定律表述成适合于流体力学应用的形式. 伯努利方程是 1738 年首先由瑞士的丹尼耳·伯努利(Daniel Bernoulli)提出的.

4.4.1 方程的推导

设理想流体处于重力场中作定常流动,如图 4.17 所示,任取一根细流管,用截面 S_1 和 S_2 截出一段流体,设在 t 时刻,这段流体处在 a_1、b_1 位置;经过时间间隔 Δt 后,这段流体达到了 a_2b_2 位置. 我们把这段流体隔离出来,分析其受力情况. 由于是理想流体,忽略了黏滞性,内摩擦力为零. 后面流体推动这段流体前进,压力 $F_1=p_1S_1$ 做正功,其值为 $W_1=p_1S_1v_1\Delta t$;前面流体阻碍这段流体前进,压力 $F_2=p_2S_2$ 做负功,其值为 $W_2=p_2S_2v_2\Delta t$. 外力所做的总功为

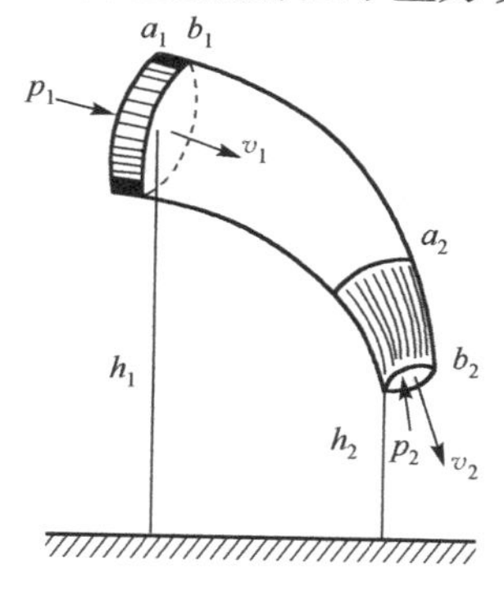

图 4.17 伯努利方程

$$W=W_1-W_2=p_1S_1v_1\Delta t-p_2S_2v_2\Delta t$$

考虑到理想流体的不可压缩性,即 a_1b_1 和 a_2b_2 两端流体的体积应相等,即

$$S_1 v_1 \Delta t = S_2 v_2 \Delta t = \Delta V$$

现在来看这段流体在流动过程中，在 b_1 到 a_2 的之间，虽然流体更换了，但由于流动是定常的，其运动状态未变，从而动能和势能都没有改变. 因此在考查能量变化时，只需考虑质量均为 $m = \rho\Delta V$ 的 a_1b_1 和 a_2b_2 两段流体的机械能改变. 首先看动能的增量

$$\Delta E_{\mathrm{k}} = \frac{1}{2}\rho\Delta V v_2^2 - \frac{1}{2}\rho\Delta V v_1^2$$

再看重力势能的增量

$$\Delta E_{\mathrm{p}} = \rho\Delta V g h_2 - \rho\Delta V g h_1$$

机械能的增量为

$$\Delta E = \Delta E_{\mathrm{k}} + \Delta E_{\mathrm{p}}$$

在理想流体中，系统内非保守力做功为零，则外力所做功 W 等于机械能增量，即$W = \Delta E$，于是可得

$$p_1 + \frac{1}{2}\rho v_1^2 + \rho g h_1 = p_2 + \frac{1}{2}\rho v_2^2 + \rho g h_2 \tag{4-11}$$

因 1、2 是同一流管内的任意两点，所以上式也可以表达为沿同一流线，有

$$p + \frac{1}{2}\rho v^2 + \rho g h = 常量 \tag{4-12}$$

(4-11)式或(4-12)式就是**伯努利方程**. 它表明，在作定常流动的理想流体中，沿同一流线的每单位体积流体的动能、势能以及该处的压强之和是一常量.

在工程上，伯努利方程常写成

$$\frac{p}{\rho g} + \frac{v^2}{2g} + h = 常量 \tag{4-13}$$

上式左端三项依次称为压力头、速度头和高度头.

4.4.2　方程的应用举例

运用伯努利方程和连续性原理，可以讨论许多实际问题，下面举几个典型例子.

1. 小孔流速

如图 4.18 所示，大容器下部的侧壁上有一小孔. 小孔的线度比容器的线度小很多. 现在讨论在重力场中，液体从小孔中流出的速度.

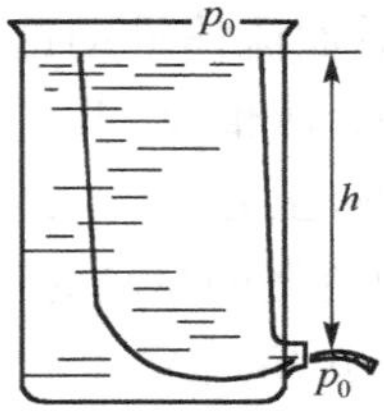

取一根从液面到小孔的流线，此流线的两端点压强皆为大气压强，取为 p_0，由于容器自由表面的截面积远大于小孔的截面积，所以可认为自由表面处流速为零，若设自由表面到小孔处高度差为 h，则由伯努利方程，有

p_0
h
p_0

图 4.18　小孔流速

$$p_0 + \rho g h = p_0 + \frac{1}{2}\rho v^2$$

由此得小孔流速为

$$v = \sqrt{2gh} \tag{4-14}$$

结果表明，小孔处流速和物体自高度 h 处自由下落得到的速度是相同的.

已知小孔流速，很容易求出流量来，即

$$Q_V = vS$$

式中 S 为小孔的截面积.

图 4.19 是引出液体的虹吸管，它使液体由管道从较高液位的一端经过高出液面的管段自动流向液位较低的另一端，应用伯努利方程，请读者自己证明，从虹吸管管口流出的液体速度为

$$v = \sqrt{2g(h_A - h_B)}$$

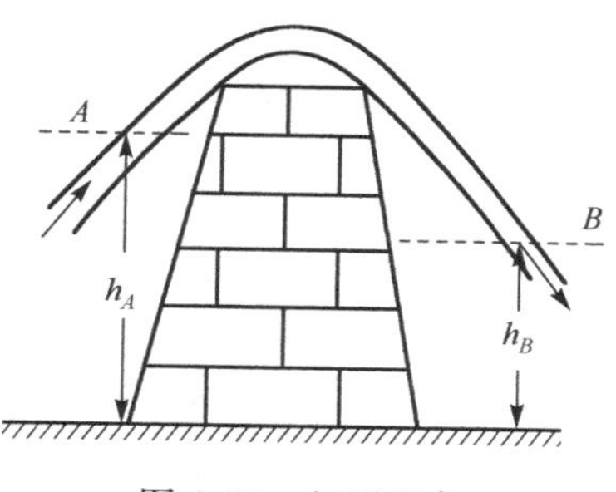

图 4.19 虹吸现象

2. 皮托(pitot)管

皮托管是一种用来测量流体流速的装置. 如图 4.20(a)所示，为一测液体流速的皮托管，开口 A 在侧壁，A 端管轴与流速方向垂直，此处流速 v_A 差不多就是待测液体的流速，开口 B 迎向液流，B 端被管中液体挡住，是个速度 $v_B = 0$ 的驻点. 一般 A 端与 B 端高度差很小，可略去不计. 由伯努利方程得

$$p_A + \frac{1}{2}\rho v^2 = p_B$$

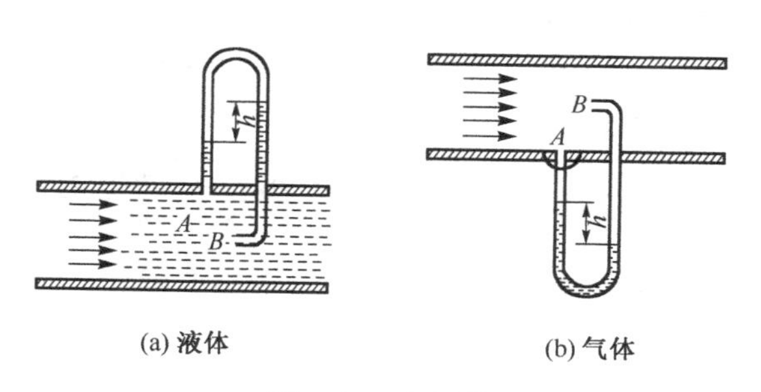

图 4.20 皮托管

由此得液体的流速为

$$v_A = \sqrt{\frac{2(p_B - p_A)}{\rho}}$$

式中 ρ 为液体的密度，压强差 $\Delta p = p_B - p_A$ 可由皮托管的 U 形管压差计中液柱的高度差求得

$$\Delta p = \rho g h$$

从而得待测液体流速为

$$v_A = \sqrt{2gh} \tag{4-15}$$

测量气体流速时，把上述皮托管倒过来放置，如图 4.20(b)所示. 在 U 形管压差计的液柱中盛有密度为 ρ' 的液体，则压强差

$$\Delta p = \rho' gh$$

待测气体的流速为

$$v_A = \sqrt{\frac{2\rho' gh}{\rho}} \tag{4-16}$$

式中 ρ 为待测气体的密度.

3. 文丘里(Venturi)流量计原理

文丘里管常用于测量流体在管道中的流量或流速. 如图 4.21 所示，在变截面管的下方，装有 U 形管水银压差计. 当测量水平管道内流体流速时，可将流量计串联于管道中. 在管道中心轴线处取流线，对流线上 1 与 2 两点，应用伯努利方程，有

$$p_1 + \frac{1}{2}\rho v_1^2 = p_2 + \frac{1}{2}\rho v_2^2$$

在 1 与 2 点处取与管道垂直的截面 S_1 和 S_2，根据连续性方程有

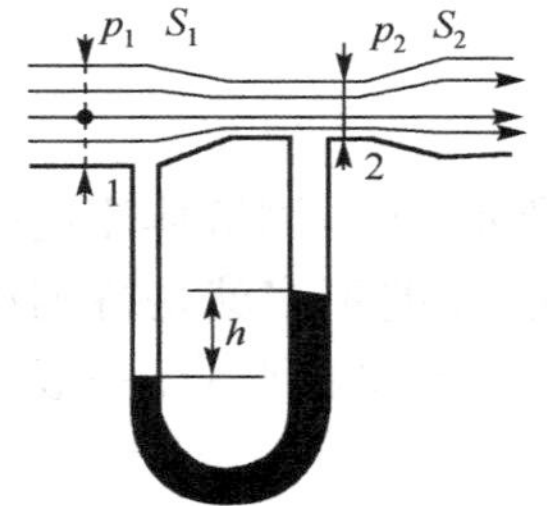

图 4.21　流量计

$$v_1 S_1 = v_2 S_2$$

由 1 与 2 是同一水平线上的两点，U 形管内流体为静止的，1 与 2 两点处压强差为

$$\Delta p = p_1 - p_2 = (\rho_{汞} - \rho) gh$$

将以上三式联立，可解出流量

$$Q_V = v_1 S_1 = v_2 S_2 = \sqrt{\frac{2(\rho_{汞} - \rho) gh S_1^2 S_2^2}{\rho(S_1^2 - S_2^2)}} \tag{4-17}$$

上式右方除 h 外均为常数，因此可根据高度差 h 求出流量.

4. 空吸作用

把伯努利方程应用于水平流管，或在气体中高度差效应不显著情况，则有

$$p + \frac{1}{2}\rho v^2 = 常量$$

再应用连续性原理，有

$$Sv = 常量$$

同时考虑以上两式可知，管道收缩部分流速大，压强则小. 喷雾器(图 4.22)、水流抽气机(图 4.23)、内燃机中用的汽化器等，都是利用截面小处流速大、压强小的原理制成.

请读者自己解释图 4.22 和图 4.23 中的空吸作用的原理.

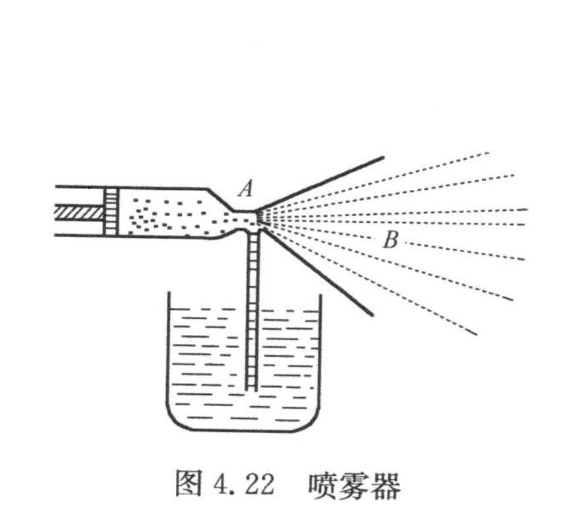

图 4.22　喷雾器

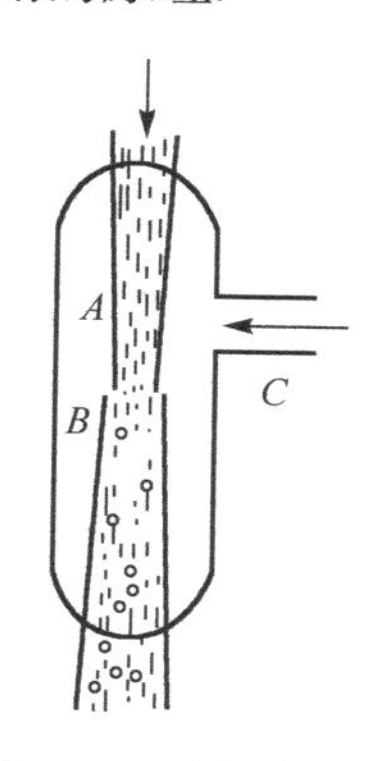

图 4.23　水流抽气机

4.5　黏滞流体的流动

4.5.1　实际流体的黏滞性

常见的各种流体都具有黏滞性. 如植物组织中的水分，人体及动物体内的血液，以及甘油、蓖麻油等都具有黏滞性. 因此，本节讨论的不再是“理想流体”，而是具有黏滞性的实际流体.

1. 黏滞力

我们以实际流体在圆管中流动为例. 当流体的流速不太大时，管子中心处流速最大，越接近管壁流速越小，管壁处流速为零. 这种各层流速有规则逐渐变化的流动形式，称为层流. 圆管内流体流动时其截面上的流速分布如图 4.24 给出的，距管壁越近的流层流速越小.

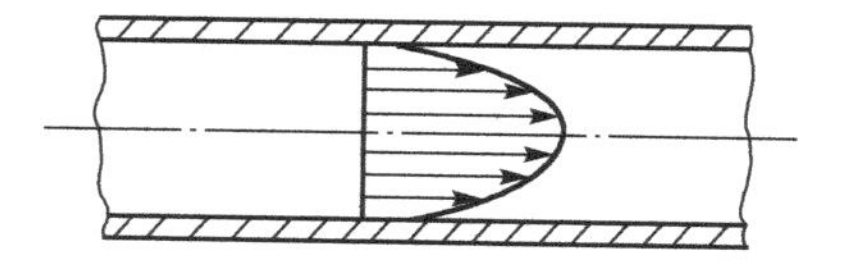

图 4.24　流体的黏滞性

当两层流体间有相对运动时，就会产生与运动方向平行的切向力，快的一层对慢的一层施以“拉力”，慢的一层对快的一层施以“阻力”，这一对力相当于固体间的“滑动摩擦力”，因为它是流体内部不同部分间的摩擦力，故称为内摩擦力，又称为黏滞力.

2. 黏滞定律

为了研究黏滞力的规律，先引进速度梯度的概念.

如图 4.25 所示，在 y 方向上，两流层以不同的速率 v_1 和 v_2 运动，若用 Δy 表示该两层流体间的距离，则比值

$$\frac{\Delta v}{\Delta y}=\frac{v_2-v_1}{\Delta y}$$

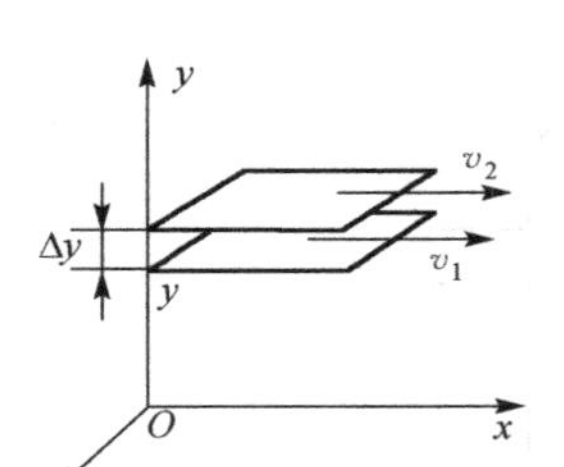

图 4.25 速度梯度

表示了在 y 至 $y+\Delta y$ 间流速对空间的平均变化率. 为了精确描述在 y 点的流速对空间变化率，应取 $\Delta y\to 0$ 的极限，即

$$\lim_{\Delta y\to 0}\frac{\Delta v}{\Delta y}=\frac{dv}{dy}$$

把流速沿与速度垂直方向上的变化率 $\frac{dv}{dy}$ 称为速度梯度.

实验表明，流体内面元两侧相互作用的黏滞力 f 与面元面积 ΔS 及速度梯度 $\frac{dv}{dy}$ 成正比，即

$$f=\eta\frac{dv}{dy}\Delta S \tag{4-18}$$

称为黏滞定律. 式中比例系数 η 称为流体的黏滞系数，在 SI 制中，黏滞系数单位为"帕·秒(Pa·s)"，在 CGS 制中，单位为"泊(P)"，其换算关系是：$1P=1dyn\cdot s/cm^2=0.1N\cdot s/cm^2=0.1Pa\cdot s$.

表 4.2 给出了一些流体的 η 值. 它的大小取决于流体本身的性质. 对液体来说，η 随温度的升高而减小，气体则反之，η 大体上按正比于 $\sqrt{T}$ 的规律增大(T 为绝对温度).

表 4.2 几种流体的黏滞系数

物质	温度/℃	η/(Pa·s)	物质	温度/℃	η/(Pa·s)
水	0	1.79×10^{-3}	空气	0	17.1×10^{-6}
	20	1.005×10^{-3}		20	18.1×10^{-6}
	37	6.91×10^{-4}		100	21.8×10^{-4}
	100	0.284×10^{-4}			
蓖麻油	20	9.86×10^{-1}	氢	−1	8.3×10^{-6}
	60	0.80×10^{-1}		251	1.3×10^{-6}
血液	37	$(2.5\sim3.5)\times10^{-3}$	二氧化碳	0	14×10^{-6}
				300	27×10^{-6}

在化学中，可用 η 测量物质的分子量. 医学上，由于病变与血液黏滞性变化有关 η 值是诊断学和药学中有价值的参考数据.

当流速随着沿与其垂直方向上的距离的增大而均匀增大时，(4-18)式变为

$$f=\eta\frac{v}{y}\Delta S \tag{4-19}$$

式中取管壁处 $y=0$，则在 y 处速度为 v，满足这种条件的流体叫牛顿流体. 牛顿流体也是一个理想模型，对于很多单纯物质构成的流体，可用牛顿流体模型来描述.

然而，当流体中有悬浮物或弥散物时，就是非牛顿流体了. 例如，在血液中，流速

增大比黏滞力增大快得多，不满足(4-18)式. 从微观上看，血液并不是均匀的流体，而是液体内有悬浮固态微粒. 这种悬浮微粒有其特定形状，比如红细胞略如盘形，当血液流速小时，红细胞的方位是任意的，但当流速增大时，它们就趋向于一定的方位，有利于血液的流动. 在人们骨筋的关节地方，具有润滑作用的液体也有类似性质.

4.5.2　泊肃叶公式

设有黏滞性流体在内半径为 R、长为 L 的一段水平的管中作定常流动. 如前所述，由于黏滞性，附着在管壁上的流体速度为 0，在压差给定的情况下，流体的速度沿径向有个分布，在中央管轴上($r=0$)速度 v 最大，周围随 $r\to R$ 递减到 0，下面我们先确定速度的径向分布函数 $v(r)$.

在管内取半径为 r，长度为 L，以及管共轴的圆柱体流体元，如图 4.26(a)所示，该体元两端面所受压力差为 $(p_1-p_2)\pi r^2$，该体元所受黏滞阻力，由(4-18)式可知

$$f=\eta\frac{\mathrm{d}v}{\mathrm{d}y}\Delta s=\eta 2\pi rL\,\frac{\mathrm{d}v}{\mathrm{d}r}$$

在定常流动的情况下，流体元所受压力差与所受黏滞阻力应平衡，即

$$-\frac{\mathrm{d}v}{\mathrm{d}r}=\frac{(p_1-p_2)r}{2\eta L}$$

上式左端加以负号，是 v 随 r 增大而减小的要求. 对上式进行积分

$$-\int_v^0\mathrm{d}v=\frac{p_1-p_2}{2\eta L}\int_r^R r\,\mathrm{d}r$$

最后得到流速的径向分布为

$$v(r)=\frac{p_1-p_2}{4\eta L}(R^2-r^2)\qquad(4\text{-}20)$$

它的形式是旋转抛物面，如图 4.26(b)所示. 图中 v 轴是水平的，r 轴是竖直的.

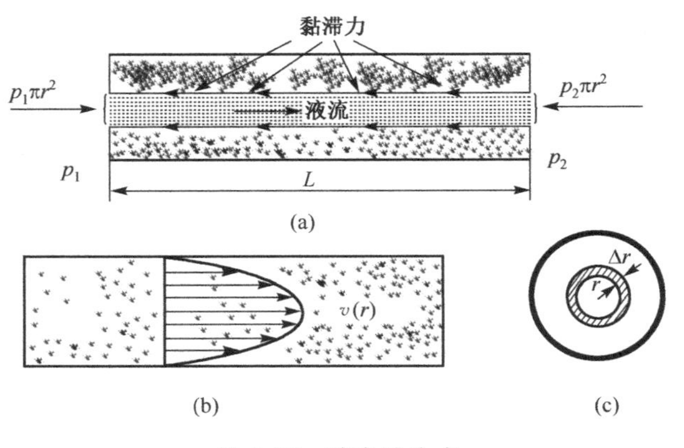

图 4.26　泊肃叶公式

下面计算流体流过管子的流量.

我们取一薄壁圆筒状流体元,如图 4.26(c)所示,通过圆环面积 $2\pi r\mathrm{d}r$ 的流量为 $\mathrm{d}Q_V = v2\pi r\mathrm{d}r$,故管中总流量为

$$Q_V = 2\pi\int_0^R v(r)r\mathrm{d}r = \frac{\pi(p_1 - p_2)}{2\eta L}\int_0^R (R^2 - r^2)r\mathrm{d}r$$

即

$$Q_V = \frac{\pi}{8}\frac{p_1 - p_2}{\eta L}R^4 \tag{4-21}$$

此式称为泊肃叶公式,是由法国的泊肃叶(Poiseuille)于 1840 年在研究血液在血管中流动时导出的. 由公式看出,Q_V 与沿管的压力梯度 $\frac{p_1 - p_2}{L}$ 呈正比,而且与管子半径四次方 R^4 呈正比. 例如,管子半径减为一半,则流量减为 1/16,医生选择皮下注射针头时就很注意这个关系,决定从针头流出的药液流量时,针头的粗细比大拇指对注射管的压力重要得多. 针头的内径大一倍,与拇指的压力增大到 16 倍有相同的效果.

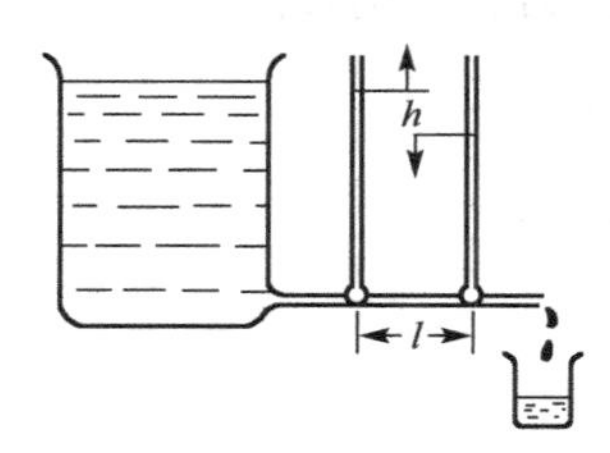

图 4.27　测量黏滞系数的装置

泊肃叶公式是研究流体黏滞性的重要公式. 我们可以应用公式来测定 η 值. 如图 4.27所示,若测出流量 Q_V、管径 R、两竖直细管间的水平细管长度 L 及其高度差 h,就不难算出黏滞系数. 由

$$Q_V = \frac{\pi}{8}\frac{p_1 - p_2}{\eta L}R^4$$

可得

$$\eta = \frac{\pi}{8}\frac{p_1 - p_2}{LQ_V}R^4$$

若将(4-21)式中,用 $R' = \frac{8\eta L}{\pi R^4}$ 代入,可得

$$Q_V = \frac{p_1 - p_2}{R'} \tag{4-22}$$

此式与电学中的欧姆定律相似,常把 R' 称为流阻. 在生命科学中常用该公式,称为达西定理.

例 4.2　假设动脉硬化使心脏某一动脉的半径小一半,为了使血液流量保持不变,问心脏必须增加这条动脉的压差多少倍?

解　由泊肃叶公式 $Q_V = \frac{\pi}{8}\frac{p_1 - p_2}{\eta L}R^4$ 可知,当血液流量不变条件下,η、L 又是常量,若 R 减小为 $R/2$ 时,则压差 $\Delta p = p_1 - p_2$ 必须增加 $2^4 = 16$ 倍. 可见动脉硬化对血液流动有着严重影响.

4.5.3 斯托克斯公式

1. 公式的表述

物体在流体中运动，相当于流体相对于物体运动，由于物体表面附着一层流体，造成物体表面附近的流体有一定的速度梯度，流层之间产生内摩擦力，因而使物体受到黏滞阻力的作用.

如果物体为一小球，运动的速度又较小，则小球所受的黏滞阻力为

$$f = 6\pi\eta r v \tag{4-23}$$

式中 r 和 v 分别是小球的半径和速度. 这便是斯托克斯公式. 是英国的斯托克斯(Stokes)于 1851 年导出的.

2. 终极速度

假设在黏滞流体中有一小球，在重力作用下降落. 开始下落时，小球做加速运动，随着速度增大，黏滞力也增大；当速度达到一定值时，小球所受黏滞阻力与浮力之和与重力平衡，小球开始做匀速直线下落，把此时的速度称为终极速度，用 v_T 表示. 根据平衡条件有

$$6\pi\eta r v_T + \frac{4}{3}\pi r^3 \rho' g = \frac{4}{3}\pi r^3 \rho g$$

式中 ρ' 表示液体密度，ρ 表示小球密度. 将上式整理一下，可得

$$v_T = \frac{2}{9}\frac{\rho - \rho'}{\eta} g r^2 \tag{4-24}$$

若测出 r、ρ、ρ' 及 v_T，则可求出 η，这是测量黏滞系数的一种重要方法. 反过来，若已知 η、ρ、ρ'，也可通过测出 v_T 来求出小球半径 r 来. 密立根(Millikam)曾用这个方法，测出在空气中自由下落的带电小油滴的半径，并进而测出每个电子所带电量.

生物工作者常把终极速度 v_T 称为沉积速度，并应用上述沉降分离法分离生物样品.

3. 离心分离

从上面讨论可知，当利用重力进行沉降分离时，被分离物密度 ρ 与液体密度 ρ' 之差越大，则沉积速度 v_T 越大，但 ρ 与 ρ' 之差总是有限的，例如直径为 μm 级的红血球，在重力作用下进行沉降分离还可以. 对于直径小于 μm 级的病毒，蛋白质分子等生物样品，沉降速度极慢，扩散现象严重，无法进行沉降分离. 为此，把样品放在离心机里旋转，增大了有效重力加速度，可使终极速度增大，这就是离心分离. 在一些生物学实验中，常用该方法对物质进行分离和提纯.

如图 4.28(a)所示，当离心机转速 ω 足够大时，容器 B 和 C 呈水平状态，此时颗粒主要受离心力场的作用，重力场的作用可以忽略不计. 如图 4.28(b)所示，若用 x

表示半径为 r 颗粒离转轴 O 的距离，其离心加速度为 $x\omega^2$，若将(4-24)式中的重力加速度 g 用离心加速度 $x\omega^2$ 替代，则可得到离心沉积速度为

$$v_T = \frac{2}{9}\frac{\rho - \rho'}{\eta}(x\omega^2)r^2 \tag{4-25}$$

由于沉积速度 v_T 与离心加速度成正比，可引进沉降系数 S 作为比例系数，写成

$$v_T = S(x\omega^2) \tag{4-26}$$

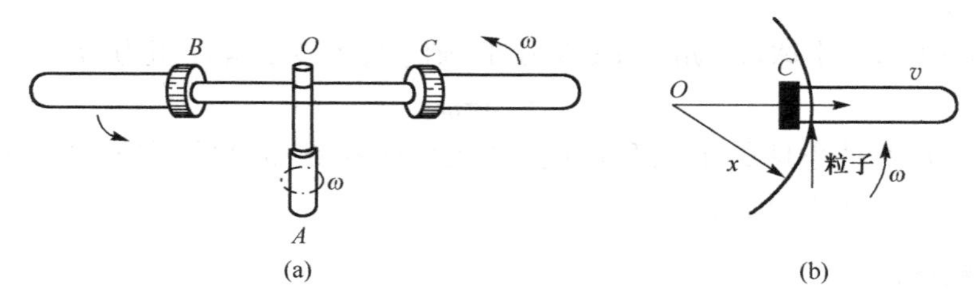

图 4.28　离心分离机

由 $S = \frac{v_T}{x\omega^2}$ 可以看出，沉降系数表示单位离心加速度下的沉积速度. 根据沉降系数引进可知

$$S = \frac{2}{9}\frac{\rho - \rho'}{\eta}r^2 \tag{4-27}$$

可见在溶剂一定(即 ρ' 一定)时，S 仅与颗粒性质(密度 ρ 及半径 r)有关，而与离心机无关，S 描述了颗粒的沉降性.

在国际制(SI 制)中，沉降系数单位为“秒(s)”，由于其量值很小，如一般蛋白质沉降系数的数量级为 10^{-13} 秒，故常以 10^{-13} 秒作为沉降系数单位，称为斯韦德贝，记作 S，即 $1\text{S} = 10^{-13}\,\text{s}$.

(4-26)式可写成

$$v_T = S(x\omega^2) = \frac{dx}{dt}$$

即

$$\frac{dx}{x} = S\omega^2 dt$$

两边积分得

$$\int_{x_1}^{x_2}\frac{dx}{x} = \int_{t_1}^{t_2} S\omega^2 dt$$

$$\ln\frac{x_2}{x_1} = S\omega^2(t_2 - t_1) \tag{4-28}$$

显然，若测得 t_1、t_2 时刻对应沉降界面离转轴中心距离 x_1、x_2，代入(4-28)式，可求得沉降系数 S.

本章小结

1. 压强：$p=\lim\limits_{\Delta S\to 0}\dfrac{\Delta f}{\Delta S}$.

高度差为 h 的两点间压强差：ρgh.

帕斯卡定律：作用在密闭容器中流体上的压强等值地传到流体各处和器壁上去.

阿基米德原理：物体在流体中所受的浮力等于该物体排开同体积流体的重量.

2. 表面张力系数：$\alpha=\dfrac{\Delta f}{\Delta l}=\dfrac{\Delta W}{\Delta S}=\dfrac{\Delta E}{\Delta S}$.

球形液滴内外压强差：$\Delta p=p_{内}-p_{外}=\dfrac{2\alpha}{R}$.

液体在毛细管中上升(或下降)高度：$h=\dfrac{2\alpha\cos\theta}{\rho gr}$.

3. 连续性原理：$vS=$ 常量.

4. 伯努利方程：$p+\dfrac{1}{2}\rho v^2+\rho gh=$ 常量.

5. 黏滞定律：$f=\eta\dfrac{\mathrm{d}v}{\mathrm{d}y}\Delta S$.

泊肃叶公式：$Q_V=\dfrac{\pi}{8}\dfrac{P_2-P_1}{\eta L}R^4$.

斯托克斯公式：$f=6\pi\eta rv$.

思 考 题

1. 为什么从救火唧筒里向天空打出来的水柱，其截面随高度的增加而变大？用水壶向暖水瓶中灌水时，水柱的截面随高度的降低而变小？

2. 两条木船朝同一方向平行并进时，会彼此靠拢而导致船体相撞. 试解释产生这一现象的原因.

3. 用一小管吹肥皂泡，当管的一端开口时(即不再吹气)，肥皂泡将发生什么变化？为什么？

4. 一滴较大的水银掉在地面上，分成许多小的水银滴. 问水银的总内能发生了什么变化？为什么？

5. 扩大液面和拉开一张橡皮膜都要做功，问所做的功各转变为什么能？

6. 如下图所示，在毛细管的中部含有少量液体，若液体润湿管壁，则液体将向冷端移动，若液体不润湿管壁，则液体将向热端移动，为什么？

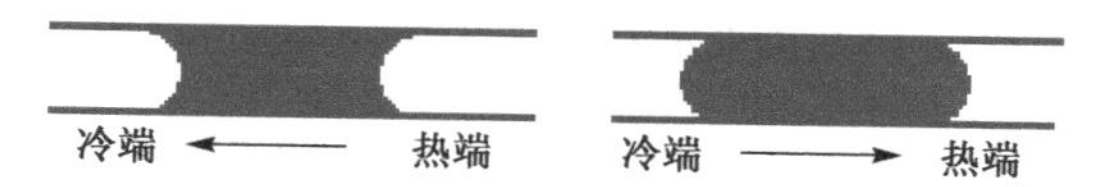

7. 一辆软顶篷的汽车高速行驶时，顶篷总是鼓起来的，为什么？

习　题　4(A)

1. 如题图 4.1 所示，当空气通过细臂在两轻球之间向上喷出时，两球将　[　]

(A)分开.　(B)上下震动.　(C)靠拢.　(D)围绕喷嘴旋转.

2. 一粗细均匀的竖直水管中有水自上而下持续流动. 管壁上不同高度的 A、B、C 三处开有三个相同的很小的孔，如题图 4.2 所示，设这些小孔对管中水流影响很小，且已知 B 孔无水流出，也无气泡进入水中，则　[　]

(A)A 孔有气泡进入水中，C 孔有水流出.

(B)A 孔有水流出，C 孔有气泡进入水中.

(C)A、C 两孔均有气泡进入水中.

(D)A、C 两孔均有水流出.

3. 一根粗细均匀的自来水管弯成如题图 4.3 所示形状，最高处比最低处高出 $h=2\text{m}$. 当正常供水(管中水流速度处处相同，并设水可视为理想流体，$g=10\text{m/s}^2$)时测得最低处管中水的压强为 $2\times10^5\text{Pa}$. 则管道最高处水的压强为　[　]

(A)$2.2\times10^5\text{Pa}$.　(B)$2\times10^5\text{Pa}$.　(C)$1.8\times10^5\text{Pa}$.　(D)10^5Pa.

4. 在如题图 4.4 所示的水管中，水流过 A 管后，分两支由 B、C 两管流去，已知 A、B、C 三管的横截面积分别为 $S_A=100\text{cm}^2$、$S_B=40\text{cm}^2$、$S_C=80\text{cm}^2$，A、B 两管中水的流速分别为 $v_A=40\text{cm/s}$，$v_B=30\text{cm/s}$. 把水看成理想流体，则 C 管中水的流速 $v_C=$__________cm/s.

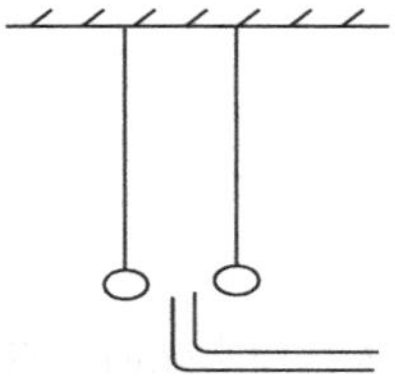

题图 4.1 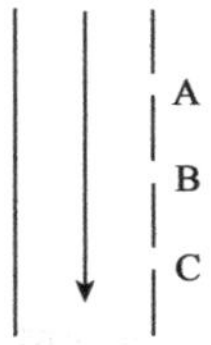　题图 4.2

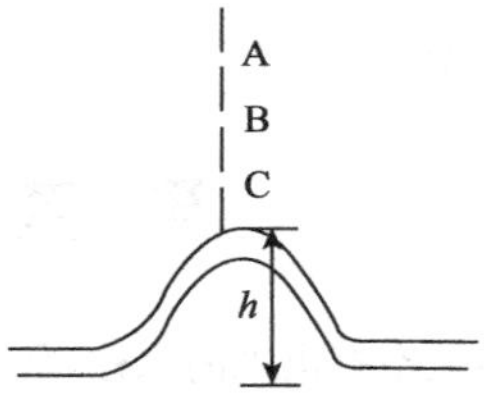

题图 4.3

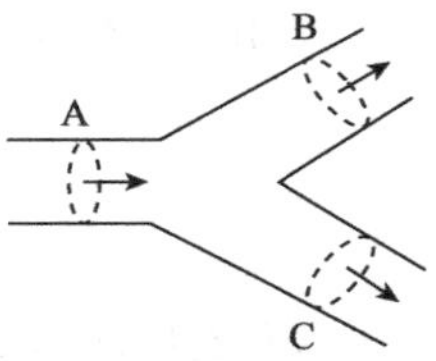

题图 4.4

5. 水平水管的横截面积在粗处为 $A_1=40\text{cm}^2$，细处为 $A_2=10\text{cm}^2$. 管中水的流量为 $Q=3000\text{cm}^3/\text{s}$. 则粗处水的流速为 $v_1=$__________cm/s，细处水的流速为 $v_2=$__________cm/s，水平水管中心轴线上 1 处与 2 处的压强差 p_1-p_2 为__________.

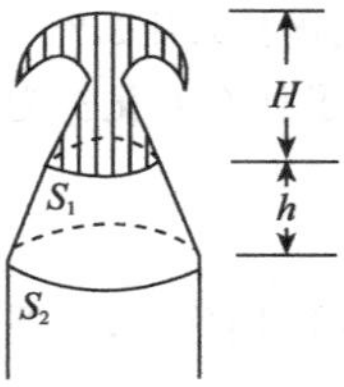

6. 题图 4.5 中所示是一喷泉喷嘴的示意图，求柱高为 H，锥形部分的上口截面积为 S_1，下口截面积为 S_2，锥形部分高为 h，设大气压强为 p_0，求：

(1)水的流量 Q；

(2)下口 S_2 面处水的压力.

题图 4.5

习 题 4(B)

1. 一小钢珠在盛有黏滞液体的竖直长筒中下落，其速度-时间曲线如题图 4.6 所示，在下列四图中哪一个正确表示了作用于钢球的黏滞力随时间的变化关系？ [ ]

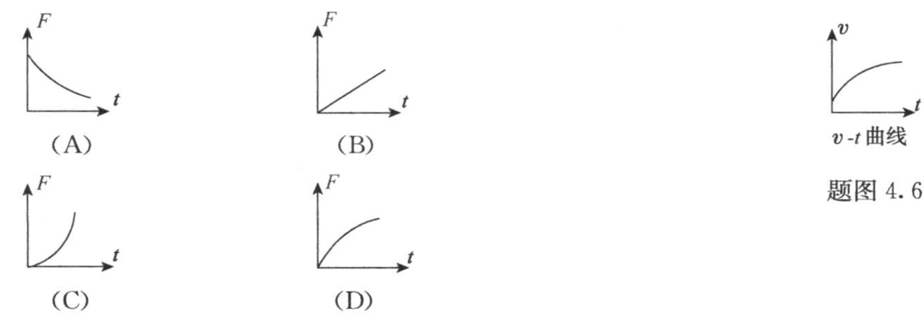

题图 4.6

2. 一顶端开口的圆筒容器，高为 40cm，直径为 10cm. 在圆筒底部中心开一面积为 1cm^2 的小圆孔，水从圆筒顶部以 $140\text{cm}^3/\text{s}$ 的流量由水管注入圆筒内，则圆筒中的水面可以升到的最大高度为__________cm.

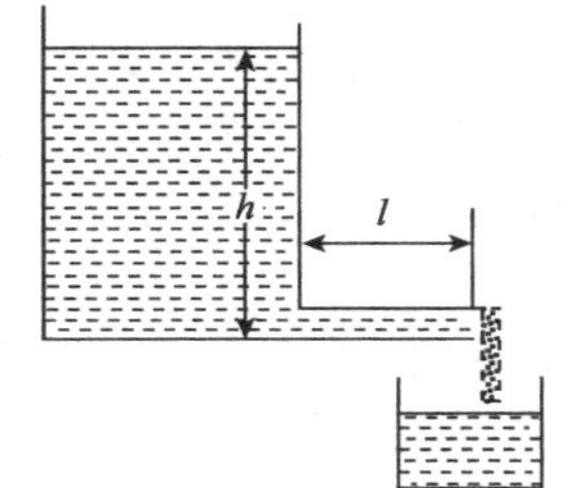

题图 4.7

3. 石油在半径 $R=1.5\times10^{-3}\text{m}$，长度 $L=1.00\text{m}$ 的水平细管中流动，测得其流量 $Q=2.83\times10^{-5}\text{m}^3/\text{s}$，细管两端的压强差为 $p_1-p_2=3.96\times10^3\text{Pa}$，则石油的黏滞系数 $\eta=$______.

4. 如题图 4.7，在一个大容器的底部有一根水平的细玻璃管，内直径 $d=0.1\text{cm}$，$l=10\text{cm}$，容器内盛有深为 $h=50\text{cm}$ 的硫酸，硫酸的密度 $\rho=1.9\times10^3\text{kg/m}^3$，测得一分钟内由细管流出的硫酸质量为 6.6g，求该硫酸的黏滞系数 η.

物理科技

液晶与液晶生物膜

液晶既不同于液体，也不同于晶体，而是处于液态与晶态(固态的一种)之间的一种特殊的物质状态. 这种物态不但具有流体的流动性，而且具有晶体的各向异性的特点，因而表现出独特的物理、化学性质. 把物质的这种中间状态称为介晶态，或称作液晶态，也有人称之为物质的第四态，不过第四态的名称已被用于等离子体态，为了不引起误会，常使用液晶态这个名称，简称液晶，将能够存在液晶态的物质称之为液晶物质.

液晶学是一门综合性的边缘学科，它涉及物理学、化学、生物学等多门基础学科. 作为一种新的材料，液晶技术已被应用于各个高技术领域，在电子显示装置、化工的公害测定、高分子反应中的定向聚合、机械及冶金产品的无损探伤、医学上的检查测量等方面都显示出极大的优越性.

早在 1950 年,英国著名的生物学家和科学史家 Needham 曾大胆而精辟地预言:"生命系统实际上就是液晶;更准确地说,液晶态在活细胞中无疑是存在的……".现已证明,生物膜是以液晶状态存在的.生物膜处于液晶状态具有重要的生物意义,除了生物过程与膜的液晶态有关外,疾病、细胞老化以及免疫效应等许多方面都和膜的液晶态有关.另外,液晶态对生物功能也起着重要作用.现在,人们已经开始利用功能转换液晶膜的原理来试验装配新型的太阳能功能膜,功能膜被认为是 21 世纪技术革命的基础材料.

一、液晶的发现与结构特点

1888 年奥地利的植物学家莱尼采尔(F. Reinitzer)在研究胆甾醇脂类化合物的植物生理作用中,看到一种奇怪的现象,把胆甾醇苯甲酸脂加热到 145.5℃时晶体熔化了,但得到的是一种浑浊的黏稠状液体,继续加热到 178.5℃时,才突然全部变成清亮透明液体.反复的实验确认这种现象不是偶然的.1889 年,德国著名的物理学家莱曼(O. Lehmann)使用自己设计的附有加热装置的偏光显微镜对这些酯类化合物进行系统研究,发现这种混浊液体显示出各向异性晶体所特有的双折射性,他首先应用"液晶"这个名称来称呼这类物质.在莱曼之后,其他科学工作者先后发现了氧化偶氮苯乙醚、氧化偶氮苯甲醚及其衍生物系也有类似现象,迄今已发现有五千种以上的液晶态材料,它们的结构五花八门,有数十种不同的形式.可以形成液晶的化合物,主要是脂肪族、芳香族、硬脂酸等有机化合物.

与普通物质的固、液、气三态不同,不是所有的物质都具有液晶态.通常只有那些分子形状是长形的、轴宽比在 4∶1～8∶1、分子量在 200～500 道尔顿或者更高(如高分子)的材料才容易具有液晶态.实验发现棒状分子容易形成液晶态.下面我们以棒状分子为例,说明液体、液晶和晶体在微观结构上的主要区别.

如图 T4.1 所示,液体中的棒状分子是杂乱无章的,分子的指向既无定向,分子的位置也无规则和顺序,我们称液体既无取向序,也无位置序;晶体中分子的排列具有确定的指向和高度规则的排列,所以晶体分子既有取向序,又有位置序;液晶分子处于两者之间,它们的分子可自由移动,像液体分子一样,但它们的分子取向常常趋于一致,这和液体分子产生了显著差别,所以液晶分子有取向序,但无位置序.

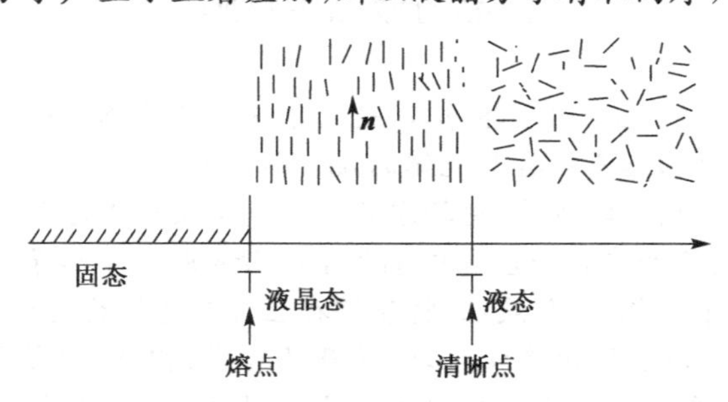

图 T4.1 液态、液晶态、固态分子状态

二、液晶的分类

根据液晶的组分体系，可分为两大类：一类叫热致液晶，它们多数是单组分体系；另一类叫溶致液晶，它们是由一种化合物溶解于另一种化合物中而形成的多组分体系. 热致液晶是. 由温度的变化而形成的液晶，当把这种液晶质加热或冷却在一定温度范围内就能出现液晶态. 莱尼采尔最初发现的就属于热致液晶. 溶致液晶是在液晶质中加入水或其他有机溶剂，使其溶解，由液晶质分子和溶剂分子间相互作用，就能形成溶致液晶态，这种液晶广泛存在于自然界，特别是生物体组织内.

热致液晶是常见的液晶，据估计，最少有5%的有机物加热到一定温度时会出现液晶态. 若按其分子排列方式和其对称性，热致液晶可分为三类.

向列相液晶：它的分子呈棒状，分子的长宽之比大于4，分子的长轴相互平行，但不排列成层，如图T4.2所示，分子间短程相互作用比较弱，其排列和运动比较自由，所以它能上下、前后、左右滑动，它的主要特点是对外界作用相当敏感. 它具有单轴晶体的光学性质，可以用棒状分子的平均指向矢 $\boldsymbol{n}$ 表示其光轴方向. 它是目前液晶显示器件的主要材料.

胆甾相液晶：它的分子呈扁平层状排列，分子长轴平行层平面，如图T4.3所示，每层分子排列很像向列相液晶，相邻层分子指向矢 $\boldsymbol{n}$，彼此有微小纽转角(约15分)，各层分子指向矢 $\boldsymbol{n}$ 扭转成螺纹状排列，其螺旋对称的空间周期为 L，通常 L 为 10^3 Å 的数量级. 它的许多光学性质与这种特殊的螺旋状结构有关. 这类液晶广泛地存在于动物的体内，大部分为胆甾醇的衍生物，故称胆甾相液晶. 由于胆甾相液晶对温度、辐射场、声波、压力、化学气氛等都很敏感，因此可用到热像技术中，该技术可用于温度探测、疾病检查、生理分析等，用于无损检测材料裂缝、电子线路短路点、显示热传输及散热状态，制作装饰品和玩具等.

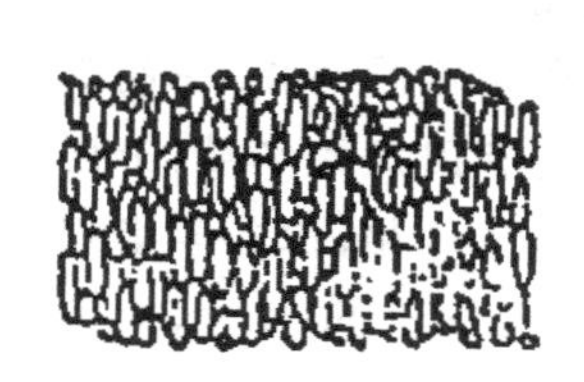

(a) 向列液晶分子排列

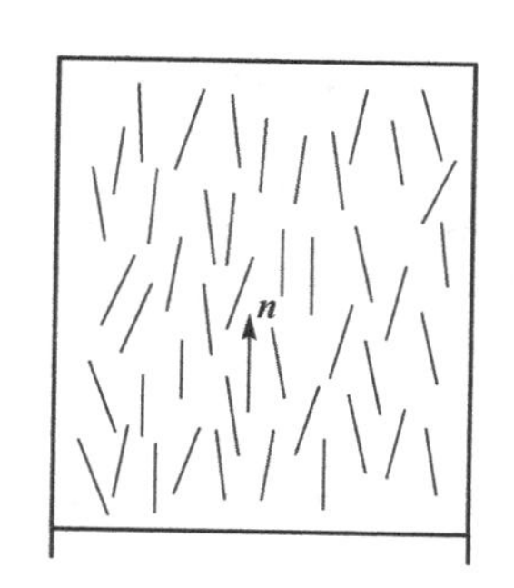

(b) 向列相

图T4.2 向列相液晶

图T4.3 胆甾相液晶

近晶相液晶：它是由棒状或条状分子组成，分子排列成层，层内分子长轴互相平行，其方向垂直于层面，或与层面呈倾斜排列，如图 T4.4 所示，层的厚度约等于分子的长度，各层之间的距离可以变动，分子可以在层内前后，左右滑动，但不能在上下层内移动. 分子的排列整齐，有点类似于晶体，故称近晶相. 但分子质心在层内无序，可以自由平移，所以有流动性，但黏度较大.

比较上述三种热致液晶排列有序情况变化，可用图 T4.5 形象地表示出来.

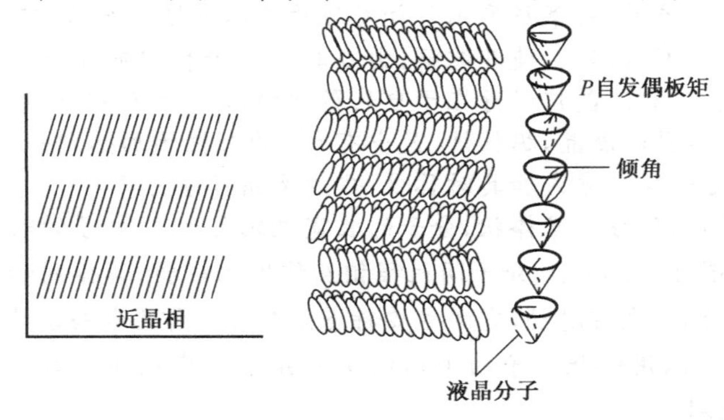

图 T4.4　近晶相液晶

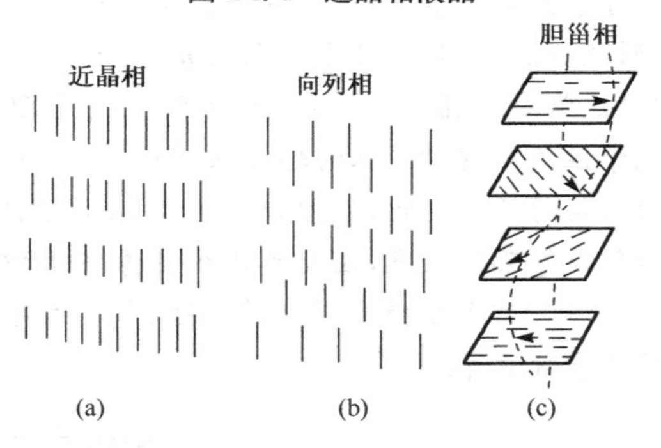

图 T4.5　热致液晶三种相的分子排列

液晶大多数是由双亲分子与水组成的. 简单的肥皂水溶液就是一种溶致液晶. 双亲分子水溶液在一定温度范围内会随其在水中的浓度变化，而成为不同的相. 在高浓度，也就是水含量很少时，双亲分子会堆积成双层膜，膜与膜之间有固定的水层，如图 T4.6 所示，这种结构在清洁剂工业中早已众所周知，因而称之为纯皂相，但其学名则是从结构出发，称为层状相. 在浓度减小时，即增加水的含量，但在少于 50%时，双亲分子会呈立方相，在立方相中双亲分子会聚成半径约为分子长度的球，其亲水集团朝向球面靠近水，而其疏水尾链藏于球内，这种球也叫微团或胶束，它们在水中具有立方结构，如图 T4.7所示. 浓度再降低，水的含量在中等程度时，双亲分子会组成六角相，分子排列成圆柱，如图 T4.8 所示，圆柱又排列成六角对称的堆积. 浓度再降低，即再稀释时，将会呈现胶束相，它是由孤立的胶束球，稀疏地分布于水中形成的无结构溶液.如图 T4.9 所示.如果再进一步稀释,使水与双亲分子比例达到某个临界值时(胶束球的浓度小于某一临界浓度,CMC),胶束会解体,而使双亲分子均匀地溶解于水中,并且在空气与水的界面上形成一层碳气链朝外的双亲分子单分子层,如图 T4.10 所示,回到了通常的液相.

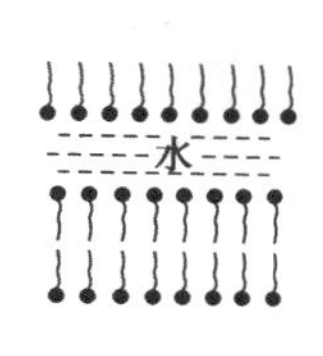

图 T4.6 层状相

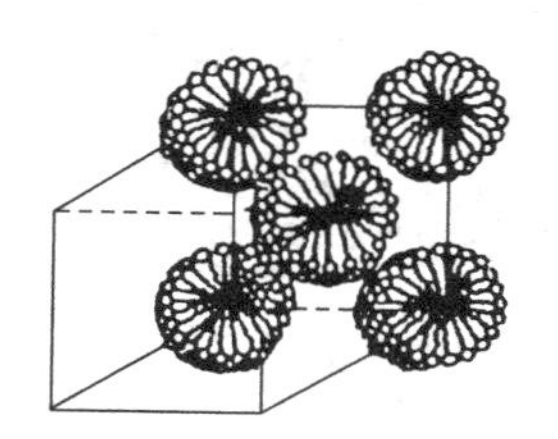

图 T4.7 立方相

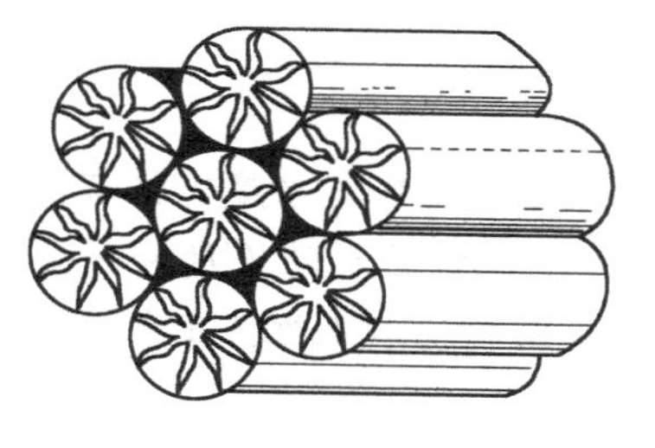

图 T4.8 六角相

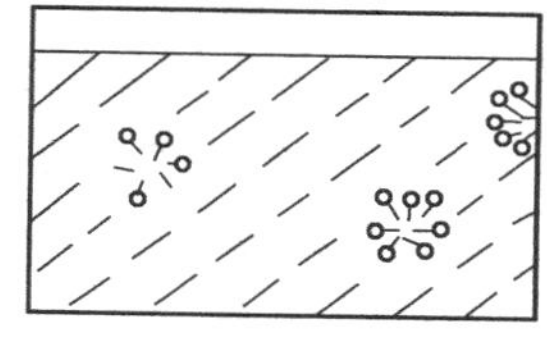

图 T4.9 胶束相

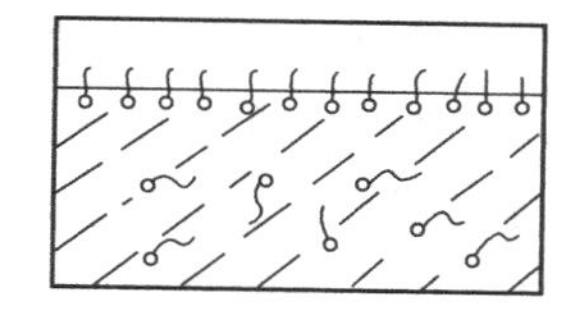

图 T4.10 溶液

三、生物膜液晶

生物学家早就注意到了生物活细胞具有液晶的特性,生物过程中的物质的物理状态,在很大程度上就是液晶态.现代的高分辨率显微镜已揭示,生物细胞是由高度有序的片状膜组成的,这些膜有时呈片状、立方形或六角形的排列.

所谓生物膜是指细胞本身周边以及大多数细胞质内的组成,包括叶绿体、细胞核、线粒体、高尔基体、液体泡和内质网都被一层"轨道"结构的膜所包裹,把这种膜统称为生物膜,如图 T4.11 所示.生物膜的化学组成主要是脂质、蛋白质及糖类.生物膜中的脂质以极性脂为主,其分子中含有一个亲水头部集团和一个疏水的尾部集团.这样的分子称为双亲分子.脂质在膜中呈双分子层结构.生物膜的厚度约为10^2 Å,是分子长度的数量级.生物膜不是一种静态的固定结构,而具有流体的性质.如图 T4.12所示的生物膜的"流体镶嵌"模型,该模型把生物膜看成是球形质和脂质双分子二维排列的流体.这种模型也称为马赛克膜,它强调了流动的脂质双分子层结构膜是连续体,而蛋白质分子则无规则地像"冰山"一样在脂质的海洋中漂流.

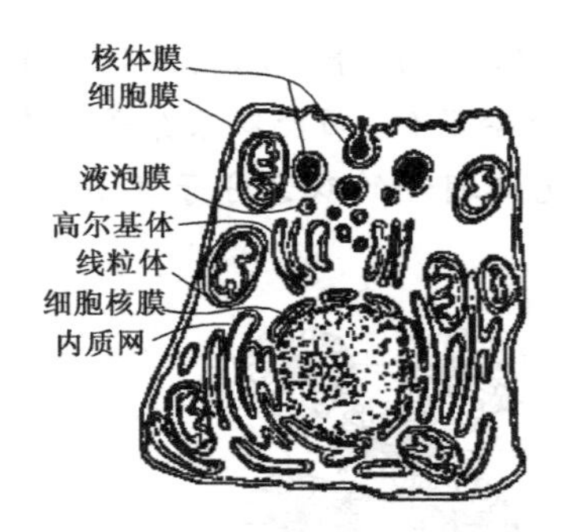

图 T4.11 生物膜在细胞中分布

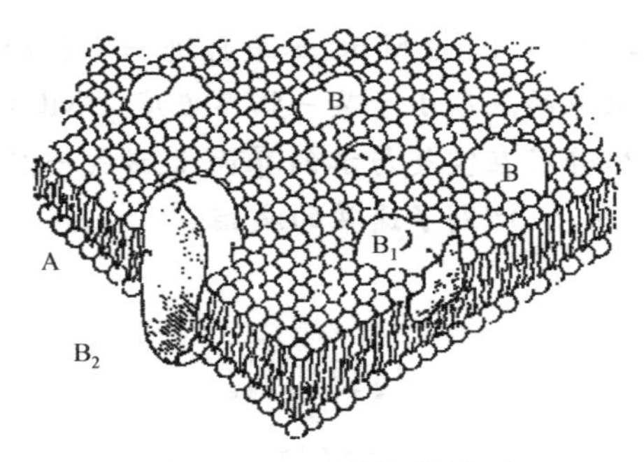

图 T4.12 流体镶嵌模型

A. 脂类双层;B. 蛋白质分子

由于生物膜是脂质——蛋白质长链分子,主要由疏水作用形成超分子结构的双层分子膜,这种疏水作用不太强,不能限制分子在膜中的移动,因此分子双层的行为既像液体,又具有晶体有序结构,所以,生物膜是呈液晶态的.按上面的分类法,一般情况下,生物膜应被视为层状的溶致液晶.

生物膜液晶是溶致液晶,它的相变是相当复杂的,其相变行为除与浓度变化有关外,还与温度变化有关系.因此维持生物膜的正常状态,需要一定的水的浓度和一定的温度,一旦水的浓度和温度偏离了正常所要求的状态,生物膜就不能维持正常的功能,从而使细胞以至生物体就将处于病态.

热运动能引起双亲分子碳氢链的结构型式变化,因此磷脂、糖脂以及其他简单的双亲分子都会在某个相变温度发生液晶↔固相(或凝胶)的相变,在固相时,双亲分子排列地比较有序而在液晶相时的排列比较无序,所以这个相变温度 T_t 也称作有序-无序相变温度. T_t 是各种脂类物质的特征温度.

胆固醇在哺乳类动物的细胞膜中占有相当大的比重,它有“加固”生物膜的效果,胆固醇在生物膜的生物功能中是不可缺少的,既不能缺少它,但多了也不好,片面强调胆固醇含量低的素食和片面宣传胆固醇含量高的荤食对正常人健康都是不利的.

膜的液晶相是有着重要的生物意义的.膜的液晶相是细胞和细胞器成为开放系统的必要条件,不难想象,如果膜是一层固态的壳,那么细胞就不可能是活的,相反,如果膜是各向同性的液体,那么细胞内外在趋于平衡时就不会有差别,细胞无法独立存在,膜只有处于液晶相才有可能出现具有生命的细胞.我们都知道从温度适应性来区分,动物可分为恒温与冷血两大类,人类属于恒温动物,正常体温 37℃左右,显然与人体细胞膜处于液晶相相协调.但鱼类、冬眠动物、嗜温菌以及浮游生物、小球藻、四膜虫等简单生物却都可以适应温度的巨大差别而能随遇而安,它们是怎样来保持细胞膜的液晶相呢? 原来这些动植物都具有随环境温度变化而改变它们的膜质成分的本领.例如对一种名为嗜热脂肪芽孢杆菌的研究表明,当温度下降时,这种细菌膜的脂成分中的磷脂会自动调节其磷脂酰链的饱和度而降低相变温度.这种以化学成分与降温为手段以达到物质态的恒定自动控制的系统是变温生物赖以生存的本能. 有些变温动物，如金鱼，在温度下降时，其膜磷脂的饱和度随之增加，从前面分析得知，它不但不会降低相变温度，反而使相变温度提高，那么，金鱼靠什么来度过数九严寒，而使其细胞膜处于液晶态呢?原来金鱼是利用减小胆固醇磷脂比值来维持脂质分子流动性而呈液晶态.

除了上述的生物过程与膜的液晶相有关外，诸如疾病、细胞老化以及免疫效应等许多方面都和膜的液晶相有关. 在癌细胞生物膜病变研究中，发现了细胞膜癌变的物理机制与生物膜从液晶态转变为液态密切相关. 正常的细胞膜处于液晶态，生物膜组成分子虽然具有一定的流体特征，但是分子排列是有序的，例如磷脂长烃链倾向于彼此平行排列，这种结构宛若形成一道致密的栅栏，主要通过膜上嵌入的功能蛋白的作用，有计划地输入细胞所需养分，又有计划排出废弃物，癌细胞的生物膜发生了从液晶向各向同性液体的相变，使膜分子排列无序化，正常的栅栏结构破坏，养分的输入与废料的排出均失去控制，细胞的光滑特性也在此时转变为凸凹不平的毛茸状，如图T4.13 所示. 这种表面的粗糙化带来的后果是细胞与细胞的接触变差，因此细胞的吸附作用减弱，从而破了细胞间接触抑制的调节机能. 可见，正常细胞的液晶态的任何紊乱都可能引起细胞的不正常生长，从而形成癌变. 实验表明，膜中胆固醇含量的降低会增加膜的流动性，所以，可以用增加癌变细胞胆固醇的办法来治疗癌症，虽然这不是根治办法，但从缓解病情，延长寿命看，应用上述关于影响液晶相变的各种因素来找出一种综合措施也许是可取的.

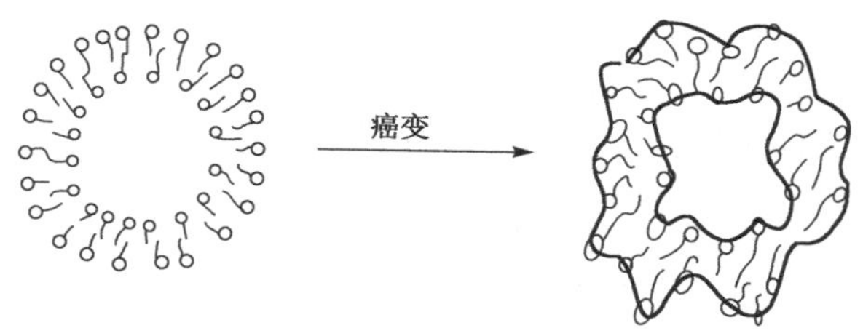

图 T4.13 癌变细胞外观特征

上面讨论的是从生物膜由液晶态向液态转变来理解正常细胞与癌细胞的区别，是从液晶物理学的角度研究的. 其实，如果认识到生命过程中，在很大程度上，物质是处于液晶态这一点，还可以举出其他一些疾病也同样可以用液晶物理来理解，这些疾病包括动脉硬化、胆结石的形成及镰状细胞贫血等. 动脉粥样硬化是引起心脏病发作致死的一个重要原因，其特征是大动脉管壁局部的脂肪增厚，阻碍血液流动，实验发现，使动脉血管壁增厚的脂肪中含有胆甾醇水化物晶体和光学上具有双折射性质的液滴，说明其为具有近晶相层状液晶层结构的胆甾醇饱和了的胆甾醇脂，人体中的胆甾醇酯是由白血浆中的蛋白搬运的，在一定温度时，胆甾醇酯便部分地从脂蛋白中分离出来，并以近晶型液晶形式存在，胆甾醇与胆甾醇酯都难溶于水，从而使过量的胆甾醇和胆甾醇酯在动脉血管内沉积造成动脉硬化损坏.

力学部分综合习题

1. 一小球沿斜面向上运动，其运动方程为 $x=5+4t-t^2$ (SI)，则小球运动到最高点的时刻是 [ ]

(A) $t=4$s.　　(B) $t=2$s.　　(C) $t=1$s.　　(D) $t=3$s.

2. 已知地球的质量为 m，太阳的质量为 M，地心与日心的距离为 R，引力常量为 G，则地球绕太阳做圆周运动的角动量为 [ ]

(A) $m\sqrt{GMR}$.　　(B) $\sqrt{\frac{GMm}{R}}$.　　(C) $Mm\sqrt{\frac{G}{R}}$.　　(D) $\sqrt{\frac{GMm}{2R}}$.

3. 关于机械能守恒和动量守恒条件有以下几种说法，其中正确的是 [ ]

(A) 不受外力作用的系统，其动量和机械能必然同时守恒.

(B) 所受合外力为零，内力都是保守力的系统，其机械能必然守恒.

(C) 不受外力，而内力都是保守力的系统，其动量和机械能必然同时守恒.

(D) 外力对一个系统做的功为零，则该系统的机械能和动量必然同时守恒.

4. 一力学系统由两个质点组成，它们之间只有引力作用. 若两质点所受外力的矢量和为零，则此系统 [ ]

(A) 动量、机械能以及对一轴的角动量都守恒.

(B) 动量、机械能守恒，但角动量是否守恒不能断定.

(C) 动量守恒，但机械能和角动量守恒与否不能断定.

(D) 动量和角动量守恒，但机械能是否守恒不能断定.

5. 一质点做简谐振动，周期为 T. 质点由平衡位置向 x 轴正方向运动时，由平衡位置到二分之一最大位移这段路程所需要的最短时间为 [ ]

(A) $\frac{T}{4}$.　　(B) $\frac{T}{12}$.　　(C) $\frac{T}{6}$.　　(D) $\frac{T}{8}$.

6. 在下面几种说法中，正确的说法是 [ ]

(A) 波源不动时，波源的振动周期与波动的周期在数值上是不同的.

(B) 波源振动的速度与波速相同.

(C) 在波传播方向上的任一质点振动相位总是比波源的相位滞后.

(D) 在波传播方向上的任一质点振动相位总是比波源的相位超前.

7. 一平面简谐波在弹性介质中传播，在介质质元从平衡位置运动到最大位移处的过程中 [ ]

(A) 它的动能转换成势能.

(B) 它的势能转换成动能.

(C) 它从相邻的一段质元获得能量，其能量逐渐增大.

(D) 它把自己的能量传给相邻的一段质元，其能量逐渐减小.

8. 有两个力作用在一个有固定转轴的刚体上：

(1) 这两个力都平行于轴作用时，它们对轴的合力矩一定为零；

(2)这两个力都垂直于轴作用时,它们对轴的合力矩可能是零;

(3)当这两个力的合力为零时,它们对轴的合力矩也一定为零;

(4)当这两个力对轴的合力矩为零时,它们合力也一定为零.

在上述说法中 [ ]

(A) 只有(1)是正确的.

(B)(1)、(2)正确,(3)、(4)错误.

(C)(1)、(2)、(3)都正确,(4)错误.

(D)(1)、(2)、(3)、(4)都正确.

9. 一半径为 R 的肥皂泡内空气的压强为 [ ]

(A)$P_0+4\alpha/R$. (B)$P_0+2\alpha/R$. (C)$P_0-4\alpha/R$. (D)$P_0-2\alpha/R$.

10. 关于伯努利方程,理解错误的是 [ ]

(A)$P_0+\rho gh+\rho v^2/2=$常量.

(B)$\rho v^2/2$ 是单位体积的流体的动能.

(C)ρgh 是 h 高度时流体的压强.

(D)P_0 是单位体积流体所受的压力能.

11. 如综图 1 所示,一质点 P 从 O 点出发以 0.01m/s 速率沿顺时针方向作匀速圆周运动,圆的半径为 0.01m. 当 P 走过 2/3 圆周时,走过的路程是__________,这段时间内的平均速度大小为__________.

12. 一质点同时参与了两个同方向的简谐振动,它们的振动方程分别为

$$x_1=0.05\cos(\omega t+\frac{\pi}{4}),\quad x_2=0.05\cos(\omega t+\frac{19\pi}{12})$$

其合成运动的运动方程为__________.

13. 一平面简谐波,波速为 6.0m/s,振动周期为 0.1s,则波长为 $\lambda=$__________. 在波的传播方向上,有两质点的振动相位差为 $5\pi/6$,此两质点相距为 $\Delta x=$__________.

14. 一长为 l、质量可以忽略的直杆,两端分别固定有质量为 m 和 $2m$ 的小球,杆可绕通过其中心 O 且与杆垂直的水平光滑固定轴在铅直平面内转动。开始杆与水平方向成某一角度 θ,处于静止状态,如综图 2 所示,释放后,杆绕 O 轴转动,则当杆转到水平位置时,该系统所受的合外力矩的大小 $M=$________,此时该系统角加速度的大小 $\beta=$________.

15. 在水平放置的质量为 m、长度为 l 的均匀细杆上,套着一个质量也为 m 的套管 B(可看作质点),套管用细线拉住,它到竖直的光滑固定轴 OO' 的距离为 $l/2$,杆和套管所组成的系统以角速度 ω_0 绕 OO' 轴转动,如综图 3 所示. 若在转动过程中细线被拉断,套管将沿着杆滑动. 在套管滑动过程中,该系统转动的角速度 ω 与套管轴的距离 x 的函数关系为________(已知杆本身对 OO' 轴的转动惯量为 $ml^2/3$).

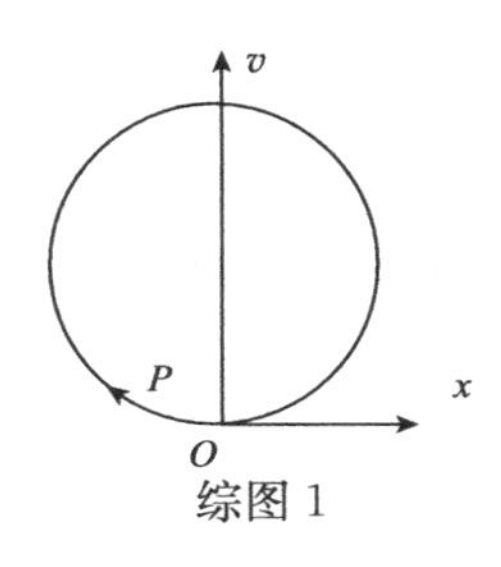

综图 1

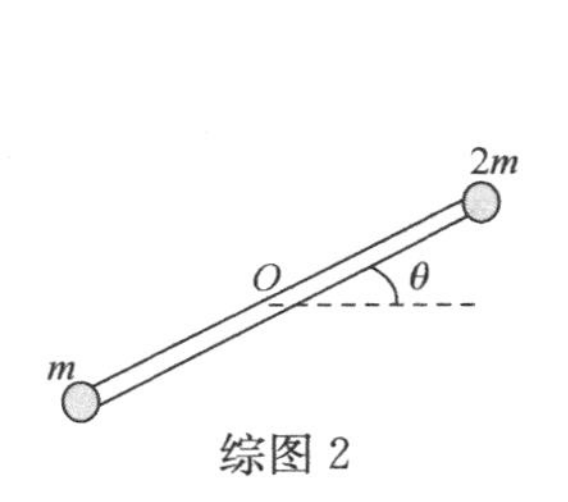

综图 2

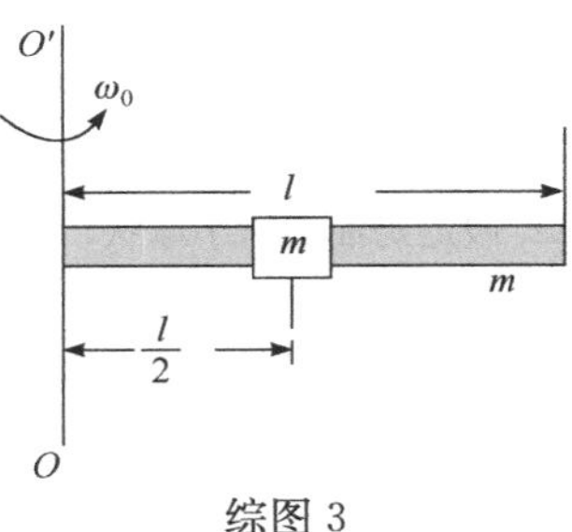

综图 3

16. 皮下注射针头粗度增加一倍时，同样压力情况下其药液流量将增加__________倍.

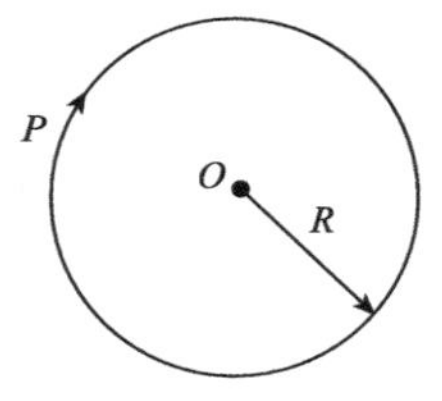

综图 4

17. 如综图 4 所示，质点 P 在水平面内沿一半径为 $R=2\text{m}$ 的圆轨道转动. 转动的角速度 ω 与时间 t 的函数关系为 $\omega=kt^2$(k 为常量). 已知 $t_2=2\text{s}$ 时. 质点 P 的速度值为 $v_2=32\text{m/s}$. 试求 $t_1=1\text{s}$ 时，质点 P 的速度与加速度的大小.

18. 一物体按规律 $x=ct^3$ 在介质中做直线运动，式中 c 为常量，t 为时间. 设介质对物体的阻力正比于速度的平方，阻力系数为 k，试求物体由 $x=0$ 运动到 $x=l$ 时，阻力所做的功.

19. 有一半径为 R 的圆形平板放在水平桌面上，平板与水平桌面的摩擦系数为 μ. 若平板绕通过其中心且垂直板面的固定轴以角速度 ω_0 开始旋转，它将在旋转几圈后停止?

20. 一轻绳绕过一定滑轮，滑轮轴光滑，滑轮的质量为 $\frac{1}{4}M$，均匀分布在其边缘上. 绳子的 A 端有一质量为 M 的人抓住了绳端，而在绳的另一端 B 系了一质量为 $\frac{1}{2}M$ 的重物，如综图 5 所示. 设人从静止开始以相对绳匀速向上爬时，绳与滑轮间无相对滑动，求 B 端重物上升的加速度(已知滑轮对过滑轮中心且垂直于轮面转动的轴的转动惯量 $J=\frac{MR^2}{4}$).

21. 在我国河南、山东一带的黄河两岸，水面常高于地面，为引水灌溉，常使用虹吸管装置，如综图 6 所示. 一根截面均匀的弯管 ACB，充满水后，其一端插入河水中，另一端 B 开放. 设 A、B、C 三处的高度分别为 h_A、h_B、h_C，大气压为 p_0. 求:

(1)水由 B 端流出的速度.

(2)C 处流体中的压强.

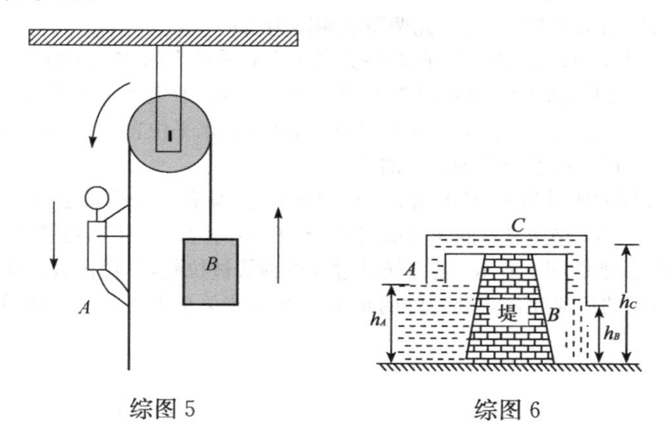

综图 5　　　　综图 6

22. 假定奶油滴为小球状，它在牛奶中的运动可应用斯托克斯定律，已知奶油滴的直径 $d=2\text{mm}$，牛奶的黏度 $h=1.1\times10^{-3}\text{Pa}\cdot\text{s}$，奶油的密度为 $\rho_1=0.94\times10^3\text{kg/m}^3$，牛奶的密度为 $\rho_2=1.03\times10^3\text{kg/m}^3$，求奶油滴在牛奶中匀速上升的速度.

第 5 章 热物理学基础

热物理学是研究热运动的规律及其对物质宏观性质的影响，以及与其他各种运动形式之间的相互转化规律.

热物理学有两种不同理论：一是微观理论，称为统计物理学；二是宏观理论，称为热力学.统计物理学主要从宏观物体是由大量的不停息运动着的微观粒子(分子或原子)所组成的事实出发，认为物质的宏观性质是大量微观粒子运动的平均效果，宏观量是微观量的统计平均值；热力学主要是从能量守恒和转换的观点出发，通过对热现象的观测、实验和分析，总结出基本定律，以此为基础，应用数学方法，通过逻辑演绎得出有关物质各种宏观性质之间关系.

本章首先讨论理想气体动理论的基本公式和热平衡态下的基本统计规律，然后研究热力学两个基本定律及其应用，最后介绍一下由非平衡态向平衡态过渡的输运过程.

本章基本要求：

1. 了解描述系统状态各物理量的意义，理解理想气体状态方程的两种形式.
2. 掌握理想气体压强公式和温度公式，理解其统计意义.
3. 掌握能量均分定理的意义，能由它得出理想气体内能表达式，并理解其意义.
4. 理解速率分布函数的意义，掌握麦克斯韦速率分布曲线的特点及意义，理解三种特征速率.
5. 了解玻尔兹曼分布定律的意义和粒子在重力场中按高度分布.
6. 掌握热力学第一定律的意义，并能利用它对理想气体各过程进行分析和计算.
7. 理解热容量的概念并能利用它直接计算理想气体各过程的热量传递.
8. 理解循环过程，会计算热机的效率.理解卡诺循环及其效率计算.了解致冷系数.
9. 掌握热力学第二定律的两种表述，了解其统计意义.
10. 理解熵和熵增加原理，能计算简单过程的熵变.
11. 了解焓、自由能、自由焓等概念.
12. 了解平均自由程，了解气体中三种输运过程的物理本质及其宏观规律和微观定性解释.

5.1　理想气体动理论的基本公式

5.1.1　理想气体状态方程

1. 平衡状态

由大量分子或原子组成的物体或物体系，称为热力学系统，简称为系统. 把系统外面与系统状态直接相关的物体或物体系称为外界，或称环境.

一个系统，不论初始的宏观性质如何，只要它不受外界条件的影响，经过一定时间间隔后，系统必将达到一个稳定的、其宏观性质不随时间变化的状态，把这样一种状态称之为平衡态，反之称为非平衡态.

应该指出，平衡态只是一种宏观上的寂静状态，在微观上系统并不是静止不变的. 在平衡态下，组成系统的大量分子还在不停息地运动着，这些微观运动的总效果也随时间不停地急速地变化着，只不过其总的平均效果不随时间变化罢了. 因此，我们所讲的平衡态从微观统计的角度应理解为动态平衡.

还应指出，平衡态是一个理想概念，因为完全不受外界条件影响的系统是不存在的，所以平衡态是在一定条件下对实际情况的概括和抽象. 但在许多实际问题中，往往可以把系统的实际状态近似地当作平衡态处理，从而能比较简便地得出与实际情况基本相符的结论.

2. 状态参量

处于平衡态下的系统，我们可以用一组物理量作为描述它所处平衡态的参量，并称之为状态参量.

对于一个气体系统，通常选取以下物理量作为状态参量.

(1)体积 V：气体分子能自由活动的几何空间. 常用的体积单位及换算关系为

$$1\text{m}^3 = 10^3\text{L}$$

$$1\text{L} = 10^3\text{cm}^3 = 10^3\text{mL}$$

(2)压强 p：气体作用于器壁单位面积上的垂直作用力的大小.

(3)温度 T：是表征系统冷热程度的物理量，与分子热运动情况密切相关，我们将在下面进行详细讨论. 为了定量地进行温度的测量，必须确定温度的数值表示法，温度的数值表示法叫温标. 温标有很多种，在物理学中，通常采用一种不依赖于任何物质的特性的温标叫热力学温标（也曾叫绝对温标），常用 T 表示，这种温标指示的数值叫热力学温度（也曾叫绝对温度）. 在国际单位制（SI 制）中，单位为“开(K)”. 日常生活和技术中常用温标有摄氏温标，以 t 表示摄氏温度，单位用“℃”表示，二者关系为

$$t = T - 273.15$$

(4)气体的质量 M:表示所有气体分子质量的总和,即总质量.常用 M 表示.若以 m 表示每个分子质量,N 表示系统内的总分子数,则该系统的质量为 $M=Nm$.在国际单位制(SI 制)中质量的单位是“千克(kg)”.

通常用 μ 表示摩尔质量,若仍以 m 表示每个分子质量,用 N_A 表示 1mol 气体中分子数,则摩尔质量为 $\mu=N_Am$. N_A 叫阿伏伽德罗常量

$$N_A = 6.022 \times 10^{23}/\text{mol}$$

可以用 $\nu=\dfrac{M}{\mu}$ 表示系统的摩尔数.

3. 理想气体状态方程

对于一个理想气体所组成的系统,处于一平衡状态下,其状态参量 p、V、T、ν 并非完全独立.这些参量间被一个状态的数学方程联系着,这个方程就叫理想气体状态方程.

在中学物理中已讲过,一定量理想气体状态方程为

$$\frac{pV}{T} = \text{恒量}$$

因为上述恒量对任一状态都成立,我们可选一标准状态,则有

$$\frac{pV}{T} = \frac{p_0V_0}{T_0}$$

其中,p_0、V_0、T_0 为标准状态下相应的状态参量值.若以 v_0 表示气体在标准状态下的摩尔体积,则有 $V_0=\nu v_0$,上式可写成

$$pV = \nu\frac{p_0v_0}{T_0}T$$

阿伏加德罗定律指出,在相同的温度和压强下,1mol 的各种理想气体的体积都相同,因此式中的 p_0v_0/T_0 的值就是一个对各种理想气体都一样的常数,用 R 表示,即

$$R = \frac{p_0v_0}{T_0} = \frac{1.013 \times 10^5 \times 22.41 \times 10^{-3}}{273.15} = 8.31(\text{J} \cdot \text{mol}^{-1} \cdot \text{K}^{-1})$$

称 R 为**普适气体常量**.则有

$$pV = \nu RT$$

或

$$pV=\frac{M}{\mu}RT \tag{5-1}$$

这便是常用的**理想气体状态方程**.它表示了理想气体在平衡态下各状态参量之间的关系.

我们知道,$M=Nm$,$\mu=N_Am$,则式(5-1)可写成

$$p = \frac{N}{V}\frac{R}{N_A}T$$

引入另一个普适常量 k,令

$$k = \frac{R}{N_A} = 1.38 \times 10^{-23}\,\text{J/K}$$

k 称为玻尔兹曼常量. 用 $n=N/V$ 表示单位体积内气体分子的个数,称为气体分子的数密度,则上式可写成为

$$p = nkT \tag{5-2}$$

这是理想气体状态方程的另一种表达式.

按(5-2)式计算,在标准状态下,1cm^3 中约有 2.9×10^{19} 个分子.

5.1.2 气体动理论的压强公式

1. 理想气体微观模型的基本假设

从宏观上说,理想气体是指在各种压强下都严格遵守玻意耳定律的气体. 它是各种实际气体在压强趋于零时的极限情况,是一种理想模型. 实际气体在压强不太高(与大气压比较)和温度不太低(与室温比较)的实验范围内都可作为理想气体处理.

为了从微观上解释气体的压强,需要先了解理想气体分子及其运动特征,为此提出如下假设,建立起理想气体微观模型.

(1)关于每个分子性质的假设:①分子本身占有的空间相对于气体所充满的整个空间来说是无限小的,即把分子作为质点来处理;分子的运动服从牛顿力学规律. ②除碰撞瞬间外,分子之间及分子和器壁之间的作用力是无限小的. ③分子之间及分子和器壁间的碰撞是完全弹性的.

综上这些假设,可把理想气体分子模型概括为:理想气体分子是遵守牛顿力学规律的自由运动的弹性质点.

(2)关于分子集体的统计性假设:①平衡态下,忽略重力影响,每个分子的位置处在容器空间内任何一点的概率是相同的. 或者说,分子按位置分布是均匀的. 即分子数密度各处相同,有

$$n = \frac{dN}{dV} = \frac{N}{V}$$

②虽然每个分子速度各不相同,而且通过碰撞不断发生变化. 但若处在平衡态下,每个分子沿各方向运动的机会(或概率)是相同的,也就是说,任何时刻沿各个方向运动的分子数目都相等. 或者说,分子速度按方向的分布是均匀的.

上述假设实际上就是关于分子无规则运动的假设. 它是一种统计性假设,只适用于大量分子的集体.

2.理想气体压强公式的推导

设一定质量的某种理想气体，被封闭在边长分别为 l_1、l_2、l_3 的长方形容器内，处于平衡态下. 其分子总数为 N，每个分子质量为 m. 为了讨论方便，我们把所有分子按速度区间分为若干组，在每一组内各分子的速度大小和方向都差不多相同.

考虑第 i 组分子，其速度都在 $v_i \sim v_i + \mathrm{d}v_i$ 这一区间内，它们的速度基本上都是 v_i，该组分子数为 N_i. 如图 5.1所示，具有该速度分子在三个坐标轴上的速度分量分别为 v_{ix}、v_{iy}、v_{iz}，假定该分子与 A_1 面发生碰撞，由于碰撞是完全弹性的，所以碰撞前后该分子在 y、z 两个方向上的速度分量不变，在 x 方向上的速度分量由 v_{ix} 变为 $-v_{ix}$，这样分子在碰撞过程中的动量增量为 $(-mv_{ix})-mv_{ix}=-2mv_{ix}$，按动量定理，这就是 A_1 面施于该分子的冲量，根据牛顿第三定律，分子施于 A_1 面的冲量为 $2mv_{ix}$.

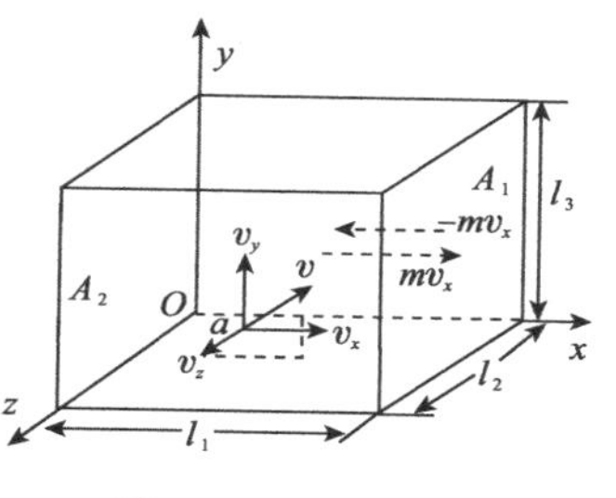

图 5.1 压强公式

该分子与 A_1 面连续两次碰撞间在 x 方向所经过路程为 $2l_1$，所需要的时间为 $2l_1/v_{ix}$，这样在 Δt 时间内，该分子与 A_1 面碰撞的次数为 $\Delta t/(2l_1/v_{ix})=(v_{ix}/2l_1)\Delta t$，则在 Δt 时间内该分子施于 A_1 面的冲量为

$$2mv_{ix}\frac{v_{ix}}{2l_1}\Delta t=\frac{m}{l_1}v_{ix}^2\Delta t$$

这一组的所有分子在 Δt 时间内施于 A_1 面的冲量为

$$\frac{m}{l_1}v_{ix}^2\Delta tN_i$$

若求所有各种速度分子在 Δt 时间内施于 A_1 面的冲量 ΔI，则应对上式中各速度区间的分子求和，因而有

$$\begin{aligned}\Delta I&=\sum_i\frac{m}{l_1}v_{ix}^2\Delta tN_i\\&=\frac{m}{l_1}\Delta t\sum_i v_{ix}^2N_i\end{aligned}$$

单个气体分子对器壁的碰撞是断续的，施于器壁的冲量也是断续的. 但由于分子数目极多，因而对器壁的碰撞极其频繁，它们对器壁的碰撞总起来讲就成了连续地给予冲量，这也就在宏观上表现为气体对器壁有持续的压力作用. 正如密集的雨点打在雨伞上，我们感到一个均匀的作用力一样. 若用 $\overline{f}$ 表示作用在 A_1 面上的平均压力，则由冲量定义有

$$\Delta I=\overline{f}\Delta t$$

由压强的定义，可得到气体对器壁的宏观压强为

$$p=\frac{\overline{f}}{\Delta S}=\frac{\Delta I}{\Delta t\Delta S} \tag{5-3}$$

将 $\Delta S=l_2\cdot l_3$ 及 ΔI 的统计表达式代入式(5-3)，得到

$$p=\frac{m}{l_1l_2l_3}\sum_i v_{ix}^2N_i$$

引入统计平均值概念

$$\overline{v_x^2}=\frac{v_{1x}^2N_1+v_{2x}^2N_2+\cdots+v_{ix}^2N_i+\cdots}{N}=\frac{\sum\limits_i v_{ix}^2N_i}{N}$$

再考虑到 $l_1l_2l_3=V$，V 表示长方体体积，则有

$$p=\frac{N}{V}m\overline{v_x^2}$$

即

$$p=nm\overline{v_x^2} \tag{5-4}$$

根据上面关于理想气体微观模型的统计假设，应有

$$\overline{v_x^2}=\overline{v_y^2}=\overline{v_z^2} \tag{5-5}$$

即三个速度分量平方的平均值相等. 由质点运动学表达式有

$$v_i^2=v_{ix}^2+v_{iy}^2+v_{iz}^2$$

取等号两侧平均值，可得

$$\overline{v^2}=\overline{v_x^2}+\overline{v_y^2}+\overline{v_z^2}$$

将(5-5)式代入上式，得

$$\overline{v_x^2}=\overline{v_y^2}=\overline{v_z^2}=\frac{1}{3}\overline{v^2}$$

把上式代入(5-4)式中，可得到

$$p=\frac{1}{3}nm\overline{v^2}$$

或

$$p=\frac{2}{3}n\left(\frac{1}{2}m\overline{v^2}\right)=\frac{2}{3}n\overline{\varepsilon_k} \tag{5-6}$$

其中

$$\overline{\varepsilon_k}=\frac{1}{2}m\overline{v^2} \tag{5-7}$$

称为分子的**平均平动动能**. (5-6)式就是**气体动理论的压强公式**.

3. 几点讨论

(1)气体对器壁的压强是大量分子对容器壁频繁碰撞的总的平均效果. 由(5-3)式给出，压强是表示大量分子在单位时间内施于器壁单位面积上的冲量. 是大量分

子的“群体效应”，只具有统计意义. 离开了大量分子而求平均值，压强就失去了意义，对于单个分子是无压强可言的.

(2)(5-6)式是气体动理论基本公式之一. 它把宏观量 p 和分子运动的统计平均值 n 和 $\overline{\varepsilon_k}$(或 $\overline{v^2}$)联系起来，典型的显示了宏观量和微观量之间(描述一个微观粒子运动状态的物理量)的关系.

5.1.3 理想气体的温度公式

1. 理想气体的温度公式

比较(5-6)式与(5-2)式，即比较 $p=\frac{2}{3}n\overline{\varepsilon_k}$ 与 $p=nkT$，可得

$$\overline{\varepsilon_k}=\frac{3}{2}kT$$

或

$$T=\frac{2}{3k}\overline{\varepsilon_k} \tag{5-8}$$

这就是理想气体温度公式. 此式说明，各种理想气体在平衡态下，它们的分子平均平动动能只和温度有关，并且与热力学温度成正比.

2. 几点讨论

(1)(5-8)式是气体动理论的另一基本公式. 它揭示了温度的微观意义. 温度是分子无规则热运动强弱的标志，粗略地说，温度反映了系统内部分子无规则运动的激烈程度. 确切地说，热力学温度是分子平均平动动能的量度.

(2)温度是一个统计概念，是用来描述大量分子的集体状态，对单个分子谈论它的温度是毫无意义的. (5-8)式是把宏观量 T 与统计平均值 $\overline{\varepsilon_k}$ 联系起来，也显示了宏观量与微观量的关系.

3. 方均根速率

由(5-7)式和(5-8)式可得

$$\frac{1}{2}m\overline{v^2}=\frac{3}{2}kT$$

即

$$\overline{v^2}=3kT/m$$

于是有

$$\sqrt{\overline{v^2}}=\sqrt{\frac{3kT}{m}}=\sqrt{\frac{3RT}{\mu}} \tag{5-9}$$

把$\sqrt{\overline{v^2}}$称为气体分子的**方均根速率**,是分子速率的一种统计平均值.(5-9)式说明,在同一温度下,质量大的分子其方均根速率小.

5.2　能量均分定理

5.2.1　自由度

前面我们讨论分子热运动时,只考虑了分子的平动,实际上除单原子分子外,一般分子的运动并不限于平动,它们还有转动和振动.为了用统计的方法计算分子的平均转动动能和平均振动动能,以及平均总动能,我们需要引用"自由度"的概念.

确定一个物体在空间的位置时,需要引入的独立坐标的数目,称为这个物体的**自由度数**.单原子分子、双原子分子和多原子分子的自由度数是不同的.

对气体中的单原子分子可以看作一个质点,确定一个自由质点的位置,需要 3 个坐标,如 x、y、z[图 5.2(a)],因此气体中单原子分子的自由度是 3.这 3 个自由度叫平动自由度,以 t 表示平动自由度,则 $t=3$.

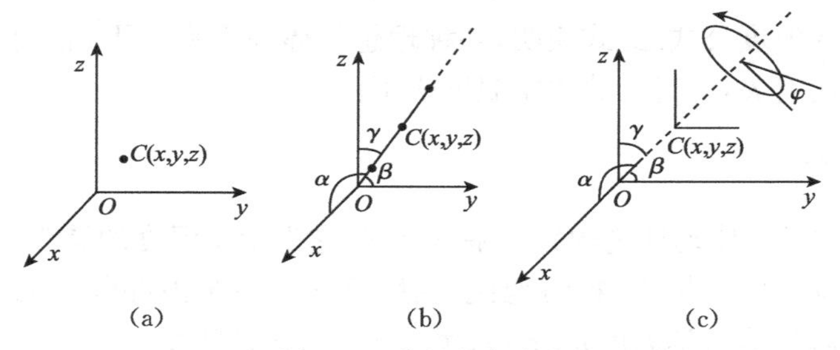

图 5.2　分子的自由度

对气体中的双原子分子,可暂不考虑其中原子间的振动,即认为分子是刚性的.确定这种分子的位置时,除了要用 3 个坐标确定其质心位置(即 3 个平动自由度 $t=3$)外,还需要确定它的两个原子连线的方位,一条直线在空间的方位,可用它与 x、y、z 轴的 3 个夹角 α、β、γ 确定[图 5.2(b)],但因总有 $\cos^2\alpha+\cos^2\beta+\cos^2\gamma=1$,所以只有两个夹角是独立的.这两个坐标实际上是给出了分子的转动状态.所以和它们相应的自由度叫转动自由度,以 r 表示转动自由度,则对气体中的刚性双原子分子,$r=2$,总自由度 $i=t+r=5$.

对气体中的多原子分子如果仍认为是刚性的,则除了确定质心位置的 3 个坐标和确定通过质心的任意轴方位的 2 个坐标外,还需要一个说明分子绕轴转动的角度坐标 φ[图 5.2(c)],这后一个坐标相应为第三个转动自由度,即对气体中的刚性多原子分子 $r=3$,总的自由度 $i=t+r=6$.

在高温情形下,考虑双原子分子或多原子分子能量时,还应考虑分子中原子的振动.但在常温下(一般指温度低于500K),认为分子是刚性的,能给出与实验大致相符的结果.我们在下面讨论中将不考虑分子内部的振动,而认为分子都是刚性的.

5.2.2 能量按自由度均分定理

由前面讨论的(5-8)式可知,分子的平均平动动能是

$$\overline{\varepsilon_{\mathrm{k}}}=\frac{1}{2}m\overline{v^2}=\frac{3}{2}kT$$

考虑到

$$\overline{v_x^2}=\overline{v_y^2}=\overline{v_z^2}=\frac{1}{3}\overline{v^2}$$

可以得到

$$\frac{1}{2}m\overline{v_x^2}=\frac{1}{2}m\overline{v_y^2}=\frac{1}{2}m\overline{v_z^2}=\frac{1}{3}\left(\frac{1}{2}m\overline{v^2}\right)=\frac{1}{2}kT \tag{5-10}$$

式(5-10)中前三个平方项的平均值各和一个平动自由度相对应,因此式(5-10)说明分子每一个平动自由度的平均平动动能都相等,且等于$\frac{1}{2}kT$.也就是说,分子的平均平动动能$\frac{3}{2}kT$是均匀地分配在每一个平动自由度上.

这个结论可以推广到气体分子的转动上.由于气体分子是无规则运动的结果,任何一种运动都不会比另一种运动占优势,就能量来说,这些自由度中没有哪个是特殊的.因而得出更为一般的结论:各自由度的平均动能都是相等的.在理论上,经典物理可以更严格地证明:在温度为T的平衡态下,气体分子的每个自由度的平均动能都相等,而且等于$\frac{1}{2}kT$.这个结论称为能量均分定理.这一结论也适用于液体和固体分子的无规则运动.

能量按自由度均分定理是分子热运动的统计规律,是对大量分子统计平均的结果,对个别分子来说,它的总动能以及在各自由度上都在不断变化,但对大量分子来说,由于分子无规则频繁地碰撞,能量相互传递和转化,其结果遵从能量均分原则.

根据能量均分定理,如果一个气体分子的总自由度数是i,则它的热运动平均总动能是

$$\bar{\varepsilon}=\frac{i}{2}kT$$

对单原子分子

$$\bar{\varepsilon}=\frac{3}{2}kT$$

对刚性双原子分子

$$\bar{\varepsilon}=\frac{5}{2}kT$$

对刚性多原子分子

$$\bar{\varepsilon}=\frac{6}{2}kT$$

5.2.3　理想气体的内能

从宏观上讨论气体的能量时，需要引入气体内能的概念. 气体的内能是指它所包含的所有分子的动能和分子间相互作用势能的总和. 对于理想气体，由于分子间无相互作用，所以分子间无势能，因而理想气体的内能就是它所有分子的热运动的动能总和.

因为每一个分子平均总动能为$\frac{i}{2}kT$，而 1mol 理想气体有 N_A个分子，所以 1mol 理想气体的内能是

$$E_0=N_A\left(\frac{i}{2}kT\right)=\frac{i}{2}RT$$

则质量为 M(kg)，摩尔质量为 μ(kg/mol)，即摩尔数 $\nu=M/\mu$ 的理想气体内能为

$$E=\nu E_0$$

即

$$E=\frac{M}{\mu}\frac{i}{2}RT=\frac{i}{2}\nu RT \tag{5-11}$$

对已讨论的几种理想气体，它们的内能应是

单原子分子气体　　$E=\frac{3}{2}\nu RT$

刚性双原子分子气体　　$E=\frac{5}{2}\nu RT$

刚性多原子分子气体　　$E=3\nu RT$

上述结果表明，一定量的某种理想气体的内能，只决定于热力学温度，而且与热力学温度成正比，与体积 V 和压强 p 无关. 这就是说理想气体的内能是温度的单值函数. 当一定质量的理想气体在不同的状态变化过程中，只要温度的变化量相等，那么它的内能变化量也相同，而与过程无关. 在热力学中我们将应用此结论分析问题.

5.3　气体分子按速率分布律和按能量分布律

5.3.1　麦克斯韦速率分布律

构成气体的大量分子都在永不停息地做无规则热运动，而且彼此间频繁碰撞，

气体分子可以以各种大小的速率沿各个方向运动，分子速度都在不断地改变着. 因此，若在某一特定的时刻去考查某一特定分子，则它的速度具有怎样的数值和方向完全是偶然的，因而是不能预知的. 但从整体上统计来说，在一定的条件下，它们的速度分布却遵从着一定的统计规律. 早在1859年麦克斯韦就用概率论证明了在平衡态下，理想气体分子按速度的分布是有规律的，这个规律现在就叫麦克斯韦速度分布律. 如果不管分子运动的速度方向如何，只考虑分子按速度的大小即速率的分布，则相应的规律叫麦克斯韦速率分布律. 作为统计规律的典型例子，我们将讨论麦克斯韦速率分布律.

1. 速率分布函数

设在平衡态下，一定量理想气体的总分子数为N. 把速率分为若干区间，其中速率在$v\sim v+\Delta v$区间(如500～510m/s区间)内的分子数为ΔN，那么$\Delta N/N$就是这一区间内的分子数占总分子数的比率，即分子具有速率在$v\sim v+\Delta v$区间内的概率. 显然这与所考虑的速率v有关，即在不同的速率v附近取相同的速率区间Δv，比率$\Delta N/N$不同，也就是说，$\Delta N/N$与v有关；另外，在给定速率v附近，速率间隔Δv取值越大，则$\Delta N/N$也越大，即$\Delta N/N$又与Δv有关. 当取$\Delta v\to 0$时，则单位速率区间内的分子数$\Delta N/\Delta v$与总分子数N之比的极限，就成为v的一个连续函数，这个函数叫作**速率分布函数**，用$f(v)$表示，即

$$f(v)=\lim_{\Delta v\to 0}\frac{\Delta N}{\Delta v\cdot N}=\frac{1}{N}\lim_{\Delta v\to 0}\frac{\Delta N}{\Delta v}=\frac{1}{N}\frac{\mathrm{d}N}{\mathrm{d}v}$$

或

$$\frac{\mathrm{d}N}{N}=f(v)\mathrm{d}v \tag{5-12}$$

显然，$f(v)$是表示分布在速率v附近单位速率间隔内的分子数占总分子数的比率. 或者说，表示气体分子处在速率v附近的单位速率间隔内的概率，它也叫作**概率密度**.

如果确定了速率分布函数$f(v)$，就可以用积分的方法求出分布在任一有限速率范围$v_1\sim v_2$内的分子数占总分子数的比率，即有

$$\frac{\Delta N}{N}=\int_{v_1}^{v_2}f(v)\mathrm{d}v$$

由于全部分子百分之百地分布在由0到∞整个速率范围内，所以如果上式中取$v_1=0$，$v_2=\infty$，那么结果显然为1，

$$\int_0^{\infty}f(v)\mathrm{d}v=1 \tag{5-13}$$

这个关系是由速率分布函数$f(v)$本身的物理意义所决定的，它是速率分布函数$f(v)$所必须满足的条件，叫速率分布函数的**归一化条件**.

2. 麦克斯韦速率分布律

1860年麦克斯韦从理论上导出了麦克斯韦速率分布律. 在平衡态下,气体分子的速率在 $v \sim v+\mathrm{d}v$ 间隔内的分子数占总分子数的比率为

$$\frac{\mathrm{d}N}{N}=4\pi\left(\frac{m}{2\pi kT}\right)^{\frac{3}{2}}\mathrm{e}^{-\frac{m}{2kT}v^2}v^2\mathrm{d}v \tag{5-14}$$

与(5-12)式比较,可得麦克斯韦速率分布函数为

$$f(v)=4\pi(\frac{m}{2\pi kT})^{\frac{3}{2}}\mathrm{e}^{-\frac{m}{2kT}v^2}v^2 \tag{5-15}$$

式中,T 是气体的热力学温度;m 是一个分子的质量;k 是玻尔兹曼常量.

由于在当时未能获得足够高的真空,所以在麦克斯韦导出速率分布律时,还不能用实验验证它. 直到20世纪20年代后由于真空技术的发展,这种验证才有了可能. 1920年施特恩最早测定了分子速率分布. 1934年我国物理学家葛正权测定过铋(Bi)蒸气分子的速率分布. 实验结果都与麦克斯韦分布律大致相符. 1955年密勒和库什测定过铊(Tl)蒸气分子的速率分布,实验结果与理论曲线密切符合,比较精确地验证了麦克斯韦速率分布律.

3. 麦克斯韦速率分布曲线

以 v 为横轴,以麦克斯韦分布函数 $f(v)$ 为纵轴,画出的图线叫作麦克斯韦速率分布曲线,如图5.3所示,它能形象地表示出气体分子按速率分布情况.

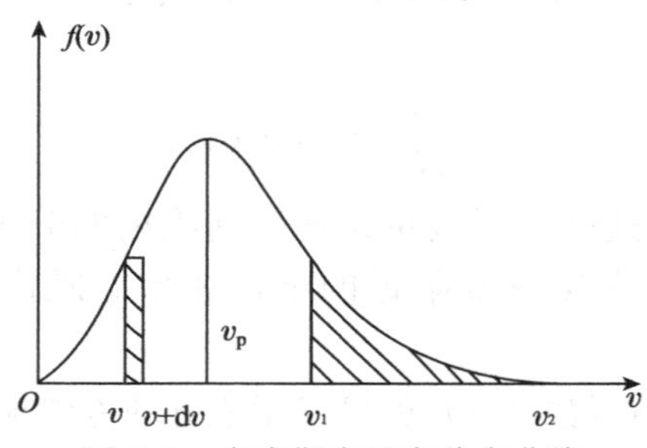

图5.3　麦克斯韦速率分布曲线

由图5.3可见速率分布曲线由坐标原点出发,经过一极大值后,随速率增大而渐近于横坐标轴. 这说明气体分子速率可取由[0,∞)之间的一切数值,速率很大和很小的分子所占的比率实际上都很小,而具有中等速率的分子所占的比率却很大.

图5.3中任一速率间隔 $v \sim v+\mathrm{d}v$ 内曲线下的窄条面积等于

$$f(v)\cdot\mathrm{d}v=\frac{\mathrm{d}N}{N}$$

表示速率取值在 $v \sim v+\mathrm{d}v$ 间隔内的分子数占总分子数的比率. 图5.3中任一有限范围 $v_1 \sim v_2$ 内曲线下的面积等于

$$\int_{v_1}^{v_2} f(v)\mathrm{d}v = \frac{\Delta N}{N}$$

表示速率取值在 $v_1 \sim v_2$ 范围内的分子数占总分子数的比率. 整个曲线下的面积等于

$$\int_0^{\infty} f(v)\mathrm{d}v = 1$$

即分布函数的归一化条件.

4. 分子速率的三个统计平均值

由于麦克斯韦速率分布是一个统计规律,它只适用于大量分子组成的气体. 由于分子运动的无规则性,任一分子速率时刻都在变化,因此要说速率正好是某一确定速率 v 的分子数是多少,那是根本没有什么意义的. 通常应用以下三种特征速率.

(1) 最概然速率 v_{p}. 最概然速率是与速率分布函数 $f(v)$ 极大值相对应的速率,用 v_{p} 表示,如图 5.3 所示. 它的物理意义是,若把整个速率范围分成许多相等的小区间,则 v_{p} 所在区间内的分子数占总分子数的比率最大. v_{p} 可由下式求出:

$$\left.\frac{\mathrm{d}f(v)}{\mathrm{d}v}\right|_{v_{\mathrm{p}}} = 0$$

由此得

$$v_{\mathrm{p}} = \sqrt{\frac{2kT}{m}} = \sqrt{\frac{2RT}{\mu}} \approx 1.41\sqrt{\frac{RT}{\mu}} \tag{5-16}$$

式(5-16)说明,v_{p} 随温度的升高而增大,又随 m 增大而减小.

图 5.4 所示是两种气体在不同温度下的麦克斯韦速率分布曲线. 对于同一种气体,如图中 μ_1,温度越高,v_{p} 越大,而 $f(v_{\mathrm{p}})$ 越小,这是由于温度升高,分子运动激烈程度加大,速率大的分子数增多,曲线向高速率区域伸展,但曲线下的面积恒为 1,故速率曲线变得平坦些.

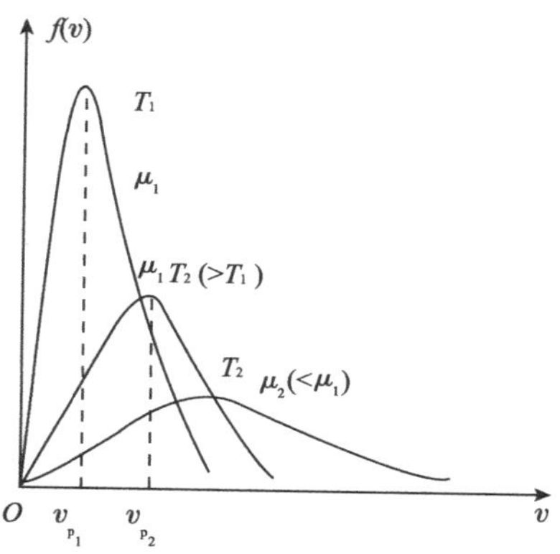

图 5.4 两种气体在不同温度下的麦克斯韦速率分布曲线

(2) 平均速率 $\bar{v}$. 大量气体分子的速率的算术平均值叫分子的平均速率,用 $\bar{v}$ 表

示. 由此平均速率定义可知

$$\overline{v}=\frac{\sum_{i=1}^{N}v_i}{N}=\frac{\int_0^\infty v\mathrm{d}N}{N}=\int_0^\infty vf(v)\mathrm{d}v \tag{5-17}$$

将麦克斯韦速率分布函数(5-15)式代入上式,可求得

$$\overline{v}=\sqrt{\frac{8kT}{\pi m}}=\sqrt{\frac{8RT}{\pi\mu}}\approx 1.60\sqrt{\frac{RT}{\mu}} \tag{5-18}$$

(3)方均根速率$\sqrt{\overline{v^2}}$:分子速率平方的平均值开方称作方均根速率,用$\sqrt{\overline{v^2}}$表示. 按照上述相同的道理,利用速率分布函数求 v^2 的平均值,即

$$\overline{v^2}=\frac{\sum_{i=1}^{N}v_i^2}{N}=\frac{\int_0^\infty v^2\mathrm{d}N}{N}=\int_0^\infty v^2f(v)\mathrm{d}v=\frac{3kT}{m}$$

由此可得方均根速率为

$$\sqrt{\overline{v^2}}=\sqrt{\frac{3kT}{m}}=\sqrt{\frac{3RT}{\mu}}\approx 1.73\sqrt{\frac{RT}{\mu}} \tag{5-19}$$

此结果与 5.1 节中式(5-9)相同.

由上面的结果可见,式(5-16)、(5-18)、(5-19)所确定的三种统计平均值速率 v_{p}、$\overline{v}$、$\sqrt{\overline{v^2}}$都与$\sqrt{T}$成正比,与$\sqrt{m}$或$\sqrt{\mu}$成反比,且三者数值相比有$\sqrt{\overline{v^2}}>\overline{v}>v_{\mathrm{p}}$(图 5.5). 在室温下,它们的数量级一般为每秒几百米. 三种速率有不同的应用,例如,讨论速率分布时要用到最概然速率 v_{p};在计算分子的平均平动动能时要用到方均根速率$\sqrt{\overline{v^2}}$;以后在计算分子的碰撞频率时,要用到平均速率 $\overline{v}$.

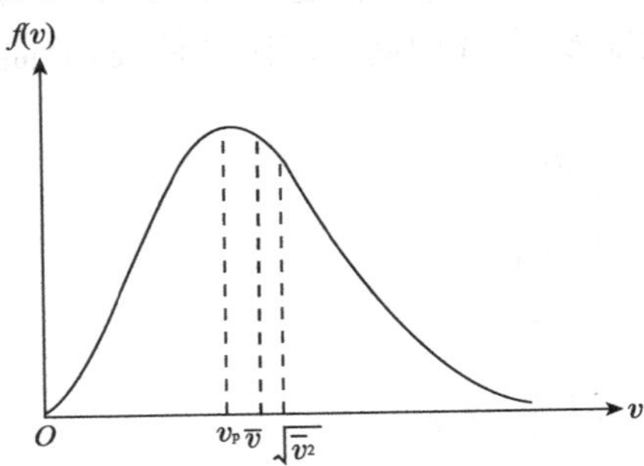

图 5.5　某温度下分子速率的三个统计值

5.3.2　玻尔兹曼分布律

1. 气体分子按能量分布律

麦克斯韦速率分布律是讨论理想气体处于平衡态下,在没有外力场作用时,分

子速率的分布规律.如果考虑外力场(如重力场、电场或磁场)的作用,气体分子在空间的分布所遵从的规律,将是我们下面要讨论的问题.

由麦克斯韦速率分布律表达式(5-14)中的因子 $e^{-\frac{m}{2kT}v^2}$ 可以看出,其指数是一个与分子平动动能 $\varepsilon_k=\frac{1}{2}mv^2$ 有关的量,因此(5-14)式也可写成

$$\frac{dN}{N}=4\pi\left(\frac{m}{2\pi kT}\right)^{\frac{3}{2}}e^{-\frac{\varepsilon_k}{kT}}v^2dv$$

玻尔兹曼把这个分布推广到分子在外力场中的情况,认为分子的总能量应是动能 ε_k 和势能 ε_p 之和,上式中 ε_k 应当用 $\varepsilon_k+\varepsilon_p$ 替代,其中势能是分子在空间坐标的函数,即 $\varepsilon_p=\varepsilon_p(x,y,z)$.同时再考虑到分子速度的方向,那么,我们将讨论分子位置坐标分别在 $x\sim x+dx$、$y\sim y+dy$、$z\sim z+dz$ 区间,速度分量分别在 $v_x\sim v_x+dv_x$、$v_y\sim v_y+dv_y$、$v_z\sim v_z+dv_z$ 区间内的分子数

$$dN=n_0\left(\frac{m}{2\pi kT}\right)^{\frac{3}{2}}e^{-\frac{\varepsilon_k+\varepsilon_p}{kT}}\cdot dv_xdv_ydv_z\cdot dxdydz \tag{5-20}$$

其中,n_0 表示 $\varepsilon_p=0$ 处单位体积内分子数,此式表示了在温度为 T 的平衡态下,气体分子按能量的分布规律,叫玻尔兹曼分布律.式中 $dv_x dv_y dv_z$ 称为状态区间.而 $dxdydz$ 叫位置区间或叫体积元.如果将(5-20)式对所有可能的速度积分,并考虑到归一化条件

$$\iiint_{-\infty}^{+\infty}\left(\frac{m}{2\pi kT}\right)^{\frac{3}{2}}e^{-\frac{\varepsilon_k}{kT}}dv_xdv_ydv_z=1$$

则(5-20)式变为

$$dN'=n_0e^{-\frac{\varepsilon_p}{kT}}\cdot dxdydz$$

式中,dN' 表示分布在体积元 $dxdydz$ 中具有各种速度的分子总数.将上式除以 $dxdydz$,则得在势能为 $\varepsilon_p=\varepsilon_p(x,y,z)$ 处单位体积内分子数 n(分子数密度)

$$n=n_0e^{-\frac{\varepsilon_p}{kT}} \tag{5-21}$$

(5-21)式称为分子按势能分布律.

2. 重力场中空气分子按高度的分布

在重力场中,气体分子受到两种相互对立的作用,无规则热运动将会使气体分子均匀分布于它们所能达到的空间,而重力作用则将使分子沉积到地面上,这两种作用达到平衡时,气体分子在空间为非均匀分布,分子数将随高度而变化,见图 5.6(a).

在重力场中,地球表面附近分子的势能为 $\varepsilon_p=mgh$(这里以 h 代替纵坐标 z),则(5-21)式可写成

$$n = n_0 e^{-\frac{mgh}{kT}} \tag{5-22}$$

式中，n_0和 n 分别表示 $h=0$ 和 $h=h$ 处分子数密度.(5-22)式就是由玻尔兹曼分布律给出的在重力场中分子按高度分布定律.定律说明了分子数密度 n 随高度 h 的增加按指数而减小.分子质量 m 越大，重力作用越显著，n 的减小越迅速；气体的温度越高，分子无规则热运动越激烈，n 的减小就越缓慢，如图 5.6(b)所示.

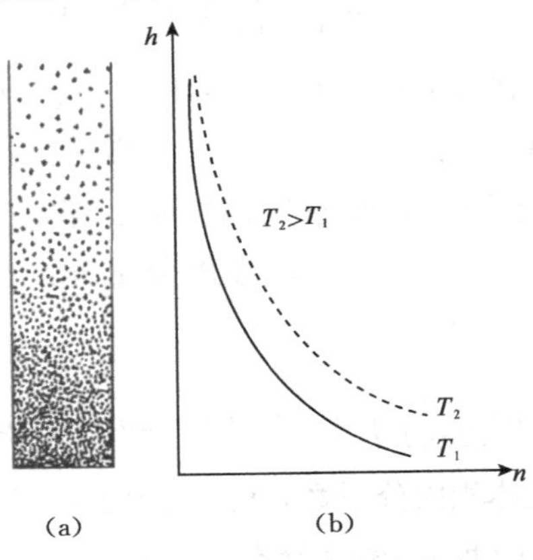

图 5.6　空气分子按高度分布

应用(5-22)式，很容易确定气体压强随高度变化规律.若把地球表面的大气看作是理想气体，则有 $p=nkT$，将式(5-22)代入，可得气压公式

$$p = n_0 kT e^{-\frac{mgh}{kT}} = p_0 e^{-\frac{mgh}{kT}} = p_0 e^{-\frac{\mu gh}{RT}} \tag{5-23}$$

式中，$p_0=n_0 kT$，p_0是高度 $h=0$ 处的压强.(5-23)式说明大气压强随高度按指数减小，称为等温气压公式.由于大气温度是随高度变化的，所以只有在高度相差不大的范围内，计算结果才与实际符合.

5.4　热力学第一定律

5.4.1　热力学的基本概念

1.热力学过程

热力学系统的状态随时间变化的过程叫作**热力学过程**.例如，气体吸热体积膨胀；物体由温度不均匀过渡到温度均匀等都是热力学过程.而当外界条件不变时，一个系统的宏观性质不随时间改变时则说系统处于**平衡态**.

设系统由某一平衡态开始变化，状态的变化必然要破坏平衡，而达到新的平衡态需要一段时间. 如果过程进行得很快，在此过程中每一时刻系统处于非平衡态，这种过程就是非平衡过程或非静态过程.

在热力学中，具有重要意义的是准静态过程. 这种过程进行得足够缓慢，以至于系统连续经过的每个中间态都可近似地看成平衡态的过程. 只有准静态过程才能在相图上用曲线表示出来.

2. 体积功

通过做功可以改变系统的状态，如图 5.7 所示，设想气缸内的气体进行准静态的膨胀过程. 以 S 表示活塞的面积，以 p 表示气体的压强. 气体对活塞的压力为 pS，当气体推动活塞向外缓慢地移动一段微小位移 $\mathrm{d}l$ 时，气体对外界做的微量功为

$$\mathrm{d}W = pS\mathrm{d}l$$

由于 $S\mathrm{d}l=\mathrm{d}V$ 是气体体积 V 的增量，所以上式又可以写为

$$\mathrm{d}W = p\mathrm{d}V \tag{5-24}$$

这一公式是通过图 5.7 的特例导出的，但可以证明它是准静态过程中"体积功"的一般计算公式. 如果 $\mathrm{d}V>0$，则 $\mathrm{d}W>0$，即系统体积膨胀时，系统对外界做功；如果 $\mathrm{d}V<0$，则 $\mathrm{d}W<0$，表示系统体积缩小时，系统对外做功为负，实际上是外界对系统做功.

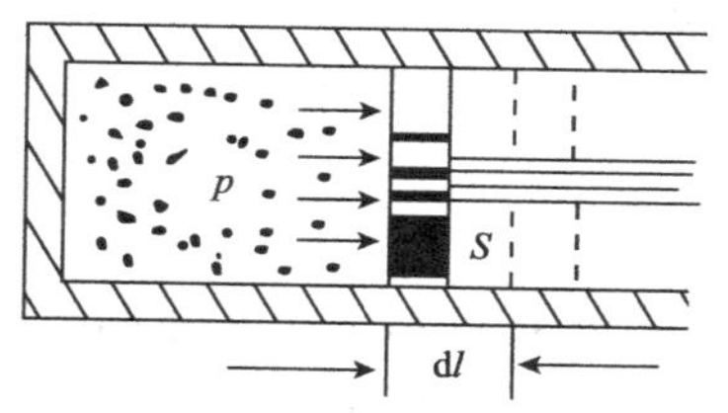

图 5.7 气体膨胀时做功的计算

当系统经历了一个有限的准静态过程，体积由 V_1 变化到 V_2 时，系统对外界做的总功就是

$$A = \int \mathrm{d}W = \int_{V_1}^{V_2} p\mathrm{d}V \tag{5-25}$$

如果知道过程中压强随体积变化的关系式，将它代入(5-25)式就可以求出功来.

由积分的意义可知，用(5-25)式求出功的大小等于 p-V 图上过程曲线下的面积，如图 5.8 所示. 比较图 5.8(a)和(b)还可以看出，使系统从某一初态 1 过渡到另一末态 2，功 W 的数值与过程进行的具体形式即过程中压强随体积变化的具体关系直接有关，只知道初态和末态并不能确定功的大小，即功不是状态的函数，而是一个过程量.

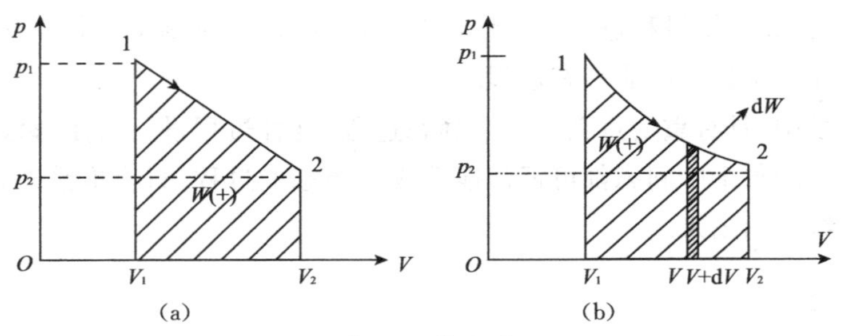

图 5.8　体积功

例 5.1　ν(mol)的理想气体在保持温度 T 不变的情况下，体积从 V_1 经过准静态过程变化到 V_2. 求在这一等温过程中系统对外做的功.

解　理想气体在准静态过程中，压强随体积按下式变化：

$$pV = \nu RT$$

将这一关系式代入(5-25)式，并注意到温度 T 不变，可得所求功为

$$W = \int_{V_1}^{V_2} p\mathrm{d}V = \int_{V_1}^{V_2} \frac{\nu RT}{V}\mathrm{d}V = \nu RT\ln\frac{V_2}{V_1} \tag{5-26}$$

也可写为

$$W = \nu RT\ln\frac{p_1}{p_2}$$

此结果说朗，气体等温膨胀时($V_2 > V_1$)，气体对外界做正功，气体等温压缩时($V_2 < V_1$)，气体对外界做负功，即外界对气体做功.

3. 热量与内能

传热也能改变系统的状态，传热过程中所传递的能量的多少称作热量，常以 Q 表示. 通常规定：$Q>0$ 表示系统从外界吸热，$Q<0$ 表示系统向外界放热. 热量的单位也是焦耳(J)，过去用卡(cal)，1cal＝4.1855J.

前面已讨论过，系统的内能定义为物体分子无规则运动的能量总和. 它是状态的单值函数，由(5-11)式知理想气体内能的表达式为

$$E = \frac{i}{2}\nu RT$$

上式说明一定的理想气体的内能只是温度的函数，而且和热力学温度成正比.

我们知道做功和传热是改变系统内能的两种方式. 如果说做功是通过分子间的碰撞(如活塞的分子和气缸内气体分子的碰撞)发生的宏观机械能和系统内能的转化过程，那么传热的实质是通过分子间的相互作用传递分子的无规则运动能量而改变系统内能的过程. 一般情况下，系统内能的改变可能是做功和传热的共同结果. 例如，气缸内气体内能的改变就可能是通过活塞做功和通过气缸壁传热的共同结果.

5.4.2 热力学第一定律

设在某过程中，系统从外界吸收的热量为 Q，它对外界做的功为 W，系统内能由初始平衡态 E_1 改变为终了平衡态 E_2，由于能量的传递和转化服从能量守恒定律，所以有

$$Q = E_2 - E_1 + W \tag{5-27}$$

即系统从外界吸收的热量等于系统内能的增量和系统对外做功之和，这称为热力学第一定律.

对于一个无限小过程，即初末平衡态相距很近的过程，式(5-27)应写成

$$\mathrm{d}Q = \mathrm{d}E + \mathrm{d}W$$

热力学第一定律适用于任何系统的任何过程，不管过程是否是准静态过程，它都是成立的. 对于内能，不能只狭义地理解为系统热运动的内能，它还包括系统各种形式的能量，如电磁能、化学能、原子能等. 功也应理解为各种形式的功，如机械的功、电磁的功、体积功等. 因此，热力学第一定律实际上是包括热现象在内的能量转换和守恒定律.

例 5.2 如图 5.9 所示，一定量的某种理想气体，由状态 A 经过 Ⅰ 过程变到状态 B，吸收热量 500J；若再由状态 B 经过 Ⅱ 过程回到状态 A，外界对系统做功 400J. 求气体由状态 B 回到状态 A 所放出的热量.

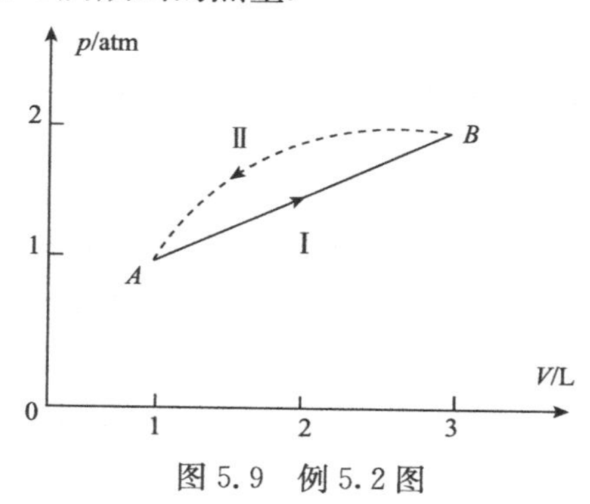

图 5.9 例 5.2 图

解 气体由状态 A 经过 Ⅰ 变为状态 B，对外做功为 p-V 图中 AB 直线下梯形面积

$$W = \frac{1.00 + 2.00}{2} \times 2.00 = 3.00(\mathrm{atm \cdot L}) = 304(\mathrm{J})$$

再由热力学第一定律 $Q = \Delta E + W$，求得气体由 A 到 B 态其内能的增量为

$$\Delta E = Q - W = 500 - 304 = 196(\mathrm{J})$$

由状态 B 回到 A，内能的增量为 -196J，所以此过程吸收的热量为

$$Q = \Delta E + W = -196 - 400 = -596(\mathrm{J})$$

“—”表示系统放出热量.

5.5　气体的摩尔热容　焓

5.5.1　气体的摩尔热容

系统和外界之间传递的热量是和具体的过程有关的. 一个系统温度升高 $\mathrm{d}T$ 时，如果它所吸收的热量为 $\mathrm{d}Q$，则系统的热容量 C' 定义为

$$C' = \frac{\mathrm{d}Q}{\mathrm{d}T}$$

热容量的物理意义是一定质量的物质温度每升高(或降低)1K 所吸收(或放出)的热量. 国际单位制中的单位为 J/K.

热容量正比于物质之量，即它的质量或摩尔数. 单位质量物质的热容量称为比热容，记作小写字母 c. 在国际单位制中的单位为 J/(kg · K). 每摩尔物质的热容量称为摩尔热容，用大写字母 C 表示，在国际单位制中的单位是 J/(mol · K).

热容量还与过程有关. 最有实际意义的是等容过程和等压过程的热容量.

等容摩尔热容是系统体积不变过程的热容量，记作

$$C_V = \frac{C'_V}{\nu} = \frac{1}{\nu}\left(\frac{\mathrm{d}Q}{\mathrm{d}T}\right)_V \tag{5-28}$$

等压摩尔热容是系统压强不变过程的热容量，记作

$$C_p = \frac{C'_p}{\nu} = \frac{1}{\nu}\left(\frac{\mathrm{d}Q}{\mathrm{d}T}\right)_p \tag{5-29}$$

在热力学中，为了得到各种物质的热容量，只能依靠实验测定. 热容量的测定不仅在实际工作中有重要意义，而且在理论上对物质的微观结构的研究也有重要意义.

作为例子下面分别讨论理想气体在等容和等压条件下的摩尔热容量. 设 ν 摩尔理想气体，经历一微小的准静态过程后，温度变化为 $\mathrm{d}T$，且 $\mathrm{d}W = p\mathrm{d}V$，由热力学第一定律，气体在这一过程中吸收的热量为

$$\mathrm{d}Q = \mathrm{d}E + \mathrm{d}W = \mathrm{d}E + p\mathrm{d}V$$

如果气体体积保持恒定，即 $\mathrm{d}V = 0$，则有

$$\mathrm{d}Q_V = \mathrm{d}E \tag{5-30}$$

(5-30)式说明在等容过程中，系统吸收的热量等于系统内能的增量.

由(5-28)和(5-30)两式得理想气体等容摩尔热容为

$$C_V = \frac{C'_V}{\nu} = \frac{1}{\nu}\left(\frac{\mathrm{d}Q}{\mathrm{d}T}\right)_V = \frac{1}{\nu}\frac{\mathrm{d}E}{\mathrm{d}T} \tag{5-31}$$

通常 C_V 可由实验测出,则有

$$dE = \nu C_V dT \tag{5-32}$$

在 C_V 可视为常量的温度范围内,则对(5-32)式积分可求出内能随温度 T 变化的函数关系

$$\Delta E = E_2 - E_1 = \nu C_V \int_{T_1}^{T_2} dT = \nu C_V (T_2 - T_1) \tag{5-33}$$

由于理想气体的内能只是温度的函数,是一个态函数,所以不管过程中是否有体积或压强变化,内能的变化均可由(5-32)式、(5-33)式求出.

如果气体压强保持恒定,即 $dp=0$, $pdV=d(pV)$,则有

$$dQ_p = (dE + pdV)_p = [d(E + pV]_p = (dH)_p \tag{5-34}$$

其中

$$H=E+pV \tag{5-35}$$

H 是新定义的一个态函数,它的名称叫作焓.(5-34)式说明在等压过程中,系统吸收的热量等于系统焓的增量.焓的单位与能量单位相同.尽管(5-34)式是从理想气体推出的,但对固体、液体等物质形态此式仍然成立.

由(5-29)式、(5-34)式可得出等压摩尔热容为

$$C_p = \frac{C'_p}{\nu} = \frac{1}{\nu}\left(\frac{dQ}{dT}\right)_p = \frac{1}{\nu}\left(\frac{dH}{dT}\right)_p \tag{5-36}$$

如果 C_p 已测出,则有

$$dH = \nu C_p dT$$

由于 C_p 为恒量时,则

$$\Delta H=H_2-H_1=\nu C_p(T_2-T_1) \tag{5-37}$$

由(5-35)式、(5-36)式可得

$$C_p = \frac{1}{\nu}\left(\frac{dH}{dT}\right)_p = \frac{1}{\nu}\frac{d}{dT}(E+\nu RT) = \frac{1}{\nu}\frac{dE}{dT}+R$$

即

$$C_p=C_V+R \tag{5-38}$$

(5-38)式称之为迈耶公式,若以 γ 表示比值 C_p/C_V,称比热容比,则

$$\gamma = C_p/C_V = \frac{C_V + R}{C_V} = 1 + \frac{R}{C_V} \tag{5-39}$$

将理想气体的内能公式 $E=\frac{i}{2}\nu RT$ 代入式(5-31),可得

$$C_V = \frac{i}{2}R \tag{5-40}$$

再由(5-38)式得

$$C_p = \frac{i+2}{2}R \tag{5-41}$$

因而比热容比为

$$\gamma=\frac{i+2}{i} \tag{5-42}$$

对单原子分子气体，$i=3$，$C_V=\frac{3}{2}R$，$C_p=\frac{5}{2}R$，$\gamma=1.67$；对刚性双原子分子气体，$i=5$，$C_V=\frac{5}{2}R$，$C_p=\frac{7}{2}R$，$\gamma=1.40$；对刚性多原子分子气体，$i=6$，$C_V=3R$，$C_p=4R$，$\gamma=1.33$. 表 5.1 列出了一些气体的热容量和 γ 值的理论值与实验值. 对单原子分子气体及双原子分子气体来说符合得相当好，而对多原子分子气体，理论值与实验值有较大差别.

表 5.1　室温下一些气体的 C_V/R、C_p/R 与 γ 值

气体	理论值			实验值	
	C_V/R	C_p/R	γ	C_p/R	γ
He	1.5	2.5	1.67	2.50	1.67
Ar	1.5	2.5	1.67	2.50	1.67
H_2	2.5	3.5	1.40	3.49	1.41
N_2	2.5	3.5	1.40	3.46	1.40
O_2	2.5	3.5	1.40	3.51	1.40
H_2O	3	4	1.33	4.36	1.31
CH_4	3	4	1.33	4.28	1.30

上述经典统计理论给出的理想气体的热容量是与温度无关的，但实验上测得的热容量则随温度变化，这是经典理论所不能解释的. 产生的原因在于上述热容量理论是建立在能量均分定理之上，而这个定理是以粒子能量可以连续变化这一经典概念为基础的. 实际上原子、分子等微观粒子的运动遵从量子力学规律，经典概念仅在一定的限度内适用. 只有量子理论才能对气体热容量作出完满的解释.

5.5.2　化学反应热与焓

化学反应常常伴有放热或吸热的现象发生，研究这类现象的学科是热化学. 通常规定反应热的符号是吸热为正，放热为负，并按我们以前的理解，化学反应热是外界给系统的热量 Q. 在多种情况下，化学反应是在大气里进行的，则反应热 Q_p 是定压的，它等于反应中系统焓的增量

$$Q_p=\Delta H=H_2-H_1 \tag{5-43}$$

式中，H_1 是参加反应物质的焓；H_2 是生成物质的焓. 在没有特别声明的情况下，“反应热”都是指定压反应热，或称反应焓.

由于焓是态函数，反应热应具有与反应途径无关的性质. 早在热力学第一定律建立之前，化学家们就已发现：

(1)在给定反应中释放的热量等于在逆反应中吸出的热量——拉瓦锡和拉普拉斯(1780年);

(2)反应热只与反应过程的初态和末态有关,无论反应是一步完成的还是分几步完成的——赫斯定律(G. H. Hess,1840年).

通常把各种物质不同温度和压强下每摩尔的焓值列成表,通过查表和化学反应方程式可以很方便地算出其反应产生的热量.一般化合物的焓值在化学手册中都可找到.

碳水化合物、脂肪、氨基酸或蛋白质完全氧化的焓变值有特殊的意义,因为它们是计算食品和饲料放出热量的基础,表5.2是一些代谢反应的焓变值,我们可以用来计算食品或饲料放出的热量.

表5.2 一些代谢反应的焓变值

反应类型	ΔH
葡萄糖$+6O_2 \rightarrow 6CO_2+6H_2O$	$-2.813\times10^6 J\cdot mol^{-1}$
$ATP\rightarrow ADP+P_1$	$-2.09\times10^4 J\cdot mol^{-1}$
碳水化合物$\rightarrow CO_2$	$-1.756\times10^4 J\cdot g^{-1}$
脂肪$\rightarrow CO_2$	$-3.95\times10^4 J\cdot g^{-1}$
蛋白质$\rightarrow$尿素	$-1.797\times10^4 J\cdot g^{-1}$

例5.3 某饲料1g,含蛋白质0.27g、脂肪0.28g和碳水化合物0.38g,求此饲料的热值.

解

$$\Delta H = -(0.27\times1.797\times10^4+0.28\times3.95\times10^4+0.38\times1.756\times10^4)$$
$$= -2.258\times10^4(J) = -22.58(kJ)$$

5.6 热力学第一定律对理想气体的应用

理想气体是热物理学里最简单的模型,因为它有状态方程$pV=\nu RT$和内能$E=E(T)$与体积V无关的简单性质.理想气体也是热物理学里最重要的模型,因为所有的热物理学性质都可具体地推导出来.有了这样一个具体的例子,对我们理解和思考热学的一般问题大有帮助.在本节里我们把热力学第一定律运用到理想气体这个模型上,推导各种热力学过程中状态参量之间的关系(过程方程)、做功和热量传递的情况等.最常用的过程有等容过程、等压过程、等温过程、绝热过程.鉴于等容过程和等压过程已基本上在上节讲热容量时讨论过了,本节不再重复.不言而喻,所有的过程指的都是准静态的,否则很难讨论.

5.6.1 等温过程

温度保持不变的过程叫等温过程.现在有各种恒温装置可以保证不同精度等温过程的实现.

按理想气体状态方程，它的过程方程为

$$pV = 常量$$

在 p-V 图上对应一条双曲线(图 5.10)叫等温线.

在等温过程中外界对理想气体做的功

$$W' = -\int_{V_1}^{V_2} p\mathrm{d}V = -\nu RT\int_{V_1}^{V_2}\frac{\mathrm{d}V}{V} = -\nu RT\ln\frac{V_2}{V_1} \tag{5-44}$$

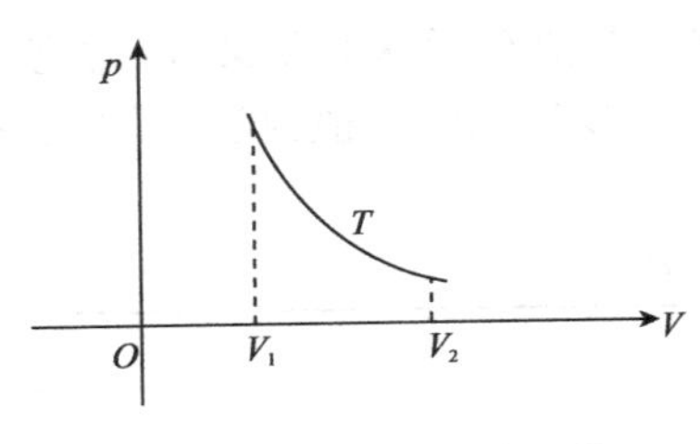

图 5.10 理想气体等温线

式中，V_1 和 V_2 分别为理想气体初态和末态的体积. 当 $V_1 > V_2$(等温压缩)时，$W' > 0$，外界对系统做正功；当 $V_1 < V_2$ 时(等温膨胀)，$W' < 0$，外界对系统做负功. 根据 5.4 节所讲，系统对外做功 $W = -W'$，其数值等于 p-V 图中等温线下面的面积(图 5.10).

因理想气体的内能只与温度有关，它在等温过程中内能不变，根据热力学第一定律

$$Q = W$$

这就是说，理想气体等温压缩时，外界对气体所做的功全部化为气体向外释放的热量；而当理想气体等温膨胀时，它由外界吸收的热量全部用来对外做功.

例 5.4 温度为 27℃，压强为 1.00atm，质量为 2.80×10^{-3}kg 的氮气，先经过等压加热，使体积膨胀一倍，再在等容条件下加热，使压强增加一倍，最后经过一等温膨胀，使压强回到 1.00atm. 试求：(1)以 p-V 图表示各过程；(2)求等压、等容和等温三过程中吸收的热量、所做的功和内能的改变.

解 (1)各过程的 p-V 图如图 5.11 所示.

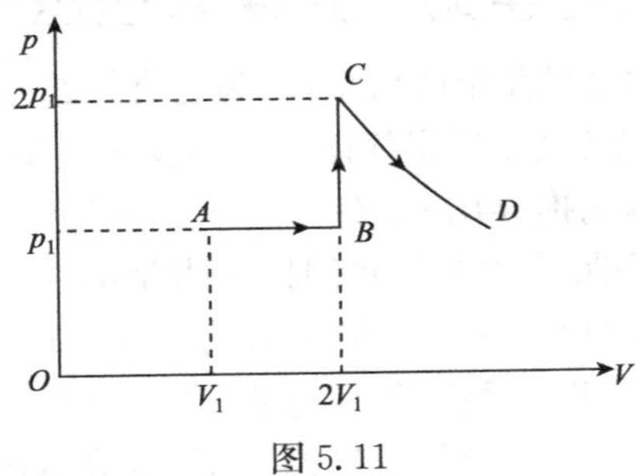

图 5.11

(2)首先根据题意确定各状态的参量.

A 状态：$p_1 = 1.00$atm，$T_1 = 300$K

$$V_1 = \frac{MRT_1}{\mu p_1} = \frac{2.80 \times 10^{-3} \times 8.31 \times 300}{28 \times 10^{-3} \times 1.013 \times 10^5} = 2.46(\mathrm{L})$$

B 状态：$p_1 = p_2 = 1.00$atm

$$T_2=\frac{V_2}{V_1}T_1=2T_1=600\text{K}$$

$$T_3=\frac{p_3}{p_2}T_2=1.20\times10^3\text{K}$$

C 状态：$p_3=2p_1=2.00\text{atm}$

$$V_3=V_2=2V_1=4.92\text{L}$$

D 状态：$p_4=1.00\text{atm}$，$T_4=T_3=1.20\times10^3\text{K}$

$$V_4=\frac{p_3V_3}{p_4}=2V_3=9.84\text{L}$$

①等压过程（$A\to B$）

功：

$$W_p=p_1(V_2-V_1)=2.46\text{atm}\cdot\text{L}=249\text{J}$$

内能变化：

$$\Delta E=\frac{M}{\mu}C_V(T_2-T_1)=\frac{M}{\mu}\frac{i}{2}R(T_2-T_1)=\frac{2.8\times10^{-3}}{28\times10^{-3}}\times\frac{5}{2}\times8.31\times300=623(\text{J})$$

吸收的热量：

$$Q_p=\nu C_p(T_2-T_1)=\frac{2.80\times10^{-3}}{28\times10^{-3}}\times\frac{7}{2}\times8.31\times300=872(\text{J})$$

②等容过程（$B\to C$）

功：

$$W_V=0$$

内能变化和吸收热量：

$$Q_V=\Delta E=\nu C_V(T_3-T_2)=\frac{M}{\mu}\frac{i}{2}R(T_3-T_2)=1.25\times10^3\text{J}$$

③等温过程（$C\to D$）

内能变化：

$$\Delta E=0$$

功和吸收热量：

$$W_T=Q_T=\nu RT_3\ln\frac{V_4}{V_3}=691\text{J}$$

由以上计算可知，气体由初态 A 到终态 D 的过程中

对外做总功：

$$W_{总}=W_p+W_V+W_T=940\text{J}$$

吸收总热量：

$$Q_{总}=Q_p+Q_V+Q_T=2.81\times10^3\text{J}$$

内能总增量：

$$E_4 - E_1 = (E_4 - E_3) + (E_3 - E_2) + (E_2 - E_1) = 1.87 \times 10^3 \text{J}$$

5.6.2 理想气体的绝热过程

如果我们用绝热壁把系统和外界隔开，使系统和外界无热量交换，这时系统状态的变化过程称为绝热过程. 当然理想的绝热壁并不存在，上述过程是近似的绝热过程. 实际上，如果一个过程进行得很快，系统和外界来不及进行明显的热量传递，这种过程可看作绝热过程.

现在我们研究理想气体经历一个准静态绝热过程时，其能量变化的特点和各状态参量之间的关系.

因为是绝热过程，所以过程中 $Q=0$，根据热力学第一定律得出的能量关系是

$$E_2 - E_1 + W = 0$$

或

$$E_2 - E_1 = -W \tag{5-45}$$

此式表明在绝热过程中，外界对系统做的功等于系统内能的增量. 对于微小的绝热过程应有

$$\mathrm{d}E + \mathrm{d}W = 0$$

由于是理想气体，所以有

$$\mathrm{d}E = \nu C_V \mathrm{d}T$$

又由于是准静态过程，所以又有

$$\mathrm{d}W = p\mathrm{d}V$$

因而绝热过程给出

$$\nu C_V \mathrm{d}T + p\mathrm{d}V = 0$$

此式是由能量守恒给定的状态参量之间的关系.

在准静态过程中任一时刻，理想气体都应满足状态方程 $pV=\nu RT$. 对状态方程微分可得

$$p\mathrm{d}V + V\mathrm{d}p = \nu R\mathrm{d}T$$

将上两式联立，消去 $\mathrm{d}T$ 得

$$(C_V + R)p\mathrm{d}V + C_V V\mathrm{d}p = 0$$

利用迈耶公式(5-38)和比热容比 γ 定义式(5-39)，上式可写成

$$\frac{\mathrm{d}p}{p} + \gamma \frac{\mathrm{d}V}{V} = 0$$

由于 γ 为常量，对上式积分可得

$$\ln p + \gamma \ln V = C$$

或

$$pV^{\gamma} = C_1 \tag{5-46}$$

式中，C、C_1为常数.（5-46）式即理想气体绝热过程中状态参量应满足的关系，称泊松方程.

利用理想气体状态方程，还可由此式得到

$$TV^{\gamma-1}=C_2 \tag{5-47}$$

$$p^{\gamma-1}T^{-\gamma}=C_3 \tag{5-48}$$

式中，C_2、C_3也是常数.（5-46）式、（5-47）式、（5-48）式叫理想气体绝热过程的过程方程.

例 5.5 设有 8×10^{-3}kg 氧气，体积为 $0.41\times10^{-3}\text{m}^3$，温度为 27℃. 如氧气作绝热膨胀，膨胀后体积为 $4.1\times10^{-3}\text{m}^3$，问气体做功多少？如氧气作等温膨胀，膨胀后的体积也是 $4.1\times10^{-3}\text{m}^3$，问这时气体做功又是多少？

解 已知氧气的质量 $M=8\times10^{-3}$kg，摩尔质量 $\mu=32\times10^{-3}$kg，原状态 A，温度 $T_1=300\text{K}$，$V_1=0.41\times10^{-3}\text{m}^3$. 令 T_2为绝热膨胀后的温度，V_2为膨胀后的体积，如图 5.12 所示. 由（5-45）式绝热膨胀气体所做的功为

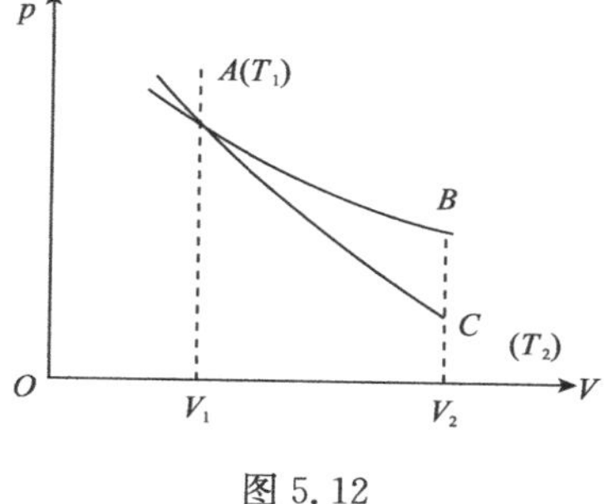

图 5.12

$$W=E_1-E_2=\nu C_V(T_1-T_2)$$

$$C_V=\frac{5}{2}R$$

根据绝热方程中 T 与 V 的关系式

$$V_1{}^{\gamma-1}T_1=V_2{}^{\gamma-1}T_2$$

$$T_2=T_1\left(\frac{V_1}{V_2}\right)^{\gamma-1}=300\times\left(\frac{1}{10}\right)^{1.4-1}=119(\text{K})$$

因此

$$W=\nu C_V(T_1-T_2)=\frac{8\times10^{-3}}{32\times10^{-3}}\times\frac{5}{2}\times8.31\times(300-119)=941(\text{J})$$

如氧气做等温膨胀，则气体所做的功为

$$W=\nu RT_1\ln\frac{V_2}{V_1}=\frac{1}{4}\times8.31\times300\times\ln10=1435(\text{J})$$

由上述结果可以看到，由同一初态经等温或绝热膨胀到同一体积时，由于绝热膨胀时压强比等温膨胀时下降得快，所以等温膨胀时做的功比绝热膨胀时做的功大得多. 由此可知，相反过程，即绝热压缩具有显著的升温和升压作用.

5.7 循环过程

5.7.1 正循环

我们先简单地分析一下蒸汽机的工作过程. 如图 5.13 所示，水泵 B 将水池 A 中的水抽入锅炉 C 中，水在锅炉里被加热变成高温高压的蒸汽，这是一个吸热过程. 蒸

汽经过管道被送入汽缸 D 内，在其中膨胀，推动活塞对外做功. 最后蒸汽变为废气进入冷凝器 E 中凝结为水，这是一个放热过程. 水泵 F 再把 E 中的水抽入水池 A，使过程周而复始，循环不已. 从能量转化的角度看，在一个工作循环中工作物质（蒸汽）在高温热源（锅炉）处吸热后增加了自己的内能，然后在气缸中推动活塞时将它获得内能的一部分转化为机械功，另一部分则在低温热源（冷凝器）处通过放热传递给外界. 经过一系列过程，工作物质回到原来的状态. 其他热机的具体工作过程虽然各有不同，但能量转化的情况却与上面所述类似，即热机对外做功所需能量来源于高温热源处所吸热量的一部分，另一部分则以热量的形式释放给低温热源.

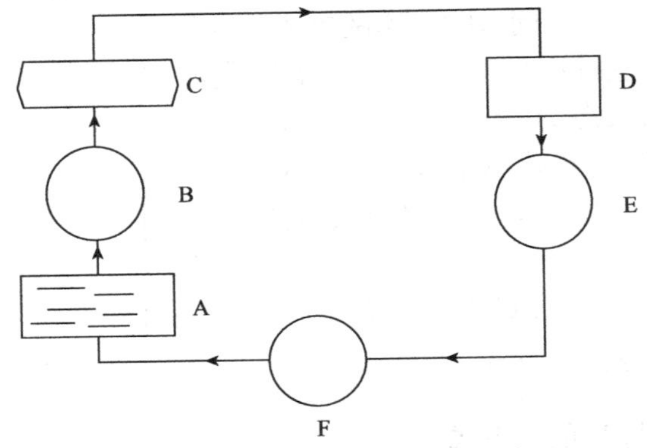

图 5.13 蒸汽机工作过程示意图

为了从能量转化的角度分析各种热机的性能，我们引入循环过程及其效率的概念. 一个系统，由某一状态出发，经过任意的一系列过程，最后回到原来的状态，这样的过程称为循环过程. 简称循环.

若一个系统所经历的循环过程的各个阶段都是准静态过程，这个循环就可以在 p-V 图上用一个闭合曲线表示，如图 5.14 所示. 循环过程进行的方向用箭头表示. 整个循环过程中系统对外做的净功为 W 等于循环过程曲线所包围的面积. 这种循环是系统对外界做的净功 $W>0$，称顺时针循环，或正循环. 热机都采用正循环，循环过程沿逆时针方向进行时，外界对系统做净功. 这种循环叫逆循环（或致冷循环）.

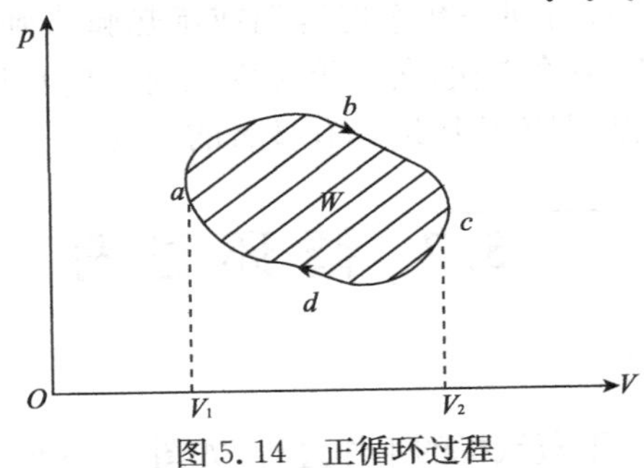

图 5.14 正循环过程

前述蒸汽机的水进行的是正循环，该循环过程中的能量转化和传递的情况具有正循环的一般特征:一定量的工作物质在一次循环过程中要从高温热库(如锅炉)吸热 Q_1,对外做净功 W,又向低温热库(如冷凝器)放出热量 Q_2(只表示数值).由于工作物质(以下简称工质)回到了初态,所以内能不变.根据热力学第一定律,工作物质吸收的净热量(Q_1-Q_2)应等于它对外做的净功 A,即

$$W=Q_1-Q_2 \tag{5-49}$$

这就是说,工作物质以传热方式从高温热库得到的能量,有一部分仍以传热的方式放给低温热库.二者的差额等于工作物质对外做的功.

对于热机的正循环,重要的是它的效率即在一次循环中工作物质对外做的净功占它从高温热库吸收热量的比例.这是热机的一个重要标志.以 η 表示循环的效率,则按定义,应有

$$\eta=\frac{W}{Q_1} \tag{5-50}$$

再代入(5-49)式,可得

$$\eta=1-\frac{Q_2}{Q_1} \tag{5-51}$$

5.7.2 卡诺循环

卡诺循环

为了从理论上研究热机的效率,卡诺提出一种理想热机,并证明它具有最高的效率.卡诺热机的循环过程如图 5.15 所示,该循环是一种准静态循环,由两个等温过程和两个绝热过程组成.正循环中第一个等温过程 AB 是系统与温度为 T_1 的高温热库接触的吸热过程,相继的过程 BC 是从高温到低温的绝热膨胀过程;第二个等温过程 CD 是系统与温度为 T_2 的低温热库接触的放热过程,最后的过程 DA 是从低温到高温的绝热压缩过程.现在我们讨论以理想气体为工作物质的准静态正卡诺循环的效率.在从状态 B 到状态 C 和从状态 D 到状态 A 的绝热过程中

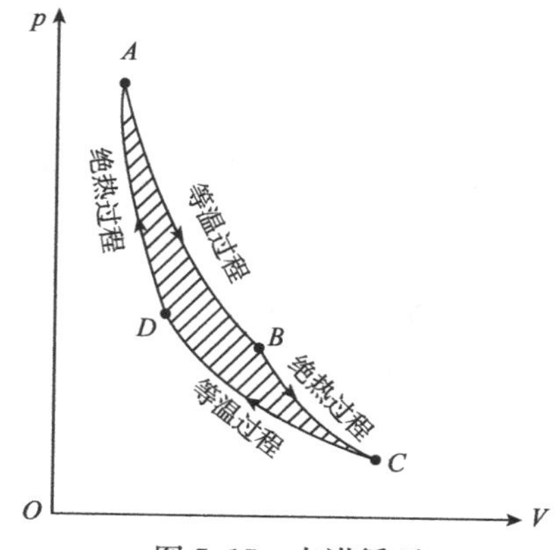

图 5.15 卡诺循环

$$\left(\frac{V_C}{V_B}\right)^{\gamma-1}=\frac{T_1}{T_2},\qquad \left(\frac{V_A}{V_D}\right)^{\gamma-1}=\frac{T_2}{T_1}$$

由此

$$\frac{V_C}{V_B}=\frac{V_D}{V_A}\quad 或\quad \frac{V_B}{V_A}=\frac{V_C}{V_D} \tag{5-52}$$

从状态 A 到状态 B 和从状态 C 到状态 D 的等温过程中

$$Q_1 = \nu RT_1 \ln \frac{V_B}{V_A}$$

$$Q_2 = \nu RT_2 \ln \frac{V_C}{V_D}$$

由此得

$$\frac{Q_1}{T_1 \ln \frac{V_B}{V_A}} = \frac{Q_2}{T_2 \ln \frac{V_C}{V_D}}$$

结合(5-52)式得

$$\frac{Q_1}{T_1} = \frac{Q_2}{T_2}$$

将上式代入(5-51)式,得正卡诺循环的效率

$$\eta_C = 1 - \frac{Q_2}{Q_1} = 1 - \frac{T_2}{T_1} \tag{5-53}$$

(5-53)式说明理想气体准静态正卡诺循环的效率只由高、低温热源的温度 T_1 和 T_2 决定. T_1 越高,T_2 越低,则效率越高. 但是由 $T_1 \neq \infty$,$T_2 \neq 0$,因此卡诺机的效率总是小于 1. 可以证明在同样的两温度为 T_1、T_2 之间工作的各种工作物质的卡诺循环的效率都由(5-53)式给定.

现代热电厂利用的水蒸气温度可达 580℃,冷凝水的温度为 30℃,若按卡诺循环计算其效率应为

$$\eta_C = 1 - \frac{303}{853} = 64.5\%$$

实际的蒸汽循环效率最高只有 36%左右,这是因为实际的循环与卡诺循环相差很多.

5.7.3　致冷循环

如果工作物质做逆循环,即沿着与热机相反的方向进行循环过程,则在一次循环中工作物质将从低温热库吸热,向高温热库放热,而外界必须对工作物质做功 W,其能量交换与转换的关系如图 5.16 的能流图所示. 由热力学第一定律知

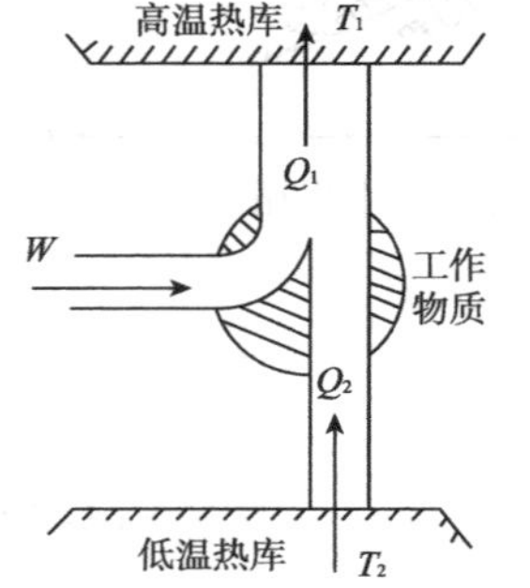

图 5.16　致冷机的能流图

$$W = Q_1 - Q_2$$

或者

$$Q_1 = W + Q_2$$

这就是说,工作物质把从低温热库吸的热量和外界对它做的功一并以热量的形式传给高温热库. 由于从低温物体吸热有可能使它的温度降低,所以这种循环又叫致冷循

环，这种循环工作的机器就是致冷机.

对致冷机来说能从低温热库吸出的热量 Q_2 越多，外界所做功越少，致冷的效能就越好. 通常用致冷系数 ε 来表示其效能. 致冷系数的定义为：工作物质从冷库吸收的热量与外界所做功的比值，即

$$\varepsilon = \frac{Q_2}{W} \tag{5-54}$$

或

$$\varepsilon=\frac{Q_2}{Q_1-Q_2} \tag{5-55}$$

很容易证明以理想气体为工作物质的卡诺致冷循环的致冷系数为

$$\varepsilon_C = \frac{T_2}{T_1 - T_2} \tag{5-56}$$

ε_C是在 T_1 和 T_2 两温度之间工作的各种致冷机中致冷系数最大的. 设高温热库的温度 $T_1=293\text{K}$(室温 20℃)不变，而低温热库的温度 $T_2=273\text{K}$(0℃)时，$\varepsilon_C=13.6$，低温热库的温度 $T_2=223\text{K}$(−50℃)时，$\varepsilon_C=3.2$，低温热库的温度 $T_2=100\text{K}$(−173℃)时，$\varepsilon_C=0.52$. 这说明，在温差较小时 ε_C 大，致冷比较容易，在温差较大时 ε_C 小，致冷比较费劲.

例 5.6 有一个卡诺致冷机，从温度为−10℃的冷藏室中吸取热量而向温度为20℃的物体(例如水)放出热量. 设致冷机消耗功率为 15kW，问每分钟从冷藏室中吸取多少热量？

解 致冷系数为

$$\varepsilon_C = \frac{T_2}{T_1 - T_2} = \frac{273-10}{(273+20)-(273-10)} = 8.77$$

由 $\varepsilon_C=\dfrac{Q_2}{A}$，得每分钟从冷藏室中吸热为

$$Q_2 = \varepsilon_C \cdot W = 8.77 \times 15 \times 10^3 \times 60 = 7.89 \times 10^6 (\text{J})$$

5.8 热力学第二定律

热力学第二定律

5.8.1 可逆过程与不可逆过程

1. 自发过程的方向性

热力学第一定律给出了各种形式的能量在相互转化过程中必须满足的能量守恒定律，对过程进行的方向并没有给出任何限制. 然而在自然界中，任何宏观自发过程都是有方向性的. 自发过程是指在不受外界干预的条件下所进行的过程. 在热力

学中，所谓过程进行的方向，总是指自发过程的方向. 因为一旦加上了外来干预，任何过程的方向问题就变得毫无意义了.

孤立系统的变化是不受外来干预的，其热平衡过程总是从温度不均匀的状态自发地向温度均匀的平衡态转变的，总能量不变. 在自然界中我们从未看到相反的过程会自发地进行，尽管这种过程不违反热力学第一定律，如果我们将一定量的 NaOH 和 HCl 混合，在与外界隔离的条件下，它们会自发地发生化学反应，生成 NaCl 和 H_2O，并使系统的温度升高；而相反的过程，我们在自然界中却从未遇到过. 盐溶液绝不可能自发进行化学反应，生成 NaOH 和 HCl，并使系统的温度降低.

大量的事实证明，在自然界中，任何宏观自发过程都具有方向性. 对于孤立系统，过程自发进行的方向总是从非平衡态到平衡态，而不可能在没有外来作用的条件下，自发地从平衡态过渡到非平衡态.

2. 可逆过程和不可逆过程

为了把过程的方向性明确化，在物理学中引进了可逆与不可逆过程的概念. 在自发过程中，从非平衡态过渡到平衡态的正过程，与破坏平衡态使之恢复到原来非平衡态的逆过程是性质不同的，前者是自发的，后者却必须有外来的作用，并将引起外界的变化. 因此，我们定义：一个系统由某一状态出发，经过某一过程达到另一状态，如果存在另一过程，它能使系统和外界完全复原(即系统回到原来的状态，同时消除了系统对外界引起的一切影响)，则原过程称为可逆过程；反之如果用任何方法都不能使系统和外界完全复原，则原来的过程称为不可逆过程.

所谓一个过程不可逆，并不是说该过程的逆过程一定不能进行，而是说当逆过程逆向进行时，逆过程在外界留下的痕迹不能将原来正过程的痕迹完全消除掉. 而所谓可逆过程，也并不是说该过程一定可以自发地逆向进行，而是说它进行的话，则其逆过程与正过程合起来可以使系统和外界完全复原；或者说，对于可逆过程来说，存在着另一个过程，它能使系统回到原来的状态，同时消除了原来过程对外界引起的一切影响. 因此，为使过程成为可逆过程，必须使过程在反向进行时，其每一步都是正过程相应的每一步的重复，必须使正过程和逆过程中相应的态具有相同的参量，这只有在准静态和无摩擦的条件下才可能. 通常我们略去摩擦力，称准静态过程为可逆过程. 显然，可逆过程只是一个理想的极限，在实际中只能与此接近，而绝不能真正达到.

自然界中各种不可逆过程都含有下列某些基本特点：①没有达到力学平衡，例如系统与外界存在着有限大小的压力差. ②没有达到热平衡，例如系统与外界存在着有限温度差，系统与外界之间有热传导. ③没有消除摩擦力，黏力或电阻等耗散效应的因素. ④没有达到化学平衡. 因此，如果要使过程可逆，就必须仔细地消除这些因素.

5.8.2 热力学第二定律的表述

热力学第二定律的实质在于它指出了自然界中一切与热现象有关的实际的宏观过程都是不可逆的. 热力学第二定律所揭示的这一宏观规律,向人们提出了实际宏观过程进行的条件和方向.

由于自然界中各种不可逆过程都是互相关联着的,总可以利用各种各样的有时甚至是曲折复杂的办法,把两个不同的可逆过程联系起来. 所以每一个不可逆过程都可以选为表述热力学第二定律的基础,而热力学第二定律就可以有多种不同的表述. 历史上克劳修斯首先于 1850 年提出热力学第二定律的一种表述之后,翌年开尔文提出另一种表述,可以证明这两种表述是等价的. 以下是热力学第二定律的两种表述.

(1)克劳修斯表述(1850 年):不可能把热量从低温物体传到高温物体而不引起其他变化.

(2)开尔文表述(1851 年):不可能从单一热源吸取热量,使之完全变为有用功而不产生其他影响.

违反能量守恒定律而设计的"永动机"称"第一类永动机". 如果从单一热源吸热做功,我们可设计出另一种不违反能量守恒定律的"永动机". 例如,有办法不以任何代价使海水温度稍微降低一点,把释放出来的热量全部用来做功,这也是永动机. 因为海水提供的能源实际上是取之不尽,用之不竭的. 人们把这种从单一热源吸热做功的永动机称为第二类永动机,区别于违反能量守恒定律的第一类永动机. 所以热力学第二定律的开尔文表述又可写作:第二类永动机不可能.

从上面两种表述中我们看到,热力学第二定律的实质是反映自然过程进行的方向性. 克劳修斯表述反映了热传导的不可逆性,即当两个物体温度不同而相接触时,热量总是由高温物体向低温物体传递,不可能从低温物体自动向高温物体传递. 开尔文表述则反映了功变热是不可逆的,即功可以完全转变成热,但要把热完全变为有用功而不产生其他影响是不可能的.

5.8.3 热力学第二定律的统计意义

下面我们从一切宏观物体都是由大量分子和原子组成的观点出发,以分子运动论为基础,用统计的方法分析热力学第二定律的意义和实质.

以气体自由膨胀为例,讨论过程的不可逆性. 如图 5.17 所示. 容器被一隔板分成左右两个相等的部分 A、B. 开始时 A 中有 4 个分子,B 中为真空. 把隔板拉开,观察容器中分子的位置分布情况. 设 4 个分子分别为 a、b、c、d,它们组成一个系统. 只表示 A、B 中各有多少分子的状态叫宏观态,表示出 A、B 中各有哪些分子的状态叫微观态.

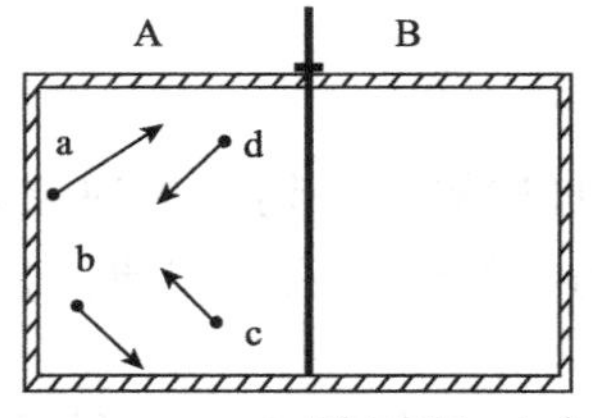

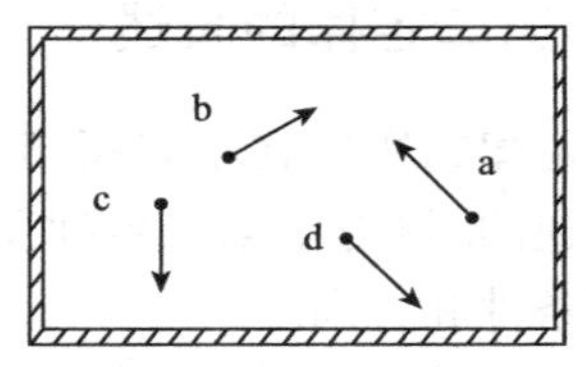

图5.17　4个分子的自由膨胀

表5.3展示出该系统共5种宏观态、16种微观态. 有的宏观态只对应一种微观态,有的宏观态对应好几种微观态. 应该说,任何一种微观态出现的可能性(概率)都是相同的. 因此对应于微观态数目多的宏观态出现的可能性就大,这种宏观态就更容易观察到. 一种宏观态包含的微观态数目,称为这个宏观态的热力学概率,用 P 表示. 上例中各宏观态的热力学概率依次为1、4、6、4、1,处于各宏观态的可能性依次为1/16、4/16、6/16、4/16、1/16. 微观态的总数目是16种,正是4个分子处于A或B两种可能性的各种组合数,其规律为 $16=2^4$. 若有 N 个分子,则可以推知微观态总数目是 2^N. 对4个分子来说,全都重新集中到A半边的可能性为 $1/16=1/2^4$. 这个可能性并不小,这个宏观态还是能够出现的. 对于 N 个分子来说,全都重新集中到A半边的可能性为 $1/2^N$,当 N 很大时,这种可能性是极小的,例如当 $N=N_A=6\times10^{23}$ 时,全部分子重新缩回到A容器的可能性为

表5.3　四个分子的位置分布

宏观态		微观态		一种宏观态对应的微观态数 P
A中分子数	B中分子数	A	B	
4	0	abcd		1
3	1	abc adc abd bcd	d b c a	4
2	2	ab cd ac bd bc ad	cd ab bd ac ad bc	6
1	3	a b c d	bcd acd abd abc	4
0	4		abcd	1

$$p=\frac{1}{2^{N_A}}=\frac{1}{2^{6\times10^{23}}} \tag{5-57}$$

这是一个非常非常小的数. 打个比喻，如果我们有 10^6 个铅字，一个名作家随机地抓一个铅字，在白纸上印一个字，一个接一个地随机抓铅字，一个接一个地印在白纸上，最后成了一本百万字的小说，这种可能性多大呢？它的可能性是

$$p=\left(\frac{1}{10^6}\right)^{10^6}=\frac{1}{2^{2\times10^7}}$$

大家知道发生这种事情是根本不可能的. 出现这种事情的可能性要比(5-57)式的概率还大得多得多. 所以 N_A 个分子全部自动缩回到 A 半边的宏观态，从原则上说并不是不可能，但是实际上“永远”看不到.

对于 A、B 两边分子数目相等或几乎相等的宏观状态，热力学概率（相对地说）非常大. 对于 N_A 个分子说，这种宏观态的概率几乎是百分之百. 也就是说，实际上我们看到的就是这种分子数目几乎各半的宏观态. 对应于微观态数目多的宏观态就是系统的平衡态.

从以上气体自由膨胀的例子我们看到，一个孤立系统的自发过程总是向着热力学概率大的宏观态方向发展. 或者说向着热力学概率增加的方向进行. 这就是热力学第二定律的统计意义. 上节我们曾指出孤立系统有向分子运动无序状态接近的趋势. 两者结合起来则有热力学概率 P 是分子运动无序性的一种量度.

5.9 熵及熵增加原理

5.9.1 玻尔兹曼熵公式 熵增加原理

热力学概率 P 的大小反映了系统无序性的大小. 但是 P 是一个非常大的数. 为了便于理论上研究，1877 年奥地利物理学家玻尔兹曼(L. Boltzmann，1844—1906)用熵 S 来描述系统的无序性的大小. 他提出熵与热力学概率的自然对数成正比.

$$S\propto \ln P$$

1900 年普朗克引进了比例系数 k，把它写成

$$S=k\ln P \tag{5-58}$$

式中，k 即玻尔兹曼常量. (5-58)式称为玻尔兹曼熵公式. 熵的量纲与 k 的量纲相同，它的 SI 制单位是 J/K.

用熵来代替热力学概率 P 后，上节所述关于自然过程进行方向的规律就可以表述如下：在孤立系统中所进行的自然过程总是沿着熵增大的方向进行，它是不可逆的. 平衡态对应于熵最大的状态. 这样表述的规律性叫熵增加原理，它是热力学第二定律的一种数学表述. 用数学公式可以表示为

$$\Delta S > 0(\text{孤立系统,自然过程}) \tag{5-59}$$

下面我们用熵的概念来说明理想气体的绝热自由膨胀过程的不可逆性.

设ν摩尔理想气体,体积从V_1自由膨胀到V_2. 因为气体的温度不变,只有位置分布改变. 可只按位置分布来计算气体的热力学概率. 一个分子的位置分布的可能的微观状态数应与它能达到的空间体积V成正比. 当气体体积从V_1增大到V_2时,一个分子的位置分布的可能微观状态将增大到V_2/V_1倍. 由于分子总数为νN_A,所以当气体体积从V_1增大到V_2时整个气体的微观状态数P将增大到$(V_2/V_1)^{\nu N_A}$倍,即$P_2/P_1=(V_2/V_1)^{\nu N_A}$. 按(5-58)式计算熵的增量是

$$\Delta S = S_2 - S_1 = k(\ln P_2 - \ln P_1) = k\ln(P_2/P_1)$$

$$\Delta S = \nu N_A k\ln(V_2/V_1) = \nu R\ln(V_2/V_1)$$

因为$V_2>V_1$,所以

$$\Delta S > 0$$

这一结果说明理想气体绝热自由膨胀过程是熵增加过程. 这是符合熵增加原理的.

5.9.2 克劳修斯熵公式

1. 过程的不可逆性与态函数熵

一个不可逆过程,不仅在直接逆向进行时不能消除外界所有影响,而且无论用什么曲折复杂的办法,也不可能使系统和外界都完全复原而不引起任何变化. 因此,一个过程的不可逆性与其说决定于过程本身不如说决定于它的初态和末态.

在自发的条件下,不可逆过程的初态和末态是不等当的. 例如,孤立系所进行的弛豫过程,系统可自发地从初态(非平衡态)变到末态(平衡态),却不可能自发地从末态变到初态. 初态是非平衡态,末态是平衡态,这种不等当性就决定了弛豫过程一定是不可逆过程. 由于这种初态与末态的不等当性,必然存在着一个仅与初态和末态有关而与过程无关的态函数,可以用它来判断自发过程进行的方向. 热力学第二定律就是要找出这个态函数,用它来明确规定自发过程的不可逆性,从而解决与热现象有关的实际过程的方向性问题.

2. 克劳修斯熵公式

在历史上,热力学第二定律的发现是建立在对热机效率做卡诺分析的基础上的. 分析表明,在给定的初态和末态之间,沿着任意的可逆过程,函数$\sum \frac{dQ_{可}}{T}$都是相等的. 其中$dQ_{可}$表示在每个可逆过程中系统从外界吸收的热量. 换言之,尽管路径不同,$dQ_{可}$可能不同,但$dQ_{可}/T$的总和与具体路径无关. 这种不变性表明,可以引进一个新的态函数熵S,其定义式为

$$dS = \frac{dQ_{可}}{T} \tag{5-60}$$

此式是克劳修斯 1865 年提出的. 可以证明克劳修斯从宏观分析出发引出的熵函数，与玻尔兹曼由统计观点定义的熵函数是一致的.

在(5-60)式中由于过程是可逆的，系统和供热的热源温度应相同. 对于温差较大的两个平衡态 1 和 2，当系统沿任意可逆过程由状态 1 过渡到状态 2，它的熵增量(S_2-S_1)可由此式积分求得，即

$$\Delta S = S_2 - S_1 = \int_{\substack{1\\(R)}}^{2} \frac{dQ}{T} \tag{5-61}$$

式中，积分号下脚标 R 表示过程为可逆的.

3. 热力学第二定律的数学表达式和热力学基本方程

考虑到不可逆过程，在一般情况下(5-60)式为

$$dS \geqslant \frac{dQ}{T} \tag{5-62}$$

其中等号用于可逆过程，不等号适用于不可逆过程.

(5-62)式称为**克劳修斯不等式**，它是热力学第二定律的数学表达式. 此不等式与热力学第一定律相结合可得热力学的基本方程，即由

$$\begin{cases} TdS \geqslant dQ \\ dQ = dE + dW \end{cases}$$

得

$$TdS \geqslant dE + dW \tag{5-63}$$

若在过程中只有体积功，则有 $dW = pdV$ 这时(5-63)式可写成

$$dE \leqslant TdS - pdV \tag{5-64}$$

由于 E、S 和 V 是状态的函数，与过程无关，所以只要两个平衡态确定后，这些态函数的增量就有了确定的值，与连接两个平衡态的过程是否可逆无关.

4. 熵变的计算

既然熵是态函数，那么在给定的初态和末态之间系统无论以什么方式变化，态函数熵的改变量一定是相同的，但是在可逆过程和不可逆过程之间，态函数熵的改变量虽然相同，却存在着一个极其重要的差别. 例如，在给定的初态和末态之间，对于可逆的等温过程，根据系统在过程中所传递的热量 $Q_{可}$，可以用(5-61)式中的等式来直接计算熵变 ΔS；而对于不可逆等温过程，尽管系统的熵变 ΔS 仍与上述可逆过程相同，但却不能根据这个不可逆过程中传递的热量 $Q_{不}$ 来直接计算 ΔS. 因此(5-61)式计算熵变时要注意积分路线必须是连接始末态的**任一可逆过程**. 如果系统由始态经过一不可逆过程到达末态的，那么必须设计一个连接同样始末态的可逆过

程来计算.由于熵是态函数与过程无关,所以用这种过程求出来的熵变也就是原过程始末两态的熵变.

下面举几个求熵变的例子.

例 5.7　把0℃、0.5kg的冰块加热到它全部熔化为止(冰在0℃时的熔化热为3.35×10^5 J/kg),(1)求冰的熵变;(2)如果热源是温度为20℃的热容量较大的物体,求物体的熵变;(3)求水和热源的总熵变.

解　(1)此变化过程是一个不可逆过程.我们设计一个恒温热源,它的温度与0℃相差极微,在此等温过程中冰全部熔化,这个过程是可逆过程,这时熵变公式中的温度可用水本身温度代替,所以有

$$S_2 - S_1 = \int_{\underset{(R)}{1}}^{2} \frac{dQ}{T} = \frac{Q}{T} = \frac{0.5\times3.35\times10^5}{273} = 614\ (\mathrm{J/K})$$

(2)因热源热容量较大,所以它的温度几乎不变,它放出热量给冰,因此热源的熵变为

$$S_2' - S_1' = \frac{0.5\times3.35\times10^5}{293} = -572(\mathrm{J/K})$$

(3)水和热源的总熵变为

$$\Delta S = 614 - 572 = 42(\mathrm{J/K})$$

水和热源组成一个孤立系统,此系统的熵增加了,表明这个过程是不可逆过程.

例 5.8　1mol理想气体,等压地膨胀至原来体积的两倍,再等容放热至原来温度,求此气体的熵变.

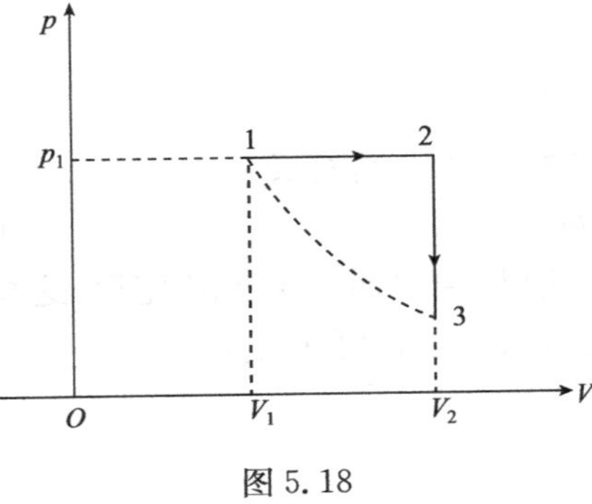

图 5.18

解　设过程皆为可逆过程,其 p-V 图如图5.18所示.从1→2过程的熵变为

$$\Delta S_1 = \int_{\underset{(R)}{1}}^{2} \frac{dQ_p}{T} = \int_{\underset{(R)}{1}}^{2} \frac{C_p dT}{T} = C_p \ln\frac{T_2}{T_1}$$

因等压过程

$$\frac{T_2}{T_1} = \frac{V_2}{V_1}$$

所以

$$\Delta S_1 = C_p \ln\frac{V_2}{V_1}$$

过程2→3的熵变为

$$\Delta S_2 = \int_{\underset{(R)}{2}}^{3} \frac{dQ_V}{T} = \int_{\underset{(R)}{2}}^{3} \frac{C_V dT}{T} = C_V \ln\frac{T_3}{T_2} = C_V \ln\frac{T_1}{T_2} = C_V \ln\frac{V_1}{V_2}$$

过程1→2→3的熵变为

$$\Delta S = \Delta S_1 + \Delta S_2 = C_p \ln \frac{V_2}{V_1} + C_V \ln \frac{V_1}{V_2} = C_p \ln 2 - C_V \ln 2$$
$$= (C_p - C_V)\ln 2 = R\ln 2 = 5.76\text{J/K}$$

计算以上过程熵变也可以设计一个等温过程，由状态 1 等温地变化到状态 3，其熵变为

$$\Delta S = \frac{Q_T}{T} = \frac{RT\ln \frac{V_2}{V_1}}{T} = R\ln \frac{V_2}{V_1} = R\ln 2 = 5.76\text{J/K}$$

可见，熵变与过程无关，只与初末态有关.

必须指出，开放系统和封闭的非绝热系统，熵可以减小. 例如一杯水向外放出热量，水的熵减少了，但环境吸热，环境的熵增加了，其结果总的熵还是增加. 这就是说，把水和环境看成一个孤立系统，则这个系统的熵永不减少. 所以应用熵增加原理时切不可忘记孤立系统这个条件.

例 5.9 利用熵增加原理说明热传导的不可逆性.

解 设两部分温度不同的气体，用一个导热板隔开，整个容器用绝热罩包起来，如图 5.19 所示. 整个系统为孤立系统，现计算导热过程中的熵变.

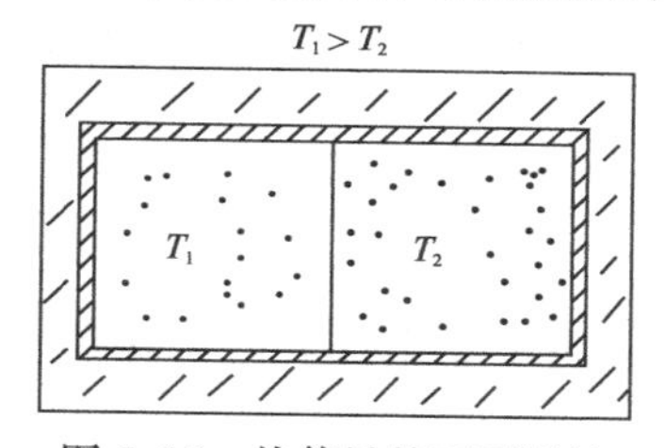

图 5.19 热传导的不可逆性

我们知道，热传导是一个不可逆过程，为了计算该过程的熵变，我们可以设计一个初、末态完全相同的可逆过程来计算熵变. 假设整个传热过程由无限多个无限小的传热过程组成，而每个无限小的传热过程所传热量 dQ 又非常小，以至每部分的温度都可以认为不变. 设在这个小过程中有微小热量 dQ 从温度为 T_1 的气体传到温度为 T_2 的气体($T_1 > T_2$)，由于已设定的过程为可逆过程，所以热库温度可以用系统温度代替. 则温度为 T_1 的气体的熵变为

$$\mathrm{d}S_1 = -\frac{\mathrm{d}Q}{T_1} \quad \text{（符号表示熵减少）}$$

温度为 T_2 的气体的熵变为

$$\mathrm{d}S_2 = \frac{\mathrm{d}Q}{T_2}$$

两部分气体的熵变总和为

$$\mathrm{d}S = \mathrm{d}S_1 + \mathrm{d}S_2 = \mathrm{d}Q\left(\frac{1}{T_2} - \frac{1}{T_1}\right) > 0$$

由此可见，热量从高温物体传到低温物体时，整个系统的熵增加. 因为每传递一份微小热量时，系统的总熵值就有微小的增量. 整个系统的熵增加. 所以整个热传导的结果就使系统的熵获得一个增量. 即热量从高温物体传到低温物体是自发进行的.

反之，假设有微小热量从温度为 T_2 的低温物体自动地传到温度为 T_1 的高温物体，则两物体的熵变总和为

$$dS = dQ\left(\frac{1}{T_1} - \frac{1}{T_2}\right) < 0$$

即如果从低温物体传到高温物体，则整个系统的熵减小. 这与熵增加原理抵触. 显然这种过程不可能自发进行.

从这个例子可知热力学第二定律的克劳修斯表述包括在熵增加原理这一更普遍的表述中.

5.10　自由能和自由焓

有些热力学过程往往是在等温、等压条件下进行的，例如常温下气体的蒸发过程、大气中的化学反应过程、生物体内的生理过程和生化过程等都可以看成等温、等压过程.

5.10.1　自由能

假定系统经等温过程从初态 1 变化到末态 2，按照热力学第二定律，该等温过程的熵的改变量为

$$S_2 - S_1 \geqslant \frac{Q}{T}$$

其中，Q 代表在整个过程中系统所吸收的热量，同时热力学第一定律又给出

$$Q = E_2 - E_1 + W$$

故有

$$(E_2 - TS_2) - (E_1 - TS_1) \leqslant -W \tag{5-65}$$

由此可见，若定义态函数

$$F = E - TS \tag{5-66}$$

为系统的自由能则有

$$F_2 - F_1 \leqslant -W$$

即在等温过程中，系统自由能的增加不大于外界对系统所做的功. 或者把上式改写成为

$$F_1 - F_2 \geqslant W \tag{5-67}$$

即在等温过程中，系统对外界做的功不大于该系统自由能的减少. 换言之，在等温过

程中，系统自由能的减少等于系统所能输出的最大功，并称此为最大功原理.

自由能的定义式(5-66)表明，可以认为自由能 F 是内能 E 的一部分，而最大功原理指出，在等温过程中系统如果要对外做功，最多也只能消耗内能中自由能这一部分. 因此，称自由能为可用能. (5-66)式还表明，只有在可逆的等温过程中，才能获得最大的机械功，它等于自由能的减少. 反之，欲使系统自由能增加，则需消耗机械功，而且只有在可逆过程中消耗的机械功最少.

对于等温等容过程，系统只与外界交换热量而不做功，这时 $W=0$，于是(5-67)式变为

$$F_2 \leqslant F_1$$

即在等温等容过程中，系统的自由能永不增加. 换言之在等温等容条件下，系统中所发生的不可逆过程，总是朝着自由能减小的方向进行. 由此我们可以得到关于等温等容条件下系统的平衡判据，并称它为自由能判据. 自由能判据可表述为：系统在等温、等容的情况下，对于各种可能的变动，平衡态的自由能最小.

5.10.2 自由焓

在实际问题中，系统的热力学过程常常是在等温等压条件下进行的. (5-65)式表明，在等温过程中，有

$$(E_2 - TS_2) - (E_1 - TS_1) \leqslant -W$$

如果除体积功外还有其他形式的功 W'，则在等压过程中外界对系统所做的总功为

$$-W = -p(V_2 - V_1) + W'$$

因此在等压过程中，我们有

$$(E_1 - TS_1 + pV_1) - (E_2 - TS_2 + pV_2) \geqslant -W'$$

由此可见，若定义态函数

$$G = E - TS + pV = H - TS \tag{5-68}$$

为系统的自由焓(又称吉布斯函数)，则有

$$G_1 - G_2 \geqslant -W' \tag{5-69}$$

即在等温等压过程中对外做的功($-W'$)不大于自由焓的减少. 换言之，在等温等压条件下，系统所做的非体积功，以可逆过程中的功最大，等于系统自由焓的减少，这是等温等压过程中的最大功定理.

自由焓在生物过程中有特别重要的意义. 这里对自由焓作进一步的讨论.

(1)态函数自由焓这个名称来源是由于 $H=E+pV$，因为 G 可写成 $G=H-TS$，与自由能 $F=E-TS$ 相比较，自然称 G 为自由焓. 有的书上把 G 叫作吉布斯自由能，而把 F 称为亥姆霍兹自由能.

(2)若系统经过一可逆的等温、等压、没有非体积功的过程，即 $\mathrm{d}T=0$，$\mathrm{d}p=0$，$\mathrm{d}W'=0$. 则过程进行的方向由下式：

$$dG \leqslant 0 \tag{5-70}$$

决定. 当 G 达到最小值时，系统处于平衡态. 即在等温、等压，没有非体积功的过程中系统的自由焓绝对不会增加，平衡态对应于自由焓最小的状态.

在生物体内推动生命活动的能量是自由焓. 动物所摄取的食物具有较高的自由焓，随着呼吸作用，物质放出自由焓最后分解为水和二氧化碳，相反的作用发生在植物中，植物利用水和二氧化碳通过光合作用合成有机物质，又使自由焓升高.

综上所述，自然界的一切过程都具有方向性，我们从以上讨论得到判断过程进行方向的态函数共有三个，各适用于不同的条件：

对于孤立系统，$dS>0$ 为自发过程，$dS=0$ 为可逆过程，S 达极大值为平衡态.

对于等温等容过程，$dF<0$ 为自发过程，$dF=0$ 为可逆过程，F 达极小值为平衡态.

对于等温等压过程，$dG<0$ 为自发过程，$dG=0$ 为可逆过程，G 达极小值为平衡态.

5.11　气体内的输运过程

本章前面几节讨论的都是系统处于平衡态下的性质. 实际问题中，还常常会遇到非平衡态下的过程. 当气体内各部分的物理性质如密度、温度、流速不均匀时，由于气体分子无规则的热运动，分子不断地相互碰撞并相互扩散，将造成气体的质量、热运动能量、定向动量的迁移. 在不受外界干预时，最终气体内各部分的物理性质将趋向均匀，即由非平衡态自发地向平衡态过渡. 这种过程称为输运过程.

5.11.1　平均自由程与碰撞频率

按照气体动理论得出的结果，在常温下，气体分子以每秒几百米的平均速率运动着. 气体分子热运动速率如此之大，看来气体中的一切过程，好像都应在瞬间完成. 但实际情况并不如此，例如打开一瓶挥发性很强的汽油，距离几米远的人并不能马上闻到汽油的气味，而要经过几分钟才能闻到气味. 这是因为气体分子在运动过程中不断地与其他分子发生碰撞，每通过一次碰撞，分子速度的大小和方向都会发生变化，分子的运动路径是迂回曲折的，如图 5.20 所示.

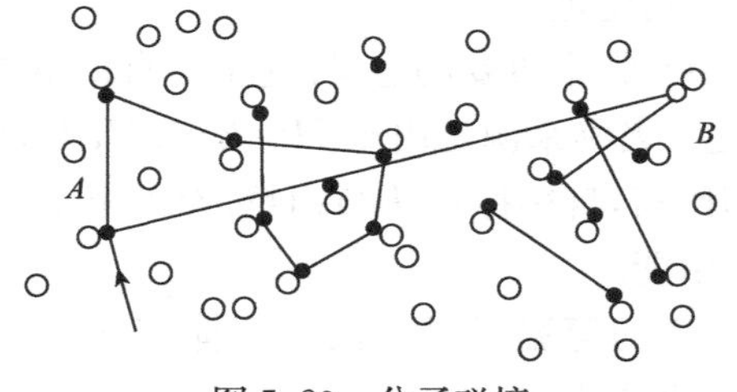

图 5.20　分子碰撞

气体分子间的无规则碰撞问题是气体动理论的重要问题之一.前面已讨论的气体分子能量均分、速率的稳定分布等,都是靠气体分子间的碰撞来实现的,气体分子间的碰撞,还在气体由非平衡态过渡到平衡态的过程中起着关键的作用.

就单个分子而言,它与其他分子何时在何地发生碰撞,在单位时间内与其他分子会发生多少次碰撞,两次碰撞间可以自由运动多长的路程等,这些都是偶然的,但对大量分子构成的总体来说,分子间的碰撞却遵循着确定的统计规律.

1. 平均碰撞频率

分子间的碰撞实质上是在分子力作用下分子相互间的散射过程.在研究分子碰撞时,我们把分子看作有一定体积的刚球,把分子间相互作用过程看作刚球的弹性碰撞.把两个分子质心间的最小距离的平均值视为刚球的直径,称为分子的**有效直径**,用 d 表示,实验表明分子有效直径的数量级为 10^{-10} m.

一个分子在单位时间内与其他分子碰撞的平均次数,称为**平均碰撞频率**,用 $\overline{Z}$ 表示.

为了计算简便,我们可以“跟踪”一个分子,例如分子 A,它以平均相对速率 $\overline{u}$ 运动,其他分子静止不动.

在分子 A 的运动过程中,显然只有其中心与 A 的中心之间相距小于或等于分子有效直径的那些分子才可能与 A 相碰,为了计算 A 分子在一段时间 Δt 内与多少分子相碰,可设想以 A 分子中心的运动轨迹为轴线,以分子的有效直径 d 为半径做一个曲折的圆柱体,如图 5.21 所示.显然,凡是中心在此圆柱体内的分子都会与 A 相碰.圆柱体的截面积 $\sigma=\pi d^2$,称为分子的**碰撞截面**.

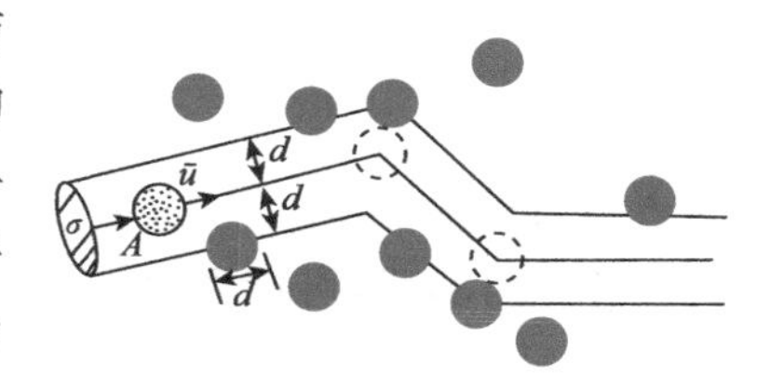

图 5.21　平均碰撞频率计算

在 Δt 时间内,A 所走过的路程为 $\overline{u}\Delta t$,相应的圆柱体体积为 $\sigma\overline{u}\Delta t$,若以 n 表示气体分子的数密度,则此圆柱体内的总分子数,亦即 A 在 Δt 时间内与其他分子的碰撞次数为 $n\sigma\overline{u}\Delta t$.因此,平均碰撞频率为

$$\overline{Z}=\frac{n\sigma\overline{u}\Delta t}{\Delta t}=n\sigma\overline{u}$$

由于所有气体分子都在做无规则热运动,更详细的理论可以证明,气体分子的平均相对速率 $\overline{u}$ 和平均速率 $\overline{v}$ 之间的关系为 $\overline{u}=\sqrt{2}\overline{v}$,若将此关系代入上式,可得

$$\overline{Z}=\sqrt{2}\sigma\overline{v}n=\sqrt{2}\pi d^2\overline{v}n \tag{5-71}$$

2. 平均自由程

分子在连续两次碰撞间所通过的自由路程的平均值称为**平均自由程**,用 $\overline{\lambda}$ 表示.

在 Δt 时间内，一个分子所经过的平均距离是 $\bar{v}\Delta t$，它所受到的平均碰撞次数是 $\bar{Z}\Delta t$. 由于每一次碰撞都结束一段自由程，所以平均自由程应为

$$\bar{\lambda}=\frac{\bar{v}\Delta t}{\bar{Z}\Delta t}=\frac{\bar{v}}{\bar{Z}} \tag{5-72}$$

将(5-71)式代入(5-72)式，可得

$$\bar{\lambda}=\frac{1}{\sqrt{2}\sigma n}=\frac{1}{\sqrt{2}\pi d^2 n} \tag{5-73}$$

(5-73)式说明，平均自由程与分子的有效直径的平方及分子数密度成反比. 而与平均速率无关.

将 $p=nkT$ 代入(5-73)式，得

$$\bar{\lambda}=\frac{kT}{\sqrt{2}\pi d^2 p} \tag{5-74}$$

(5-74)式说明，当温度一定时，平均自由程和压强成反比.

例 5.10　试计算空气分子在标准状态下的平均自由程和平均碰撞频率. 取空气分子的有效直径 $d=3.5\times10^{-10}$m，空气的平均摩尔质量 $\mu=29\times10^{-3}$kg/mol.

解　已知标准状态下，$T=273$K，$p=1.013\times10^5$Pa. 又知玻尔兹曼常量 $k=1.38\times10^{-23}$J/K. 将上列数据代入(5-74)式，得

$$\bar{\lambda}=\frac{kT}{\sqrt{2}\pi d^2 p}=6.9\times10^{-8}\text{m}$$

可见在标准状态下，空气分子的平均自由程 $\bar{\lambda}$ 约为其有效直径 d 的 200 倍.

再由(5-18)式，可计算出平均速率，

$$\bar{v}=\sqrt{\frac{8RT}{\pi\mu}}=448\text{m/s}$$

把此值及所求得 $\bar{\lambda}$ 值代入(5-72)式中，得

$$\bar{Z}=\frac{\bar{v}}{\bar{\lambda}}=6.5\times10^9/\text{s}$$

即平均地讲，每个分子每秒与其他分子碰撞竟达 65 亿次!

5.11.2　气体内的输运过程

1. 扩散

如果容器中各部分气体种类不同，或同一种气体在各处的密度不均匀，在不受外界干预时，经过一段时间后，容器中各部分气体的成分及气体的密度将趋向均匀一致，这种现象称为**扩散**.

为了说明扩散的宏观规律，我们讨论一种最简单的单纯扩散过程. 假定容器中有两种组分的化学性质相同的物质，只是其中一种组分有放射性，另一种无放射性.

例如同是CO_2气体，但两种气体的分子中的碳原子分别是C的两种同位素：无放射性的^{12}C和有放射性的^{14}C. 考虑其中一种组分，如图5.22所示，以小圆圈表示，该组分的密度沿z轴方向减小，其密度ρ是z的函数，不均匀情况可用密度梯度$d\rho/dz$表示.

设想在$z=z_0$处有一分界面，面积为dS. 由实验可知，在dt时间内，通过dS沿z轴方向传递的这种组分的质量为

$$dM=-D\left(\frac{d\rho}{dz}\right)_{z_0}dSdt \tag{5-75}$$

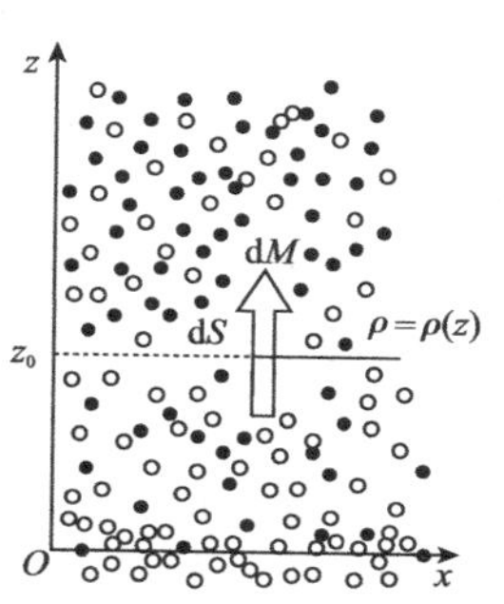

图5.22　扩散

式中，比例系数D称为扩散系数，其数值与气体的性质有关，它的单位是m^2S^{-1}. 式中负号说明气体的扩散总是从密度大处向密度小处进行. 当$d\rho/dz<0$时，即密度沿z轴方向减小时，$dM>0$，即物质沿z轴正方向扩散，如图5.22所示的情况.

从微观上看，气体的扩散是和分子热运动有直接联系. 如图5.22所示，所考虑的组分(图中用∘表示的分子)是下密上疏的，由于热运动，在dt时间内由下向上穿过dS面的分子数比由上向下穿过dS面的分子数多. 因而有净质量由下向上输运，这就在宏观上表现为扩散. 因此，气体内的扩散在微观上是分子在热运动中输运质量的过程.

由气体动理论可以导出，在上述单纯扩散的情况下，气体的扩散系数与分子运动的微观量的统计平均值有下述关系：

$$D=\frac{1}{3}\bar{v}\bar{\lambda} \tag{5-76}$$

式中，$\bar{v}$为气体分子的平均速率；$\bar{\lambda}$为平均自由程. 将$\bar{v}=\sqrt{\frac{8RT}{\pi\mu}}$及$\bar{\lambda}=\frac{kT}{\sqrt{2}\pi d^2 p}$代入(5-76)式可知，$D$与$T^{\frac{3}{2}}$成正比，与$p$成反比. 这说明温度越高、压强越低时，气体扩散进行得越快. 这个结论可由气体动理论予以解释：温度越高时分子运动速率越大，压强越低时，分子自由程越大，碰撞机会少，这两种因素都使扩散进行得快.

2. 热传导

气体内各部分温度不均匀时，将有内能从温度较高处传递到温度较低处，这种现象叫热传导. 在这种过程中所传递的内能多少叫热量.

为了说明热传导现象的宏观规律，我们讨论一种简单的情况. 如图5.23所示，在A、B两平板之间充以气体，其温度由下向上逐渐降低，温度T是z的函数. 可用dT/dz表示气体温度沿z轴方向变化率，称为温度梯度. 它是描述温度不均匀情况的物

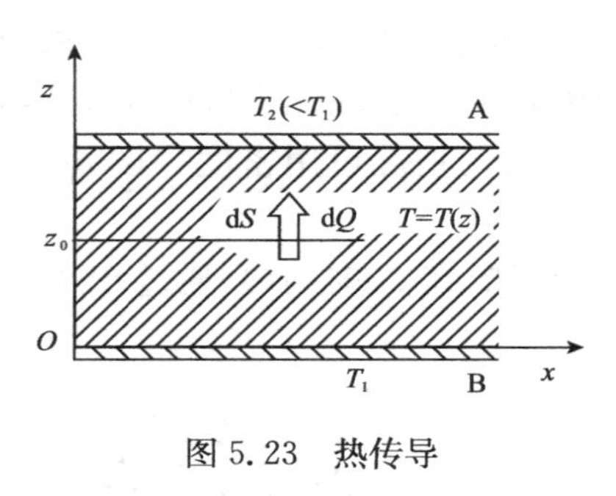

图 5.23　热传导

理量.

设想在 $z=z_0$ 处有一分界面，面积为 dS. 由实验可知，在 dt 时间内，通过 dS 面沿 z 轴方向传递的热量为

$$dQ=-\kappa\left(\frac{dT}{dz}\right)_{z_0}dSdt \tag{5-77}$$

式中，比例系数 κ 称为热导率，其数值与气体的性质有关，它的单位是 W/(m·K). 式中的负号说明热量总是从温度高处向温度低处传递.

从微观上看，气体的热传导和分子的热运动也有直接联系. 气体内各部分温度不均匀表明各部分的分子热运动能量$\overline{\varepsilon_k}$不同. 气体分子在热运动中也要不断地由上到下和由下到上地穿过 dS 面，如上面我们所讨论的情况，由下向上的分子带着较大的平均能量，而由上向下的分子带着较小的平均能量. 上下分子交换的结果将有净能量自下向上输运. 这就在宏观上表现为热传导. 因此，气体内的热传导在微观上是分子在热运动中输运热运动能量的过程.

由气体动理论可以导出，气体热导率 κ 与分子运动的微观量的统计平均值有下述关系：

$$\kappa=\frac{1}{3}mn\bar{v}\bar{\lambda}C_V \tag{5-78}$$

式中，n 为分子数密度；m 为分子质量，$nm=\rho$ 为气体密度. $\bar{v}$ 为平均速率；$\bar{\lambda}$ 为平均自由程. C_V为等容比热. 将 $\bar{v}=\sqrt{\dfrac{8RT}{\pi\mu}}$ 及 $\bar{\lambda}=\dfrac{1}{\sqrt{2}\pi d^2 n}$ 代入(5-78)式可知，在一定温度下，热导率 κ 与压强 p(或分子数密度 n)无关. 这个结论可由气体动理论解释，当压强 p 降低时，n 减少，通过 dS 面两边交换的分子对数减少，但同时，分子的平均自由程加大，两边的分子能够从相距更远的气层无碰撞地通过 dS 面，每交换一对，可交换更大的分子平均能量. 由于存在着这两种相反的作用，其结果是 κ 与 p 无关.

3. 内摩擦

流动中的气体，和我们在 4.5 节中讨论的液体黏滞性一样，如果各层流速不相等，两个相邻气层之间的接触面上，会形成一对阻碍两气层相对运动的等值而反向的摩擦力，也叫黏滞力. 力的作用使流动慢的气层加速，使流动快的气层减速，这就是内摩擦现象，也叫黏滞现象.

气体由的内摩擦现象的宏观规律，如同 4.5 节中讨论的一样，若流速 u 的分布如图 5.24 所示时，则在 $z=z_0$ 处上面流体受下面流体通过 dS 面的摩擦力 df 可以写作

$$df=-\eta\left(\frac{du}{dz}\right)_{z_0}dS \tag{5-79}$$

式中，η 称为黏滞系数，$\left(\frac{\mathrm{d}u}{\mathrm{d}z}\right)_{z_0}$ 称为 z_0 处的流速梯度. 式中的负号表示内摩擦力 $\mathrm{d}f$ 相对流速方向相反，如图 5.24 中情况，由于 $\mathrm{d}u/\mathrm{d}z>0$，则 $\mathrm{d}f<0$，说明 $\mathrm{d}S$ 面上面气体受到下面流体的内摩擦力方向与流速相反.

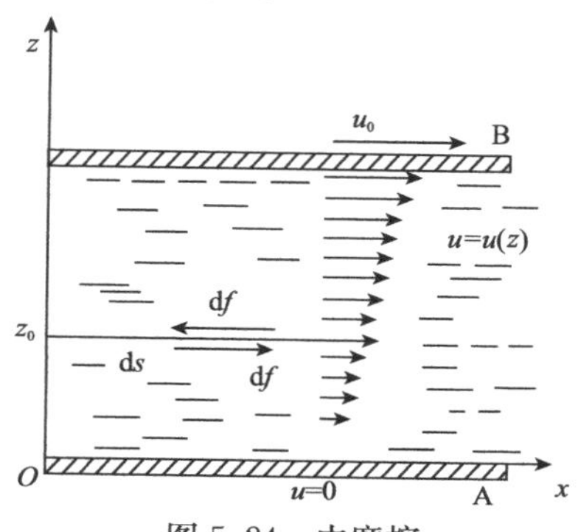

图 5.24　内摩擦

内摩擦现象的微观机制在气体中和液体中是不同的. 从气体动理论的观点看，它和一分子的热运动及分子间碰撞有直接联系. 如图 5.24 中，在 $\mathrm{d}S$ 面下边的气体分子的定向速度比上边的气体分子小. 在无规则运动中，下面的分子会带着自己较小的定向动量越过 $\mathrm{d}S$ 面跑到上面，经过与上面的分子的碰撞把它的动量传给了上面的分子. 同时上面的分子在无规则运动中也会带着自己较大的定向动量越过 $\mathrm{d}S$ 面跑到下面来，经过与下面分子的碰撞把它的动量传给了下面分子. 这样交换的结果，将有净的定向动量由上向下输送，使下面气体分子定向动量增大，宏观上就表现为下面的气体受到了向前的作用力；同时上面气体分子的定向动量减少，宏观上就表现为上面气体受到了向后的作用力. 因此，气体的内摩擦现象在微观上是分子在热运动中输运定向动量的过程.

根据气体动理论可以导出，气体的黏滞系数与分子运动的微观量的统计平均值有下述关系：

$$\eta = nm\bar{v}\bar{\lambda} \tag{5-80}$$

式中各量的意义和(5-78)式相同. 由式(5-78)和(5-80)可看到，除 C_V 外，κ 与 η 都和相同的微观量相联系. 这说明气体的热传导现象和黏滞现象具有相同的微观机制. 根据类似热传导现象的讨论，可以得出，在一定的温度下，黏滞系数 η 与气体的压强或分子数密度 n 无关. η 与 p 无关的结论最初是由麦克斯韦从理论上推出的，乍看起来很难理解，因为当 p 降低时，n 减小，通过 $\mathrm{d}S$ 面交换分子对数减少，η 似乎应减小. 麦克斯韦亲自做实验，测定不同压强下气体的黏滞作用. 其结果确实与压强无关，证实了这个推论，有力地支持了气体动理论.

本章小结

1. 理想气体状态方程：在平衡态下有 $pV=\frac{M}{\mu}RT$ 和 $p=nkT$，普适气体常量 $R=8.31\text{J/(mol}\cdot\text{K)}$，玻尔兹曼常量 $k=1.38\times10^{-23}\text{J/K}$.

2. 理想气体压强公式：$p=\frac{1}{3}nm\overline{v^2}=\frac{2}{3}n\overline{\varepsilon_k}$.

3. 理想气体温度公式：$T=\frac{2}{3k}\overline{\varepsilon_k}$.

4. 能量均分定理：平衡态下，分子每一个自由度的平均动能为$\frac{1}{2}kT$.

   一个分子的平均总动能为 $\bar{\varepsilon}=\frac{i}{2}kT$.

   1mol 理想气体的内能为 $E_0=\frac{i}{2}RT$.

   M(kg)理想气体的内能为 $E=\frac{M}{\mu}\frac{i}{2}RT$.

5. 速率分布函数：$f(v)=\frac{\mathrm{d}N}{N\mathrm{d}v}$.

   麦克斯韦速率分布曲线：(见图 5.3).

   三种特征速率：$v_p=\sqrt{\frac{2kT}{m}}=\sqrt{\frac{2RT}{\mu}}$；$\sqrt{\overline{v^2}}=\sqrt{\frac{3kT}{m}}=\sqrt{\frac{3RT}{\mu}}$；$\bar{v}=\sqrt{\frac{8kT}{\pi m}}=\sqrt{\frac{8RT}{\pi\mu}}$.

6. 玻尔兹曼分布律：平衡态下，某状态区间的粒子数$\propto e^{-\frac{\varepsilon_k+\varepsilon_p}{kT}}$.

   重力场中粒子按高度的分布：$n=n_0e^{-\frac{mgh}{kT}}$.

7. 热力学第一定律

   体积功：准静态过程中系统对外做的功

$$\mathrm{d}W=p\mathrm{d}V,\quad W=\int_{V_1}^{V_2}p\mathrm{d}V$$

   功是过程量.

   热量：系统与外界或两个物体之间由于温度不同交换的热能，热量也是过程量.

   热力学第一定律的数学表达式：

$$Q=E_2-E_1+W$$
$$\mathrm{d}Q=\mathrm{d}E+\mathrm{d}W$$

8. 热容量

   定压摩尔热容：$C_p=\frac{1}{\nu}\left(\frac{\mathrm{d}Q}{\mathrm{d}T}\right)_p$.　　定容摩尔热容：$C_V=\frac{1}{\nu}\left(\frac{\mathrm{d}Q}{\mathrm{d}T}\right)_V$.

   理想气体的摩尔热容：$C_V=\frac{i}{2}R$；　$C_p=\frac{i+2}{2}R$.

   迈耶公式：$C_p=C_V+R$.　比热容比：$\gamma=\frac{C_p}{C_V}=\frac{i+2}{i}$.

9. 理想气体的等温过程：$pV=$常量；$Q=W=\nu RT\ln\frac{V_2}{V_1}$.

理想气体的绝热过程：$pV^\gamma=$常量；$W=E_1-E_2=\nu C_V(T_1-T_2)$.

10. 循环过程

热机循环：系统从高温热库吸热，对外做功，向低温热库放热. 效率为

$$\eta=\frac{W}{Q_1}=1-\frac{Q_2}{Q_1}$$

致冷循环：系统从低温热源吸热，接受外界做功，向高温热库放热.

致冷系数为

$$\varepsilon=\frac{Q_2}{W}=\frac{Q_2}{Q_1-Q_2}$$

卡诺循环：系统只和两个恒温热库进行热交换的准静态循环过程.

正卡诺循环效率：$\eta_c=1-\frac{T_2}{T_1}$.

逆卡诺循环的致冷系数：$\varepsilon_c=\frac{T_2}{T_1-T_2}$.

11. 热力学第二定律

表述：克劳修斯说法(热传导)；开尔文说法(功热转换).

微观意义：自然过程总是沿着使分子运动更加无序的方向进行.

12. 热力学概率 P：同一宏观态对应的微观状态数. 自然过程沿着向 P 增大的方向进行. 平衡态相应于一定宏观条件 P 最大的状态.

玻尔兹曼熵公式：

熵的定义：$S=k\ln P$

熵增加原理：在孤立系中进行的各种自然过程总有 $\Delta S>0$，这是一条统计规律.

13. 克劳修斯熵公式：

$$\mathrm{d}S=\frac{\mathrm{d}Q}{T};\quad S_2-S_1=\int_{1\,(R)}^{2}\frac{\mathrm{d}Q}{T}$$

熵增加原理：$\Delta S\geqslant 0$.

14. 气体分子的平均碰撞频率：

$$\overline{Z}=\sqrt{2}\pi d^2\bar{v}n$$

气体分子的平均自由程：

$$\bar{\lambda}=\frac{1}{\sqrt{2}\pi d^2 n}=\frac{kT}{\sqrt{2}\pi d^2 p}$$

15. 输运过程：扩散是输运分子质量. 热传导是输运无规则运动能量. 内摩擦是输运分子定向动量.

思 考 题

1. 何谓热力学系统的平衡态？气体在平衡态时有何特征？当气体处于平衡态时还有分子热运动吗？

2. 一定量气体，若温度 T 不变，则压强 p 随体积 V 的减小而增大；若体积 V 不变，则压强 p 随温度 T 的升高而增大. 从宏观上看，这两种变化同样使压强增大. 从微观上看，它们有何区别？

3. 怎样理解分子的平均平动动能$\overline{\varepsilon_k}=\frac{3}{2}kT$？如果容器内有几个分子，能否根据此式计算平均平动动能？能否对几个分子谈温度高低？

4. 两瓶不同种类的气体，其分子平均平动动能相等，问它们的温度是否相同？压强是否相同？

5. 试说明下列各式所表示的物理意义：(1)$\frac{1}{2}kT$；(2)$\frac{3}{2}kT$；(3)$\frac{i}{2}kT$；(4)$\frac{i}{2}RT$；(5)$\nu\frac{3}{2}RT$.

6. 如果氢气和氦气的温度相同，摩尔数相同. 问它们的分子平均平动动能是否相等？分子的平均总动能是否相等？内能是否相等？

7. 在相同的温度下氢气和氧气分子的速率分布是否一样？试在同一个图中定性地画出各自的麦克斯韦速率分布曲线？

8. $f(v)$是分子速率分布函数，下列表达式的含义各是什么？

(1)$f(v)\cdot \mathrm{d}v$；(2)$Nf(v)\mathrm{d}v$；(3)$\int_0^{v_p} f(v)\mathrm{d}v$；(4)$\int_0^{\infty} vf(v)\cdot \mathrm{d}v$.

9. 最概然速率和平均速率的物理意义各是什么？有人认为最概然速率就是速率分布中最大速率，对吗？

10. 内能和热量的概念有何不同？下面说法是否正确？

(1)物体温度越高，则热量越多；(2)物体温度越高，则内能越大.

11. 有可能对物体加热而不致升高物体的温度吗？有可能不做任何热交换而使系统的温度发生变化吗？

12. 热力学第一定律的下列形式的适用条件各是什么？

(1) $Q=\Delta E+W$；

(2)$Q=\Delta E+\int_{v_1}^{v_2} p\cdot \mathrm{d}V$；

(3)$Q=\nu C_V(T_2-T_1)+\int_{v_1}^{v_2} p\cdot \mathrm{d}V$.

13. 某理想气体按 $pV^2=$恒量的规律膨胀，问此理想气体的温度是升高了还是降低了？

14. 两种理想气体，分子的自由度不同，但体积、温度、摩尔数均相同，若等压膨胀相同的体积，问对外所做功是否相同？吸收热量是否相同？

15. 有两个卡诺热机，分别使用同一个低温热源，但高温热源温度不同. 在 p-V 图上，它们的循环曲线包围的面积相等，它们对外所做的净功是否相同？热机的效率是否相同？

16. 试根据热力学第二定律分析判别下列说法是否正确？

(1)功可能全部转化为热，但热不能全部转化为功；(2)热量能够从高温物体传到低温物体，但不能从低温物体传到高温物体.

17. 准静态过程、循环过程、可逆过程这些概念，有什么区别和联系？

18. 一杯热水置于空气中，它总是要冷却到与周围环境温度相等，在这一自然过程中，水的熵减少了，这是否违反熵增加原理？为什么？

习　题　5(A)

1. 一瓶氦气和一瓶氮气密度相同，分子平均平动动能相同，而且它们都处于平衡状态，则它们 [　　]

(A)温度相同、压强相同.

(B)温度、压强都不相同.

(C)温度相同，但氦气的压强大于氮气的压强.

(D)温度相同，但氦气的压强小于氮气的压强.

2. 关于温度的意义，有下列几种说法：

a. 气体的温度是分子平均平动动能的量度.

b. 气体的温度是大量气体分子热运动的集体表现，具有统计意义.

c. 温度的高低反映物质内部分子运动剧烈程度的不同.

d. 从微观上看，气体的温度表示每个气体分子的冷热程度.

上述说法中正确的上是 [　　]

(A)a，c，d.　　(B)b，c，d.　　(C)a，b，c.　　(D)a，b，d.

3. 在一密闭容器中，储有 A、B、C 三种理想气体，处于平衡状态. A 种气体的分子数密度为 n_1，它产生的压强为 p_1，B 种气体的分子数密度为 $2n_1$，C 种气体的分子数密度为 $3n_1$，则混合气体的压强 p 为 [　　]

(A)$3p_1$.　　(B)$4p_1$.　　(C)$5p_1$.　　(D)$6p_1$.

4. 根据能量自由度均分原理，设分子气体为刚性分子，分子自由度数为 i，则当温度为 T 时，一个分子的平均动能为__________，一摩尔氧气分子的转动动能总和为__________.

5. 容积 $V=1\text{m}^3$ 的容器内混有 $N_1=1.0\times10^{25}$ 个氢气分子和 $N_2=4.0\times10^{25}$ 个氧气分子，混合气体的温度为 400K，求：

(1)气体分子的平动动能总和；

(2)混合气体的压强(玻尔兹曼常量 $k=1.38\times10^{-23}$ J/K).

6. 理想气体系统由氧气组成，压强 $p=1\text{atm}$，温度 $T=300\text{K}$. 求：

(1)单位体积内的分子数；

(2)分子的平均平动动能和平均转动动能；

(3)单位体积中的内能.

7. 有 $2\times10^{-3}\text{m}^3$ 刚性双原子分子理想气体，其内能为 6.75×10^2 J.

(1)试求气体的压强；

(2)设分子总数为 5.4×10^{22} 个，求分子的平均平动动能及气体的温度($k=1.38\times10^{-23}$ J/K).

习　题　5(B)

1. 两种不同的理想气体，若它们的最概然速率相等，则它们的 [　　]

(A)平均速率相等，方均根速率相等.　　(B)平均速率相等，方均根速率不相等.

(C)平均速率不相等,方均根速率相等.　　(D)平均速率不相等,方均根速率不相等.

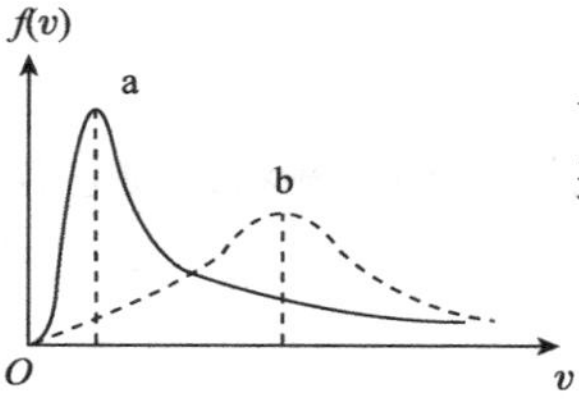

2. 设题图 5.1 的两条曲线分别表示在相同温度下氧气和氢气分子的速率分布曲线;令$(v_p)_{O_2}$和$(v_p)_{H_2}$分别表示氧气和氢气的最概然速率,则　[　　]

(A)图中 a 表示氧气分子的速率分布曲线;$(v_p)_{O_2}/(v_p)_{H_2}=4$.

(B)图中 a 表示氧气分子的速率分布曲线;$(v_p)_{O_2}/(v_p)_{H_2}=1/4$.

(C)图中 b 表示氧气分子的速率分布曲线;$(v_p)_{O_2}/(v_p)_{H_2}=1/4$.

(D)图中 b 表示氧气分子的速率分布曲线;$(v_p)_{O_2}/(v_p)_{H_2}=4$.

题图 5.1

3. 汽缸内盛有一定的理想气体,当温度不变,压强增大一倍时,该分子的平均碰撞频率$\overline{Z}$和平均自由程$\overline{\lambda}$的变化情况是　[　　]

(A)$\overline{Z}$和$\overline{\lambda}$都增大一倍.　　(B)$\overline{Z}$和$\overline{\lambda}$都减为原来的一半.

(C)$\overline{Z}$增大一倍而$\overline{\lambda}$减为原来的一半.　　(D)$\overline{Z}$减为原来的一半而$\overline{\lambda}$增大一倍.

4. 当理想气体处于平衡态时,气体分子速率分布函数为$f(v)$,则分子速率处于最概然速率v_p至∞范围内的概率$\Delta N/N=$__________.

5. 氮气在标准状态下的分子平均碰撞次数为$5.42\times10^8\,s^{-1}$,分子平均自由程为$6\times10^{-6}\,cm$,若温度不变,气压降为 0.1atm,则分子的平均碰撞次数变为__________;平均自由程变为__________.

6. 假定N个粒子的速率分布函数为

$$f(v)=\begin{cases}C, & v_0\geqslant v>0,\\ 0, & v>v_0,\end{cases}$$

(1)做出速率分布曲线;

(2)由v_0求常数 C;

(3)求粒子的平均速率.

7. 某理想气体在平衡温度T_2时的v_p与它在平衡温度T_1时的$\sqrt{\overline{v^2}}$相等:

(1)求T_2/T_1;

(2)已知这种气体的压强为p、密度为ρ,试导出其方均根速率的表达式.

习　题　5(C)

1. 1mol 的单原子分子理想气体从状态 A 变为状态 B,如果不知是什么气体,变化过程也不知道,但 A、B 两态的压强、体积和温度都知道,则可求出　[　　]

(A)气体所做的功.　　(B)气体内能的变化.

(C)气体传给外界的热量.　　(D)气体的质量.

2. 如题图 5.2 所示,一定量的理想气体从体积V_1膨胀到体积V_2分别经历的过程是:AB等压过程;AC等温过程;AD绝热过程. 其中吸热最多的过程　[　　]

(A)是AB.

(B)是AC.

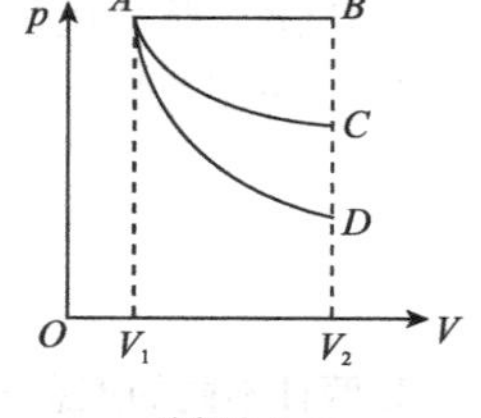

题图 5.2

(C)是 AD.

(D)既是 AB 也是 AC,两过程吸热一样多.

3. 根据热力学第二定律,下列说法正确的是　[　　]

(A)热量能从高温物体传到低温物体,但不能从低温物体传到高温物体.

(B)功可以全部变为热,但热不能全部变为功.

(C)气体能够自由膨胀,但不能自动收缩.

(D)有规则运动的能量能够变为无规则运动的能量,但无规则运动的能量不能变为有规则运动的能量.

4. 一绝热容器被隔板分为两半,一半是真空,另一半理想气体,若把隔板抽出,气体将进行自由膨胀,达到平衡后　[　　]

(A)温度不变,熵增加.　(B)温度升高,熵增加.

(C)温度降低,熵增加.　(D)温度不变,熵不变.

5. 不可逆过程是　[　　]

(A)不能反向进行的过程.

(B)系统不能恢复到初始状态的过程.

(C)有摩擦存在的过程或者非准静态的过程.

(D)外界有变化的过程.

6. 已知的 1mol 某种理想气体(可视为刚性分子),在等压过程中温度上升 1K,内能增加了 20.78J,则气体对外做功为__________,气体吸收热量为__________.

7. 所谓第一类永动机不可能制成功是因为违背了____________________.

8. 卡诺热机,其低温热源温度为 $T_2=300\text{K}$,高温热源温度为 $T_1=450\text{K}$,每一循环从高温热源吸热 $Q_1=600\text{J}$,则每一循环中对外做功 $W=$__________.

9. 所谓第二类永动机是指____________,它不可能制成是因为违背______________.

10. 在一个孤立系统内,一切实际过程都向着状态概率增大的方向进行,这就是热力学第二定律的统计意义. 从宏观上说,一切与热现象有关的实际的过程都是__________.

11. 0.02kg 的氦气(视为理想气体),温度由 17℃升到 27℃. 若在升温过程中,(1)体积保持不变;(2)压强保持不变;(3)不与外界交换热量;

试分别求出气体内能的改变、吸收的热量、外界对气体所做的功.

12. 一定量的理想气体,由状态 a 经 b 到达 c,如题图 5.3 所示,abc 为一直线,求此过程中

(1)气体对外做的功;

(2)气体内能的增量;

(3)气体吸收的热量($1\text{atm}=1.013\times10^5\text{Pa}$).

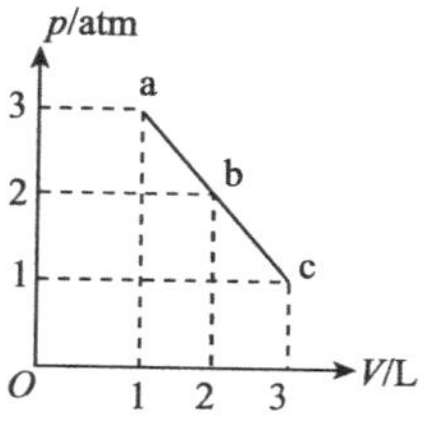

题图 5.3

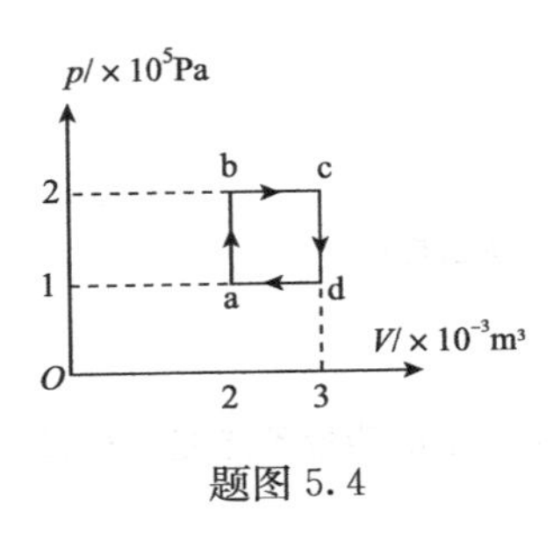

题图 5.4

13. 如题图 5.4 所示，abcda 为 1mol 单原子分子理想气体的循环过程，求：

(1)气体循环一次，在吸热过程中从外界吸收的总热量；

(2)气体循环一次对外做的净功；

(3)该循环的热机效率.

14. 一卡诺循环的热机，高温热源温度是 527℃. 每一循环从此热源吸进 1000J 热量并向一低温热源放出 750J 热量. 求：

(1)低温热源温度；

(2)这循环的热机效率.

物理科技

新能源技术

新能源，又称非常规能源，是指传统能源之外的各种能源形式. 新能源发展的目标是使用清洁的可再生能源. 可再生能源一般是指在自然界中可以不断再生、永续利用、取之不尽、用之不竭的资源，它对环境无害或危害极小，而且资源分布广泛，适宜就地开发利用. 自 20 世纪 60 年代起，水电、风电、太阳能、核能、生物质能和海洋能等技术应用和产业化稳步发展，关键技术相继得到突破.

下面将简单介绍新能源技术中的太阳能电池技术和燃料电池技术.

一、太阳能电池技术

太阳能是人类取之不尽用之不竭的可再生能源和清洁能源. 太阳能光电利用是近些年来发展最快、最具活力的研究领域，是其中最受瞩目的项目之一. 为此，人们研制和开发了太阳能电池. 太阳能电池主要是以半导体材料为基础，其工作原理是利用光电材料吸收光能后发生光电子转换反应. 无论以何种材料来制作电池，对太阳能电池材料一般的要求有：半导体材料的禁带不能太宽；要有较高的光电转换效率；材料本身对环境不造成污染；材料便于工业化生产且材料性能稳定. 基于以上几个方面考虑，硅是最理想的太阳能电池材料.

1. 单晶硅太阳能电池

硅系列太阳能电池中，单晶硅太阳能电池转换效率最高，技术也最为成熟. 高性能单晶硅电池是建立在高质量单晶硅材料和相关的成熟的加工处理工艺基础上的. 在电池制作中，一般都采用表面织构化、发射区钝化、分区掺杂等技术，开发的电池主要有平面单晶硅电池和刻槽埋栅电极单晶硅电池. 提高转化效率主要取决于单晶硅表面微结构处理和分区掺杂工艺.德国费莱堡的弗劳恩霍夫太阳能系统研究所采用光刻照相技术将电池表面织构化,制成倒金字塔结构,并在表面把一13nm厚的氧化物钝化层与两层减反射涂层相结合.通过改进电镀过程增加栅极的宽度和高度的比率,制得的电池转化效率超过23%.单晶硅太阳能电池转换效率无疑是最高的,在大规模应用和工业生产中仍占据主导地位,但由于受单晶硅材料价格及相应的繁琐电池工艺影响,致使单晶硅成本价格居高不下,要想大幅度降低其成本是非常困难的.寻找单晶硅电池的高质量替代产品是降低成本的有效途径.目前薄膜太阳能电池领域,多晶硅薄膜太阳能电池和非晶硅薄膜太阳能电池就是典型代表.

2. 多晶硅薄膜太阳能电池

通常的晶体硅太阳能电池是在厚度350～450μm的高质量硅片上制成的,这种硅片从提拉或浇铸的硅锭上锯割而成.因此实际消耗的硅材料更多.为了节省材料,人们从20世纪70年代中期就开始在廉价衬底上沉积多晶硅薄膜,但由于生长的硅膜晶粒太小,未能制成有价值的太阳能电池.为了获得大尺寸晶粒的薄膜,多采用化学气相沉积法,包括低压化学气相沉积(LPCVD)和等离子增强化学气相沉积(PECVD)工艺.化学气相沉积主要是以SiH_2Cl_2、$SiHCl_3$、$SiCl_4$或SiH_4,为反应气体,在一定的保护气氛下反应生成硅原子并沉积在加热的衬底上,衬底材料一般选用Si、SiO_2、Si_3N_4等.但研究发现,在非硅衬底上很难形成较大的晶粒,并且容易在晶粒间形成空隙.解决这一问题办法是先用LPCVD在衬底上沉积一层较薄的非晶硅层,再将这层非晶硅层退火,得到较大的晶粒,然后再在这层籽晶上沉积厚的多晶硅薄膜,目前采用的技术主要有固相结晶法和中区熔再结晶法.多晶硅薄膜电池除采用了再结晶工艺外,另外采用了几乎所有制备单晶硅太阳能电池的技术,这样制得的太阳能电池转换效率明显提高.德国弗劳恩霍夫太阳能系统研究所采用脉冲激光沉积技术,利用电镀刻蚀等手段制备的多晶硅电池转换效率为23.46%;多晶硅薄膜电池由于所使用的硅较少,又无效率衰退问题,并且有可能在廉价衬底材料上制备,其成本远低于单晶硅电池,而效率高于非晶硅薄膜电池,因此,多晶硅薄膜电池有可能会在太阳能电地市场上占据主导地位.

3. 非晶硅薄膜太阳能电池

开发太阳能电池的两个关键问题就是:提高转换效率和降低成本.由于非晶硅薄膜太阳能电池的成本低,便于大规模生产,普遍受到人们的重视并得到迅速发展.非晶硅作为太阳能材料尽管是一种很好的电池材料,但由于其光学带隙为1.7eV,使得材料本身对太阳辐射光谱的长波区域不敏感,这就限制了非晶硅太阳能电池的转换效率.此外,其光电效率会随着光照时间的延续而衰减,即所谓的光致衰退效应,使得电池性能不稳定.解决这些问题的途径就是制备叠层太阳能电池,叠层太阳能电池是由在制备的p-i-n层单结太阳能电池上再沉积一个或多个p-i-n子电池制得的.目前非晶硅太阳能电池的研究取得两大进展:美国联合太阳能公司(VSSC)制得的单结太阳能电池最高转换效率为9.3%,三带隙三叠层电池最高转换效率为13%,上述最高转换效率是在小面积(0.25cm^2)电池上取得的.曾有文献报道单结非晶硅太阳能电池转换效率超过12.5%,日本中央研究院采用一系列新措施,制得的非晶硅电池的转换效率为13.2%.

非晶硅太阳能电池由于具有较高的转换效率和较低的成本及重量轻等特点,有着极大的潜力.但同时由于它的稳定性不高,直接影响了它的实际应用.如果能进一步解决稳定性问题及提高转换率问题,那么,非晶硅太阳能电池无疑是太阳能电池的主要发展产品之一.

二、燃料电池技术

燃料电池是一种电化学的发电装置.早在1839年,威廉姆·格罗夫就试验成功了简单的燃料电池.19世纪60年代碱性燃料电池曾迅速发展并在航天领域得到应用.70至80年代,熔融碳酸盐燃料电池和固体氧化物燃料电池发展起来.90年代以来,质子交换膜燃料电池得到迅猛发展.把燃料电池应用到汽车上是一个历史性的突破,这种电动汽车的最大好处是灵敏度高,不会因汽车尾气等造成环境污染.

燃料电池的基本组成有:电极、电解质、燃料和氧化剂.燃料可以是H_2、CH_4、CH_3OH、CO等,氧化剂一般是氧气或空气,电解质可为水溶液(H_2SO_4、H_3PO_4、NaOH等)、熔融盐($NaCO_3$、K_2CO_3)、固体聚合物、固体氧化物等.发电时,燃料和氧化剂由电池外部分别供给电池的阳极和阴极,阳极发生燃料的氧化反应,阴极发生氧化剂的还原反应,电解质将两电极隔开,导电离子在电解质内移动,电子通过外电路做功并构成电的回路.与普通电池不同的是,只要能保证燃料和氧化剂的供给,燃料电池就可以连续不断地产生电能.

按电解质划分,燃料电池大致上可分为五类:碱性燃料电池(AFC)、磷酸型燃料电池(PAFC)、固体氧化物燃料电池(SOFC)、熔融碳酸盐燃料电池(MCFC)和质子交换膜燃料电池(PEMFC).

按燃料电池所用原始燃料的类型,大致分为氢燃料电池、甲烷燃料电池、甲醇燃料电池和汽油燃料电池几类.

下面仅以氢燃料电池为例介绍燃料电池技术的应用与研发情况.

通用汽车公司已研制成功使用液氢燃料电池产生动力的零排放概念车"氢动一号",该车加速快,操作灵活,从0～100km/h加速仅16秒,最高时速可达140km/h,续驶里程400km.2003年4月林德公司为德国Adam Opel公司建造了世界上第一座70MPa氢气充气站,这标志着以氢气为动力的汽车社会进入一个重要的里程碑.

壳牌公司氢气公司与通用汽车公司合作,于2005年初在北美华盛顿现有一零售汽油加油站投用了第一个充氢站,6 台通用公司 Hydrogen3 燃料电池汽车已首次在此加氢. 雪佛龙德士古技术公司(雪佛龙德士古公司子公司)于 2005 年 5 月在美国奇诺(Chino)现代–起亚美国技术中心,投用了第一座雪佛龙氢能站.

荷兰 NedStack 公司建造 200kWE(峰值)燃料电池发电模块,用以与阿克苏–诺贝尔碱化学品公司(鹿特丹)氯碱装置生产相链结,燃料电池耗用电解槽副产的氢气,并产生电力供电解装置使用. 燃料电池运行采用阿克苏–诺贝尔公司中型电解装置的氢气,在实际寿命条件下,发电效率达到 61.8%. 该 PEM(质子交换膜)型燃料电池设计的连续工作时间为 40000 小时(不用维修),汽车应用为 3000 小时.

鉴于燃料电池携带纯氢成本高、安全性差、汽车一次补充燃料行车里程短,且纯氢贮存、运输比较困难,许多公司正在发展与燃料电池配套的贮氢技术. 壳牌氢气公司与美国能源转换设备公司成立贮氢系统合资企业,开发固体氢化物贮氢技术并实现商业化,车载贮氢罐提供氢燃料的燃料电池汽车已推向市场.

热学部分综合习题

1. 温度、压强相同的氦气和氧气,它们分子的平均动能 $\bar{\varepsilon}$ 和平均平动动能 $\bar{\varepsilon}_k$ 有关系 [ ]

(A) $\bar{\varepsilon}$ 和 $\bar{\varepsilon}_k$ 都相等.　　(B) $\bar{\varepsilon}$ 相等,而 $\bar{\varepsilon}_k$ 不等.

(C) $\bar{\varepsilon}_k$ 相等,而 $\bar{\varepsilon}$ 不等.　　(D) $\bar{\varepsilon}$ 和 $\bar{\varepsilon}_k$ 都不相等.

2. 关于温度的意义,有下列几种说法:

(1)气体的温度是分子平均平动动能的量度.

(2)气体的温度是大量气体分子热运动的集体表现,具有统计意义.

(3)温度的高低反映物质内部分子运动剧烈程度的不同.

(4)从微观上看,气体的温度表示每个气体分子的冷热程度.

上述说法中正确的是 [ ]

(A)(1)、(2)、(4).　(B)(1)、(2)、(3).　(C)(2)、(3)、(4).　(D)(1)、(3)、(4).

3. 麦克斯韦速率分布曲线如综图 1 所示,图中 A、B 两部分面积相等,则该图表示 [ ]

(A) v_0 为最概然速率.

(B) v_0 为平均速率.

(C) v_0 为方均根速率.

(D)速率大于和小于 v_0 的分子数各占一半.

综图 1

4. 置于容器内的气体,如果气体内各处压强相等,或气体内各处温度相同,则这两种情况下气体的状态 [ ]

(A)一定都是平衡态.

(B)不一定都是平衡态.

(C)前者一定是平衡态,后者一定不是平衡态.

(D)后者一定是平衡态,前者一定不是平衡态.

5. 一定量的理想气体,经历某过程后,它的温度升高了. 则根据热力学定律可以断定:

(1)该理想气体系统在此过程中吸了热.

(2)在此过程中外界对该理想气体系统做了正功.

(3)该理想气体系统的内能增加了.

(4)在此过程中理想气体系统既从外界吸了热,又对外做了正功.

以上正确的断言是 [ ]

(A)(1)、(3).　　(B)(2)、(3).

(C)(3).　　(D)(3)、(4).

(E)(4).

6. 热力学第一定律表明 [ ]

(A)系统对外做的功不可能大于系统从外界吸收的热量.

(B)系统内能的增量等于系统从外界吸收的热量.

(C)不可能存在这样的循环过程,在此循环过程中,外界对系统做的功不等于系统传给外界的热量.

(D)热机的效率不可能等于1.

7. 有人设计一台卡诺热机(可逆的),每循环一次可以从400K的高温热源吸热1800J,向300K的低温热源放热800J. 同时对外做功1000J,这样的设计是 [ ]

(A)可以的,符合热力学第一定律.

(B)可以的,符合热力学第二定律.

(C)不行的,卡诺循环所做的功不能大于向低温热源放出的热量.

(D)不行的,这个热机的效率超过理论值.

8. 3mol的理想气体开始时处在压强 $p_1=6\text{atm}$、温度 $T_1=500\text{K}$ 的平衡态. 经过一个等温过程,压强变为 $p_2=3\text{atm}$. 该气体在此等温过程中吸收的热量为 $Q=$__________(摩尔气体常量 $R=8.31\text{J/mol}\cdot\text{K}$).

9. 一定量的某种理想气体在等压过程中对外做功为200J. 若此种气体为单原子分子气体,则该过程中需吸热 $Q_{p_1}=$__________;若为双原子分子气体,则需吸热 $Q_{p_2}=$__________.

10. 一卡诺热机(可逆的),低温热源的温度为 $T_2=300\text{K}$,热机效率为40%,其高温热源温度为 $T_1=$__________. 今欲将该热机效率提高到50%,若低温热源保持不变,则高温热源的温度应增加 $\Delta T_1=$__________.

11. 许多星球的温度达到 10^8K. 在这温度下原子已经不存在了,而氢核(质子)是存在的. 若把氢核视为理想气体,问:

(1)氢核的方均根速率是多少?

(2)氢核的平均平动动能是多少电子伏特($1\text{eV}=1.6\times10^{-19}\text{J}$)?

12. 一卡诺热机(可逆的),当高温热源的温度为127℃、低温热源温度为27℃时,其每次循环对外做净功8000J. 今维持低温热源的温度不变,提高高温热源温度,使其每次循环对外做净功10000J. 若两个卡诺循环都工作在相同的两条绝热线之间,试求:

(1)第二个循环热机的效率;

(2)第二个循环的高温热源的温度.

第 6 章

电场及其生物效应

电磁运动是自然界的基本运动形式之一，在物理学中把研究电磁运动规律的部分称为电磁学. 人们在对电磁现象的研究过程中提出了电场和磁场的概念，这是人类认识上的一次质的飞跃. 场的研究在物理学发展史上占有极其重要的地位. 在以后的几章里，我们将介绍静电场、稳恒磁场和电磁场的基本规律和性质；讨论各种场与场中物质的相互作用，为电磁技术在农业中的应用提供基本的理论依据.

我们把静止电荷激发的电场称为静电场. 本章首先介绍真空中相对静止的点电荷在它周围所激发的静电场的分布规律及其基本性质；然后讲述电场对电荷的作用以及电场对电场中的物质包括对生命物质的影响.

本章基本要求：

1. 理解电场强度和电势以及二者的关系.
2. 掌握库仑定律，理解电偶极子及其周围的场强和电势的分布规律.
3. 掌握高斯定理及其在计算对称性极好的带电体周围的电场强度时的应用.
4. 了解电介质的极化规律和电场的能量.
5. 理解生物电现象，了解电场生物效应的一般规律.
6. 了解静电技术在农业工程中的应用.

6.1 电荷与电场

电荷与电场

6.1.1 电荷及其相互作用

1. 电荷

人类对电的认识是从公元前600年左右的摩擦起电现象开始的. 大量的实验证明,自然界中存在正负两种电荷,并且同种电荷相互排斥,异种电荷相互吸引. 但是只有近代的物质结构观点才能使摩擦起电的物理实质得到令人信服的解释,即物质由分子组成,分子又由原子组成,而原子也不是最小单元,它是由质子和中子组成的原子核和核外电子所组成,它们还可以再分下去. 但就静电特性来看,原子核所带正电荷和核外电子的负电荷总是等量异号的,故原子整体或物质整体在一般的平衡状态下总是显电中性的. 只有当物质或原子丢失电子后才显出带正电荷;得到了电子后,比中性状态多余了电子才显出带负电荷. 现已证明,电荷总是等量异号地出现,或分布于同一物体的不同部位,或从一个物体转移到另一个物体;而电荷的中和也总是等量异号地相消,这种反映电荷既不能创生,也不能消灭,而只能在物理过程中转移的客观规律称为电荷守恒定律. 或者说,在任何物理过程中,电荷的代数和是守恒的. 这一定律在宏观过程和微观过程中都适用,它是物理学中普遍的基本定律之一.

通常 e 被称为基本荷电量,因为它是我们现在所能获得的荷电量的最小值,目前其公认值为 1.602×10^{-19} 库仑. 用 $-e$ 来表示电子的电荷;$+e$ 则表示质子的荷电量. 所有带电体的荷电量都是 e 的整数倍,而得失电荷也只能以 e 的整数倍进行. 可见,电荷量总是以 e 为单位的分立形式存在,而不是连续的. 这种电荷不连续的存在形式被称为电荷的量子化. 尽管现代物理的研究结果从理论上预言,中子和质子等是由夸克组成的,自然界中存在电荷为分数(如 $\pm\frac{e}{3}$ 或 $\frac{2e}{3}$)的粒子(夸克或层子),至今尚无实验证据. 不过即使存在分数电荷,那也是非连续的,量子化的观点仍然正确.

2. 点电荷的相互作用——库仑力

有关电现象的定量研究,可以认为是由法国物理学家库仑开始的. 1785年,库仑利用扭称对真空中静止的点电荷间的相互作用进行了定量研究,总结出真空中点电荷间相互作用的规律,即库仑定律.

点电荷是一个理想模型,是静电研究中的重要概念之一. 所谓点电荷是这样的带电体,它本身的几何线度比起它到其他带电体的距离小得多. 这种带电体的形状和电荷在其中的分布已无关紧要,因此我们可以把它抽象成一个几何的点.

库仑定律可表述为:在真空中,两个电荷为 q_1 和 q_2 的点电荷相互作用力的大小,

与 q_1 和 q_2 的乘积成正比，与它们之间距离 r 的平方成反比，作用力的方向沿着这两个点电荷的连线，同号电荷相斥，异号电荷相吸.

用 $\boldsymbol{F}_{12}$ 表示 q_2 对 q_1 的作用力，$\boldsymbol{F}_{21}$ 表示 q_1 对 q_2 的作用力，$\boldsymbol{r}$ 表示由 q_1 指向 q_2 的矢径，$\boldsymbol{r}_0$ 是 $\boldsymbol{r}$ 方向上的单位矢量，在国际单位制中库仑定律的矢量式可写为

$$\boldsymbol{F}_{12} = -\boldsymbol{F}_{21} = \frac{1}{4\pi\varepsilon_0}\frac{q_1 q_2}{r^3}\boldsymbol{r} = \frac{1}{4\pi\varepsilon_0}\frac{q_1 q_2}{r^2}\boldsymbol{r}_0 \tag{6-1}$$

ε_0 称为真空介电常量，其值为 $\varepsilon_0 = 8.85\times10^{-12}\mathrm{C}^2\cdot\mathrm{N}^{-1}\cdot\mathrm{m}^{-2}$.

库仑定律是静电学的基础. 库仑力（或称静电力）在原子结构、分子结构和生物化学反应等微观领域中起着重要作用. 库仑定律的局限性表现在：在极小距离（$<10^{-13}$cm）和极大距离（地理和天文距离）的情况下是不适用的. 根据电场量子理论证明和实验，库仑定律在 10^{-13}cm 到若干公里的范围内还是可靠的，这为我们在分子生物学中应用库仑定律提供了依据.

如果一个点电荷同时受到几个点电荷的相互作用，则每两个点电荷之间的相互作用力都服从库仑定律. 这就是说，任意两个点电荷之间的相互作用力的大小和方向并不因其他点电荷的存在与否而受影响，这就是库仑力的独立性. 而任意一个点电荷若同时受到几个点电荷的库仑力的作用，其合力则是它和其他每个点电荷单独存在时的每个库仑力的矢量和，这就是库仑力的叠加性.

6.1.2　电场及电场强度

1. 电场

场是一个与空间位置有关的量. 有标量场，如表示室内温度分布规律的温度场等；有矢量场，比如我们所熟悉的引力场等.

电场是矢量场，它的定义与引力场相似. 近代物理学的研究表明，任何电荷的周围都存在着电场，相对于观察者是静止的电荷在其周围所激发的电场被称为静电场. 而电场的基本性质是对处于电场之中的任何电荷都有作用力，被称为电场力. 因此，电荷与电荷之间的库仑相互作用力是通过电场来传递的，一般用下图来示意这种传递方式：

$$\text{电荷} \rightleftharpoons \text{电场} \rightleftharpoons \text{电荷}$$

电场虽然不像由原子、分子组成的实物那样看得见、摸得着，但它所具有的一系列物质属性，如具有能量、动量、能施于电荷作用力等都能够被感觉. 因此，电场是一种客观存在，是物质存在的一种形式.

2. 电场强度

电场强度是定量描述静电场的基本物理量之一，是以测量电荷在电场中受力情

况来定义的.为了测量电场分布的准确性,需要引入满足下列两个条件的试验电荷:第一,选择电量很小的正电荷 q_0 作试验电荷.它虽然也要产生电场,但由于电量很小,小到它所激发的电场不影响被测场点电场的大小,从而保证了测量的准确性;第二,体积很小,只有体积小才能在场中占据准确的场点的位置,从而准确地反映该点的电场的大小和方向.

研究结果表明,把试验电荷放在电场中任一给定点处,改变试验电荷 q_0 的量值,各试验电荷所受电场力 $\boldsymbol{F}$ 的大小将与电荷量成正比,而力的方向不变.即对给定的场点,比值 $\dfrac{\boldsymbol{F}}{q_0}$ 具有确定的大小和方向.但是,对不同的场点,比值 $\dfrac{\boldsymbol{F}}{q_0}$ 的大小和方向一般不同,这说明比值 $\dfrac{\boldsymbol{F}}{q_0}$ 只与试验电荷所在场点的位置有关,而与试验电荷的量值无关,即只是场点位置的函数.这个函数从力的角度反映了电场本身所具有的客观性质.因此,我们将比值 $\dfrac{\boldsymbol{F}}{q_0}$ 定义为**电场强度**,简称场强,用 $\boldsymbol{E}$ 表示.

$$\boldsymbol{E}=\frac{\boldsymbol{F}}{q_0} \tag{6-2}$$

上式为场强的定义式,文字表述就是:电场强度为一个矢量,其大小等于单位电荷在该处所受电场力的大小,其方向与正电荷在该处所受电场力的方向一致.电场强度的单位为 N/C(牛顿/库仑),以后还可导出 V/m(伏特/米).

根据电场强度定义,由(6-1)式可计算点电荷 q 在空间产生的电场强度分布为

$$\boldsymbol{E}=\frac{\boldsymbol{F}}{q_0}=\frac{1}{4\pi\varepsilon_0}\frac{q}{r^3}\boldsymbol{r}=\frac{1}{4\pi\varepsilon_0}\frac{q}{r^2}\boldsymbol{r}_0 \tag{6-3}$$

3. 场强叠加原理

电场力是矢量,它服从矢量叠加原理.即如果以 $\boldsymbol{F}_1,\boldsymbol{F}_2,\cdots,\boldsymbol{F}_k$ 分别表示电荷 $q_1,q_2,\cdots,q_k$ 单独存在时,各电荷施于空间同一点上试验电荷 q_0 的力,则它们同时存在时,各电荷施于该试验电荷的力 $\boldsymbol{F}$ 将为 $\boldsymbol{F}_1,\boldsymbol{F}_2,\cdots,\boldsymbol{F}_k$ 的矢量和,即

$$\boldsymbol{F}=\boldsymbol{F}_1+\boldsymbol{F}_2+\cdots+\boldsymbol{F}_k$$

将上式除以 q_0 得

$$\boldsymbol{E}=\boldsymbol{E}_1+\boldsymbol{E}_2+\cdots+\boldsymbol{E}_k \tag{6-4}$$

式中 $\boldsymbol{E}_1=\boldsymbol{F}_1/q_1,\boldsymbol{E}_2=\boldsymbol{F}_2/q_2,\cdots,\boldsymbol{E}_k=\boldsymbol{F}_k/q_k$,分别代表 $q_1,q_2,\cdots,q_k$ 单独存在时在空间一点的场强,而 $\boldsymbol{E}=\boldsymbol{F}/q$ 代表它们同时存在时该点的总场强.由此可见,点电荷组所产生的电场在某点的场强等于各点电荷单独存在时所产生的电场在该点场强的矢量和,这就是电场强度叠加原理(简称场强叠加原理),即

$$\boldsymbol{E}=\boldsymbol{E}_1+\boldsymbol{E}_2+\cdots=\sum_{i=1}^{n}\frac{1}{4\pi\varepsilon_0}\frac{q_i}{r_i^2}\boldsymbol{r}_{i0} \tag{6-5}$$

场强叠加原理是电场的基本规律之一. 因为任何一个带电体都可以看成是点电荷组,所以利用这一原理,原则上可以计算出任意带电体所产生的场强.

对于宏观上电荷是连续分布的带电体,可将它分成无限多个电荷元,使得每个电荷元都可作为点电荷来处理,其中任意一个电荷元 $\mathrm{d}q$ 在给定点产生的场强为

$$\mathrm{d}\boldsymbol{E}=\frac{1}{4\pi\varepsilon_0}\frac{\mathrm{d}q}{r^2}\boldsymbol{r}_0 \tag{6-6}$$

式中 r 是从电荷元 $\mathrm{d}q$ 到给定点的距离,根据场强叠加原理,整个带电体在给定点产生的场强为

$$\boldsymbol{E}=\int \mathrm{d}\boldsymbol{E}=\frac{1}{4\pi\varepsilon_0}\int\frac{\mathrm{d}q}{r^2}\boldsymbol{r}_0 \tag{6-7}$$

如果电荷分布在一个体积内,电荷体密度为 ρ,则上式中的 $\mathrm{d}q=\rho\mathrm{d}v$,相应的积分是一个体积分;如果电荷分布在厚度可以忽略的面上,电荷面密度为 σ,则上式中的 $\mathrm{d}q=\sigma\mathrm{d}s$,相应的积分是一个面积分;如果电荷分布在一根横截面可以忽略的线上,电荷线密度为主,则上式中的 $\mathrm{d}q=\lambda\mathrm{d}l$,相应的积分是一个线积分.

还要指出的是,(6-7)式为一矢量积分,形式比较简洁,但在实际处理问题时,一般先把它分解成空间坐标系三个坐标轴上的分量(例如空间直角坐标系的 x、y、z 三个轴上的分量),然后分别积分,求出场强 $\boldsymbol{E}$ 在三个坐标轴上的分量,最后合成得到总场强 $\boldsymbol{E}$.

例 6.1 讲解

例 6.1　求均匀带电细棒中垂面上的场强分布. 设棒长为 $2L$,总电荷为 $q(q>0)$.

解　在包含细棒的中垂面内,电场的分布具有轴对称性,取细棒中心 O 点为原点,建立坐标系 Oxz,如图 6.1 所示.

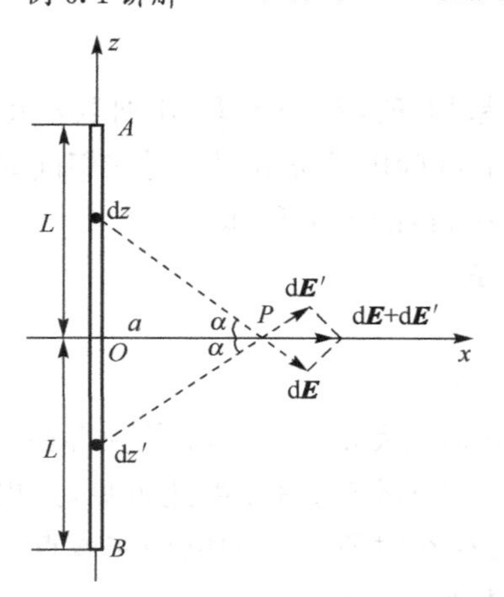

图 6.1　均匀带电细棒中垂面上的场强

细棒均匀带电,电荷的线密度 $\lambda=q/(2L)$,λ 为一常量. 将细棒分割为许多相等的无限小线元 $\mathrm{d}z$ 和 $\mathrm{d}z'$,相应的无限小电荷元 $\mathrm{d}q=\mathrm{d}q'=\lambda\mathrm{d}z$. 它们的分布对称于中垂线 Ox 轴,它们在中垂线上任一点 P 产生的场强 $\mathrm{d}\boldsymbol{E}$ 和 $\mathrm{d}\boldsymbol{E}'$,也对称于中垂线,其 z 分量相互抵消. 因此,所有 $\mathrm{d}\boldsymbol{E}$ 和 $\mathrm{d}\boldsymbol{E}'$ 的 z 分量的总和为零,即 $\boldsymbol{E}_z=0$. 合场强 $\boldsymbol{E}$ 的方向应沿 x 轴方向,可见,只需求 $\boldsymbol{E}_x$.

由于 $\overline{OP}=a$,$\mathrm{d}z$ 离原点 O 的距离取为 z,电荷元 $\mathrm{d}q$ 在 P 点的场强的大小为

$$\mathrm{d}E=\frac{1}{4\pi\varepsilon_0}\frac{\mathrm{d}q}{a^2+z^2}=\frac{\lambda}{4\pi\varepsilon_0}\frac{\mathrm{d}z}{a^2+z^2} \tag{6-8}$$

$$\mathrm{d}E_x = \mathrm{d}E\cos\alpha = \frac{\lambda}{4\pi\varepsilon_0}\frac{\mathrm{d}z}{a^2+z^2}\cdot\frac{a}{(a^2+z^2)^{\frac{1}{2}}} = \frac{\lambda}{4\pi\varepsilon_0}\frac{a\mathrm{d}z}{(a^2+z^2)^{\frac{3}{2}}} \tag{6-9}$$

细棒在 P 点产生的总场强的大小为

$$E = E_x = \int_B^A \mathrm{d}E_x = \frac{\lambda}{4\pi\varepsilon_0}\int_{-L}^{L}\frac{a\,\mathrm{d}z}{(a^2+z^2)^{\frac{3}{2}}} = \frac{\lambda L}{2\pi\varepsilon_0 a\,(a^2+L^2)^{\frac{1}{2}}} \tag{6-10}$$

当细棒为无限长时，任何垂直于它的平面都可以看成是中垂面. 所以，无限长带电细棒周围任何点的场强都与棒垂直. 并且由于 $L\to\infty$，所以有

$$E = \frac{\lambda}{2\pi a\varepsilon_0} \tag{6-11}$$

即无限长带电细棒周围任一点的场强大小 E 都与该场点到细棒的距离 a 成反比. 对于有限长细棒而言，在靠近其中部附近的区域($a<L$)，这一结果也近似成立.

例 6.2　试计算均匀带电圆环轴线上任一给定 P 点处的场强. 设圆环的半径为 R，圆环所带的电荷为 q，P 点与环心的距离为 x.

例 6.2 讲解

解　如图 6.2 所示，在圆环上任取线元 $\mathrm{d}l$，圆环上线电荷密度 $\lambda=q/(2\pi R)$，$\mathrm{d}l$ 所带电荷 $\mathrm{d}q=\lambda\mathrm{d}l$，式中 $2\pi R$ 是圆环的周长. 设 P 点与 $\mathrm{d}q$ 的距离为 r，$\mathrm{d}q$ 在 P 点产生的场强 $\mathrm{d}\boldsymbol{E}$ 的大小为

$$\mathrm{d}E = \frac{1}{4\pi\varepsilon_0}\frac{\mathrm{d}q}{r^2}$$

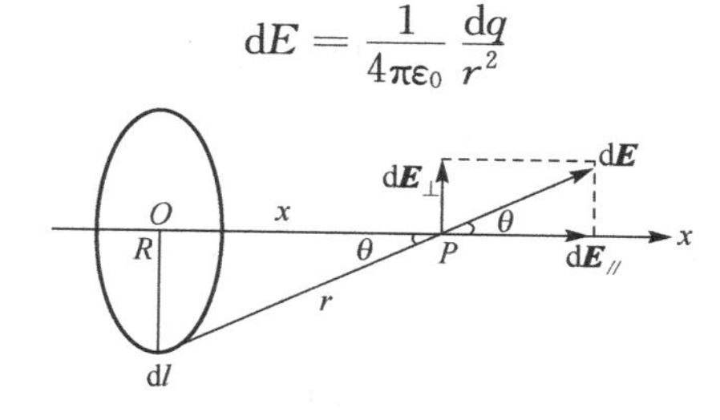

图 6.2　均匀带电圆环轴线上一点处的场强

$\mathrm{d}\boldsymbol{E}$ 的方向如图 6.2 所示. 各点电荷元 $\mathrm{d}q$ 在 P 点激发的场强方向各不相同. 根据对称性，各电荷元的场强在垂直于 x 轴方向上的分量 $\mathrm{d}\boldsymbol{E}_\perp$ 相互抵消. 所以 P 点的合场强是平行于 x 轴的那些分量 $\mathrm{d}\boldsymbol{E}_{/\!/}$ 的总和，即

$$E = \int_l \mathrm{d}E_{/\!/} = \int_l \mathrm{d}E\cos\theta \tag{6-12}$$

式中 θ 是 $\mathrm{d}\boldsymbol{E}$ 与 x 轴的夹角. $\int_l$ 表示对整个圆环的积分. 给定点 P 与所有电荷元的距离相同都是 r，θ 也具有相同的值，即 r 和 θ 都不是变量. 所以

$$E = \frac{1}{4\pi\varepsilon_0}\int_l \frac{\mathrm{d}q}{r^2}\cos\theta = \frac{\lambda}{4\pi\varepsilon_0 r^2}\cos\theta\int_0^{2\pi R}\mathrm{d}l = \frac{\lambda\cos\theta}{4\pi\varepsilon_0 r^2}\cdot 2\pi R$$

由图 6.2 可知

$$\cos\theta = \frac{x}{r},\qquad r^2 = R^2 + x^2$$

代入上式后得

$$E=\frac{1}{4\pi\varepsilon_0}\frac{qx}{(R^2+x^2)^{\frac{3}{2}}} \tag{6-13}$$

当 $x \gg R$ 时，$(R^2+x^2)^{3/2}\approx x^3$，则有

$$E=\frac{1}{4\pi\varepsilon_0}\frac{q}{x^2} \tag{6-14}$$

即在远离环心的地方，带电环的场强可视为电荷全部集中在环心处所产生的场强.

6.2　高斯定理

高斯定理

6.2.1　电场线

为了形象描述电场中场强的分布情况，我们在电场中作出一些假想的线——电场线. 这些电场线应该反映电场的特征，利用电场线可以对电场中各处场强分布情况给出比较直观的图像.

如果在电场中作出许多曲线，使这些曲线上每一点的切线方向与该点电场场强方向一致，那么，所有这样作出的曲线，叫作电场线.

为了使电场线不只是表示出电场中场强方向分布的情况，而且表示各点场强大小分布，我们引入电场线数密度的概念. 在电场任何一点取小面元 ΔS 与该点场强方向垂直，设穿过 ΔS 的电场线有 $\Delta\Phi$ 根，则比值 $\Delta\Phi/\Delta S$ 叫作该点电场线数密度. 它的意义是通过该点单位垂直截面的电场线根数. 我们规定，在作电场线图时，总使电场任何一点的电场线数密度与该点场强大小成正比，即

$$E=\frac{\Delta\Phi_e}{\Delta S_\perp}$$

当 $\Delta S_\perp$ 取无限小时，则

$$E=\frac{d\Phi_e}{dS_\perp}$$

这样，电场线稀疏的地方表示场强小，电场线稠密的地方表示场强大.

电场线只是形象描述场强分布的一种手段. 电场线实际上是不存在的，但借助于实验可将电场线模拟出来. 例如在水平玻璃板撒些细小石膏晶体，或在油上浮些草籽，置于电场中，它们就会沿着电场线排列. 图 6.3 是几种常见的电场线分布.

电场线的基本特点如下.

(1) 电场线总是始于正电荷、终于负电荷；或来自无穷远或伸向无穷远；在没有电荷的地方是不会中断的. 因此是有源有尾的，不形成闭合曲线.

(2) 电场线彼此永不相交，因为每一场点仅有一个电场方向.

(3) 场强大的地方，电场线密；场强小的地方，电场线疏.

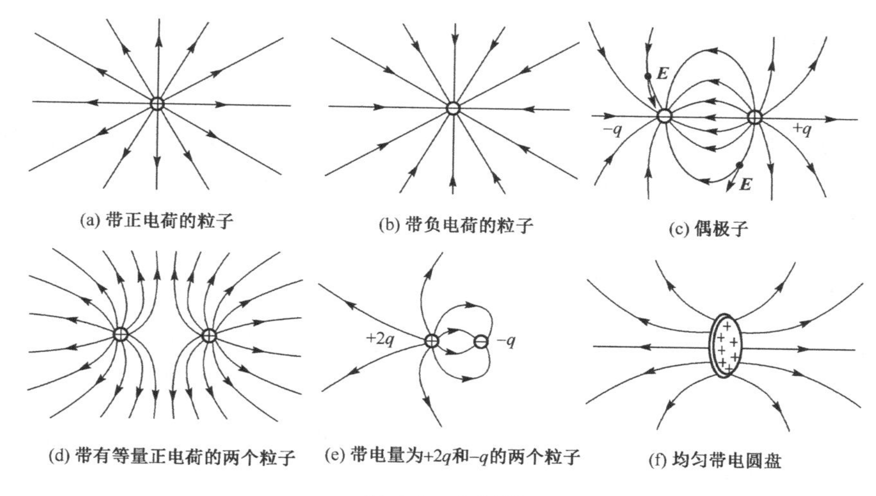

图 6.3 电场线

6.2.2 电场强度通量

通量的概念最初是在流体动力学中引入的. 在流体中每一点都有一个确定的速度 $\boldsymbol{v}$,整个流体是一个速度场($\boldsymbol{v}$ 场). 在流体中取一个面元 $\mathrm{d}\boldsymbol{S}$,单位时间内流过 $\mathrm{d}\boldsymbol{S}$ 的流体体积称为 $\mathrm{d}\boldsymbol{S}$ 的通量. 由于 $\mathrm{d}\boldsymbol{S}$ 很小,可以认为其上各点的 $\boldsymbol{v}$ 相同,以 $\mathrm{d}\boldsymbol{S}$ 为底,以 $\boldsymbol{v}$ 为母线作一柱体. 因为 $\boldsymbol{v}$ 是流体颗粒在单位时间内移过的距离,只有位于这个柱体内部的流体颗粒才能在单位时间内流过 $\mathrm{d}\boldsymbol{S}$,所以 $\mathrm{d}\boldsymbol{S}$ 的通量 $\mathrm{d}\Phi$ 由在数值上等于柱体内的体积,即

$$\mathrm{d}\Phi = v_n \mathrm{d}S = \boldsymbol{v} \cdot \mathrm{d}\boldsymbol{S}$$

对于流体中的任一有限曲面 $\boldsymbol{S}$,其通量 Φ 等于组成这一曲面的每个面元的通量的代数和,即

$$\Phi = \int_S \boldsymbol{E} \cdot \mathrm{d}\boldsymbol{S}$$

上述通量的概念可以推广到任意的矢量场. 电场是一个矢量场,所以电场中面元 $\mathrm{d}\boldsymbol{S}$ 的电通量为

$$\mathrm{d}\Phi_{\mathrm{e}} = \boldsymbol{E} \cdot \mathrm{d}\boldsymbol{S} \tag{6-15}$$

有限曲面 $\boldsymbol{S}$(闭合的或不闭合的)的电通量为

$$\Phi_{\mathrm{e}} = \int_S \boldsymbol{E} \cdot \mathrm{d}\boldsymbol{S} \tag{6-16}$$

在计算闭合曲面积分时,一般规定为从曲面内指向曲面外部空间的法线矢量为正方向. 这样,在电场线穿出闭合面的地方,电通量为正,在电场线进入闭合面的地方,电通量为负. 对非闭合曲面,应根据情况事先规定法线方向.

6.2.3　高斯定理

高斯定理是静电场的基本规律之一，它描述了电场线的一些基本性质，揭示了静电场的场强分布规律，反映了静电场的重要性质——有源场. 同时，高斯定理又是关于闭合曲面电通量的定理，它是反映电场普遍性质的原理. 由库仑定律和场强叠加原理可以推导出高斯定理. 下面分几种情况来证明.

1. 通过包围点电荷 q 的同心球面的电通量

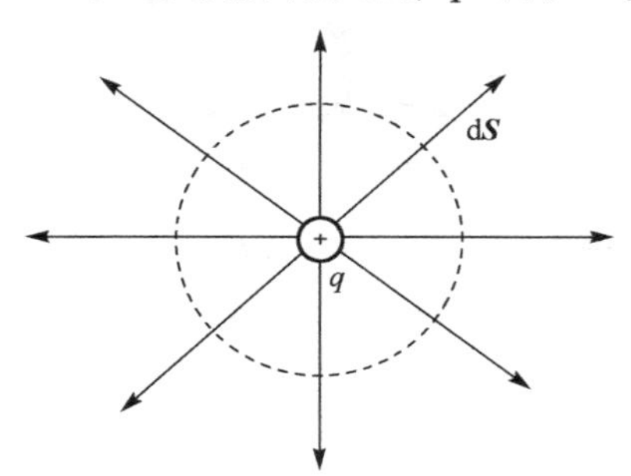

图 6.4　通过包围点电荷的同心球面的电通量

如图 6.4 所示，以点电荷 q 所在处为中心，任意半径 r 作一球面. 根据(6-3)式，在球面上各点场强大小相同且为 $E=\frac{1}{4\pi\varepsilon_0}\frac{q}{r^2}$，场强的方向沿半径向外呈辐射状. 在球面上任意取一面元 $\mathrm{d}\boldsymbol{S}$，$\mathrm{d}\boldsymbol{S}$ 和 $\mathrm{d}\boldsymbol{E}$ 同方向，即它们间夹角 $\theta=0$，所以通过 $\mathrm{d}\boldsymbol{S}$ 的电通量为

$$\mathrm{d}\Phi_\mathrm{e}=\boldsymbol{E}\cdot\mathrm{d}\boldsymbol{S}=E\mathrm{d}S=\frac{1}{4\pi\varepsilon_0}\frac{q}{r^2}\mathrm{d}S$$

通过整个闭合球面的电通量为

$$\Phi_\mathrm{e}=\oint\mathrm{d}\Phi_\mathrm{e}=\frac{1}{4\pi\varepsilon_0}\frac{q}{r^2}\oint\mathrm{d}S=\frac{1}{4\pi\varepsilon_0}\frac{q}{r^2}4\pi r^2=\frac{q}{\varepsilon_0}\tag{6-17}$$

由此可见，通过闭合球面的电通量只与 q 有关，而与半径 r 无关. 之所以和半径无关，是和库仑的平方反比定律分不开的.

2. 通过包围点电荷的任意闭合曲面 $\boldsymbol{S}$ 的电通量

如图 6.5 所示，在闭合曲面 $\boldsymbol{S}$ 上任取一小面元 $\mathrm{d}\boldsymbol{S}$，$\mathrm{d}\boldsymbol{S}$ 与点电荷至面元的矢径 $\boldsymbol{r}$（或 $\boldsymbol{E}$）间的夹角为 θ. 因此通过该面元的电通量为

$$\mathrm{d}\Phi_\mathrm{e}=\boldsymbol{E}\cdot\mathrm{d}\boldsymbol{S}=E\cos\theta\mathrm{d}S=E\mathrm{d}S_\perp\tag{6-18}$$

其中 $\mathrm{d}S_\perp$ 是 $\mathrm{d}\boldsymbol{S}$ 垂直于矢径方向的投影面积. 将点电荷场强公式代入上式，有 $\mathrm{d}\Phi_\mathrm{e}=\frac{1}{4\pi\varepsilon_0}\frac{q}{r^2}\mathrm{d}S_\perp$，而 $\frac{\mathrm{d}S_\perp}{r^2}$ 是面元对点电荷 q 所张的立体角，因此 $\mathrm{d}\Phi_\mathrm{e}=\frac{q}{4\pi\varepsilon_0}\mathrm{d}\Omega$.

现对整个曲面求积分，有

$$\Phi_\mathrm{e}=\oint\mathrm{d}\Phi_\mathrm{e}=\frac{q}{4\pi\varepsilon_0}\oint\mathrm{d}\Omega=\frac{q}{4\pi\varepsilon_0}\cdot4\pi=\frac{q}{\varepsilon_0}\tag{6-19}$$

上述结果说明，通过包围点电荷 q 的任意闭合曲面 S 的电通量依然为 q/ε_0.

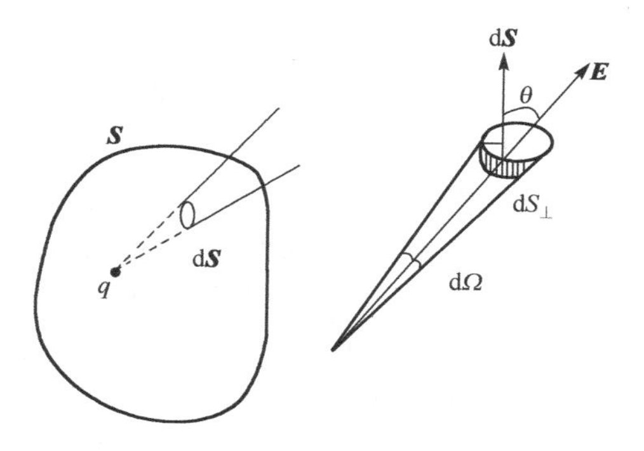

图 6.5 通过包围点电荷的任意闭合面的电通量

3. 通过不包围点电荷的任意闭合曲面的电通量

我们知道，单个点电荷产生的场强是辐射状的分布，它们在空间连续不断. 当点电荷 q 在闭合曲面 $\boldsymbol{S}$ 之外时，从某个面元 $\mathrm{d}\boldsymbol{S}$ 进入闭合面的电通量必然从另一个面元 $\mathrm{d}\boldsymbol{S}'$ 上穿出(这一对面元 $\mathrm{d}\boldsymbol{S}$ 和 $\mathrm{d}\boldsymbol{S}'$ 对 q 所张的立体角数值相等). 因此通过整个闭合曲面的电通量为零.

4. 点电荷组通过任意闭合曲面 S 的电通量

对于空间存在多个点电荷情况，可采用场强叠加原理，把任一闭合曲面 S 上的电通量写为

$$\Phi_{\mathrm{e}}=\oint_S \boldsymbol{E}\cdot \mathrm{d}\boldsymbol{S}=\oint_S \sum \boldsymbol{E}_i\cdot \mathrm{d}\boldsymbol{S}=\sum\oint \boldsymbol{E}_i\cdot \mathrm{d}\boldsymbol{S}=\sum \Phi_{\mathrm{e}i} \tag{6-20}$$

其中 $\Phi_{\mathrm{e}i}$ 是第 i 个点电荷 q_i 在 S 上的电通量. $\Phi_{\mathrm{e}i}$ 的取值只有两个可能：当 q_i 在 S 内时，$\Phi_{\mathrm{e}i}=\dfrac{q_i}{\varepsilon_0}$；当 q_i 在 S 外时，$\Phi_{\mathrm{e}i}=0$. 因此上式中的 $\sum \Phi_{\mathrm{e}i}$ 等于 S 面内点电荷的代数和除以 ε_0，即

$$\oint_S \boldsymbol{E}\cdot \mathrm{d}\boldsymbol{S}=\frac{1}{\varepsilon_0}\sum_{(S内)} q_i \tag{6-21}$$

通过对以上几种特殊情况的分析归纳，可以得出反映电场普遍性质的关于闭合曲面电通量的定理，即高斯定理：在真空中通过一个任意闭合曲面 S 的电通量 Φ_{e}，等于该面所包围的所有电荷电量的代数和 $\sum q_i$ 除以 ε_0，而与闭合曲面外的电荷无关. 其中积分是对整个闭合曲面进行的，用积分号 $\oint$ 表示的这个闭合曲面称为高斯面.

6.2.4 高斯定理应用举例

高斯定理原则上可以用来求任意带电体周围的电场强度 $\boldsymbol{E}$ 的分布，但因为它只

说明了通过任意闭合曲面的电场强度 $\boldsymbol{E}$ 的总通量 Φ，与该闭合曲面内所包围的电荷的代数和除以 ε_0 在量值上相等，并未说明电场 $\boldsymbol{E}$ 在曲面上是如何分布的，所以在实际用来求 $\boldsymbol{E}$ 分布时是有局限性的. 它只能用来求某些由于场源电荷分布具有对称性而导致电场 $\boldsymbol{E}$ 的分布也具有对称性的情况，使得在特定的闭合曲面(或高斯面)上电场 $\boldsymbol{E}$ 大小为恒量，方向垂直于高斯面，或电场平行于高斯面的情况才可能求出 $\boldsymbol{E}$ 来. 所以，分析电场分布的对称性就成了能否应用高斯定理来求出场强 $\boldsymbol{E}$ 的可能性的关键问题. 下面通过几个例子来具体说明如何应用高斯定理来求某些场强的分布.

例 6.3 求均匀带正电球壳内外的场强. 设球壳带电总量为 q，半径为 R.

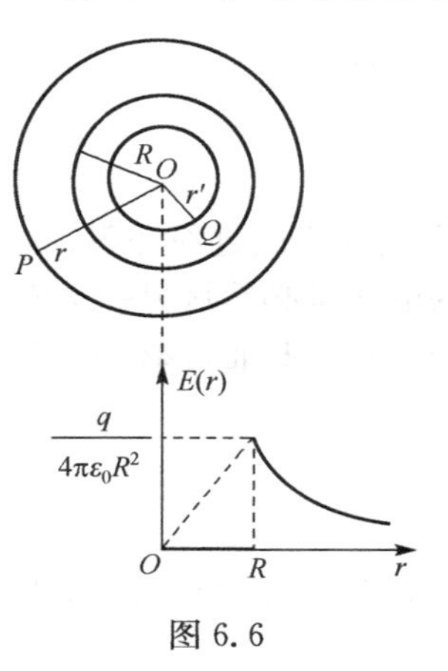

图 6.6

解 对称性分析：在任意半径 $r>R$ 的同心球面上，任意场点 P 的场强的大小恒定，方向沿径向. 这是因为场源电荷分布具有对称性，使得各电荷元在 P 点的 $\mathrm{d}\boldsymbol{E}$ 只有 OP 方向不为 0，在垂直于 OP 的方向各分量正好成对相消. 如图 6.6 所示.

① 选取 $r>R$ 的同心球面为高斯面. 由对称性分析、球面上各点场强 $\boldsymbol{E}$ 大小相同，方向沿径向向外.

用通量公式计算通量

$$\Phi_{\mathrm{e}}=\int_S \boldsymbol{E}\cdot\mathrm{d}\boldsymbol{S}=E\oint_S \mathrm{d}S\cos 0^\circ=E4\pi r^2$$

用高斯定理计算通量

$$\Phi_{\mathrm{e}}=\int_S \boldsymbol{E}\cdot\mathrm{d}\boldsymbol{S}=q/\varepsilon_0$$

例 6.3 讲解

两者应相等，故有 $E4\pi r^2=\dfrac{q}{\varepsilon_0}$，解得

$$E=\frac{1}{4\pi\varepsilon_0}\frac{q}{r^2}(r>R)$$

这与用点电荷的场强和叠加原理结合所求的结果完全一致. 表明：当 $r>R$ 时，电场 $\boldsymbol{E}$ 的分布与电荷 q 集中于球心所激发的电场分布效果一样.

②选球面内一点 Q，以 $r'<R$ 作同心球面为高斯面 S'. 由同样的对称性分析：球面上所有点的场强 $\boldsymbol{E}$ 的大小相同.

用通量公式计算通量

$$\Phi_{\mathrm{e}}=\int_{S'} \boldsymbol{E}\cdot\mathrm{d}\boldsymbol{S}=E\oint_{S'}\mathrm{d}S=E4\pi r'^2$$

用高斯定理计算通量

$$\Phi_{\mathrm{e}}=\int_{S'} \boldsymbol{E}\cdot\mathrm{d}\boldsymbol{S}=\frac{0}{\varepsilon_0}=0$$

两者相等，有

$$E\pi r'^2=0,\quad 即\ E=0(r'<R)$$

这表明均匀带电球壳内部空间的场强处处为 0.

总结起来

$$E=\begin{cases}0, & r<R\\ \dfrac{q}{4\pi\varepsilon_0 r^2}, & r\geqslant R\end{cases}$$

其 $E(r)$ 分布如图 6.6 所示.

例 6.4 求均匀带电球体的电场分布. 已知球半径为 R，ρ 为均匀体电荷密度.

解 对称性分析，由于电场源电荷分布的对称性，使得所有的电荷元 $\mathrm{d}q$ 在同一同心球面上各点所激发的场强大小相等，方向总是沿径向.

① 球外 $r>R$ 的场强：取 r 为半径作同心球面为高斯面，其内部包围的电荷的代数和为

$$\frac{4}{3}\pi R^3\rho=Q_0=\sum q_i$$

例 6.4 讲解

用通量公式计算通量

$$\Phi_\mathrm{e}=\oint_S \boldsymbol{E}\cdot\mathrm{d}\boldsymbol{S}=E\oint\mathrm{d}S=E4\pi r^2$$

用高斯定理计算通量

$$\Phi_\mathrm{e}=\oint_S \boldsymbol{E}\cdot\mathrm{d}\boldsymbol{S}=\frac{Q_0}{\varepsilon_0}$$

即

$$E\cdot 4\pi r^2=\frac{Q_0}{\varepsilon_0}$$

故

$$E=\frac{1}{4\pi\varepsilon_0}\frac{Q_0}{r^2}\quad(r>R)$$

可见，对于均匀带电球体外部任意一点 P(包括 $r=R$)产生的场强 $\boldsymbol{E}$ 与把所带的总电量 Q_0 看成是集中于球心的点电荷 Q_0 在同一点产生场强 $\boldsymbol{E}$ 等效.

② 球内 $r<R$ 的场强：同理以 r 为半径作同心球面为高斯面，此球面内包围的电荷为

$$\sum q_i=\frac{4}{3}\pi r^3\rho$$

由电荷对称分布使得电场分布具有对称性，在高斯面上电场大小相同，方向径向向外，用通量公式计算通量

$$\Phi_\mathrm{e}=\oint_S \boldsymbol{E}\cdot\mathrm{d}\boldsymbol{S}=E\oint_S\mathrm{d}S=E4\pi r^2$$

用高斯定理计算通量

$$\Phi_\mathrm{e}=\oint_S \boldsymbol{E}\cdot\mathrm{d}\boldsymbol{S}=\frac{\sum q_i}{\varepsilon_0}=\frac{4}{3\varepsilon_0}\pi r^3\rho$$

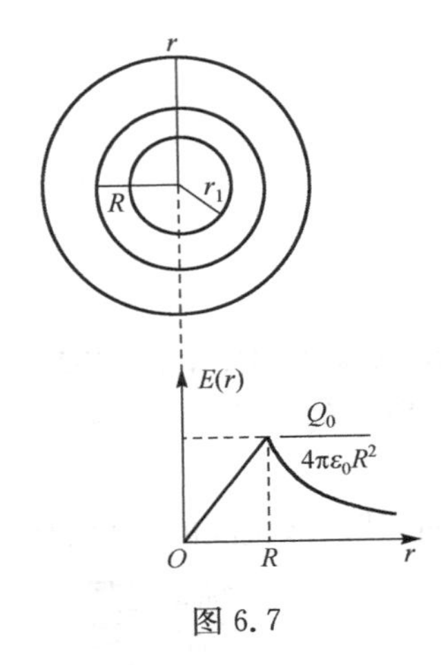

图 6.7

即

$$E4\pi r^2 = \frac{4}{3\varepsilon_0}\pi r^3 \rho$$

故

$$E = \frac{\rho r}{3\varepsilon_0}(r < R)$$

可见,均匀带电球体内某点场强与该点到球心距离成正比,该点对应的同心球壳外的电荷对其内部场强不作贡献.

将前面的表达式合写成如下形式:

$$E = \begin{cases} \dfrac{\rho r}{3\varepsilon_0}, & r \leqslant R \\ \dfrac{\rho R^3}{3\varepsilon_0 r^2}, & r \geqslant R \end{cases}$$

其 E-r 曲线如图 6.7 所示.

6.3　电　　势

电势

6.3.1　电场力的功

电荷在电场中运动时电场力要做功. 下面就来讨论静电场中电场力做功的特点.

如图 6.8 所示,设有一点电荷 q 位于真空中 O 点,一试验电荷 q_0 在 q 所激发的电场中经任意曲线 acb 由 a 点运动到 b 点,电场力所做的功为

$$W_{ab} = \int_a^b \boldsymbol{F} \cdot \mathrm{d}\boldsymbol{l} = q_0 \int_a^b \boldsymbol{E} \cdot \mathrm{d}\boldsymbol{l} = q_0 \int_a^b E\cos\theta \mathrm{d}l \quad (6\text{-}22)$$

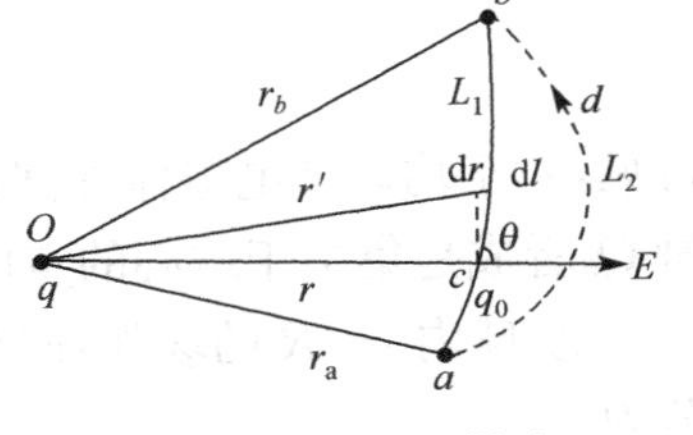

图 6.8　电场力做功

式中 θ 为 $\boldsymbol{E}$ 与位移元 $\mathrm{d}\boldsymbol{l}$ 间的夹角. 用 r 表示 q 运动路径上任意点 c 与 O 点的距离. 由图可见 $\mathrm{d}l\cos\theta = \mathrm{d}r$,又

$$E = \frac{1}{4\pi\varepsilon_0}\frac{q}{r^2}$$

则

$$W_{ab} = \frac{q_0 q}{4\pi\varepsilon_0}\int_{r_a}^{r_b}\frac{\mathrm{d}r}{r^2} = \frac{q_0 q}{4\pi\varepsilon_0}\left(\frac{1}{r_a} - \frac{1}{r_b}\right) \quad (6\text{-}23)$$

式中 r_a、r_b 分别为 q_0 在起点 a 和终点 b 到 O 点距离. 如果 q_0 沿另一条曲线 adb 从 a 点运动到 b 点,计算电场力所做的功,将得到与上述同样的结果.

任意带电体系激发的电场可视为点电荷系的合电场. 根据场强叠加原理和合力做功的计算方法,试验电荷在电场中移动时,合电场对试验电荷所做的功等于各个点电荷的电场力所做功的代数和. 因此,可得如下结论:试验电荷在任意静电场中移动时,电场力所做的功,仅与此试验电荷所带电荷量以及路径的起点和终点的位置

有关，而与路径无关. 具有这种性质的力称为保守力，静电场力是一种保守力.

试验电荷 q_0 在静电场中从同一起点沿不同路径 L_1 和 L_2 到达同一终点，电场力做功相等，即

$$q_0\int_{L_1}\boldsymbol{E}\cdot\mathrm{d}\boldsymbol{l}=q_0\int_{L_2}\boldsymbol{E}\cdot\mathrm{d}\boldsymbol{l}$$

那么，移项后

$$q_0\int_{L_1}\boldsymbol{E}\cdot\mathrm{d}\boldsymbol{l}-q_0\int_{L_2}\boldsymbol{E}\cdot\mathrm{d}\boldsymbol{l}=0$$

交换第二项中的积分上限和下限，得

$$q_0\left(\int_{L_1}\boldsymbol{E}\cdot\mathrm{d}\boldsymbol{l}+\int_{L_2}\boldsymbol{E}\cdot\mathrm{d}\boldsymbol{l}\right)=0$$

上式左边表示，q_0 从 a 经 L_1 到 b 再经 L_2 回到起点，即经过了一个闭合路径，$L_1+L_2=L$，电场力所做的功. 用符号 $\oint_L\boldsymbol{E}\cdot\mathrm{d}\boldsymbol{l}$ 表示 $\int_{L_1}\boldsymbol{E}\cdot\mathrm{d}\boldsymbol{l}+\int_{L_2}\boldsymbol{E}\cdot\mathrm{d}\boldsymbol{l}$，则得

$$W=q_0\oint_L\boldsymbol{E}\cdot\mathrm{d}\boldsymbol{l}=0$$

$\oint_L\boldsymbol{E}\cdot\mathrm{d}\boldsymbol{l}$ 是静电场中场强沿闭合曲线 L 的线积分，称为静电场的环流. 引入这一概念后，静电场力做功与路径无关的特性可等价表述为静电场环路定理：静电场的环流为零. 其数学表达式为

$$\oint_L\boldsymbol{E}\cdot\mathrm{d}\boldsymbol{l}=0 \tag{6-24}$$

静电场环路定理，反映静电场的一个特性：静电场是保守场，称为有势场. 静电场是有势场，可引入静电势能的概念，简称电势能.

6.3.2 电势能和电势

与重力场中的重力势能相类似，电荷在电场中一定的位置也有一定的电势能，电场力所做的功就是电势能的改变的量度. 设以 w_a、w_b 分别表示试验电荷 q_0 在起点 a 和终点 b 处的电势能，则试验电荷由 a 点移动至 b 点电势能改变为

$$w_{ab}=w_a-w_b=W_{ab}=q_0\int_a^b E\mathrm{d}l \tag{6-25}$$

上式一方面反映了 w_{ab} 和场点位置有关、与路径无关，因而是空间坐标的函数，另一方面 w_{ab} 又与试验电荷 q_0 有关，所以它并不完全是场的函数. 比值 $\dfrac{w_{ab}}{q_0}$ 却是与试验电荷无关的量，它仅仅反映了电场在 a、b 两点的性质，是一个描述场性质的物理量. 我们将比值 $(w_a-w_b)/q_0$ 定义为电场中 a、b 两点间的电势差，用 U_a-U_b 来表示，或记作 U_{ab}，有

$$U_{ab}=U_a-U_b=\frac{w_a-w_b}{q_0}=\int_a^b \boldsymbol{E}\cdot \mathrm{d}\boldsymbol{l} \tag{6-26}$$

这就是说,静电场中 a、b 两点间的电势差定义为把单位正电荷从 a 点移动到 b 点时电场力所作的功,或者说是 a、b 两点间单位正电荷的电势能之差.

以上讨论的是电场中两点间电势能的改变和电势差. 如果要求空间某一点的电势能和电势数值,那么首先需要选定参考点. 为了方便,常令参考点的电势为零,把所求场点与参考点间电势差定义为该点的电势. 对于带电体系分布在有限区域情况下,通常选择无穷远处为电势零点,这时空间任一点 a 的电势可以表示为

$$U_a=U_a-U_\infty=\int_a^\infty \boldsymbol{E}\cdot \mathrm{d}\boldsymbol{l} \tag{6-27}$$

在实际工作中常常以大地或电器外壳的电势为零,改变参考点,各点电势的数值将随之而变,但两点之间的电势差与参考点的选择无关.

由电势差和电势的定义可以看出,它们的单位是焦耳/库仑,这个单位有个专门名称,称为伏特,简称伏,用符号 V 表示,1 伏特=1 焦耳/1 库仑.

从(6-27)式还可看出,电场强度的单位是电势的单位除以长度单位,即伏特/米,这与前面给出的牛顿/库仑是一样的.

例 6.5　求均匀带电球体产生的电场中电势分布.

解　在例 6.4 中,已求得带电球体的场强分布为

$$E=\begin{cases}\dfrac{\rho r}{3\varepsilon_0}, & r<R\\[2mm] \dfrac{\rho R^3}{3\varepsilon_0 r^2}, & r\geqslant R\end{cases}$$

方向沿矢径. 因此计算电势时沿着矢径积分即可.

在球体外的一点($r>R$)有

$$U=\int_r^\infty \boldsymbol{E}\cdot \mathrm{d}\boldsymbol{l}=\int_r^\infty \frac{\rho R^3}{3\varepsilon_0 r^2}\mathrm{d}r=\frac{\rho R^3}{3\varepsilon_0 r}$$

在球体内的一点($r<R$),积分要分两段,一段由该点至球面($r=R$);另一段由 $r=R$ 处至∞. 于是

$$U=\int_r^\infty \boldsymbol{E}\cdot \mathrm{d}\boldsymbol{l}=\int_r^R \frac{\rho r}{3\varepsilon_0}\mathrm{d}r+\int_R^\infty \frac{\rho R^3}{3\varepsilon_0 r^2}\mathrm{d}r=\frac{\rho}{6\varepsilon_0}(3R^2-r^2)$$

6.3.3　电势叠加原理

在 n 个点电荷 $q_1,q_2,q_3,\cdots,q_n$ 共同激发的合电场中,用 $\boldsymbol{E}$ 和 U 分别代表示电场的场强和电势,用 $\boldsymbol{E}_1,\boldsymbol{E}_2,\cdots,\boldsymbol{E}_n$ 和 $U_1,U_2,\cdots,U_n$ 分别代表各点电荷单独存在时各自激发的电场的场强和电势,根据电势的定义式(6-27)和场强叠加原理,可得合电场中任意点 P 的电势为

$$U_P = \int_0^\infty \boldsymbol{E} \cdot d\boldsymbol{l} = \int_P^\infty (\boldsymbol{E}_1 + \boldsymbol{E}_2 + \cdots + \boldsymbol{E}_n) \cdot d\boldsymbol{l}$$

$$= \int_P^\infty \boldsymbol{E}_1 \cdot d\boldsymbol{l} + \int_P^\infty \boldsymbol{E}_2 \cdot d\boldsymbol{l} + \cdots + \int_P^\infty \boldsymbol{E}_n \cdot d\boldsymbol{l}$$

$$= U_1 + U_2 + \cdots + U_n = \sum_{i=1}^n U_i \tag{6-28}$$

由(6-27)式可得，点电荷 q 激发的电场中电势分布为

$$U = \frac{1}{4\pi\varepsilon_0} \frac{q}{r} \tag{6-29}$$

若用 r_i 表示第 i 个点电荷 q_i 到点 P 的距离，由(6-28)式即可得电势叠加原理如下：点电荷系的电场中某点的电势，等于各点电荷单独存在时在该点产生的电势的代数和. 即

$$U = \sum_{i=1}^n U_i = \sum_{i=1}^n \frac{1}{4\pi\varepsilon_0} \frac{q_i}{r_i} \tag{6-30}$$

6.3.4 场强与电势的关系

图 6.9 表示电场中任意两个十分靠近的相邻等势面 1 和 2 与纸面的交线. 等势面 1 上各点的电势为 U，等势面 2 上各点的电势 $U+\Delta U$，ΔU 很小，且 $\Delta U>0$. $\boldsymbol{n}_0$ 为等势面 1 在 P_1 点处的法线单位矢量，指向电势增加的方向. E 为 P_1 点的场强，应在 P_1 点与等势面 1 正交. 因为沿电场线的方向电势呈降低的趋势，所以 $\boldsymbol{E}$ 的指向与 $\boldsymbol{n}_0$ 相反.

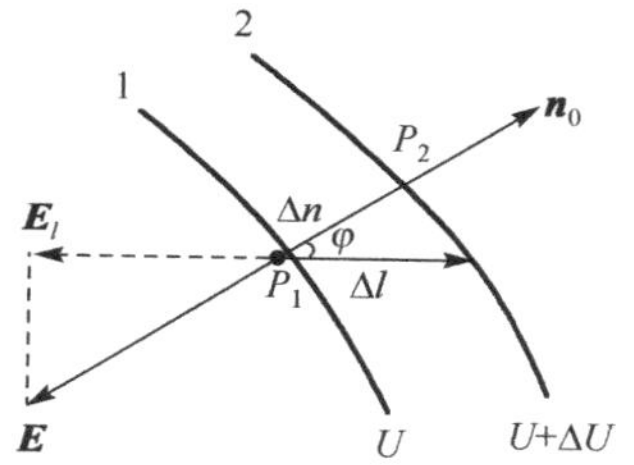

图 6.9　场强与电势的关系

设想有一试验电荷 q_0 从 P_1 点经微小位移 Δl 移到等势面 2 上的 P_2 点，由于 Δl 很小，在这段位移上电场力所做的功为

$$W = q_0 \boldsymbol{E} \cdot \Delta \boldsymbol{l} = q_0 E\cos\varphi \Delta l = q_0 E_l \Delta l \tag{6-31}$$

式中 φ 为 $\boldsymbol{n}_0$ 与 $\Delta\boldsymbol{l}$ 之间的夹角，$E_l = E\cos\varphi$ 为 $\boldsymbol{E}$ 在 l 方向的分量. 又根据电场力所做的功等于电势能增量的负值，得

$$W = -q_0 \Delta U \tag{6-32}$$

比较以上两式有 $E_l = -\dfrac{\Delta U}{\Delta l}$，所以 Δl 越小，上式所表示的近似程度越高. 显然，当 $\Delta l \to 0$ 时，上式右端的极限就是 P_1 点场强 E 在 l 方向的分量，即

$$E_l = -\lim_{\Delta l \to 0} \frac{\Delta U}{\Delta l} = -\frac{\partial U}{\partial l} \tag{6-33}$$

(6-33)式中 $\dfrac{\partial U}{\partial l}$ 是电势 U 在 P_1 点沿 l 方向的空间变化率，所以写成偏微商的形式. 该式表明：电场中某一点的场强 E 在任一方向上的分量等于电势在这一点沿该方向的空间变化率的负值. 显然 $E = E_n = -\dfrac{\partial U}{\partial n}$，这说明电场中某一点场强的大小等于电势

沿该点等势面法线方向的空间变化率的负值.

将上述结论应用于直角坐标系三个坐标轴的方向则有

$$E_x=-\frac{\partial U}{\partial x},\quad E_y=-\frac{\partial U}{\partial y},\quad E_z=-\frac{\partial U}{\partial z} \tag{6-34}$$

而 $\boldsymbol{E}=E_x\boldsymbol{i}+E_y\boldsymbol{j}+E_z\boldsymbol{k}$,因此可得

$$\boldsymbol{E}=-\left(\frac{\partial U}{\partial x}\boldsymbol{i}+\frac{\partial U}{\partial y}\boldsymbol{j}+\frac{\partial U}{\partial z}\boldsymbol{k}\right) \tag{6-35}$$

(6-33)式至(6-35)式建立了场强与电势之间的关系. 一般求电势分布比较容易,已知电势分布后,根据这些关系式通过运算便可求出场强分布.

例 6.6 求半径为 R 的均匀带电球面内外的电势分布. 球面所带电荷为 q.

解 根据例 6.3 的结论,均匀带电球面内外的场强分布为 $r>R$ 时, $E_1=\frac{q}{4\pi\varepsilon_0 r^2}$,方向过球心 O 呈辐射状,$r<R$ 时, $E_2=0$.

由于已知场强分布,所以可利用场强积分法求出电势分布.

对球面外的点 P,$\overline{OP}=r>R$. 取沿 OP 伸向无限远的射线为积分路径,则

$$U=\int_P^{\infty}\boldsymbol{E}\cdot \mathrm{d}\boldsymbol{l}=\int_r^{\infty}\boldsymbol{E}\cdot \mathrm{d}\boldsymbol{r}=\frac{q}{4\pi\varepsilon_0}\int_r^{\infty}\frac{\mathrm{d}r}{r^2}=\frac{q}{4\pi\varepsilon_0 r}$$

可见,均匀带电球面外的电势分布,与一个位于球心、带有和此球面相同电荷量的点电荷产生的电势分布相同.

对球面上的点 P,$\overline{OP}=R$. 取同样的积分路径有

$$U=\int_P^{\infty}\boldsymbol{E}\cdot \mathrm{d}\boldsymbol{l}=\int_R^{\infty}\boldsymbol{E}\cdot \mathrm{d}\boldsymbol{r}=\frac{q}{4\pi\varepsilon_0 R}$$

对球面内的点 P,$\overline{OP}=r<R$,取同样的积分路径计算. 由于球面内外场强分布不同,所以应分段积分,即

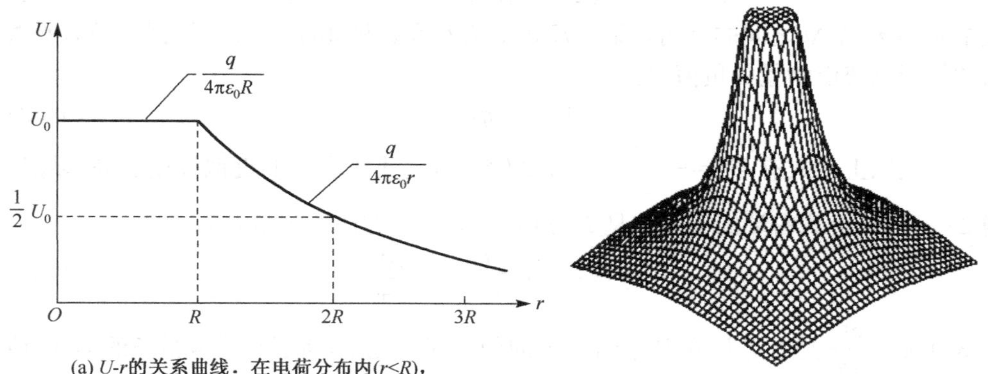

(a) U-r的关系曲线. 在电荷分布内($r<R$),电势是均匀的. 在电荷分布外($r>R$),电势按$1/r$衰减

(b) 通过电荷分布中心的平面中各点电势的网格表面图

图 6.10 均匀带电球壳产生的电势

$$U=\int_P^{\infty}\boldsymbol{E}\cdot\mathrm{d}\boldsymbol{l}=\int_r^R\boldsymbol{E}_2\cdot\mathrm{d}\boldsymbol{l}+\int_R^{\infty}\boldsymbol{E}_1\cdot\mathrm{d}\boldsymbol{l}$$

由于球面内场强 $E_2=0$,故得 $U=\dfrac{q}{4\pi\varepsilon_0 R}$.

可见,均匀带电球面内各点的电势相同,都等于球面的电势.全部电势分布情况如图 6.10 的 U-r 曲线所示.

6.4 电场中的导体和电介质

在静电场中存在导体和电介质情况下,导体和电介质将与静电场发生相互作用.导体在静电场作用下将产生感应电荷,电介质在静电场作用下将产生极化电荷.这些电荷也产生电场,从而改变原来的电场分布.

6.4.1 静电场中的导体

1. 导体的静电平衡

当一带电体系中的电荷静止不动,从而电场分布不随时间变化时,我们说该带电体系达到了静电平衡.金属导体的基本特点是内部存在大量的自由电子(这些电子可以在整块导体内自由运动),金属导体就是由带负电的自由电子和带正电的晶体点阵构成的.当导体本身不带电也不受外电场作用时,自由电子虽然可以在导体内像气体分子一样做无规则热运动,但在整个导体中,自由电子的负电荷和晶体点阵的正电荷(宏观上)处处相等,所以导体呈现电中性.当导体处于电场情况下,导体内的自由电子在电场作用下,做宏观的定向运动(方向与电场方向相反),这将引起导体上电荷的重新分布,使导体呈现带电现象,这种电荷的重新分布又影响空间的电场分布,这是一个相互影响、相互制约的复杂过程.总之,经过一段极短的自发调整过程,达到某种新的平衡过程,即导体上的电荷和空间(包括导体内部和外部)的电场达到一种稳定的分布,也就是说导体达到了静电平衡.

导体达到静电平衡的条件是其内部的场强处处为零.

这个平衡条件可论证如下:假设导体内有一处 $E\neq0$,那么该处的自由电子就会在电场作用下做定向运动,从而引起导体内电荷和空间电场的重新分布,也就是说导体并没有达到静电平衡.反过来说,当导体达到静电平衡时,其内部场强必定处处为零.

需要强调的是,所谓导体内部的场强,指的是空间一切电荷(导体上电荷和导体外电荷)产生的总场强.

从上述导体静电平衡条件出发,可以很容易导出以下两个推论:

(1) 导体是等势体,导体表面是个等势面;

(2) 在导体外,靠近导体表面的场强处处垂直于导体表面.

2. 导体上的电荷分布

(1) 导体内部没有净电荷

这个结论可用高斯定理证明. 如图 6.11 所示,在导体内部任意作一高斯面 S,根据高斯定理有

$$\oint_S \boldsymbol{E} \cdot \mathrm{d}\boldsymbol{S} = \frac{1}{\varepsilon_0}\sum_{(内)} q_i$$

根据静电平衡条件,导体内部的场强处处为零,所以 $\oint_S \boldsymbol{E} \cdot \mathrm{d}\boldsymbol{S} = 0$,因而有 $\sum_{(内)} q_i = 0$. 就是说在导体内部不存在净电荷,如果导体带电荷则只能分布在导体的外表面上.

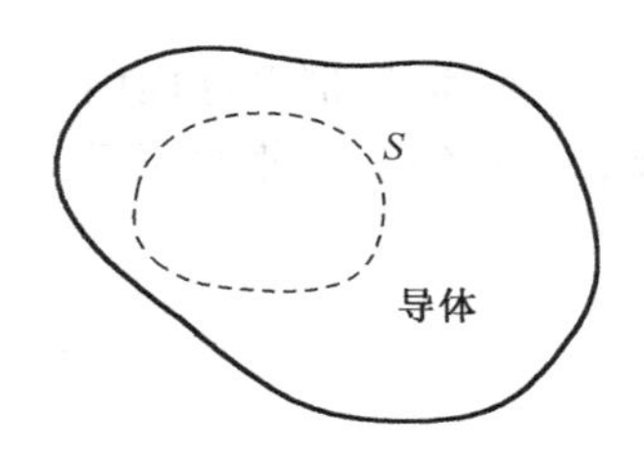

图 6.11　导体内部不存在净电荷

(2) 电荷在导体表面的分布

在静电平衡条件下,导体表面上的电荷分布和场强的关系也可由高斯定理求得. 如图 6.12 所示,穿过导体表面作一个很小的扁圆柱形的高斯面,使圆柱面的侧面与导体表面垂直,上、下底面与表面平行,上底面在导体外,下底面在导体内部. 设导体表面处电荷密度为 σ,根据高斯定理有

$$\oint \boldsymbol{E} \cdot \mathrm{d}\boldsymbol{S} = \int_{上底面} \boldsymbol{E} \cdot \mathrm{d}\boldsymbol{S} + \int_{下底面} \boldsymbol{E} \cdot \mathrm{d}\boldsymbol{S} + \int_{侧面} \boldsymbol{E} \cdot \mathrm{d}\boldsymbol{S} = \frac{\sigma \Delta s}{\varepsilon_0}$$

由于导体内部 $E=0$ 和导体表面处的 E 和侧面法线方向垂直,所以 $\int_{下底面} \boldsymbol{E} \cdot \mathrm{d}\boldsymbol{S}$ 和 $\int_{侧面} \boldsymbol{E} \cdot \mathrm{d}\boldsymbol{S}$ 两项都为零,于是有

$$\int_{上底面} \boldsymbol{E} \cdot \mathrm{d}\boldsymbol{S} = E\Delta S = \frac{\sigma \Delta S}{\varepsilon_0}$$

即

$$E = \frac{\sigma}{\varepsilon_0} \tag{6-36}$$

上式表明,靠近导体表面外的场强 E 和该处导体表面的面电荷密度 σ 成正比,σ 大的地方场强大,σ 小的地方场强小.

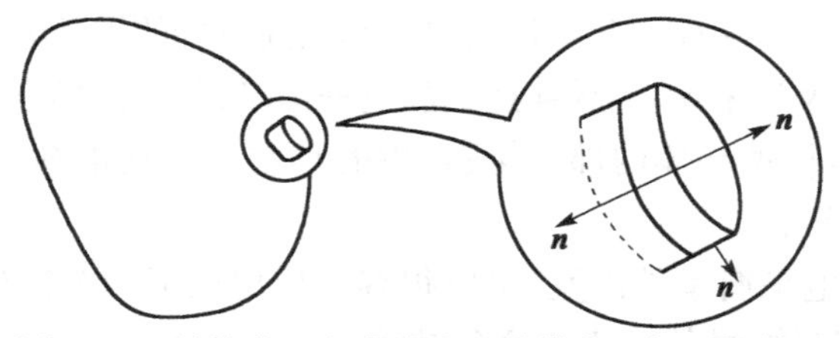

图 6.12　导体表面电荷密度和导体表面场强的关系

导体表面尖端部位的电荷面密度很大，它附近的电场特别强，可使附近空气分子电离，产生尖端放电现象. 高压输电要避免尖端放电而浪费电能，为此高压输电线表面应做得光滑，其半径也不能太小. 此外，一些高压设备的电极常常做成光滑的球面，也是为了避免尖端放电而漏电，以维持高电压. 利用尖端放电，在建筑物上安装避雷针，用粗电缆将避雷针通地，通地的一端埋在 2 米多深的潮湿泥土里，或接到埋在地下的金属导体上，以保持避雷针与大地接触良好. 当带电云层接近建筑物时，通过避雷针和通地导体放电，可使建筑物免遭雷击而损坏.

3. 静电屏蔽

由静电平衡时导体的特性可知，将任意形状的空腔导体放入电场中时，电场线只垂直地终止或垂直地离开导体的外表面，而不能穿过导体进入空腔，如图 6.13 所示. 据此，可以利用空腔导体来屏蔽外电场，使空腔内的物体不受外电场的影响. 但应该注意，外电场会改变空腔导体的电势，尽管空腔导体和空腔内部的电势仍处处相等，然而这个电势值与导体未放入外电场是不相等. 因此，如果要使空腔导体(包括腔内)的电势不变，就应该把导体接地，使导体始终保持与大地的电势相等.

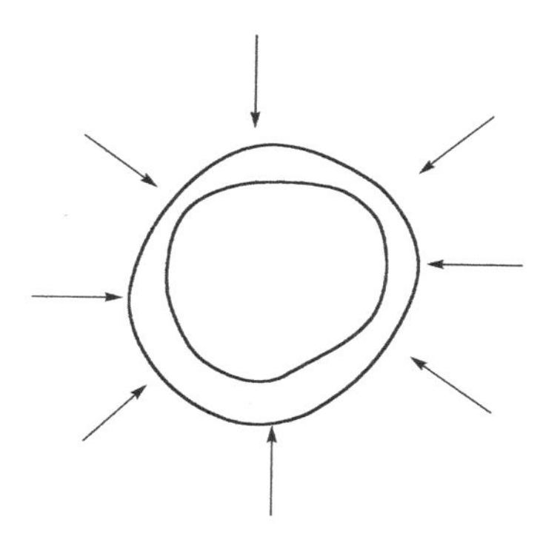

图 6.13　电场线终止于导体腔外表面

空腔导体不仅可以用来屏蔽外电场，也可以用于使空腔导体内任何带电体的电场不对外界产生影响. 这时，必须将空腔导体接地. 原因是，空腔导体内有带电体时，由于静电感应，空腔导体内、外表面将分别出现等量异号电荷. 如果不接地，导体外表面上的感应电荷激发的电场将对外界产生影响；如果接地，则导体外表面上的感应电荷被大地电荷中和，不会因为空腔导体内有带电体而对外发生影响. 综上所述可知，一个接地的空腔导体可以隔离内外静电场的影响，这称为**静电屏蔽**.

静电屏蔽有广泛的应用. 例如，为了使精密的电磁测量仪器及某些电子元件不受外界电场影响，通常在其外部加上金属罩，甚至把它们放在专门的屏蔽室中；又如室内的高压设备，罩有接地金属外壳就可避免它对外界的影响. 实际的金属外罩不一定要求严格封闭，用编织的金属丝做成的外罩就能起到屏蔽作用.

6.4.2　静电场中的电介质

1. 电偶极子

研究电偶极子和偶极子激发的电场(简称偶极子电场)对实际工作有很重要的

意义. 因为电介质的原子和分子,在静电场中就是作为电偶极子来处理的,所以在讨论电介质极化之前,我们首先讨论电偶极子电场.

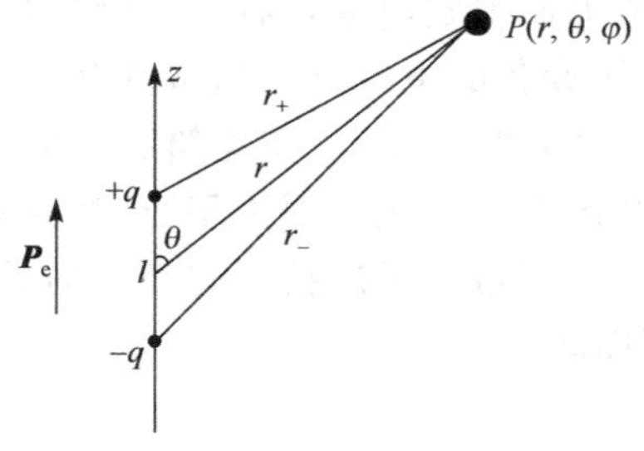

图 6.14　电偶极子

两个相距很近且等值异号的点电荷整体叫作电偶极子. 或者说,两个带电量相等、符号相反、相互间距离与观测距离相比很小的点电荷系统,称为电偶极子,如图 6.14 所示.

由于偶极子电场的特殊性,采用球坐标系. 将原点置于偶极子的中心,并使 l 和 z 轴重合. 电场中 $P(r,\theta,\varphi)$ 点的电位为

$$U=\frac{q}{4\pi\varepsilon_0}\left(\frac{1}{r_+}-\frac{1}{r_-}\right)=\frac{q(r_--r_+)}{4\pi\varepsilon_0 r_+ r_-} \tag{6-37}$$

式中,r_+、r_- 分别为

$$r_+=\left[r^2+\left(\frac{l}{2}\right)^2-rl\cos\theta\right]^{1/2}$$

$$r_-=\left[r^2+\left(\frac{l}{2}\right)^2+rl\cos\theta\right]^{1/2}$$

在远离偶极子处,有 $r\gg l$,将 r_+、r_- 应用二项式定理展开,并略去高次项,得

$$r_+=r-\frac{l}{2}\cos\theta,\qquad r_-=r+\frac{l}{2}\cos\theta$$

所以

$$r_--r_+\approx l\cos\theta,\qquad r_+r_-\approx r^2$$

偶极子在电场 P 点的电位由(6-37)式得

$$U=\frac{ql\cos\theta}{4\pi\varepsilon_0 r^2} \tag{6-38}$$

从 $-q$ 引到 $+q$ 而大小为 ql 的矢量 $\boldsymbol{P}_e$,称为电偶极子的偶极矩,也叫电矩. 在图 6.14 中 $\boldsymbol{P}_e$ 沿 z 轴方向,它与位置矢量 $\boldsymbol{r}$ 的夹角为 θ ,因此,$\boldsymbol{P}_e\cdot\boldsymbol{r}=qlr\cos\theta$,这样,可将偶极子的电位写成下面的形式:

$$U=\frac{P_e\cos\theta}{4\pi\varepsilon_0 r^2}=\frac{\boldsymbol{P}_e\cdot\boldsymbol{r}}{4\pi\varepsilon_0 r^3} \tag{6-39}$$

偶极子电场中任一点的场强,可以由(6-39)式取梯度并冠以负号求得,即

$$E=-\frac{\partial U}{\partial r}r_0+\frac{1}{r}\frac{\partial U}{\partial\theta}\theta_0=\frac{ql\cos\theta}{2\pi\varepsilon_0 r^3}r_0-\frac{ql\sin\theta}{4\pi\varepsilon_0 r^3}\theta_0 \tag{6-40}$$

根据(6-40)式可知,当 $\theta=0$ 时,可求得电偶极子轴线上任一点 A 的场强为

$$\boldsymbol{E}_A=\frac{\boldsymbol{P}_e}{2\pi\varepsilon_0 r^3} \tag{6-41}$$

$\boldsymbol{E}_A$ 与 $\boldsymbol{P}_e$ 方向相同.

当 $\theta=\pi/2$ 时，可求得电偶极子中垂线任一点 B 的场强为

$$\boldsymbol{E}_B=-\frac{\boldsymbol{P}_e}{4\pi\varepsilon_0 r^3} \tag{6-42}$$

$\boldsymbol{E}_B$ 与 $\boldsymbol{P}_e$ 方向相反.

(6-40)式表明，偶极子的 $\boldsymbol{E}$ 线分布在子午面上. $\boldsymbol{E}$ 和坐标 φ 无关说明所有子午面上的图都一样，这种场称子午面场. 它在一个子午面上的场分布如图 6.15 所示.

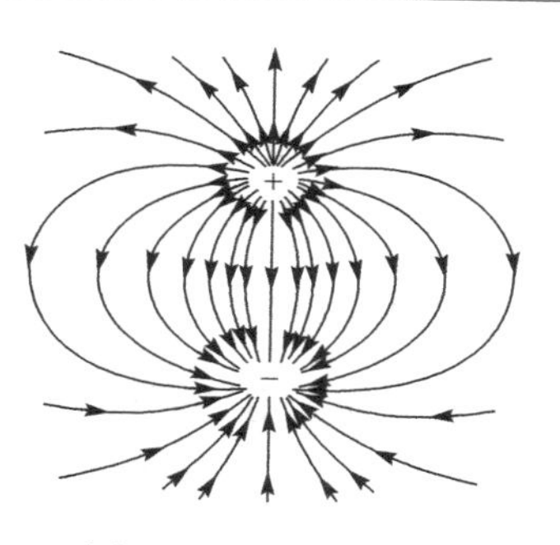

图 6.15 电偶极子场

2. 电场对电偶极子的作用

设把电偶极子放在电场强度为 $\boldsymbol{E}$ 的匀强电场中，如图 6.16. 若电偶极子的偶极矩 $\boldsymbol{P}_e$ 方向与场强 $\boldsymbol{E}$ 之间的夹角为 θ，则分别作用于电偶极子正负电荷上的力 F_1 和 F_2 的大小均为

$$F=F_1=F_2=qE$$

由于 F_1 和 F_2 大小相等，方向相反，所以电偶极子所受的合力为零；电偶极子不会产生平动. 由于 F_1 和 F_2 不在同一直线上，所以电偶极子将在力矩作用下转动. 这个力矩的大小为

$$M=F\cdot(l\sin\theta)=qEl\sin\theta=P_eE\sin\theta \tag{6-43}$$

转动结果，电偶极子的偶极矩 $\boldsymbol{P}_e$ 将转向外电场方向，直到 $\boldsymbol{P}_e$ 与 $\boldsymbol{E}$ 方向一致为止. 显然 $\theta=0$ 时 $M=0$，偶极子处于平衡状态. $\theta=\pi$ 时 M 也等于零，这时 $\boldsymbol{P}_e$ 与 $\boldsymbol{E}$ 的方向相反，处于不稳定平衡状态. 如偶极子偏离不稳定平衡位置，在这力矩的作用下，将使 P_e 的方向转到和 E 的方向一致为止.

如果把电偶极子放在不均匀的电场中，如图 6.17 所示. 设正负电荷所在处的电场强度分别为 $\boldsymbol{E}_1$ 和 $\boldsymbol{E}_2$，它们各自受到的电场力为 $\boldsymbol{F}_1=q\boldsymbol{E}_1$ 和 $\boldsymbol{F}_2=q\boldsymbol{E}_2$. 电偶极子所受合力的大小为

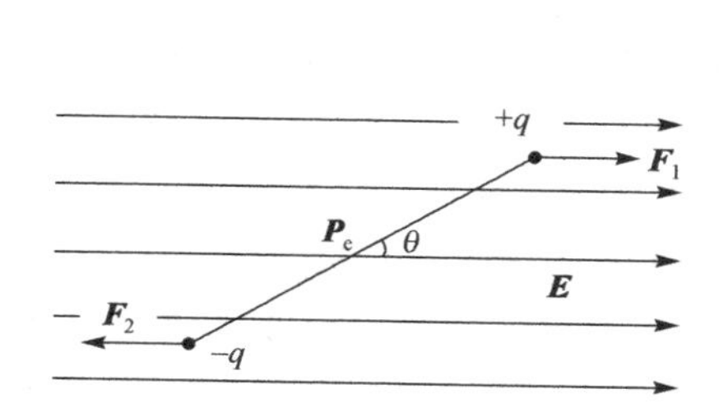

图 6.16 电偶极子在均匀电场中所受的力矩

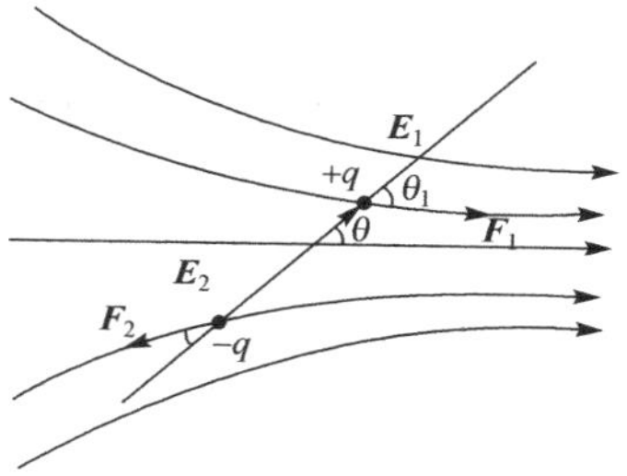

图 6.17 电偶极子在不均匀电场中所受的力矩

$$F=q(E_1-E_2)=ql(E_1-E_2)/l=P_e(E_1-E_2)/l \tag{6-44}$$

可见，电偶极子在非均匀电场中所受合力的大小，与偶极矩 $\boldsymbol{P}_e$ 的大小成正比，也

跟场强变化率成正比. 电场不均匀性越大，电偶极子所受的合力也越大. 偶极子将向电场增强的方向移动.

至此，要了解电偶极子的行为，只须掌握偶极子电极矩 $\boldsymbol{P}_e$ 即可.

3. 电介质极化的微观机制

电介质是电导率很小的物质. 其特点是分子中正负电荷束缚得很紧. 在一般条件下，正负电荷不能分离，因而在介质内部自由电荷极少，导电能力很弱.

由于电介质结构的不同，可以把它们分成两大类，即无极性分子电介质和有极性分子电介质. 分子的正负电荷中心在无外电场存在时是重合的，这类分子叫作无极性分子，如 H_2、N_2、CCl_4 等；相反，分子的正负电荷中心即使在无外电场存在时也是不重合的，这类分子称为有极性分子，例如水分子等.

无极性分子在没有外电场时整个分子没有电矩，如图 6.18(a)所示. 在外电场的作用下，分子中的正负电荷中心将发生相对位移，形成一个电偶极子，它们的等效电偶极矩 $\boldsymbol{P}_e$ 的方向都沿着电场的方向，如图 6.18(b)所示. 在整块介质中相邻偶极子的正负电荷互相抵消，因而介质内部仍显电中性，只有介质的两个与外电场方向垂直的端面上出现了电荷，一端出现负电荷，另一端出现正电荷，如图 6.18(c)所示，这称为介质的极化. 无极性分子电介质的这种极化方式称为位移极化.

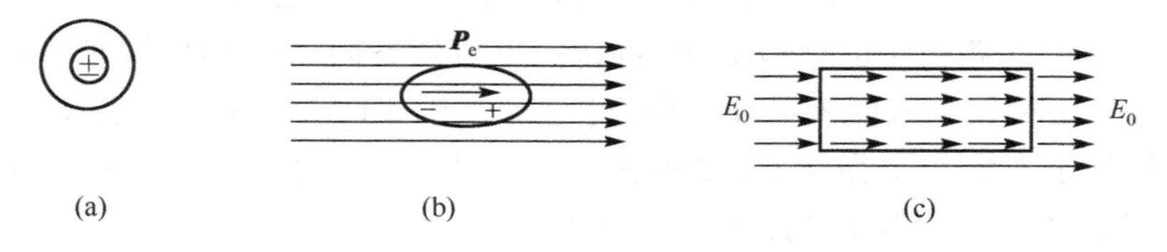

图 6.18　无极性分子电介质的极化

极性分子电介质的极化则是另一种情况. 在这类介质分子中正负电荷的中心本来不重合，每个分子具有固有电矩，但由于分子的不规则热运动，在任何一块介质中，所有分子的固有电矩的矢量和，平均来说互相抵消，在宏观上显示电中性，如图 6.19(a)所示. 当介质受到外电场作用时，则每个分子的电偶极矩都受到一个力矩的作用，如图 6.19(b)所示. 力矩使分子电矩转向外电场方向，这样所有分子固有电矩的矢量和就不等于零了. 但由于分子的热运动，这种转向并不完全，即所有分子电矩不是都沿电场方向排列起来，如图 6.19(c). 外电场越强，分子电矩沿着电场方向排列得越整齐. 对于整个电介质来说，不管分子电矩排列的整齐程度如何，在与电场方向垂直的端面上出现了电荷. 一个端面出现正电荷，另一端面出现负电荷. 有极分子电介质的这种极化方式称为转向极化.

无极性分子和有极性分子这两类电介质极化的微观过程虽然不同，但宏观的效果却是相同的. 因此，如果只从宏观上描述极化现象，就不必分为两类电介质来讨论.

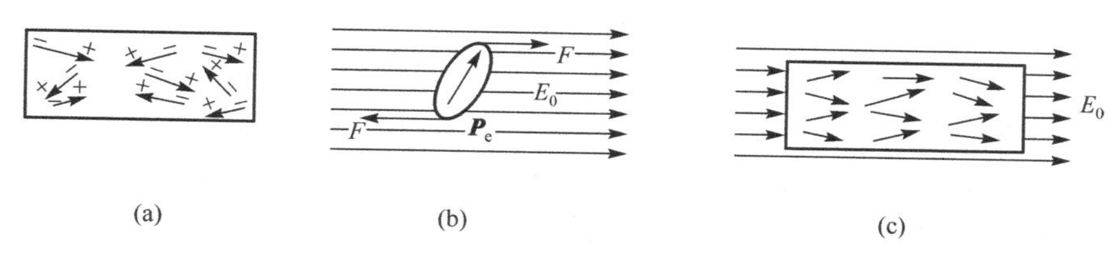

图 6.19 有极性分子电介质的极化

对均匀介质和非均匀介质来说，电介质的极化是不同的. 在均匀电介质中，极化的结果只在与电场方向相垂直的端面上出现极化电荷. 对于非均匀电介质来说，除在电介质表面上出现极化电荷外，在电介质内部也将产生体极化电荷.

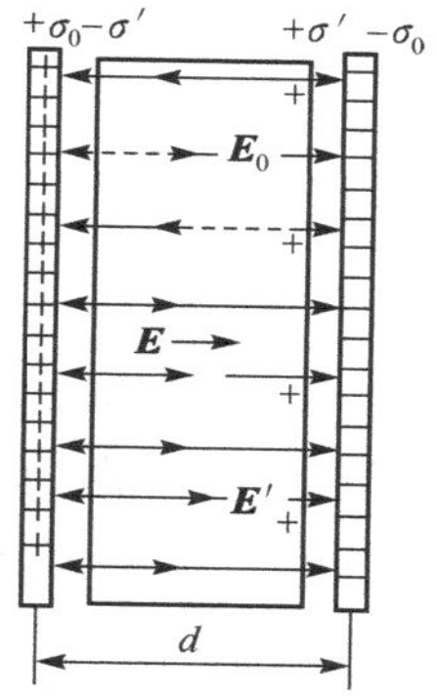

图 6.20 充满介质的平行板电容器电场

4. 介质极化对场强的影响

为了研究均匀电介质内部电场和介质极化所产生的面电荷密度与外电场的关系，我们以平行板电容器中充满均匀电介质为例进行讨论，如图 6.20 所示.

电介质处于极化状态时，在电介质的端面上产生极化电荷. 这些电荷不能离开电介质表面，称为**束缚电荷**. 束缚电荷也会产生电场. 因此，电介质内部的电场是外电场和极化电荷电场的叠加. 设外电场强度为 $\boldsymbol{E}_0$，极化电荷产生的附加电场的场强为 $\boldsymbol{E}'$，而电介质的合场强为 $\boldsymbol{E}$，那么，它们三者有如下的关系：

$$\boldsymbol{E} = \boldsymbol{E}_0 + \boldsymbol{E}' \tag{6-45}$$

这里的外电场是平行板电容器极板上自由电荷产生的电场，自由电荷的面密度为 σ，则

$$E_0 = \sigma/\varepsilon_0 \tag{6-46}$$

方向垂直于极板面向右. 由于束缚电荷均匀地分布在一对平行于电容器极板的平面上，设它的面密度为 σ'，则附加电场的场强

$$E' = \sigma'/\varepsilon_0 \tag{6-47}$$

方向垂直于极板面向左. 介质内合成场强的量值等于(6-46)式和(6-47)式所表示的两个场强数值的代数和，即

$$E = E_0 - E' = (\sigma - \sigma')/\varepsilon_0 \tag{6-48}$$

由此可见，介质中的场强比真空中削弱了. 可以证明，电介质中的场强削弱为真空中场强 E_0 的 $1/\varepsilon_r$，即

$$E = E_0/\varepsilon_r$$

将 $E = \sigma/\varepsilon$ 代入式中得

$$E = E_0/\varepsilon_r = \sigma/(\varepsilon_r\,\varepsilon_0) = \sigma/\varepsilon \tag{6-49}$$

式中 ε 为电容率(或称介电常量). 由此可得出电介质表面上的极化电荷密度和电容

器极板上的自由电荷密度 σ 之间的数量关系为

$$\sigma' = (\varepsilon_r - 1)\sigma/\varepsilon_r$$

必须指出，由(6-49)式得出电介质内部场强削弱为 E_0 的 $1/\varepsilon_r$ 倍的结论，是在各向同性均匀电介质情况下得到的，并不是普遍成立的. 但是电介质内部的电场强度与真空中电场强度相比，总是要削弱的，这一结论却是普遍成立的. 而且不同的介质削弱的程度不同，一般介质对场强减弱的影响都比空气介质影响要大. 在高压静电场的实验中，就是利用电介质这一特性，使高压电极处于相对电容率 ε_r 较大的介质中，以消除电晕放电或提高电极间的击穿电压.

6.5　生物电现象

生物电现象，早在 1791 年意大利的生理学家和医生伽伐尼(L. Galvani)通过青蛙的神经肌肉标本就已经证明它的存在，但真正深入地进行研究是与电子工业技术的进步密切相关. 20 世纪 20 年代，阴极射线管在生理学中的应用，促进了电生理学的发展；20 世纪 40 年代初，细胞内微电极技术的发展，使该领域的研究，又开始了一个新时期. 研究的结果导致脑电、心电作为人类疾病诊断的重要手段，这也是生物电对人类具体应用的一个范例. 现已证实，生物界的各种生命活动都伴随有电磁现象，凡是有生命活动，就有生物电磁产生，动物是如此，植物也是如此.

6.5.1　生物电的产生

生物的细胞、组织和器官，在进行生命活动的过程中，总是伴随着一定的电势变化. 生物细胞、组织、器官中不同结构或部位之间存在的电位差，以及不同生理代谢水平的活动所表现出来的电活动变化，通常称为生物电势. 从生物电势的空间和时间分布与变化规律来看，生物电势可分为静息膜电势和动作膜电势两种.

1. 静息膜电势

实验表明，若将微电极和参考电极，都与枪乌贼粗大神经纤维外表面接触，示波器指示电势差为零. 当将微电极插入神经细胞膜内，参考电极仍在细胞膜外时，示波器显示出膜内为负、膜外为正的负 70mV 的电势差. 将微电极在膜内插深一些或浅一些，其电势差基本不变. 这说明只在膜内外两侧产生电势差，故称为细胞的膜电势. 它是细胞没有受到外界刺激的静息状态下记录到的，因此称为静息膜电势.

静息膜电势广泛分布于动物、植物和一些微生物藻类等各类生物中，因此，生物电现象是生命活动中发生的一种普遍现象. 细胞活动相对安静时细胞中的膜电势、细胞或组织不同部位之间的损伤电势、上皮细胞中的跨上皮电势、生物体内的分泌电势以及一些氧化还原电势等都属于静息膜电势.

2. 动作膜电势

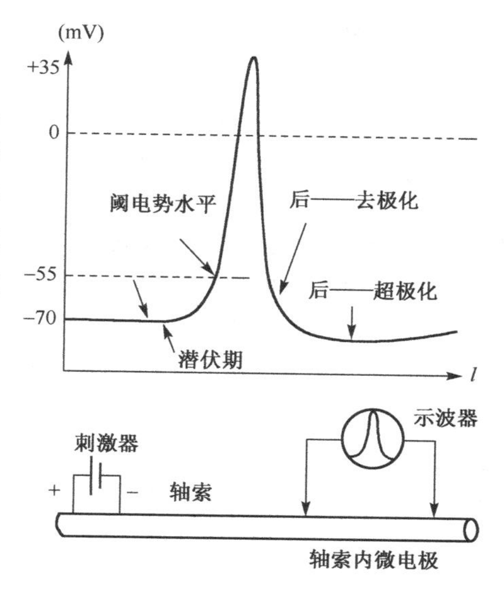

图 6.21 动作膜电势的细胞内记录

接通图 6.21 左端刺激器电路,发现膜电势从−70mV 迅速上升,升至零伏时膜电势的极性反转,直至为内正外负 40mV 为止,总共上升了 110mV. 然后开始下降至零伏后,又恢复到静息水平的−70mV. 我们把细胞受刺激时发生的电势变化称为**动作膜电势**.

处于静息膜电势的细胞,由于内外两侧存在电势差,称为膜处于极化状态. 膜电势从静息水平向零伏过渡,极化程度逐渐降低以至消失,这一过程称为去极化. 电势从外正内负向内正外负变化的过程,称为极性反转,或叫反极化. 动作膜电势是膜快速去极化、反极化和再极化过程的电势变化.

6.5.2 跨膜电势产生的离子学说

生物电磁虽普遍存在于生物体中,但产生的原理尚需深入研究. 生物细胞的静息膜电势和动作膜电势是生物体的主要电现象. 虽然膜电势的形成机理尚有争议,但应用离子学说来阐述膜电势的形成与估算,仍为多数学者所选用.

1. 膜电势的离子说基础

动物和植物都是由细胞组成的. 细胞不仅是生物有机体的基本结构单位,也是一切生命活动的基本功能单位. 真核生物的各种细胞,由于功能和所处环境不同,虽在结构上有很大差异,但其基本结构却很类似,一般都由细胞膜、细胞质和细胞核三个基本部分组成.

细胞膜又称质膜,它是细胞和周围环境之间进行物质交换必须经过的"屏障". 细胞膜是一种具有离子通道的**半渗透性膜**,生物细胞都被它包围. 镶嵌在膜上的通道蛋白质是细胞内部与外界环境间联系的通道,为荷电离子或分子提供特殊道路. 部分通道常处于开放状态,离子能随时出入,不受外因控制,但部分通道,只有在电压、化学和机械力等外因诱导下,才处于开放状态,一般均呈关闭状态,因此,离子通道按电导特性,有开放和关闭之分. 通道蛋白质的开放与关闭称为门控,故膜上通道有被动非门控与主动门控两类,前者总是处于开放状态,后者可开可闭,其开放的概率同外界诱因有关. 离子通道的这些特性,使膜不仅具有传送离子的功能,而且具有能识别及选择吸收离子种类的特性，对维持生物体的正常生理活动，有极其重要的意义，是生命的象征. 所以，细胞膜不只是细胞分隔、屏障与支架，并与机体的物质运输、信息交换、能量传递、吸收分泌以及电现象等生理功能密切相关.

半渗透性的细胞膜，把细胞内液和外液分隔，由于离子通道的活动，使得膜内外液之间各种离子浓度的分布不对称，结果在内外液的界面上产生跨膜的电势差，称为膜电势. 如离子通道为荷电离子运动提供了电导通路，则膜电势将是驱动离子运动的动力. 若将两个玻璃微电极都放在单细胞膜的表面上，此时伏特计上的指针为零；若将一个玻璃电极仍放在细胞膜的表面，作为参考电极，而另一个微电极刺入细胞膜内以后，立即出现一般为负几十毫伏的电势差. 正、负表示电势极性，即膜内为负，膜外为正. 如再将微电极插深一些，电势差基本不变. 可见膜电势主要限于膜两侧，即主要取决于膜两侧之间各种离子浓度分布的不对称大小. 由于测定电势时，细胞处于静息状态，这时记录到的电势，又名静息膜电势，是荷电离子通过膜非门控离子通道运动产生的.

2. 一种离子扩散产生的电势

有机体体液一般都由等量的正负离子组成，无论是大范围还是小区域，溶液都呈电中性. 图 6.22(a)中半透膜两边是浓度不同而成分一样的溶液. 设半透膜只对正离子有渗透作用，对负离子完全没有渗透作用. 摩尔浓度 C_1 处为高浓度区，C_2 处为低浓度区. 半透膜左右两边的正离子都向对方扩散. 由于 $C_1>C_2$，起初由左向右扩散的正离子，宏观上表现为自左向右的正离子流. 左边邻近膜处由于缺少正离子而带负电，右边邻近膜处由于积累过多的正离子而带正电. 膜两侧一旦出现正负电荷，就形成从右向左的扩散电场，阻碍正离子从 C_1 向 C_2 的扩散，加速从 C_2 向 C_1 的扩散. 随着扩散电场的增强，最后达到动态平衡，产生稳定的电势差，如图 6.22(b)所示，扩散产生的电势差只局限在膜的两侧，远离膜的溶液仍然呈电中性状态，这种跨膜电势差称为扩散电动势.

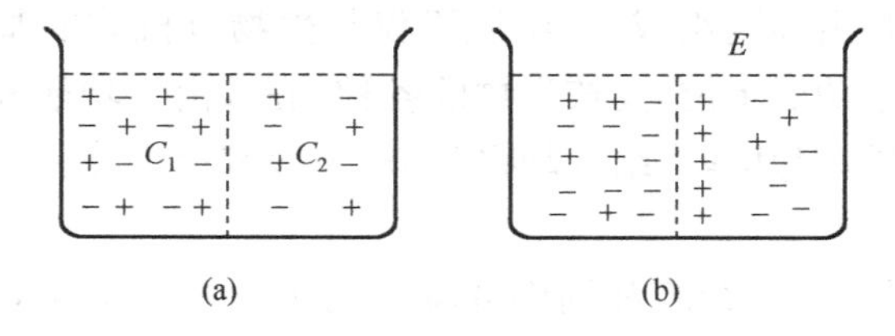

图 6.22 浓差电动势

离子在体液内的输运. 可视为理想气体分子运动，气体膨胀所做的元功为 $\mathrm{d}W=p\mathrm{d}V$，对一摩尔理想气体分子而言，$pV=RT$，气体普适常量 $R=8.31\mathrm{J}\cdot\mathrm{mol}^{-1}\cdot\mathrm{K}^{-1}$. 设离子的摩尔容积从 V_1 变为 V_2，非静电力所做的功为

$$W=\int_{V_1}^{V_2}RT\frac{\mathrm{d}V}{V}=RT\ln\frac{V_2}{V_1}$$

摩尔浓度是单位体积内离子的摩尔数，所以每摩尔正离子在左右两区域所占的

容积分别为 $V_1 = 1/C_1$ 和 $V_2 = 1/C_2$，代入上式得到

$$W = RT\ln\frac{C_1}{C_2}$$

一摩尔一价离子所带的电荷量，定义为法拉第常量 F，一摩尔 Z 价离子所带的电荷量为 $q=ZF$. 由电动势的定义知道扩散电动势的大小为

$$\mathscr{E} = \frac{W}{q} = \frac{RT}{FZ}\ln\frac{C_1}{C_2} \tag{6-50}$$

将 $R=8.31\text{J}\cdot\text{mol}^{-1}\cdot\text{K}^{-1}$，$F=9.96485\text{C}\cdot\text{mol}^{-1}$，$T=310\text{K}$ 即体温 37℃代入，并把自然对数变为常用对数，则(6-50)式变为

$$\mathscr{E} = \frac{6.14\times10^{-2}}{Z}\log\frac{C_1}{C_2} \tag{6-51}$$

3. 相伴的两种离子的扩散电势

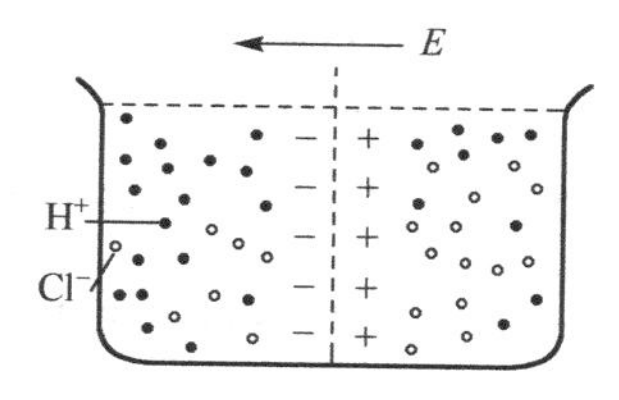

图 6.23 扩散电动势

图 6.23 半透膜两边都是完全解离成 H^+ 和 Cl^- 的 HCl 溶液，左边浓度 C_1 高，右边浓度 C_2 低. 半透膜对 H^+ 和 Cl^- 完全通透，对其余离子完全不通透. 膜两边的 H^+ 和 Cl^- 都从自己所在区域越过膜，向对方区域扩散. 但是，由于$[H^+]_{左}>[H^+]_{右}$，$[Cl^-]_{左}>[Cl^-]_{右}$，起初从高浓度区向低浓度区扩散的离子数，多于从低浓度区向高浓度区扩散的离子数.

离子在稀溶液中扩散，可视为理想气体分子运动. 根据(4-25)式有 $\frac{v_{H^+}}{v_{Cl^-}} = \sqrt{\frac{m_{Cl^-}}{m_{H^+}}} =6$，$H^+$ 的平均扩散速率是 Cl^- 的六倍. 因此，从高浓度区向低浓度区扩散的 H^+ 比 Cl^- 多. 结果在膜的稀区一侧，带一层正电荷，膜的浓区一侧，带等量的负电荷，膜两侧产生从稀区指向浓区的扩散电场. 扩散电场一出现就阻碍 H^+ 从左向右的扩散，却加速 Cl^- 从左向右的扩散. 随着两侧积累的正负电荷的增加，“阻碍”与“加速”作用都越来越强，最后 H^+ 与 Cl^- 以相同的速率进行扩散，达到**动态平衡**.

单位时间通过单位面积膜的离子的摩尔数，定义为离子的摩尔通量，以 Φ 表示. 离子的摩尔通量是浓度梯度 $\frac{dC}{dx}$ 和电势梯度 $\frac{dU}{dx}$ 共同作用的结果. 根据菲克第一定律，Z 价正负离子的摩尔通量可以证明为

$$\Phi_+ = -v_+ RT\frac{dC}{dx} - v_+ ZFC\frac{dU}{dx}$$

$$\Phi_- = -v_- RT\frac{dC}{dx} + v_- ZFC\frac{dU}{dx}$$

负号表示离子向低浓度、低电势方向扩散，第二式右边第二项所以为正，是因负离子的电量是负值.

动态平衡时，正离子的摩尔通量 Φ_+ 与负离子的摩尔通量 Φ_- 相等. 扩散虽然继续进行，正负离子成对迁移，并不改变膜两边积累的离子数，正负电荷稳定分布，产生扩散电动势. 由 $\Phi_+ = \Phi_-$ 可以得到

$$dU = \frac{v_- - v_+}{v_- - v_+}\frac{RT}{FZ}\frac{dC}{C}$$

对上式进行积分得到膜两侧的扩散电动势为

$$\mathscr{E} = U_2 - U_1 = \frac{v_- - v_+}{v_- - v_+}\frac{RT}{FZ}\ln\frac{C_2}{C_1} \tag{6-52}$$

式中 v 是单位策动力引起的平均扩散速率，定义为离子迁移率，其单位是 $\mathrm{mol \cdot ms^{-1} \cdot N^{-1}}$. 若 $v_+ > v_-$，则稀区为正，浓区为负；若 $v_- > v_+$，则浓区为正，稀区为负；若 $v_+ = v_-$，则扩散电动势为零. KCl 中 $v_K \approx v_{Cl}$，因此常用来消除扩散电动势.

若膜对负离子完全不通透，只对正离子完全通透，则(6-52)式就变为(6-50)式.

生物细胞内参与扩散的离子有 K^+、Na^+、Mg^+、H^+、Cl^-、$NO_3{}^{2-}$、OH^- 等，它们的离子迁移率请参阅医用物理学或物理化学等书籍.

4. 细胞内外的扩散电势

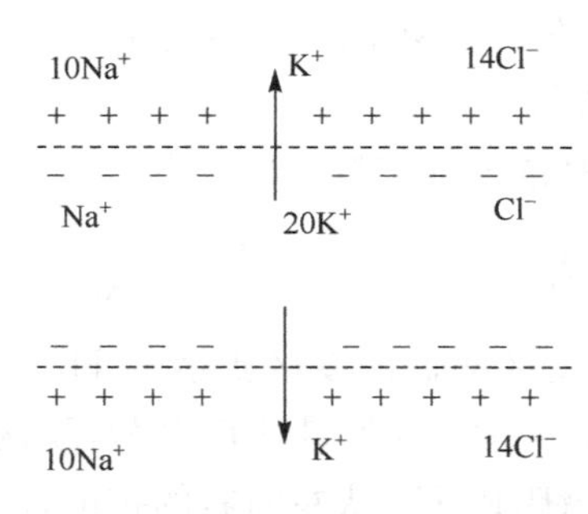

图 6.24　静息膜电势模型

神经细胞膜分外层和内层，外层叫鞘膜，内层叫浆膜，细胞膜内包裹着轴浆. 在生物体内，神经细胞浸浴在导电的外液介质中. 细胞膜内外成分不同，但主要成分都是 Na^+、K^+ 和 Cl^-，图 6.24 标出了同种离子的倍数.

细胞内外离子浓度差产生的电动势，可由(6-50)式和(6-52)式推广得到，只是将浓度 C_1、C_2 分别换成细胞外内各种离子浓度乘上细胞膜对它们的通透系数之和，同时注意 Cl^- 和 K^+、Na^+ 具有相反的电荷符号，于是细胞内外扩散电动势为

$$\mathscr{E} = \frac{RT}{ZF}\ln\frac{P_K[K^+]_o + P_{Na}[Na^+]_o + P_{Cl}[Cl^-]_o}{P_K[K^+]_i + P_{Na}[Na^+]_i + P_{Cl}[Cl^-]_i} \tag{6-53}$$

式中 i、o 分别表示膜内、外；P_K、P_{Na} 和 P_{Cl} 是细胞膜对 K^+、Na^+、Cl^- 的通透系数；$[K^+]$、$[Na^+]$和$[Cl^-]$表示三种离子的浓度.

静息状态下，细胞膜对 K^+、Na^+、Cl^- 的通透系数之比为 $P_K : P_{Na} : P_{Cl} = 1 : 0.4 : 0.45$. 可见静息状态下，虽然 K^+、Na^+、Cl^- 都在进行扩散，但是，起决定性作用的是 K^+ 向膜外的扩散，膜呈现外正内负的极化状态，如图 6.25 所示. 极化状态一旦出现，膜内外的电势梯度，阻碍 K^+ 外流，却加速膜外 K^+ 内流. 浓度梯度造成的向外的 K^+ 流，和电势梯度造成的向内的 K^+ 流，达到动态平衡时，建立稳定的静息电

势.忽略静息状态下 Na^+、Cl^- 的扩散作用(6-53)式简化成

$$\mathscr{E}_k = \frac{RT}{ZF}\ln\frac{[K^+]_o}{[K^+]_i} \tag{6-54}$$

极化状态下的神经细胞受到刺激时,膜对离子的通透性突然改变,通透系数之比变为 $P_K : P_{Na} : P_{Cl} = 1 : 20 : 0.45$. Na^+ 内流速度陡增 50 倍,膜电势从 −70mV 迅速上升,升至零伏时,膜的极化状态完全消除.此时 Na^+ 继续向内涌流,发生极性反转,出现内正外负 40mV 的电势,如图 6.25 所示.这时的膜称为 Na 膜.当膜电势上升到最高点时,膜对离子和通透性又一次选择性改变.细胞启动 Na-K 泵,开始吸 K 排 Na,迫使膜电势下降至零伏,钠膜变成钾膜.尔后,膜电势继续下降,膜极性反转,最后恢复到静息膜电势水平.

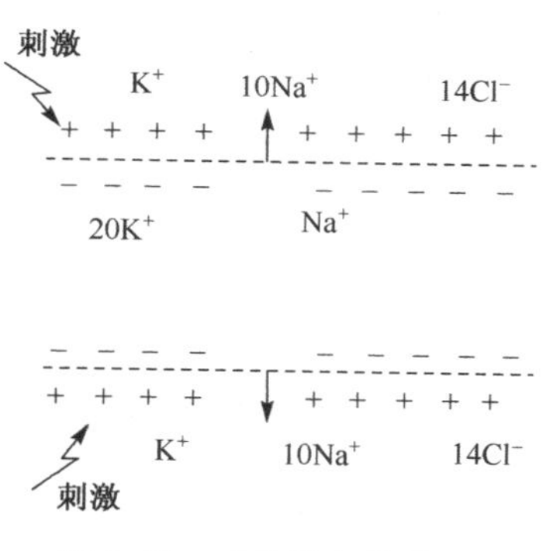

图 6.25 动作膜电势模型

5. 动作膜电势的传导

静息状态下神经纤维存在外正内负 50~100mV 的静息电势差,电荷均匀分布,内外表面各部分之间不存在电流,如图 6.26(a)所示.

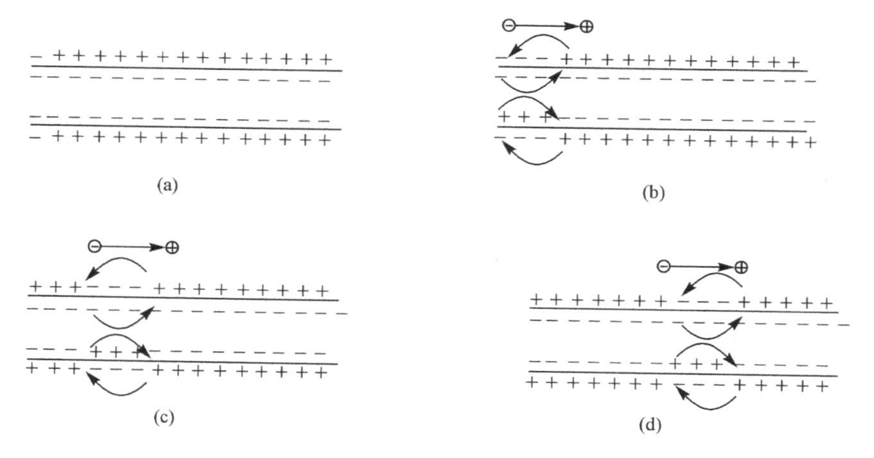

图 6.26 电脉冲神经的传导

当神经纤维左端受到刺激时,受刺激部分产生动作膜电势,直至极性反转.受激区与邻区之间出现电势差,形成一个电偶极子.如图 6.26(b)所示,膜外有从邻区流向受激区的电流,膜内有从受激区流向邻区的电流.使邻区变成新的受激区.次邻区与新受激区之间又形成电偶极子,好像是图 6.26(c)中偶极子向右移动一段距离.最

初的受激区，由于膜通透性的改变和Na-K泵的作用，恢复到正常状态，如图6.26(d)所示.上述过程由刺激区开始，沿着神经周期性前移，具有动作电势形状的电脉冲，以20～30m/s的速率，沿着神经纤维，向远离刺激方向传播出去可见，兴奋或信息从神经系统的一部分传到另一部分，是通过产生生物电势来实现的.神经犹如电线，不过传导电流的方式有所不同.生物电流的传导，可以看作电偶极子沿神经表面流动.偶极矩方向总与传播方向一致.损伤部分会丧失或部分丧失传导能力.

6.6　电场生物效应

6.6.1　电场生物效应实验研究结果

生物的各种生命活动都伴有电现象发生，而电现象是一切生命活动的信号，这种电信号是有机体生长、发育的前兆.因此适当地控制和改变生物体的电活动，就有可能影响和刺激有机体的生长发育，从而改变生物体生长发育的进程.要改变和控制生物体的电活动，除了直接的电刺激外，就是外加电场，即人为地对生物体施加电场，如匀强电场、非匀强电场、电晕场、脉冲电场等，这些电场都能够不同程度地影响生命系统的自然电场，促进或控制生物体的生长和发育，从而引起诸多的生物学效应.把促进生物生长发育的效应称为正效应；抑制、损伤或致死的生物效应称为负效应.

1.电场处理植物种子的生物学效应

电场处理植物种子的生物效应研究是静电生物效应研究领域最为活跃的一个方面，在我国从20世纪70年代开始已经有十几个研究单位试验了几十种植物种子.如用4kV/cm的匀强电场处理棉籽12小时，可使棉花增产12.4%，绒长增加1～2mm.用负电晕场处理的青椒、番茄、黄瓜、玉米、大豆、水稻等种子，其活力指数可提高10%～20%，植株增高，茎增粗，根变长，叶片增多，产量提高5%～40%，经生化测定，ATP含量增加76.6%～216.7%，淀粉酶增加31%～51%，脱氢酶活性提高15%～50%.另外，用适当的匀强电场处理甜菜种子，不仅可以提高产量，而且还能提高甜菜的含糖量.

2. 电场对植物生长的影响

自然界是一个静电的海洋，电磁场是植物生长发育不可缺少的环境物理因素.大量的实验证明，环境电场发生变化，将影响到植物的生长，有些是正效应，有些则是负效应.如在君子兰花、人参、青椒、番茄、黄瓜等植株的上方架上电晕线，在一定强度的电晕场作用下，可以促使植株生长，开花期提前，果实增多.有人以蚕豆、黑麦等植物为实验对象进行研究时，发现 1.5～3.0kV/cm 的电场有促进蚕豆生长作用，4kV/cm的电场对蚕豆生长有抑制作用；可是场强为 4kV/cm 的静电场却能够促进黑麦生长和有丝分裂. 在研究高压静电场对水稻根系的影响时，发现正高压静电场促进水稻根系的生长，负高压静电场对水稻根系生长起抑制作用. 此外，还有人发现持续不变的负电场对大麦生长有抑制作用，而间断的负电场却能加快植株生长.

总之，静电场对植物生长的影响是复杂的；由于静电生物效应的微观机理还不十分清楚，所以这方面还有待于更系统的实验和研究.

3. 高压电场的果蔬保鲜作用

果蔬保鲜与提高人类的生活水平相关，备受人们的关注. 自 20 世纪 80 年代以来，仅我国的科技工作者就对数十种果蔬进行了静电保鲜的研究，如西瓜、苹果、香蕉、菠萝、荔枝、青椒、番茄、黄瓜等. 试验结果表明，在一定的温度和湿度条件下，大部分果蔬经适宜的电场处理后，呼吸强度降低，贮藏时间延长，色泽、硬度和腐烂率都明显优于对照组. 静电保鲜技术对于一些高含水量难储藏的果蔬来说，是一种无污染的物理保鲜方法，具有很好的研究潜力.

尽管果蔬的静电保鲜机理尚未完全明晰，但多数人认为下述的一种解释是可以接受的. 即高压静电场的保鲜机理是利用高电压电离空气产生离子雾和一定量的臭氧. 其中负离子雾具有抑制果蔬新陈代谢，降低其呼吸强度，减缓酶活性等作用；而臭氧是一种强氧化剂，除了具有杀菌能力外，还能与乙烯、乙醇和乙醛等发生反应，间接对果蔬保鲜起积极作用.

4. 水产生物的电场生物效应

苗种是水产养殖的物质基础，优质的苗种对养殖产量的提高和水产品品质的改善都起着十分重要的作用. 近十几年来，随着静电生物效应研究的不断深入，除了应用静电技术处理各种植物种子，已经取得了一定的经济效益和社会效益外，对水生生物电场效应的研究也取得了进展. 用电压为 15～20kV、20μs 的脉冲电场或场强为 4～10kV/cm 的匀强电场，对淡水鱼类或海洋贝类的受精卵及幼苗进行处理 3～20 分钟左右，可以引发明显的生物学效应. 如对团头鲂及异育银鲫等鱼类的四细胞期胚胎进行 3 分钟电场作用后，可使其出苗率和幼苗的成活率提高 20%以上，同时其后期的生长速度加快；通常孵化池中孵化的鱼苗在池中只能存活 6～7 天，而胚胎受过电场作用的鱼苗在孵化池中可以存活 11 天以上，且放养的效果良好，抗温变能力提高，死亡率明显下降. 鲍的受精卵经高压静电场的适当处理后，不仅孵化率和着板情况好，而且幼苗的活力增强，也有利于提高出苗率. 同时高压电场处理幼鲍和病鲍以及藻类等水生生物等都有不同程度的影响.

6.6.2 电场生物效应的宏观特点

电场生物效应通常表现出来的都是一些生物的宏观现象，这些宏观现象与生物体内的微观过程和机制有着密切的联系，也涉及一些物理学和生物学的规律. 大量实验结果表明，电场生物效应的宏观特点主要有以下几个方面.

1. 多参量性

生物生理学的研究表明，能引起生物反应的刺激量 S 等于刺激强度和刺激时间的乘积. 在电磁生物效应研究的实验中，人们主要关注的是场强和作用时间，但是电磁场本身就是一个很复杂的场，农业生物体由于具有生命活动，也包含着极其复杂的不仅是生理生化的变化，还有自身电磁特性的变化，并深受外界环境因子的影响. 因此，电磁生物效应研究中的参数选择，除电(磁)场强度 $E(B)$ 和作用时间 t 外，还应考虑电(磁)场的类型 N_i、作物品种和类型 K_i、含水量 W、处理时的温度 T、空气的湿度 a_w、植物胚的朝向 d_w 等，则刺激量的函数关系应该是 $S=f(E,B,t,N_i,K_i,W,T,a_w,d_w,\cdots)$. 从刺激量函数可以看出生物体的电磁处理过程，是一个极其复杂的既是物理的，又是生理生化的转化过程.

2. 场向效应

电场对生物体的影响与电场的方向有关，即称之为场向效应. 如施加正电场可以促进植物根系的生长，施加负电场则能抑制植物根系的生长，不同极性的电场对根系吸收不同元素的影响亦不同；静电场对水稻种子脱氢酶活性的影响，用负电场处理优于用正电场处理等.

3. 临界效应

电场对生物体的影响，随着场强大小的改变而呈现隐性作用、促进作用、抑制作用以及致死作用，这种现象称为临界效应. 从隐性作用过渡到促进作用，存在着一个临界场强，称为下阈值(亦称为门槛)；从促进作用过渡到抑制作用，存在着另一个临界场强，称为上阈值. 场强的下阈值和上阈值与生物体的类别、状态、环境等诸多因素有关. 如静电场增强水稻种子脱氢酶活性，下阈值为 50kV/m 左右，上阈值为 150kV/m 左右；而静电场处理蚕卵增加蚕体重量，下阈值的范围是 100～200kV/m，上阈值为200kV/m 左右.

4. 剂量效应

剂量是场强与作用时间的乘积，而且剂量与生物效应相关. 但是对于电磁环境生物效应的研究，在某些条件下，剂量与生物效应无关. 例如当场强小于下阈值时，无论电场对生物体的作用时间多长，也不会引发兴奋效应；当场强大于上阈值时，尽管作用时间很短，也会给生物体带来损伤. 不过在临界场强范围内，电场对生物体产生的兴奋效应与作用剂量有关，但是并非作用时间越长，生物效应就越明显，而是存在一个最佳的作用剂量. 当场强一定时，某种生物兴奋效应的适宜剂量取决于作用时间，所以通常将剂量效应也称为时间效应.

5. 消退效应

在生命过程的某一阶段，电场的作用通过机体内部的调节而产生影响，发生显著的生物效应；随后，影响减弱或消失，这种效应称为消退效应. 例如，400～600kV/m 的静电场对桑蚕卵的孵化率和三龄前的呼吸强度有显著的影响，但对蚕发育后期的各项指标，如呼吸强度、蚕体增重速度等的影响并不十分明显. 水经过一定强度的电场处理后，最初具有杀菌、灭藻、除垢和缓蚀等功效，但过一段时间后就会失去这些功能. 目前，人们认为电场对生物体有刺激作用. 生物体对外加电场有耐受能力和适应能力是消退效应产生的主要原因.

6. 非热效应

电场作用于生物体产生的不与温度变化有关的效应，称为非热效应. 这种效应往往发生在远离平衡态的情况，生物体对电场的响应是非线性的，由外界小能量的诱导可能在生物体内部释放出巨大的能量. 非热效应具有频率窗效应和功率窗效应，即生物系统对微波表现出频率和功率密度的特异性依赖关系，以致在某一频率段或某一功率密度范围内，只有几个离散的频率或功率密度才引起显著的生物学效应.

实际上，不仅是电场生物效应具有这些宏观特点，而且作为生物生活的特殊物理环境因子的磁场、电磁场(波)、超声波、激光、电离辐射等，它们作用于生物体都能引起与上述特点相同或相似的生物学效应.

6.6.3　电场生物效应机理探讨

由于对作物种子的电场生物效应研究较多，我们就以电场处理种子为例进行讨论. 电场处理种子似乎很简单，却包含有极其复杂的物理变化和生理变化，并深受外界环境的影响. 由于原理至今不明，影响因素较多，尽管国内外从事这一研究的工作者不少，然而各人处理方法不同，条件不一，因此得出参数很不一致，致使重复性差，甚至相互矛盾，难以进行大面积的推广应用. 种子的电场处理涉及生物学、生物物理、生理生化和静电学等多学科内容，目前仍处于探索研究阶段，许多内容尚属空白，真正进入全面使用阶段，既有理论问题，又有实际应用的难点有待研究解决.

电磁场都是能量场，处理过程中能供给种子以能量. 植物体内生命活动过程中主要的初级能源是 ATP. 一般认为，驱动植物体内 ATP 合成的动力 f 为

$$f = \Delta H_{hr} + \Delta E_{hr} + \Delta F_{EF} \tag{6-55}$$

式中，ΔH_{hr} ——光照下形成的质子梯度；

ΔE_{hr} ——光照下形成的膜内外电位差；

ΔF_{EF} ——外加静电场所诱导的膜电位增加.

实验证明，在叶绿素中静电场所诱导的 ATP 合成增益显著. 这说明静电场生物效应的主要作用是提供推动 ATP 合成的膜电位增加[见式(6-55)]，结果新陈代谢旺盛，生长发育加快. 但从纯能量的观点看，静电场所能提供给每粒种子的能量是极其有限的. 例如，某高压静电处理器处理种子时，一般输出功率大约为 6W(20kV，300μA)，每千克稻种大约有 4 万粒，如每次处理量为 50kg，处理时间为半小时，即使 6W 功率全部都作用在种子上，平均每粒种子所能获得的电能仅有 5.4×10^{-3} J/粒. 从电生理学的观点来看，"阈值"以上电刺激所引起的动物神经动作膜电位幅值大小不变，是因为传导膜电位的能量不是来自电刺激，而是细胞本身. 刺激本身并不能提供能量，只起触发作用，并遵守"全或无"定律. 静电场处理种子，所以能促进生长主要原因是提供了能起触发作用的，诱导 ATP 形成的刺激能量，而不是直接提供 ATP 形成所需的能量.

静电场诱导 ATP 的形成，不仅为各种酶类的"活化"提供了能量基础，也为离子的主动运输，以及生长发育有了物质保证，因而能促进作物生长，产生生物效应和增产效应. 但是，膜内外电位差仅是 ATP 形成的诱因之一. ATP 能否最后形成，既取决于电位差的大小，又取决于生物体本身的内部条件和外界环境. 仅当膜内外电位差大小同它的内部条件和外界环境一致时，才能产生"生物响应"，产生"共振"促进 ATP 的形成，诱发"自我再生作用"能力的增强，产生"放大效应"，否则便无效. 这可能是影响生物效应"重显性"的主因. 种子的含水量、处理时间、处理时的外界温度和生长点的方位角以及生物体的不同发育阶段等内外因素，应和外加电场强度、处理时间一样，均为重要参数.

6.7　静电技术在农业工程中的应用

电场生物效应在农业上的应用和研究十分活跃，应用也很广泛. 大量试验表明，电场处理种子和鱼类受精卵，电刺激植物生长和植物损伤组织的愈合，细胞电融合，电场选种，高压静电施肥，静电喷洒农药，高压静电场对农产品贮存保鲜等诸多方面都获得了重要成果，取得了显著的经济效益. 可以预言，电场生物效应的应用和研究必将在农业现代化中发挥越来越大的作用. 本节只是简单介绍几种与农业工程相关的应用.

6.7.1　静电分级技术

传统的大田作物播种，不仅浪费种子和间苗劳力，而且也难以保证有高的壮苗率. 因为种子本身的遗传特性表明种子受采收、运输、贮藏过程等各种因素的影响，活力已有较大差异. 为了进行精量播种，必须对种子进行严格的分级、精选. 利用各种不同活力的种子在静电场中取向(或位移)场强的差异就可以将不同活力的种子进行分级. 像具有长轴的种子，若它的长轴垂直于电场方向，当电场强度逐步提高时，种子(的长轴)就不断地按电场方向取向，早取向的是活力低的种子，晚取向的是活力高的种子. 而形状不规则或圆形的种子，分不出长短轴来，它们在电场中时，随电场强度的提高产生位移，根据位移的早晚，亦可将种子按活力分级. 更令人关注的是静电分级机除了结构简单，能有效地按照种子的生命活力进行分级外，还能产生某些生物学效应，如提高种子的发芽率、发芽势和促进生长等等；与此同时，静电分级机还可以除掉混在其中的杂草种子. 另外，根据农业物料的电磁特性，还可以进行茶叶、壳仁等物料的机械分选以及谷物的去杂等工作.

6.7.2 静电喷洒技术

无论是粉体或液体农药按传统的方法都要借助于喷粉或喷雾器喷洒出去然后靠重力自然沉降. 其缺点是喷洒不匀、散失严重、容易脱落. 常常是上部叶片落的多，下部叶片落的少，叶片正面落的多，背面落的少，且经风吹后就脱落. 喷洒出去的农药约 70%飘浮在空中或落到地面，既污染环境又浪费了农药. 采用静电方法喷洒农药，就在喷粉或喷雾器的喷咀处，加上一个带静电的旋杯，农药经旋杯时带电，并被粒化和雾化，带电农药喷洒出去，在库仑力等静电力的作用下，奔向植株的地上部分所有部位，且以较强的凝聚力附着在它的上面，难以脱落. 我国所研制的手持式静电喷雾器，叶片正、反面雾粒数是非静电式的 2.8 倍. 静电喷洒农药可以提高农药的利用率，达到 80%～90%，既能有效地防治病虫害、降低农药使用量、提高劳动生产效率，又能减少环境污染.

6.7.3 农产品加工技术

在农牧业产品像牛奶、果汁、水果罐头的生产加工中，都有必须有消毒灭菌的工序，但传统的高温杀菌方法对产品营养(尤其是维生素)破坏严重，例如很好的山楂汁经高温灭菌后，维生素 C 的含量几乎为零. 利用高强度电脉冲杀菌法是一个不破坏营养成分又可节能的新方法，大约是高温灭菌耗能的 2%～3%. 对番茄汁的静电灭菌实验表明，其维生素与有机酸等营养成分可完整的保留下来，而且其色、味也均不受影响.

本章小结

1. 电场强度(或称场强)：$\boldsymbol{E}=\boldsymbol{F}/q$.

2. 电势(无穷远处为电势零点)：$U_P=\int_P^{\infty}\boldsymbol{E}\cdot \mathrm{d}\boldsymbol{l}$.

3. 点电荷场强和电势公式：$\boldsymbol{E}=\dfrac{q}{4\pi\varepsilon_0 r^2}\boldsymbol{r}_0$，　$U=\dfrac{q}{4\pi\varepsilon_0 r}$.

4. 电荷连续分布的带电体场强和电势：$\boldsymbol{E}=\int_q \frac{\mathrm{d}q}{4\pi\varepsilon_0 r^2}\boldsymbol{r}_0$，　$U=\frac{\mathrm{d}q}{4\pi\varepsilon_0 r}$.

5. 场强 $\boldsymbol{E}$ 与电势 $\boldsymbol{U}$ 的微分关系：$\boldsymbol{E}=-\nabla \boldsymbol{U}$.

   在直角坐标系中：$\nabla=\frac{\partial}{\partial_x}\boldsymbol{i}+\frac{\partial}{\partial_y}\boldsymbol{j}+\frac{\partial}{\partial_z}\boldsymbol{k}$.

6. 电通量(或称电场强度通量)：$\Phi_e=\int_S \boldsymbol{E}\cdot \mathrm{d}\boldsymbol{S}$.

7. 高斯定理：$\oint_S \boldsymbol{E}\cdot \mathrm{d}\boldsymbol{S}=\frac{1}{\varepsilon_0}\sum_{(内)} q_i$.

8. 几种典型带电体系的场强和电势分布.

   ①均匀带电球体；②均匀带电球壳；③均匀带电直线；④均匀带电圆环；⑤电偶极子.

9. 电荷在电场中的电势能：$w=qU$.

10. 电介质极化对场强的影响：$\boldsymbol{E}=\boldsymbol{E}_0+\boldsymbol{E}'$，$E=\frac{\sigma_0}{\varepsilon}$.

11. 生物膜电势

    从生物电势的空间和时间分布与变化规律来看，生物电势可分为静息膜电势和动作膜电势两种. 根据跨膜电势产生的离子学说，一种离子扩散产生的电势为

$$\mathscr{E}=\frac{6.14\times 10^{-2}}{2}\log\frac{C_1}{C_2}.$$

12. 电场生物效应的宏观特点为

    ① 多参量性；② 场向效应；③ 临界效应；④ 剂量效应；⑤ 消退效应；⑥ 非热效应.

思　考　题

1. 根据库仑定律 $\boldsymbol{F}=\frac{1}{4\pi\varepsilon_0}\frac{qq_0}{r^3}\boldsymbol{r}_0$，当 $r\to 0$ 时，$F\to\infty$，这样推理是否正确？为什么？

2. 两个场强公式 $\boldsymbol{E}=\frac{\boldsymbol{F}}{q_0}$ 和 $\boldsymbol{E}=\frac{1}{4\pi\varepsilon_0}\frac{q}{r^3}\boldsymbol{r}_0$ 代表的意义有何不同？

3. 多个电荷在空间一点的电场强度是否一定大于其中任意一个点电荷单独在该点的场强？

4. 正电荷的电场中任意一点的电势是否一定为正？为什么？

5. 电场强度为零的点，电势是否一定为零？为什么？

6. 空腔导体接地与不接地，所起的屏蔽作用有何不同？

7. 将一个带电体克服电场力缓慢移到电场中某处，外力做功与此带电体电势能的关系如何？如果不是缓慢移动，则又如何？

8. 直流电源的电路中，内电路与外电路中电场力做功有何不同？

9. 高斯定理为何只适用于求三种对称性电荷分布的带电体的场强？

10. 有极性分子电介质与无极性分子电介质在电场中产生极化的机理是否相同？极化的宏观效果是否一样？

11. 讨论电场生物效应的宏观特点，分析电场生物效应可能在农业生产中的应用.

习　题　6(A)

1. 关于电场强度定义式 $\boldsymbol{E}=\boldsymbol{F}/q_0$，下列说法中哪个是正确的？　[　　]

(A)场强 $\boldsymbol{E}$ 的大小与试探电荷 q_0 的大小成反比.

(B)对场中某点,试探电荷受力 $\boldsymbol{F}$ 与 q_0 的比值不因 q_0 而变.

(C)试探电荷受力的方向就是场强 $\boldsymbol{E}$ 的方向.

(D)若场中某点不放试探电荷 q_0,则 $\boldsymbol{F}=0$,从而 $\boldsymbol{E}=0$.

2. 一带电体可作为点电荷处理的条件是 [ ]

(A)电荷必须呈球形分布.

(B)带电体的线度很小.

(C)带电体的线度与其他有关长度相比可忽略不计.

(D)电量很小.

3. 边长为 0.3m 的正三角形 abc,在顶点 a 处有一电量为 10^{-8}C 的正点电荷,顶点 b 处有一电量为 10^{-8}C 的负点电荷,则顶点 c 处的电场强度的大小 E 和电势 U 为($\frac{1}{4\pi\varepsilon_0}=9\times10^9\,\text{N}\cdot\text{m/C}^2$) [ ]

(A)$E=0$, $U=0$.　　(B)$E=1000\text{V/m}$, $U=0$.

(C)$E=1000\text{V/m}$, $U=600\text{V}$.　　(D)$E=2000\text{V/m}$, $U=600\text{V}$.

4. 一电量为 -5×10^{-9}C 的试验电荷放在电场中某点时,受到 20×10^{-9}N 向下的力,则该点电场强度大小为________,方向________.

5. 如题图 6.1 所示,一点电荷带电量 $q=10^{-9}$C,A、B、C 三点分别距离点电荷 10cm、20cm、30cm. 若选 B 点的电势为零,则 A 点的电势为________,C 点的电势为________($\varepsilon_0=8.85\times10^{-12}\text{C}^2\text{N}^{-1}\text{m}^{-2}$).

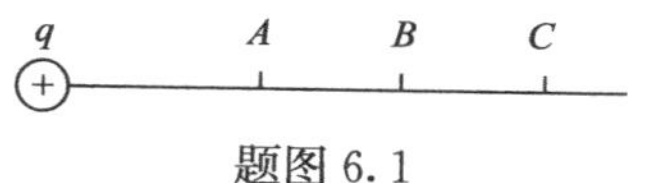

题图 6.1

6. 如题图 6.2 所示,真空中一长为 L 的均匀带电细直杆,总电量为 q,试求在直杆延长线上距杆的一端距离为 d 的 P 点的电场强度.

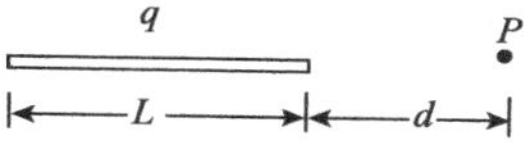

题图 6.2

7. 一半径为 R 的均匀带电球面,其所带电量为 Q,试求球面内外的场强分布.

习　题　6(B)

1. 一点电荷,放在球形高斯面的中心处. 下列哪一种情况,通过高斯面的电通量发生变化? [ ]

(A)将另一点电荷放在高斯面外.

(B)将另一点电荷放进高斯面内.

(C)将球心处的点电荷移开,但仍在高斯面内.

(D)将高斯面半径缩小.

2. 在静电场中,电场线为均匀分布的平行直线的区域内,在电场线方向上任意两点的电场强度 $\boldsymbol{E}$ 和电势 U 相比较,有 [ ]

(A)$\boldsymbol{E}$ 相同,U 不同.　　(B)$\boldsymbol{E}$ 不同,U 相同.

(C)$\boldsymbol{E}$ 不同,U 不同.　　　　(D)$\boldsymbol{E}$ 相同,U 相向.

3. 如题图 6.3 所示,在边长为 a 的正方形平面的中垂线上,距中心 O 点 $a/2$ 处,有一电量为 q 的正点电荷,则通过该平面的电场强度通量为____________.

4. 在点电荷 $+q$ 和 $-q$ 的静电场中,作出如题图 6.4 所示的三个闭合面 S_1、S_2、S_3,则通过这些闭合面的电场强度通量分别是:$\Phi_1=$____________,$\Phi_2=$____________,$\Phi_3=$____________.

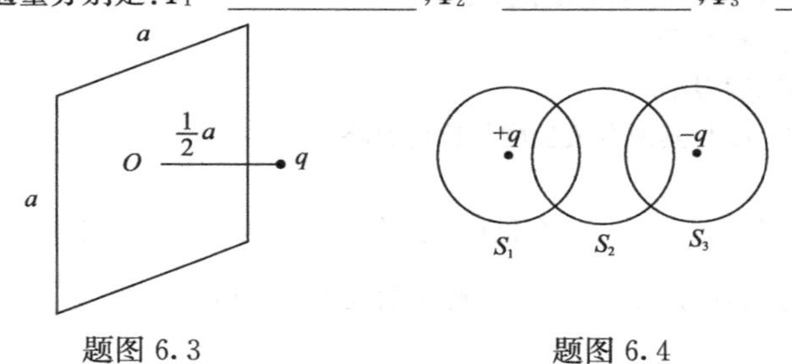

题图 6.3　　　　题图 6.4

5. 真空中,一均匀带电细圆环,电荷线密度为 λ,则其圆心处的电场强度 $E_0=$____________,电势 $U_0=$____________(设无穷远处电势为零).

6. 若将 27 个具有相同半径并带相同电荷的球状小水滴聚集成一个球状的大水滴,此大水滴的电势将为小水滴电势的多少倍(设电荷分布在水滴表面上,水滴聚集时电荷总电量无损失)?

7. 如题图 6.5 所示,两个半径均为 R 的非导体球壳,表面上均匀带电,带电量分别为 $+Q$ 和 $-Q$,两球心相距为 $d(d\gg 2R)$. 求两球心间的电势差.

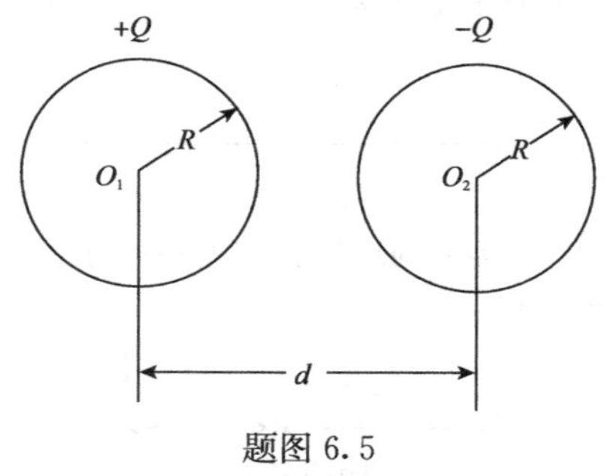

题图 6.5

物理科技

I　超导技术

超导是超导电性的简称,它是指金属、合金或其他材料在低温条件下电阻变为零,并表现出完全抗磁性. 当温度升高时,原有的超导态会变成正常的状态. 超导现象是荷兰物理学家昂内斯(H. K. Onnes,1853~1926)于 1911 年首先发现的.

一、超导简介

1. 超导现象

昂内斯在1908年首次把最后一个"永久气体"氦气液化，并得到了低于4K的低温.1911年他在测量一个固态汞样品的电阻与温度的关系时发现，当温度下降到4.2K附近时，样品的电阻突然减小到仪器无法觉察出的一个小值(当时约为$1\times10^{-5}\Omega$).由实验测出的汞的电阻率在4.2K附近的变化情况，该曲线表示在低于4.15K的温度下汞的电阻率为零.

电阻率为零，即完全没有电阻的状态称为超导态.除了汞以外，以后又陆续发现有许多金属及合金在低温下也能转变成超导态，但它们的转变温度(或叫临界温度T_c)不同.表T6.1列出了几种材料的转变温度.

表T6.1 几种超导体

材料	T_c/K	材料	T_c/K
Al	1.20	Nb	9.26
In	3.40	V_3Ga	14.4
Sn	3.72	Nb_3Sn	18.0
Hg	4.15	Nb_3Al	18.6
Au	4.15	Nb_3Ge	23.2
V	5.30	钡基氧化物	约90
Pb	7.19		

2. 第二类超导体

大多数纯金属超导体排除磁感线的性质有一个明显的分界，具有这种性质的超导体叫第一类超导体.还有一类磁导体的磁性质较为复杂，它们被称作第二类超导体.目前发现的这类超导体有铌、钒和一些合金材料.这类超导体在低于临界温度的一定温度下有两个临界磁场B_{c1}和B_{c2}.当磁场比第一临界磁场B_{c1}弱时，这类超导体处于纯粹的超导态，称迈斯纳态，这时它完全禁止磁感线进入.当磁场在B_{c1}和B_{c2}之间时，材料具有超导区和正常区相混杂的结构，叫作混合态，如图T6.1所示，这时可以有部分磁感线进入.当磁场比第二临界磁场B_{c2}还要强时，材料完全转入正常态，磁感线可以自由进入.例如铌三锡(Nb_3Sn)在4.2K的温度下，$B_{c1}=0.019T$，B_{c2}

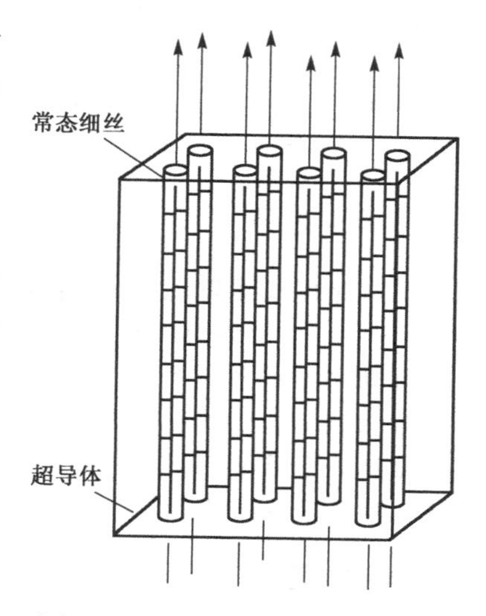

图T6.1 第二类超导体的混合态

=22T，这个 B_{c2} 值是相当高的．这样高的 B_{c2} 值有很重要的实用价值，因为在任何金属都已丧失超导特性的强磁场中，这种材料还能保持超导电性．

3．BCS 理论

超导电性是一种宏观量子现象，只有依据量子力学才能给予正确的微观解释．

根据量子力学理论，电子具有波的性质，经典理论关于电子运动的图像不再正确．成功地解释这种超导现象的理论是巴丁（J. Bardeen，1908～1991）、库珀（L. N. Cooper，1930～）和施里弗（J. R. Schrieffer，1931～2019）于 1957 年联合提出的 BCS 理论．根据这一理论，产生超导现象的关键在于，在超导体中电子形成了电子对，叫"库珀对"．当超导金属处于静电平衡时（没有电流），每个"库珀对"由两个动量完全相反的电子所组成．根据量子力学的观点，每个粒子都用波来描述．如果两列波沿相反的方向传播，它们能较长时间地连续交叠在一起，因而就能连续地相互作用．在有电流的超导金属中，每一个电子对都有一个与电流方向相反的总动量．当电子对中的一个电子受到晶格散射而改变其动量时，另一个电子也同时要受到晶格的散射而发生相反的动量改变，结果这电子对的总动量不变．所以晶格既不能减慢也不能加快电子对的运动，这在宏观上就表现为超导体对电流的电阻是零．

4．约瑟夫森效应

超导电性的量子特征明显地表现在约瑟夫森（B. D. Josephson，1940～）效应中．两块超导体中间夹一薄的绝缘层就形成一个约瑟夫森结．按经典理论，两种超导材料之间的绝缘层是禁止电子通过的．但是，量子力学原理指出，即使对于相当高的势垒，能量较小的电子也能穿过，好像势垒下面有隧道似的．这种电子对通过超导的约瑟夫森结中势垒隧道而形成超导电流的现象叫超导隧道效应，也叫约瑟夫森效应．

约瑟夫森结两旁的电子波的相互作用产生了许多独特的干涉效应，其中之一是用直流产生交流．当在结的两侧加上一个恒定直流电压 U 时，发现在结中会产生一个交变电流，而且辐射出电磁波．

5．高温超导

从超导现象发现之后，科学家一直寻求在较高温度下具有超导电性的材料，然而到 1985 年所能达到的最高超导临界温度也不过 23K，所用材料是 Nb_3Ge．1986 年 4 月美国 IBM 公司的穆勒（K. A. Müller，1927～2023）和柏诺兹（J. G. Bednorz，1950～）博士宣布钡镧铜氧化物在 35K 时出现超导现象．此后几年时间，科学家们发现了一批临界温度高于液氮温度（77K）的"高温超导体"，其中铋铅锑锶钙铜氧超导体的临界温度已达 132～164K，但是，这些材料的超导体机制已不能用理论 BCS 解释．

二、超导技术及其应用

超导在技术中最主要的应用是做成电磁铁的超导线圈以产生强磁场．这项技术是近40年来发展起来的新兴技术之一，在高能加速器、受控热核反应实验中已有很多的应用，在电力工业、现代医学等方面已显示出良好的前景.

核聚变反应时，内部温度高达$1\times10^{8}\sim2\times10^{8}$℃，没有任何常规材料可以包容这些物质.而超导体产生的强磁场可以作为“磁封闭体”，将热核反应堆中的超高温等离子体包围、约束起来，然后慢慢释放，从而使受控核聚变能源成为21世纪前景广阔的新能源.

在电力工业中，超导材料还可能作为远距离传送电能的传输线.由于其电阻为零，当然大大减少了线路上能量的损耗(传统高压输电损耗可达10%).更重要的是，由于重量轻、体积小，输送大功率的超导传输线可铺设在地下管道中，从而省去了许多传统输电线的架设铁塔.

传统的电磁铁是由铜线绕组和铁心构成的.如果用超导线做电磁铁，超导线(如Nb_3Sn芯线)的电流密度(10^9 A/m，为临界磁场所限)比铜线的电流密度(10^2 A/m，为发热熔化所限)大得多，再加上不需庞大的冷却设备，所以超导电磁铁可以做得很轻便.超导电磁铁还用作核磁共振波谱仪的关键部件，医学上利用核磁共振成像技术可早期诊断癌症.由于它的成像是三维立体像，这是其他成像方法(如X光、超声波成像)所无法比拟的.它能准确检查发病部位，而且无辐射伤害，诊断面广，使用方便.

利用超导材料的抗磁性，科学家和工程师们正在研制高速超导磁悬浮列车.由于列车悬浮在铁轨上，从而可以大大提高列车的速度.目前在德日等国都已有超导磁悬浮列车在做实验短途运行，速度已达500km/h以上.

近些年来超导技术在军事领域方面取得了很大进展.超导技术在舰艇方面的应用的核心技术是磁流体推进技术，其基本原理简单地说就是利用电磁线圈作用于海水形成喷射推进.当海水流过推进器时，被正负电极所电离.而强有力的磁场对带电荷的海水产生洛伦兹力，使海水加速从导管尾部喷出，其反作用力就推动了舰艇前进.

Ⅱ 电泳技术

1809年俄国物理学家Рейсе首次发现电泳现象.他在湿黏土中插上带玻璃管的正负两个电极，加电压后发现正极玻璃管中原有的水层变混浊，即带负电荷的黏土颗粒向正极移动，这就是电泳现象.1909年Michaelis首次将胶体离子在电场中的移动称为电泳.

一、电泳的基本原理

电泳是指带电颗粒在电场的作用下发生迁移的过程.许多重要的生物分子，如氨基酸、多肽、蛋白质、核苷酸、核酸等都具有可电离基团，它们在某个特定的pH值下可以带正电或负电，在电场的作用下，这些带电分子会向着与其所带电荷极性相反的电极方向移动.电泳技术就是利用在电场的作用下，由于待分离样品中各种分子带电性质以及分子本身大小、形状等性质的差异，使带电分子产生不同的迁移速度，从而对样品进行分离、鉴定或提纯的技术.

电泳装置主要包括两个部分：电源和电泳槽. 电源提供直流电，在电泳槽中产生电场，驱动带电分子的迁移. 制胶时在凝胶溶液中放一个塑料梳子，在胶聚合后移去，形成上样品的凹槽. 水平式电泳，凝胶铺在水平的玻璃或塑料板上，用一薄层湿滤纸连接凝胶和电泳缓冲液，或将凝胶直接浸入缓冲液中. 由于 pH 值的改变会引起带电分子电荷的改变，进而影响其电泳迁移的速度，所以电泳过程应在适当的缓冲液中进行的，缓冲液可以保持待分离物的带电性质的稳定.

为了更好地了解带电分子在电泳过程中是如何被分离的，下面简单介绍一下电泳的基本原理. 在两个平行电极上加一定的电压(V)，就会在电极中间产生电场强度(E)

$$E=\frac{V}{L}$$

式中 L 是电极间距离.

在稀溶液中，电场对带电分子的作用力(F)，等于所带净电荷与电场强度的乘积

$$F=q\cdot E$$

式中 q 是带电分子的净电荷，E 是电场强度.

这个作用力使得带电分子向其电荷相反的电极方向移动. 在移动过程中，分子会受到介质黏滞力的阻碍. 黏滞力(F')的大小与分子大小、形状、电泳介质孔径大小以及缓冲液黏度等有关，并与带电分子的移动速度成正比，对于球状分子，F' 的大小服从斯托克斯(Stokes)定律，即

$$F'=6\pi r\eta v$$

式中 r 是球状分子的半径，η 是缓冲液黏度，v 是电泳速度($v=d/t$，即单位时间粒子运动的距离，v 的单位为 cm/s). 当带电分子匀速移动时，$F=F'$，所以

$$q\cdot E=6\pi r\eta v$$

电泳迁移率(m)是指在单位电场强度(1V/cm)时带电分子的迁移速度

$$m=\frac{v}{E}$$

所以

$$m=\frac{q}{6\pi r\eta}$$

这就是迁移率公式，由上式可以看出，迁移率与带电分子所带净电荷成正比，与分子的大小和缓冲液的黏度成反比.

用 SDS 聚丙烯酰胺凝胶电泳测定蛋白质分子量时，实际使用的是相对迁移率 m_R. 即

$$m_R=\frac{m_1}{m_2}=\frac{\dfrac{d_1/t}{V/L}}{\dfrac{d_2/t}{V/L}}=\frac{d_1}{d_2}$$

式中，d 为带电粒子泳动的距离，t 为电泳的时间，V 为电压，L 为两电极交界面之间的距离，即凝胶的有效长度. 因此，相对迁移率 m_R 就是两种带电粒子在凝胶中泳动迁

移的距离之比.

带电分子由于各自的电荷和形状大小不同，因而在电泳过程中具有不同的迁移速度，形成了依次排列的不同区带而被分开. 即使两个分子具有相似的电荷，如果它们的分子大小不同，由于它们所受的阻力不同，因此迁移速度也不同，在电泳过程中就可以被分离. 有些类型的电泳几乎完全依赖于分子所带的电荷不同进行分离，如等电聚焦电泳；而有些类型的电泳则主要依靠分子大小的不同即电泳过程中产生的阻力不同而得到分离，如 SDS 聚丙烯酰胺凝胶电泳. 分离后的样品通过各种方法的染色，或者如果样品有放射性标记，则可以通过放射性自显影等方法进行检测.

二、影响电泳分离的主要因素

由电泳迁移率的公式可以看出，影响电泳分离的因素很多，下面简单讨论一些主要的影响因素.

1. 待分离生物大分子的性质

待分离生物大分子所带的电荷、分子大小和性质都会对电泳有明显影响. 一般来说，分子带的电荷量越大、直径越小、形状越接近球形，则其电泳迁移速度越快.

2. 缓冲液的性质

缓冲液的 pH 值会影响待分离生物大分子的解离程度，从而对其带电性质产生影响，溶液 pH 值距离其等电点越远，其所带净电荷量就越大，电泳的速度也就越大，尤其对于蛋白质等两性分子，缓冲液的 pH 值还会影响到其电泳方向，当缓冲液的 pH 值大于蛋白质分子的等电点，蛋白质分子带负电荷，其电泳的方向是指向正极. 另外缓冲液的黏度也会对电泳速度产生影响.

3. 电场强度

电场强度是每厘米的电位降，也称电位梯度. 电场强度越大，电泳速度越快. 但增大电场强度会引起通过介质的电流强度增大，而造成电泳过程产生的热量增大. 电流在介质中所做的功(W)为

$$W = I^2 \cdot R \cdot t$$

式中，I 为电流强度，R 为电阻，t 为电泳时间.

电流所做的功绝大部分都转换为热，因而引起介质温度升高，这会造成很多影响：①样品和缓冲离子扩散速度增加，引起样品分离带的加宽；②产生对流，引起待分离物的混合；③如果样品对热敏感，会引起蛋白变性；④引起介质黏度降低、电阻下降等. 电泳中产生的热通常是由中心向外周散发的，所以介质中心温度一般要高

于外周,尤其是管状电泳,由此引起中央部分介质相对于外周部分黏度下降,摩擦系数减小,电泳迁移速度增大,由于中央部分的电泳速度比边缘快,所以电泳分离带通常呈弓形. 降低电流强度,可以减少生热,但会延长电泳时间,引起待分离生物大分子扩散的增加而影响分离效果. 所以电泳实验中要选择适当的电场强度,同时可以适当冷却降低温度以获得较好的分离效果.

4. 电渗

液体在电场中,对于固体支持介质的相对移动,称为电渗现象. 由于支持介质表面可能会存在一些带电基团,如滤纸表面通常有一些羧基,琼脂可能会含有一些硫酸基,而玻璃表面通常有 Si—OH 基团等. 这些基团电离后会使支持介质表面带电,吸附一些带相反电荷的离子,在电场的作用下向电极方向移动,形成介质表面溶液的流动,这种现象就是电渗. 在 pH 值高于 3 时,玻璃表面带负电,吸附溶液中的正电离子,引起玻璃表面附近溶液层带正电,在电场的作用下,向负极迁移,带动电极液产生向负极的电渗流. 如果电渗方向与待分离分子电泳方向相同,则加快电泳速度;如果相反,则降低电泳速度.

5. 支持介质的筛孔

支持介质的筛孔大小对待分离生物大分子的电泳迁移速度有明显的影响. 在筛孔大的介质中泳动速度快,反之,则泳动速度慢.

三、电泳的分类

1. 按分离的原理分类(图 T6.2)

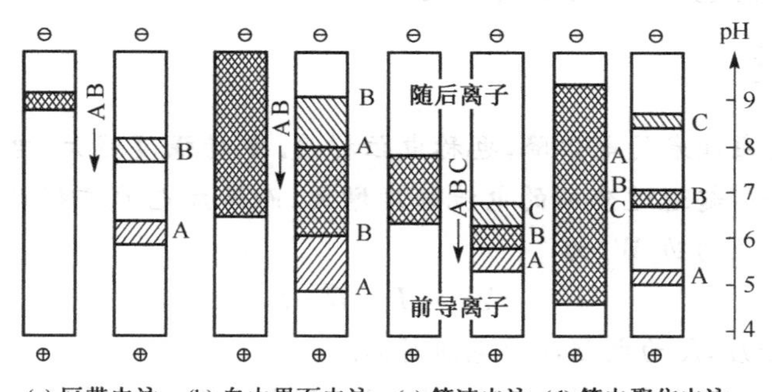

图 T6.2　电泳分类示意图

(1) 区带电泳. 电泳过程中,待分离的各组分分子在支持介质中被分离成许多条明显的区带，这是当前应用最为广泛的电泳技术.

(2) 自由界面电泳. 这是瑞典 Uppsala 大学的著名科学家 Tiselius 最早建立的电泳技术，是在 U 形管中进行电泳，无支持介质，因而分离效果差，现已被其他电泳技术所取代.

(3) 等速电泳. 需使用专用电泳仪，当电泳达到平衡后，各电泳区带相随，分成清晰的界面，并以等速向前运动.

(4) 等电聚焦电泳. 由两性电解质在电场中自动形成 pH 值梯度，当被分离的生物大分子移动到各自等电点的 pH 值处聚集成很窄的区带.

2. 按支持介质的不同分类

(1) 纸电泳.
(2) 醋酸纤维薄膜电泳.
(3) 琼脂糖凝胶电泳.
(4) 聚丙烯酰胺凝胶电泳.
(5) SDS 聚丙烯酰胺凝胶电泳.

3. 按支持介质形状不同分类

(1) 薄层电泳.
(2) 板电泳.
(3) 柱电泳.

4. 按用途不同分类

(1) 分析电泳.
(2) 制备电泳.
(3) 定量免疫电泳.
(4) 连续制备电泳.

5. 按所用电压不同分类

(1) 低压电泳：100～500V，电泳时间较长，适于分离蛋白质等生物大分子.

(2) 高压电泳：1000～5000V，电泳时间短，有时只需几分钟，多用于氨基酸、多肽、核苷酸和糖类等小分子物质的分离.

第 7 章

磁场与生物磁现象

尽管人们对物质的磁现象发现和利用的较早，但一直到1822 年才认识到一切磁现象的根源是电流. 正像电荷在其周围存在电场一样，运动的电荷在其周围不仅存在电场，而且还有磁场. 由于电流的实质是电荷的定向移动，所以电流周围也存在着磁场；而且把恒定电流及永磁体产生的磁场称为恒定磁场或静磁场. 本章首先介绍磁场与磁感应强度的基本概念；再由电激发磁场的基本规律，即毕奥-萨伐尔定律出发，引出磁场的两个基本性质——磁场的高斯定理和安培环路定理；然后讨论物质的磁性和磁介质的磁化规律；在此基础上，最后介绍生物磁性、生物磁场以及磁致生物效应.

本章基本要求：

1. 了解磁现象和磁场，理解描述磁场的基本物理量——磁感应强度.
2. 掌握毕奥-萨伐尔定律及其对载流直导线和圆形电流等简单形式的应用.
3. 理解安培定律和磁场对载流线圈的作用.
4. 理解磁矩的概念和磁场对运动电荷的作用.
5. 了解物质的磁性及其磁化规律.
6. 了解生物磁现象和磁场的生物效应.

7.1　磁场及其描述

磁场及其描述

7.1.1　磁场

实验证实,磁铁与磁铁之间、磁铁与电流之间以及电流与电流之间,可以隔着一定的空间距离相互作用.这些相互作用都是通过被称为磁场的一种特殊物质来传递的,我们之所以将其称为物质,是因为它具有能量、动量等物质的基本属性.说它特殊是因为它又有一些与物体不同之处,例如,几个磁场可以同时占据一个空间等.

为了解释磁现象,探究物质磁性的微观本质,1882 年安培首次提出了有关物质磁性本质的分子电流假说,即认为一切磁现象的根源是电流.

(1) 安培分子电流假说的内容:任何物质的分子中都存在圆形电流,称为分子电流;每个分子电流相当于一个小磁体,叫基元磁体.

(2) 对磁现象的解释:①磁性物质与非磁性物质的本质区别在于分子电流排列整齐与否.这些分子电流排列整齐,宏观就呈现磁性;排列杂乱的,则不具有磁性.②物质的磁性受温度、打击、振动这些外界因素的影响.这是由于这些外界因素破坏了分子电流的整齐排列致使磁性消失的缘故.③磁单极不可能存在,因为环形电流平面的两侧面总可以认为是两个磁极,而实际上电流只有一个平面是无法分割,所以两个磁极总是成对出现不可分割.④近代物理学的发展为安培分子电流假说找到了微观根据.现在已经知道,分子、原子等微观粒子内电子围绕原子核运动以及电子本身的自旋(内禀)运动便形成了等效的分子电流.

(3) 假说的实质:一切磁现象都起源于电流(或电荷的运动).因此电流或者电荷的运动则是磁现象产生的根源.电流或运动电荷之间相互作用力叫磁力.运动电荷在其周围产生磁场,磁场对运动电荷施以力的作用,这就是磁相互作用的模式,即

$$\text{运动电荷} \Longleftrightarrow \text{磁场} \Longleftrightarrow \text{运动电荷}$$

或

$$\text{电流} \Longleftrightarrow \text{磁场} \Longleftrightarrow \text{电流}$$

现在我们已经清楚地知道,物质由大量的原子组成,原子是由带正电的原子核和绕核旋转的电子构成.电子不仅围绕核旋转,而且还有自转,微观粒子内电子的这些运动形成了“分子环流”,这就是物质磁性的基本来源.也就是说无论是导体中的电流,还是磁铁,它们具有磁性的原因都是由于电荷的运动.

7.1.2　磁感应强度

磁场不仅对通电导线施加力的作用,对通电线圈施加力矩的作用,而且对运动电荷也有力的作用.磁场对运动电荷的作用力被称为洛伦兹力.实验表明当电荷运

动速度不变，其方向与磁场方向垂直时，运动电荷所受的洛伦兹力最大，记为 F_m. F_m与运动电荷的电量 q 和速率 v 的乘积成正比. 对于磁场中某点来说，比值 $F_m/(qv)$是一定的，与 qv 的值大小无关；对于磁场中的不同点，这个比值不同，$F_m/(qv)$反映了某点磁场的强弱，我们把这个比值定义为磁场中某点磁感应强度的大小，用符号 B 来表示，即

$$B = F_m/(qv) \tag{7-1}$$

磁场的方向一般是用小磁针来确定的，小磁针在磁场中静止后，N 极所指的方向规定为小磁针所在处磁场的方向.

磁感应强度是描述磁场强弱和方向的物理量，与描述静电场中的物理量电场强度 $\boldsymbol{E}$ 相当，本应称为磁场强度，由于历史上的原因，磁场强度这一名称已先被赋予别的意义，后来引进的 $\boldsymbol{B}$ 就称为磁感应强度，并沿用至今.

磁感应强度的单位是特斯拉，简称为特，用符号 T 表示，1T=1N/(A · m)，由(7-1)式可知，电量为 1C 的电荷以 1m/s 的速度沿垂直于磁场的方向通过磁场中某点时，若所受到的洛伦兹力为 1N，则此点的磁感应强度的大小即为 1T. 地球表面的磁场约为 0.5×10^{-4} T，一般的永磁体的磁场约为 10^{-2} T，用超导体作励磁线圈则可以得到10T 左右的强磁场.

7.1.3　磁感应线

在研究静电场时，我们引入电场线来形象地描绘电场的分布情况，同样，我们在磁场中引入磁感应线的概念，来形象地描绘磁场的分布情况. 磁感应线是磁场中一系列有方向的曲线，曲线上任意一点的切线方向与该点的磁感应强度 $\boldsymbol{B}$ 的方向一致.

磁场中的磁感应线可以很容易地显示出来，只要把一块玻璃板水平放置在有磁场的空间里，上面撒上铁屑，轻轻地敲动玻璃板，铁屑就会沿磁感应线排列起来. 图 7.1就是按这种方法描绘出的长直载流导线、圆电流、螺线管的磁感应线分布图.

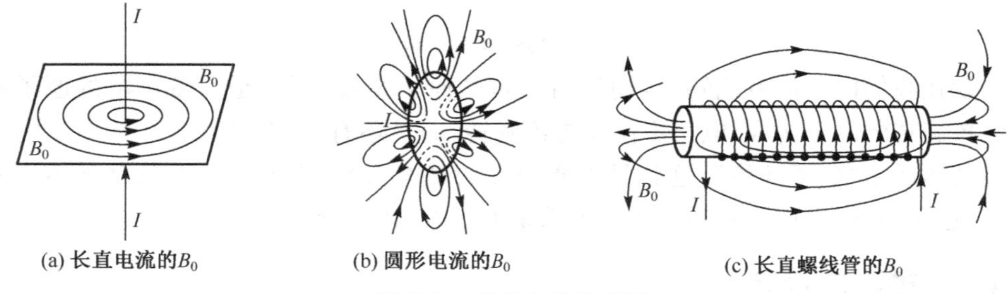

(a) 长直电流的B_0　　(b) 圆形电流的B_0　　(c) 长直螺线管的B_0

图 7.1　磁感应线示意图

从磁感应强度的方向规定可知，磁棒的磁感应线是从 N 极出发指向 S 极，螺线管在外部空间产生的磁感应线与磁棒的磁感应线相同，从螺线管的一端(等效 N 极)

出发指向另一端(等效 S 极),而在内部从 S 极指向 N 极. 长直载流导线产生的磁感应线是一系列以此导线为轴的同心圆. 圆电流产生的磁感应线是一系列套在圆电流环上的闭合曲线.

7.2 毕奥-萨伐尔定律

毕奥-萨伐尔定律

7.2.1 毕奥-萨伐尔定律的内容

它是一个定量描述电流产生磁场的实验定律. 不过它不像由库仑定律推得的点电荷的场强那样由实验直接得出来的,而是在大量的实验基础上通过科学抽象提出来的共同规律,它不能由实验直接加以证明,但由此定律出发得出的结果与实验相符.

在静电场中计算任意带电体在某点的电场强度 $\boldsymbol{E}$ 时,我们把带电体分成无限多个电荷元 $\mathrm{d}q$,求出每个电荷元在该点的电场强度 $\mathrm{d}\boldsymbol{E}$,而所有电荷元在该点的 $\mathrm{d}\boldsymbol{E}$ 的叠加,即为此带电体在该点的电场强度 $\boldsymbol{E}$. 与此相仿,可以把一载流导线看成是由许多个电流元 $I\mathrm{d}\boldsymbol{l}$ 连接而成的,这样,载流导线在空间某点所产生的磁感应强度 $\boldsymbol{B}$,就是由这导线的所有电流元在该点所产生的 $\mathrm{d}\boldsymbol{B}$ 的叠加. 那么电流元 $I\mathrm{d}\boldsymbol{l}$ 与它所产生的磁感应强度 $\mathrm{d}\boldsymbol{B}$ 之间的关系如何呢?

如图 7.2 所示,在载流导线上任取一电流元 $I\mathrm{d}\boldsymbol{l}$,它在空间某点 P 产生的磁感应强度 $\mathrm{d}\boldsymbol{B}$ 的大小与电流元 $I\mathrm{d}\boldsymbol{l}$ 成正比,与电流元 $I\mathrm{d}\boldsymbol{l}$ 和由电流元到 P 点的矢径 $\boldsymbol{r}$ 间的夹角 θ 的正弦成正比,而与电流元到 P 点的距离 $\boldsymbol{r}$ 平方成反比,即

$$\mathrm{d}B = K\frac{I\mathrm{d}l\sin\theta}{r^2}$$

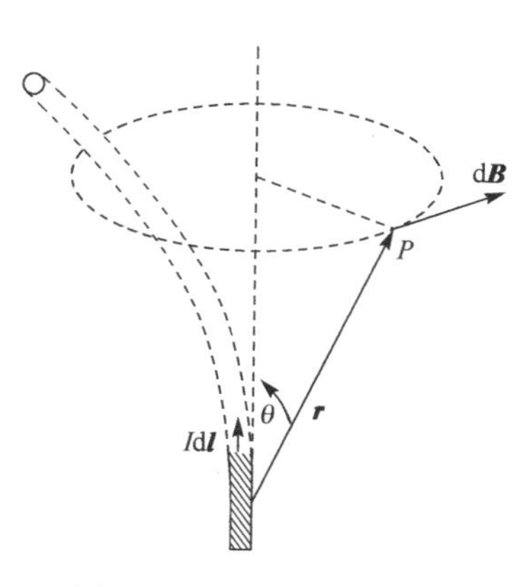

图 7.2 毕奥-萨伐尔定律

其中 K 为比例系数,它与磁场中的磁介质和单位制的选取有关,对于均匀磁介质中的磁场,比例系数 $K=\frac{\mu}{4\pi}$(μ 为磁介质的磁导率,在真空中 $\mu=\mu_0$,μ_0 称为真空中的磁导率,其大小为 $\mu_0 = 4\pi\times 10^{-7}\mathrm{N/A}$),这样在真空中上式可写成

$$\mathrm{d}B = \frac{\mu_0}{4\pi}\frac{I\mathrm{d}l\sin\theta}{r^2} \tag{7-2}$$

$\mathrm{d}\boldsymbol{B}$ 的方向垂直于 $\mathrm{d}\boldsymbol{l}$($\mathrm{d}\boldsymbol{l}$ 的方向与电流 I 的方向一致)和 $\boldsymbol{r}$ 所组成的平面,并沿矢积 $\mathrm{d}\boldsymbol{l}\times\boldsymbol{r}$ 的方向,即由 $I\mathrm{d}\boldsymbol{l}$ 以小于 180°的角转向 $\boldsymbol{r}$ 的右手螺旋前进方向,所以(7-2)式可写为矢量形式

$$\mathrm{d}\boldsymbol{B}=\frac{\mu_0}{4\pi}\frac{I\mathrm{d}\boldsymbol{l}\times\boldsymbol{r}}{r^3} \tag{7-3}$$

此式称为毕奥-萨伐尔定律.

这样，任意载流导线在 P 点处的磁感应强度 $\boldsymbol{B}$ 可由下式求得：

$$\boldsymbol{B}=\int\mathrm{d}\boldsymbol{B}=\int\frac{\mu_0}{4\pi}\frac{I\mathrm{d}\boldsymbol{l}\times\boldsymbol{r}}{r^3} \tag{7-4}$$

7.2.2　毕奥-萨伐尔定律应用举例

1. 载流直导线的磁感应强度

如图 7.3 所示，设直导线 A_1A_2 载有电流 I，空间一点 P 到直导线的垂直距离为 a. 现在讨论 A_1A_2 载流直导线在 P 点产生的磁感应强度矢量 $\boldsymbol{B}$.

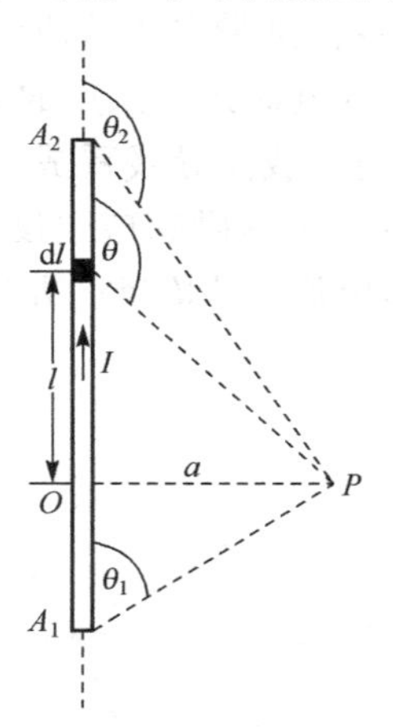

图 7.3　载流直导线的磁感应强度

将 A_1A_2 分成许多电流元 $I\mathrm{d}\boldsymbol{l}$，由毕奥-萨伐尔定律可知，直导线上各电流元在 P 点产生的磁场方向是一致的，都是垂直于纸面向里，因此总的磁感应强度 $\boldsymbol{B}$ 等于各个电流元产生的磁感应强度 $\mathrm{d}\boldsymbol{B}$ 的代数和，即

$$B=\int\mathrm{d}B=\int_{A_1}^{A_2}\frac{\mu_0}{4\pi}\frac{I\mathrm{d}l\sin\theta}{r^2}$$

由图 7.3 中的几何关系可以看出

$$l=r\cos(\pi-\theta)=-r\cos\theta$$

$$a=r\sin(\pi-\theta)=r\sin\theta$$

从上面两式消去 r，得 $l=-a\cot\theta$，再取微分，有

$$\mathrm{d}l=\frac{a}{\sin^2\theta}\mathrm{d}\theta$$

将上式及 $r=a/\sin\theta$ 代入上述积分式，化简后得

$$B=\int_{\theta_1}^{\theta_2}\frac{\mu_0}{4\pi}\frac{I\sin\theta}{a}\mathrm{d}\theta=\frac{\mu_0 I}{4\pi a}(\cos\theta_1-\cos\theta_2) \tag{7-5}$$

式中 θ_1 和 θ_2 的几何意义如图 7.3 所示. 若载流直导线无限长，则 $\theta_1=0$，$\theta_2=\pi$，此时有

$$B=\frac{\mu_0 I}{2\pi a} \tag{7-6}$$

上述结果说明，长直载流导线周围一点的磁感应强度 B 的大小与该点到导线的垂直距离 a 成反比.

2. 载流圆线圈轴线上的磁感应强度

如图 7.4 所示，载有电流 I 的圆形导体线圈的半径为 R. 根据毕奥-萨伐尔定律，圆线圈上任一电流元 Idl 在轴线上任一点 P 处产生的磁感应强度 $d\boldsymbol{B}$ 的大小为

$$dB = \frac{\mu_0}{4\pi} \frac{Idl\sin\theta}{r^2}$$

$d\boldsymbol{B}$ 矢量在 $\boldsymbol{r}$ 与轴线决定的平面上，且 $d\boldsymbol{B} \perp \boldsymbol{r}$，并有 $\theta=\pi/2$. 于是上式简化为

$$dB = \frac{\mu_0}{4\pi} \frac{Idl}{r^2} \qquad (7\text{-}7)$$

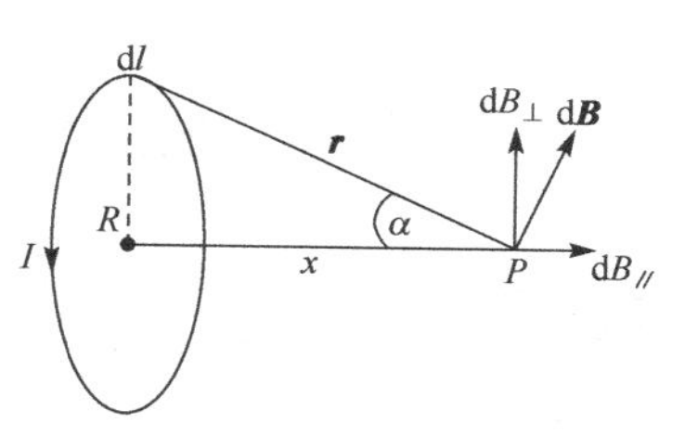

图 7.4 载流圆线圈轴线上的磁感应强度

为了计算总磁场，可将 dB 分解为平行于轴线的分量 $dB_{//}$ 和垂直于轴线的分量 $dB_{\perp}$，由于圆线圈的轴对称性，各垂直分量互相抵消，而平行分量相互加强，所以总的磁感应强度 B 的大小为 $dB_{//} = dB\sin\alpha$ 的代数和，即有

$$B = \int dB_{//} = \int dB\sin\alpha = \int_0^{2\pi R} \frac{\mu_0}{4\pi} \frac{Idl\sin\alpha}{r^2}$$

$$= \frac{\mu_0 I}{4\pi r^2}\sin\alpha \cdot 2\pi R = \frac{\mu_0 IR\sin\alpha}{2r^2}$$

由图 7.4 中的几何关系可知

$$r^2 = R^2 + x^2, \qquad \sin\alpha = \frac{R}{r} = \frac{R}{(R^2+x^2)^{\frac{1}{2}}}$$

将它们代入 B 的表达式，有

$$B = \frac{\mu_0 IR^2}{2\,(R^2+x^2)^{\frac{3}{2}}} \qquad (7\text{-}8)$$

$\boldsymbol{B}$ 的方向沿轴线方向，且与电流方向组成右手螺旋关系.

下面讨论几种特殊情况：

(1)在圆心 O 点处，$x=0$，有

$$B = \frac{\mu_0 I}{2R} \qquad (7\text{-}9)$$

(2) 在远离线圈处，$x \geqslant R$，有

$$B \approx \frac{\mu_0 IR^2}{2x^3} = \frac{\mu_0 P_m}{2\pi x^3} \qquad (7\text{-}10)$$

式中 $P_m = IS = I\pi R^2$ 为载流圆线圈的磁矩. 上式和电偶极子的电场强度公式具有相同的形式，它们都是和距离的三次方成反比的.

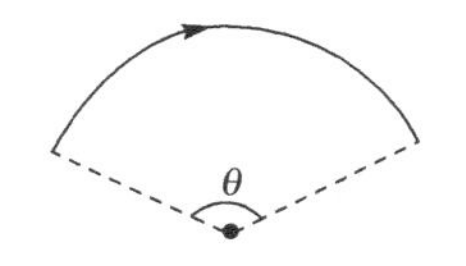

图 7.5 一段圆弧导线的 B

(3) 如图 7.5 所示，一段圆弧导线在圆心激发的磁感应强度 B 为

$$B = \frac{\mu_0 I}{2R} \cdot \frac{\theta}{2\pi} = \frac{\mu_0}{4\pi} \cdot \frac{\theta I}{R} \qquad (7\text{-}11)$$

式中 θ 为圆弧对圆心所张的圆心角，单位为弧度.

7.3　磁场的高斯定理和安培环路定理

磁场的高斯定理和安培环路定理

在研究静电场时,从库仑定律出发引入描述静电场的基本物理量电场强度矢量 $\boldsymbol{E}$,从点电荷的电场和电场的叠加原理导出了表述静电场基本性质的两个定理,即静电场的高斯定理和静电场的环路定理. 反映静电场是有源场,场源就是电荷,同时静电场又是无旋场(保守场). 与此相仿,我们引入描述磁场的基本物理量磁感应强度矢量 $\boldsymbol{B}$,也能从毕奥-萨伐尔定律和磁场的叠加原理出发,表述磁场的基本性质的两个定理,即磁场的高斯定理和安培环路定理.

7.3.1　磁场的高斯定理

1. *磁感应线*

与形象描述静电场一样,引入磁感应线(或称磁场线)来形象描述静磁场的分布. 不过与电场线相比,磁场线有如下特点:

(1) 磁场线是闭合的环形曲线,既无源头(即起点),也无结尾(即终点). 这与电场线有源头(即起于正电荷)和结尾(即止于负电荷)有明显的区别. 因此我们称静电场为有源场,静磁场为无源场.

(2) 闭合的磁场线与闭合的电流总是彼此相互套连的. 它们的方向关系可用右手螺旋法则来确定:若右手握拳拇指伸开,四指代表磁场线回转方向,拇指就是电流方向;反之,四指代表电流方向,拇指就指磁场线方向.

2. *磁通量*

与电通量的定义方法相似,通过磁场中任意面元的磁通量(称元通量)等于磁感应强度矢量在该面元法线方向上的分量与面元 d$\boldsymbol{S}$ 的乘积. 定义磁通量为

$$\mathrm{d}\Phi_m = \boldsymbol{B}\cdot\mathrm{d}\boldsymbol{S} = B\mathrm{d}S\cos\theta \tag{7-12}$$

式中,θ 是 $\boldsymbol{B}$ 与面元 d$\boldsymbol{S}$ 的法线 $\boldsymbol{n}$ 之间的夹角,如图 7.6 所示.

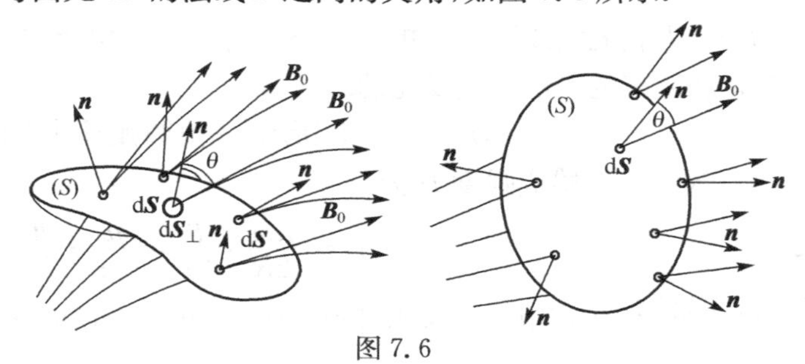

图 7.6

磁通量是标量,但有正、负之分:当 $\theta < \pi/2$ 时,$\mathrm{d}\Phi_m > 0$ 为正值;当 $\theta = \pi/2$ 时,$\mathrm{d}\Phi_m = 0$ 为零值,这时磁场线与面元相切;当 $\theta > \pi/2$ 时,$\mathrm{d}\Phi_m < 0$ 为负值,由磁通量表达式对任意曲面 $\boldsymbol{S}$ 积分,可得到通过该曲面 $\boldsymbol{S}$ 的总通量为

$$\Phi_m = \int_S \boldsymbol{B} \cdot \mathrm{d}\boldsymbol{S} = \int_S B\cos\theta \mathrm{d}S \tag{7-13}$$

3. 磁场的高斯定理

在磁场中作任意一个有限的闭合曲面 $\boldsymbol{S}$,规定其法线方向向外为正方向,向里为负方向. 由于磁场线是闭合曲线,对于任意的有限封闭曲面 $\boldsymbol{S}$ 穿进与穿出的磁场线的根数总是相等的. 表明闭合曲面内不可能有任何场源. 即

$$\oint_S \boldsymbol{B} \cdot \mathrm{d}\boldsymbol{S} = 0 \tag{7-14}$$

这就是磁场的高斯定理的数学表达式. 它表明:通过任意闭合曲面的磁感应强度的通量恒等于零,说明了静磁场是无源场的性质. 故(7-14)式是磁场无源性的数学表达式. 即恒定电流的磁场线总是连续的. 自然界中还未发现与电荷相对应的“磁荷”,即磁单极子.

7.3.2 磁场的安培环路定理

1. 安培环路定理的内容

静电场中的电场线是有头有尾的,电场强度 $\boldsymbol{E}$ 沿任意闭合路径的积分等于零,即 $\oint \boldsymbol{E} \cdot \mathrm{d}\boldsymbol{l} = 0$ 这是静电场的一个重要特征. 而磁场中的磁感应强度 $\boldsymbol{B}$ 沿任意闭合路径的积分则不为零,它等于穿过这个闭合路径所有电流强度的代数和的 μ_0 倍(各电流在真空中),即

$$\oint_L \boldsymbol{B} \cdot \mathrm{d}\boldsymbol{l} = \mu_0 \sum I \tag{7-15}$$

这就是安培环路定理. 闭合路径称为安培环路,积分 $\oint_L \boldsymbol{B} \cdot \mathrm{d}\boldsymbol{l}$ 叫作磁感强度环流. 其中电流 I 的正负规定如下:当通过环路 L 的电流方向与环路 L 的环绕方向服从右手螺旋法则时,$I > 0$,反之,$I < 0$. 如果电流 I 不穿过环路 L,则它对上式右端无贡献. 例如,在图 7.7 所示的情形里,$\sum I = I_1 - 2I_2$.

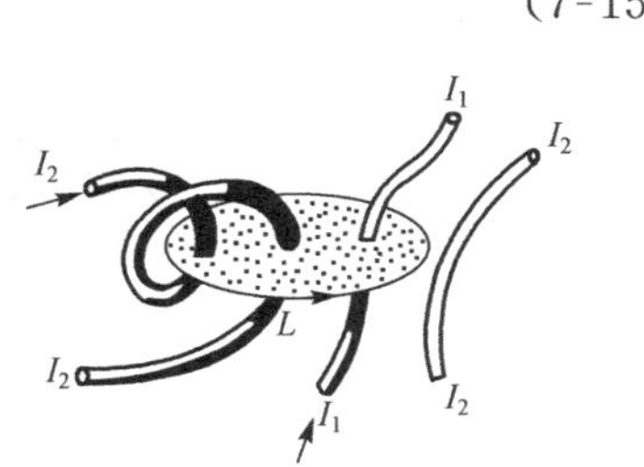

图 7.7 穿过安培环路电流的正负

2. 安培环路定理的证明

安培环路定理可以从毕奥-萨伐尔定律出发来证明,但需要用到较多的数学知

识，严格证明比较复杂．下面我们以一个特殊的例子来证明．

设有一无限长载流直导线，并将选择的安培环路始终限制在与直导线垂直的平面里．

(1) 环路 L 围绕电流 I（图 7.8）．

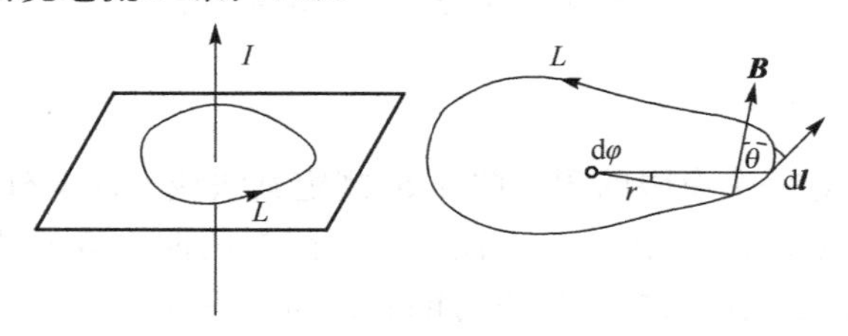

图 7.8　环路 L 围绕电流 I

由(7-6)式知，无限长直导线周围任一点的磁感应强度 $\boldsymbol{B}$ 的大小为

$$B = \frac{\mu_0 I}{2\pi r}$$

式中 r 为该点距导线的距离．$\boldsymbol{B}$ 的方向与矢径 $\boldsymbol{r}$ 垂直，且与电流方向组成右手螺旋系统．现取 B 的环路积分

$$\oint \boldsymbol{B} \cdot \mathrm{d}\boldsymbol{l} = \oint B \cdot \cos\theta \mathrm{d}l$$

由图 7.8 中的几何关系可知 $\cos\theta \mathrm{d}l = r\mathrm{d}\varphi$，所以有

$$\oint \boldsymbol{B} \cdot \mathrm{d}\boldsymbol{l} = \int_0^{2\pi} \frac{\mu_0 I}{2\pi r} \cdot r\mathrm{d}\varphi = \mu_0 I$$

若电流方向相反，则因 $\boldsymbol{B}$ 也跟着反向，因而有 $\boldsymbol{B} \cdot \mathrm{d}\boldsymbol{l} = -\frac{\mu_0 I}{2\pi r}\mathrm{d}\varphi$．上述积分为负值，即有

$$\oint \boldsymbol{B} \cdot \mathrm{d}\boldsymbol{l} = -\mu_0 I \tag{7-16}$$

(2) 环路 L 不围绕电流 I（图 7.9）．

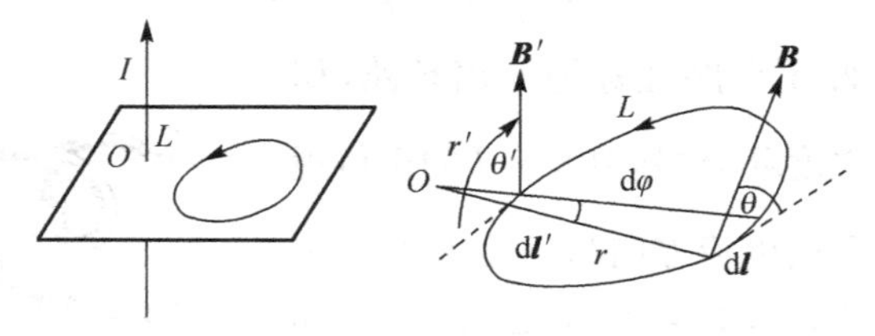

图 7.9　环路不围绕电流

环路上每个线元 $\mathrm{d}\boldsymbol{l}$，都有另一段线元 $\mathrm{d}\boldsymbol{l}'$，两者对 O 点有相同的张角 $\mathrm{d}\varphi$，但 $\mathrm{d}\boldsymbol{l}$ 与 $\boldsymbol{B}$ 成锐角 θ，而 $\mathrm{d}\boldsymbol{l}'$ 与 $\boldsymbol{B}'$ 成钝角 θ'，所以磁感应强度在这一对线元上的标积之和为

$$\boldsymbol{B} \cdot \mathrm{d}\boldsymbol{l} + \boldsymbol{B}' \cdot \mathrm{d}\boldsymbol{l}' = B\cos\theta \mathrm{d}l + B'\cos\theta' \mathrm{d}l' = \frac{\mu_0 I}{2\pi r} r\mathrm{d}\varphi + \frac{\mu_0 I}{2\pi r^2}(-r'\mathrm{d}\varphi) = 0$$

整个环路 L 可以分割成许多像 $\mathrm{d}\boldsymbol{l}$ 和 $\mathrm{d}\boldsymbol{l}'$ 这样的线元对，因而 $\boldsymbol{B}$ 对整个环路的线积分一定为零，则有

$$\oint \boldsymbol{B} \cdot \mathrm{d}\boldsymbol{l} = 0 \tag{7-17}$$

3. 安培环路定理的应用

利用磁场的安培环路定理可以方便地计算具有对称性的载流导体产生的磁场分布. 以下举两个例子来说明.

例 7.1　无限长载流圆柱体内外的磁场分布. 如图 7.10 所示，设圆柱体的半径为 R，电流 I 均匀地通过横截面，P 点为磁场中任意一点.

解　由对称性可知，磁感应强度 $\boldsymbol{B}$ 的大小只与场点到轴线的垂直距离 $\boldsymbol{r}$ 有关. 图 7.10是通过任意场点 P 的横截面图. 为了分析 $\boldsymbol{B}$ 的方向，在导线截面上取一对对称于 OP 连线的面元 $\mathrm{d}\boldsymbol{S}$ 和 $\mathrm{d}\boldsymbol{S}'$. 设 $\mathrm{d}\boldsymbol{B}$ 和 $\mathrm{d}\boldsymbol{B}'$ 分别是以 $\mathrm{d}\boldsymbol{S}$ 和 $\mathrm{d}\boldsymbol{S}'$ 为截面的无限长直线电流在 P 点产生的元磁场. 不难看出，这两个元磁场的合矢量 $\mathrm{d}\boldsymbol{B}+\mathrm{d}\boldsymbol{B}'$ 是垂直于矢径 $\boldsymbol{r}$ 方向的. 由于整个导线的截面可以这样成对地分割为许多对称的面元，因而整个横截面的总电流在 P 点产生的磁感应强度 $\boldsymbol{B}$ 是垂直于矢径方向的. 现以 O 点为圆心，以 r 为半径作一环路 L，有

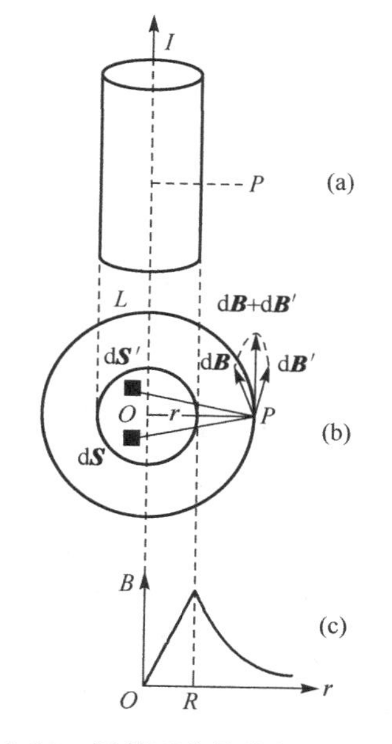

图 7.10　圆截面直导线的磁场分布

例 7.1 讲解

$$\oint \boldsymbol{B} \cdot \mathrm{d}\boldsymbol{l} = \oint B \mathrm{d}l = B\oint \mathrm{d}l = 2\pi r B$$

根据安培环路定理

$$\oint \boldsymbol{B} \cdot \mathrm{d}\boldsymbol{l} = \mu_0 \sum I$$

由以上两式得

$$B = \frac{\mu_0}{2\pi r}\sum I$$

当 $r<R$，即 P 点在导线内部时，$\sum I = \frac{I}{\pi R^2} \cdot \pi r^2 = \frac{r^2}{R^2} I$，代入上式有

$$B = \frac{\mu_0 I r}{2\pi R^2}$$

当 $r>R$，即 P 点在导线外部时，$\sum I = I$，于是有

$$B = \frac{\mu_0 I}{2\pi r}$$

例 7.2　载流螺绕环内磁场.

解　绕在圆环上的螺线形线圈称为螺绕环. 当线圈密绕且环很细时，可以认为磁场全部集中于螺线管内，且根据对称性，管内磁感线与环是同心的圆. 在同一条磁感应线上，磁感应强度 B 的大小相等，方向沿圆周的切线方向. 设环的平均半径为 R，总的匝数为 N，通过的电流为 I. 在螺绕环内取安培环路 L 为与它同心的圆，其半径为 R，如图 7.11 所示.

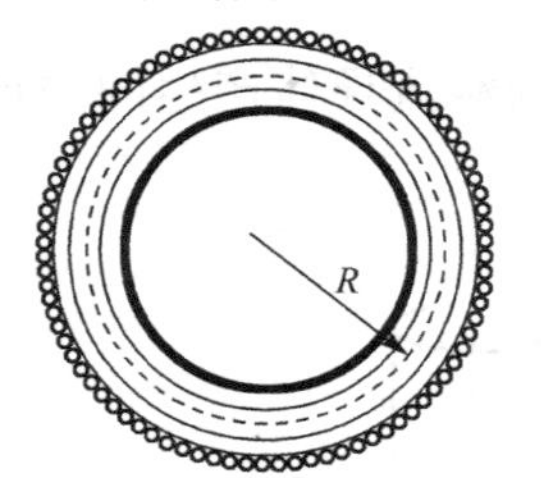

图 7.11　螺绕环

根据安培环路定理

$$\oint \boldsymbol{B} \cdot \mathrm{d}\boldsymbol{l} = 2\pi RB = \mu_0 NI$$

于是

$$B = \mu_0 \frac{N}{2\pi R} I = \mu_0 nI$$

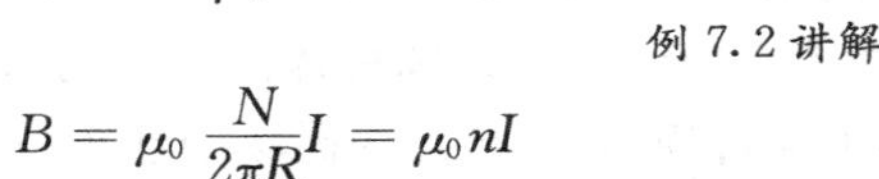

例 7.2 讲解

其中 $n = \dfrac{N}{2\pi R}$ 代表环上单位长度上的匝数.

7.4　电流与磁场的相互作用

7.4.1　磁场对载流导线的作用

在研究静电场对带电体的作用时，我们是把带电体分割为无限多个小体元，每个小体元可视为点电荷. 求出各个点电荷在电场中所受到的力，然后再对这些力求矢量和，即为整个带电体所受的力. 仿此，我们可以设想把载流导线分割为许多许多无穷小的电流元，只要找到磁场对电流元的作用规律，整个载流导线所受的作用力便可通过求矢量和计算出来. 在载流导线上取一电流元 $I\mathrm{d}\boldsymbol{l}$，设此电流元所在处的磁感应强度为 $\boldsymbol{B}$，电流元 $I\mathrm{d}\boldsymbol{l}$ 与磁感应强度 $\boldsymbol{B}$ 之间小于 180°的夹角为 θ，如图 7.12 所示，则此电流元 $I\mathrm{d}\boldsymbol{l}$ 在磁场中所受的作用力，在数值上等于电流元的大小、电流元所在处的磁感应强度的大小以及电流元 $I\mathrm{d}\boldsymbol{l}$ 和磁感应强度 $\boldsymbol{B}$ 之间的夹角 θ 的正弦的乘积，即

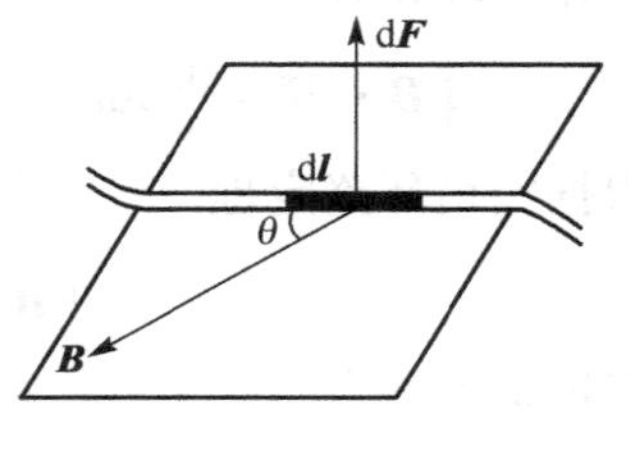

图 7.12　安培力

$$\mathrm{d}F = I\mathrm{d}lB\sin\theta \tag{7-18}$$

这个规律称为安培定律. 磁场对电流元的作用力通常叫作安培力.

安培力的方向由右手螺旋法则判定：右手四指由 $I\mathrm{d}\boldsymbol{l}$ 经 θ 角弯向 $\boldsymbol{B}$，大拇指的指向就是安培力的方向. 于是安培定律可以写成矢量式

$$\mathrm{d}\boldsymbol{F} = I\mathrm{d}\boldsymbol{l} \times \boldsymbol{B} \tag{7-19}$$

对于有限长直载流导线可以通过积分求得该载流导线在匀强外磁场中所受的作用力的大小为

$$F=\int_L IB\mathrm{d}l\sin\theta = IB\sin\theta\int_L \mathrm{d}l = IBL\sin\theta \tag{7-20}$$

这正是中学课本中给出的结论.

7.4.2 磁场对载流线圈的作用

首先我们定义一个单位法线矢量 $\boldsymbol{n}$ 来描述一个载流线圈在空间的取向. 右手弯曲的四指代表线圈中电流的回绕方向,伸直的拇指即代表线圈平面的法线矢量 $\boldsymbol{n}$ 的指向,如图 7.13 所示. 这样,只用一个矢量即可表示出线圈平面在空间的取向,又可表示出其中电流的回绕方向.

我们讨论刚性矩形线圈置于匀强磁场中的情况,如图 7.14 矩形线圈 $abcd$ 的边长为 l_1、l_2,电流为 I,线圈可绕垂直于磁感应强度 B 的中心轴 OO' 自由转动,设线圈的法线矢量 $\boldsymbol{n}$ 与磁感应强度 $\boldsymbol{B}$ 的夹角为 θ.

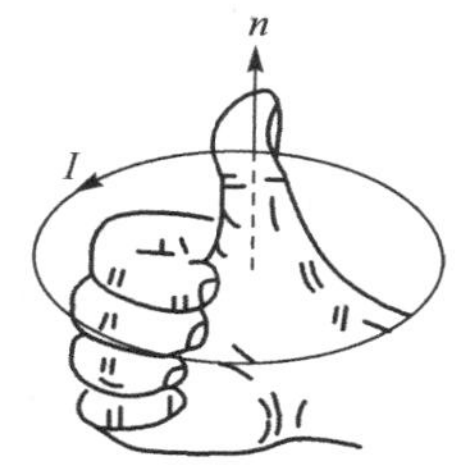

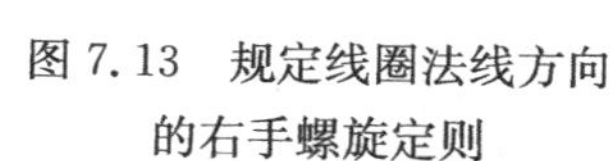
图 7.13 规定线圈法线方向的右手螺旋定则

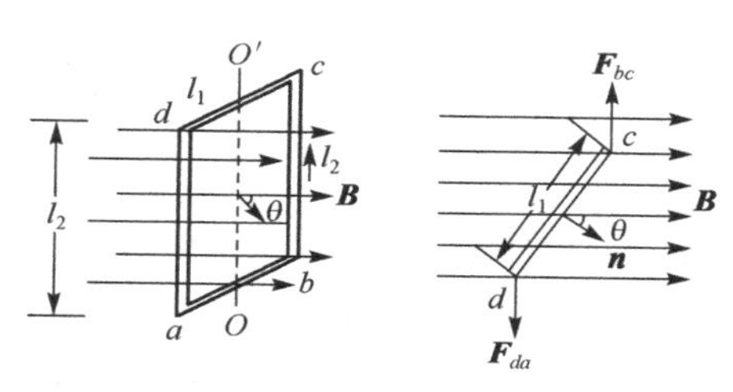

图 7.14 矩形线圈在磁场中所受的力矩

由(7-20)式可知,ab、cd 两边受力大小相等,即

$$F_{ab}=Il_1B\sin\left(\frac{\pi}{2}-\theta\right)$$

$\boldsymbol{F}_{ab}$ 与 $\boldsymbol{F}_{cd}$ 方向相反,作用于同一条线 OO' 上,因为线圈是刚性的,所以这一对力不产生任何效果. bc 和 da 两边都与 $\boldsymbol{B}$ 垂直,它们受的力大小也相等,即 $F_{bc}=F_{da}=IBl_2$,但方向相反,由于不作用在同一直线上而形成绕 OO' 轴的力偶,如图 7.14所示,它使线圈的法线方向 $\boldsymbol{n}$ 向 $\boldsymbol{B}$ 方向旋转,由于这两个力的力臂都是 $\frac{l_1}{2}\sin\theta$,力矩的方向相同,因此力偶矩 $\boldsymbol{M}$ 的大小为

$$M=F_{bc}\frac{l_1}{2}\sin\theta+F_{da}\frac{l_1}{2}\sin\theta=IBl_1l_2\sin\theta$$

即

$$M=IBS\sin\theta \tag{7-21}$$

式中 $S=l_1l_2$ 是矩形线圈的面积,考虑到力偶矩 $\boldsymbol{M}$、磁感应强度 $\boldsymbol{B}$ 以及线圈法线矢量 $\boldsymbol{n}$ 三者方向之间的关系,上式可以通过下面的矢量积来表示:

$$\boldsymbol{M}=IS(\boldsymbol{n}\times\boldsymbol{B}) \tag{7-22}$$

此结果虽然是从矩形线圈的特例推导出来的，可以证明它适用于任意形状的平面线圈.(7-22)式中 $IS\boldsymbol{n}$ 是一个只决定于任意形状载流平面线圈本身性质的矢量，称为线圈的磁距. 用 $\boldsymbol{P}_{\mathrm{m}}$ 表示. 则(7-22)式可写为

$$\boldsymbol{M}=\boldsymbol{P}_{\mathrm{m}}\times\boldsymbol{B} \tag{7-23}$$

综合上面的讨论，我们看到，任意形状的载流平面线圈作为整体，在均匀外磁场中所受的合力为零，却受到一个力矩的作用，这个力矩总是力图使这线圈的磁矩 $\boldsymbol{P}_{\mathrm{m}}$（或说它的法线矢量 $\boldsymbol{n}$）转到磁感应强度 $\boldsymbol{B}$ 的方向.

直流电动机和电流计就是根据磁场对载流线圈的作用规律而制成的.

7.4.3　磁场对运动电荷的作用

我们知道，电流是由导体中的自由电子做定向运动形成的，置于磁场中的载流导线，其中每个做定向运动的自由电子都要受到洛伦兹力的作用，我们将通过下面的推导来证明，导体中做定向运动的自由电子所受的洛伦兹力的总和即为导体所受的安培力.

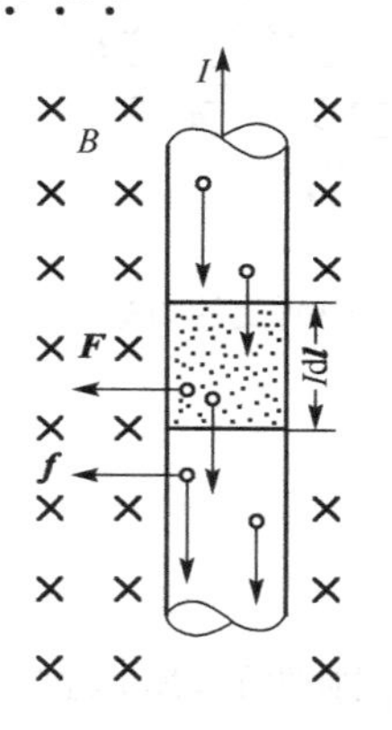

图 7.15　安培力与洛伦兹力的关系

为简单起见，设导线内电流方向与磁场方向垂直. 每个电子所受的洛伦兹力为 $\boldsymbol{f}$，电流元 $I\mathrm{d}\boldsymbol{l}$ 所受安培力为 $\boldsymbol{F}$. 由于电流方向与电子运动的方向相反，从图 7.15 看出，运动电子所受洛伦兹力与导线所受的安培力方向一致. 设电子的平均速率为 v，导线的横截面积为 S. 在恒定电流情况下，导线内的自由电子数密度不变，设单位体积内的自由电子数为 n，由于每个自由电子所受的洛伦兹力的大小为

$$f=evB \tag{7-24}$$

在电流元 $I\mathrm{d}\boldsymbol{l}$ 内共有 $ns\mathrm{d}l$ 个自由电子，这些自由电子所受的洛伦兹力的总和为

$$\sum f=ns\mathrm{d}levB$$

而电流强度 $I=ensv$，代入上式得

$$F=\sum f=I\mathrm{d}lB \tag{7-25}$$

这正是电流元 $I\mathrm{d}l$ 所受的安培力 F. 可见安培力是大量微观粒子(自由电子)受力的宏观表现.

1. 带电粒子 q 的初速度 $\boldsymbol{v}$ 垂直于 $\boldsymbol{B}$

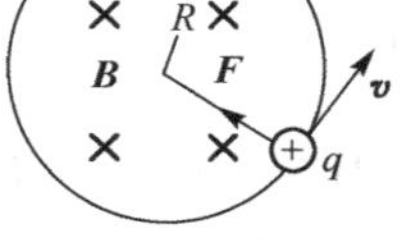

由于洛伦兹力 $\boldsymbol{F}$ 永远在垂直于磁感应强度 $\boldsymbol{B}$ 的平面内，而粒子的初速度 $\boldsymbol{v}$ 也在这个平面内，因此，它的运动轨迹不会越出这个平面，如图 7.16 所示.

图 7.16　带电粒子

因为洛伦兹力始终垂直于粒子的速度，它只改变粒子运动的方向，而不改变其速度的大小，故粒子在 $\boldsymbol{v}$ 和 $\boldsymbol{F}$ 组成的平面内做匀速圆周运动. 设粒子的质量为 m，圆周轨道半径为 R，由粒子作圆周运动时的向心加速度为 $a=v^2/R$. 这里维持粒子做圆周运动的向心力的大小为 $F=qvB$，由牛顿第二定律有

$$qvB=mv^2/R$$

由此得轨道的半径为

$$R=mv/qB \tag{7-26}$$

粒子回绕一周所需的时间(即周期)为

$$T=\frac{2\pi R}{v}=\frac{2\pi m}{qB}$$

而单位时间内所绕的周数(即频率)为

$$\nu=\frac{1}{T}=\frac{qB}{2\pi m} \tag{7-27}$$

ν 叫作带电粒子在磁场中的回旋频率. 此式表明，回旋频率与粒子的速率和回旋半径无关，而只决定于带电粒子的荷质比 q/m 和 B.

2. 普遍情况

在一般情况下，$\boldsymbol{v}$ 与 $\boldsymbol{B}$ 成任意夹角 θ，这时我们可以把 $\boldsymbol{v}$ 分解为平行和垂直于 $\boldsymbol{B}$ 的两个分量，平行分量 $v_{//}=v\cos\theta$，垂直分量 $v_{\perp}=v\sin\theta$. 若只有 $v_{\perp}$ 分量，粒子的运动可归结为上述情况，即它在垂直于 $\boldsymbol{B}$ 的平面内做匀速圆周运动；若只有 $v_{//}$ 分量，洛伦兹力为零，粒子将沿 $\boldsymbol{B}$ 的方向(或其反方向)做匀速直线运动. 当两个分量同时存在时，粒子的轨迹为一条螺旋线(图 7.17). 粒子每回转一周前进的距离 h(称为螺距)为

$$h=v_{//}T=\frac{2\pi m v_{//}}{qB} \tag{7-28}$$

它与 $v_{\perp}$ 分量无关，这就是磁聚焦原理. 我们设想从磁场某点 A 发射出来一束很窄的带电粒子流，粒子的速率 v 差不多相等，且与磁感应强度 $\boldsymbol{B}$ 的夹角 θ 都很小(图 7.18)，则有

$$v_{//}=v\cos\theta\approx v,\qquad v_{\perp}=v\sin\theta\approx v\theta$$

因各粒子速度的垂直分量 $v_{\perp}$ 不同，在磁场的作用下，各粒子将沿不同半径的螺旋线前进. 而它们的速度的平行分量 $v_{//}$ 近似相同，经过距离 h 后，各粒子又重新会聚在 A' 点(图 7.18). 这与光束在透镜后聚焦的现象相仿，故称为磁聚焦. 电子显微镜就是根据磁聚焦原理制成的.

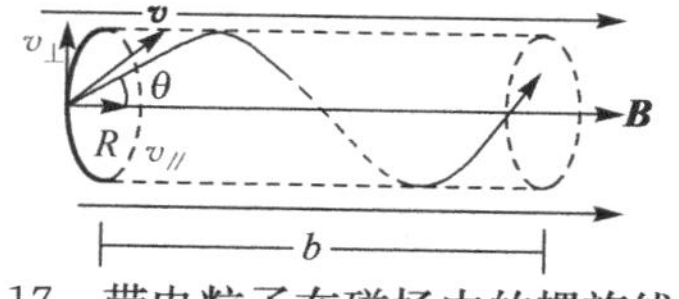

图 7.17　带电粒子在磁场中的螺旋线运动

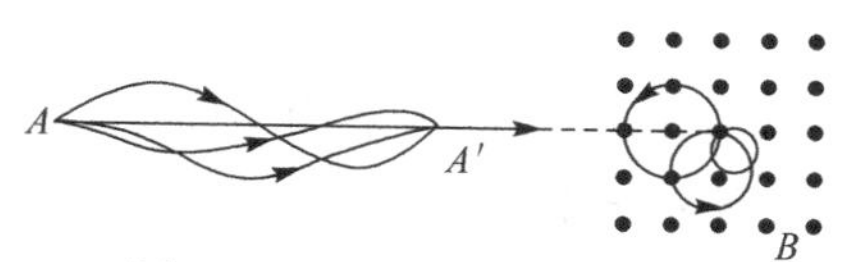

图 7.18　均匀磁场的磁聚集

7.4.4　霍尔效应

在均匀的磁场 $\boldsymbol{B}$ 中放一宽度和厚度分别为 b 和 d 的导体（或半导体）板，且使板面与 $\boldsymbol{B}$ 垂直，若在板中通以稳定的电流，$\boldsymbol{I}$ 与 $\boldsymbol{B}$ 互相垂直，则在导体板的上、下两个侧面 A 与 B 之间会出现电势差，这个电势差称为霍尔电势差. 这一现象是由霍尔在 1879 年设计一个实验来判断导体中电荷携带者的符号时发现的，所以将其称为霍尔效应现象.

实验表明，霍尔电势差 U_{AB} 与磁感应强度 B 和电流强度 I 成正比，与导体板厚度 d 成反比，即

$$U_{\mathrm{AB}} = K\frac{BI}{d} \tag{7-29}$$

式中比例系数 K 称为霍尔系数，其值与导体材料的性质和温度有关.

霍尔电势差是由洛伦兹力引起的. 当导体板通有电流时，导体中的定向运动电荷（通常称为载流子）在磁场中受洛伦兹力产生横向偏移，若载流子为正电荷，在洛伦兹力作用下正电荷向一侧偏转（A 侧），使 A 侧出现正电荷的积累，另一侧（B 侧）则带负电. 这样，在 A 侧与 B 侧之间形成横向电场，这电场阻碍载流子的横向偏移. 当电场力与洛伦兹力平衡时，A 侧与 B 侧之间产生一个稳定的电势差 U_{AB}（$U_{\mathrm{AB}} > 0$）. 若载流子为负电荷，则可进行类似的分析，得 $U_{\mathrm{AB}} < 0$.

每个载流子受的洛伦兹力 qvB 和横向电场力 $qE(= qU_{\mathrm{AB}}/b)$ 平衡时有

$$qvB = q\frac{U_{\mathrm{AB}}}{b}$$

设单位体积内载流子数（通常称载流子浓度）为 n，则电流强度 I 为

$$I = nqvbd$$

由上面两式可解得

$$U_{\mathrm{AB}} = \frac{1}{nq}\cdot\frac{BI}{d} \tag{7-30}$$

上式与(7-29)式比较，得

$$K = 1/nq \tag{7-31}$$

上式表明，霍尔系数与载流子浓度 n 成反比. 半导体材料的导电性能不如金属的好，半导体材料的载流子浓度比金属的小，因而半导体材料的霍尔效应显著.

(7-31)式还常被用来判定半导体的导电类型和测定载流子的浓度. 半导体材料分为两种基本类型，一种称为电子(N)型半导体（载流子主要是电子），另一种称为空穴(P)型半导体（载流子主要是带正电的空穴）. 通过实验测定霍尔系数或霍尔电势差的正负就可判定半导体的导电类型.

还需指出的是,金属中的载流子是自由电子,按上述分析,霍尔系数应是负值.实验表明,大多数金属的系数确实是负值,但也有一些金属(如铁、铍、锌、镉等)测得的霍尔系数为正值.这说明,上述的简单理论(经典电子论)是近似的,要解释上述现象需要用固体能带论.

7.5 物质的磁性

7.5.1 相对磁导率

前面所讨论的磁场,是在真空中运动电荷或电流所产生的磁场,而在实际的磁场中,一般都存在各种各样的物质,这些物质对磁场有一定的影响.与静电场中的电介质类同,磁场对处于磁场中的磁介质也有作用,使其磁化.磁化了的磁介质会产生附加磁场,从而对磁场产生影响.

实验表明,不同的磁介质对磁场的影响是不同的.若真空时某点的磁感应强度为 $\boldsymbol{B}_0$,放入磁介质后产生的附加磁感应强度为 $\boldsymbol{B}'$,那么该点的磁感应强度 $\boldsymbol{B}$ 应为二者的叠加,即

$$\boldsymbol{B}=\boldsymbol{B}_0+\boldsymbol{B}'$$

引入均匀磁介质后磁场发生改变,可用 $\boldsymbol{B}$ 和 $\boldsymbol{B}_0$ 大小的比值来表征,即

$$\frac{B}{B_0}=\mu_r$$

令

$$\mu=\mu_r\mu_0$$

磁介质的磁导率为 μ,真空中的磁导率为 μ_0,比值 μ_r 称为相对磁导率,它表征引入均匀磁介质后对磁场的影响程度.

根据 μ_r 的情况,物质可分为三类:第一类是**顺磁质**,如铝、氧、锰以及大部分具有过渡金属离子的生物大分子,这些物质的 $\mu_r>1$.这是因为在顺磁质内部任一点 $\boldsymbol{B}'$ 的方向与 $\boldsymbol{B}_0$ 的方向相同;第二类是**抗磁质**,在介质内任一点 $\boldsymbol{B}'$ 的方向与 $\boldsymbol{B}_0$ 的方向相反,使得 $\boldsymbol{B}<\boldsymbol{B}_0$,$\mu_r<1$,如水、氢、铜及大部分生物材料等.实验还指出,无论是顺磁质还是抗磁质,附加磁感应强度的值 $\boldsymbol{B}'$ 都较 $\boldsymbol{B}_0$ 的值小得多(约为十万分之几),它们对原磁场的影响比较微弱.所以,顺磁质和抗磁质统称为弱磁质性物质;第三类为**铁磁质**,在这些介质内部,附加磁感应强度 $\boldsymbol{B}'$ 与 $\boldsymbol{B}_0$ 是同方向的,但 $\boldsymbol{B}$ 的值比 $\boldsymbol{B}_0$ 大得多,即 $\boldsymbol{B}'\gg\boldsymbol{B}_0$,$\mu_r$ 的数值很大(从几百到几十万),这类物质显著地增强磁场,它所表现的性质称为铁磁性,如铁、钴、镍等.

7.5.2 磁介质的磁化

抗磁质和顺磁质的磁化之所以不同,是由于分子的电结构不同的缘故.分子内

各个电子绕核的轨道运动、电子的自旋、质子的自旋等，这些运动都产生磁效应. 把分子看作一个整体，所有这些运动的磁效应的总和可用一个等效的分子环电流来表示，称为分子电流，它具有的磁矩，称为分子磁矩，用 $\boldsymbol{P}_m$ 表示.

在外磁场 $\boldsymbol{B}_0$ 作用下，分子中每个绕核运动的电子都受到洛伦兹力的作用，在原来轨道运动的基础上，还要附加一个绕外磁场方向的转动(类似陀螺运动)，这种运动称为电子的进动. 电子进动的特点是，无论原来电子的运动如何，面对外磁场方向看，进动的转向(即电子轨道运动角动量 $\boldsymbol{L}$ 绕 $\boldsymbol{B}_0$ 转动的方向)总是逆时针方向. 电子进动也相当于一个环形电流，因电子带负电，因进动而产生的这种等效环形电流的磁矩方向永远与外磁场 $\boldsymbol{B}_0$ 的方向相反. 由于分子中各个电子进动而产生的总效应，使分子获得一个附加磁场，用 $\Delta\boldsymbol{B}$ 表示，它的方向总是与 $\boldsymbol{B}_0$ 的方向相反.

在顺磁质中，每个分子都具有一定的固有磁矩 $\boldsymbol{P}_m$，此磁矩的量值比附加磁矩大得多，可忽略不计，$\boldsymbol{P}_m$ 的存在是顺磁质产生磁效应的主要原因. 在无外磁场时，由于热运动，大量分子磁矩排列紊乱，对外不显磁效应. 外磁场越强，温度越低，排列越整齐，其总效果是产生了与 $\boldsymbol{B}_0$ 方向相同的磁场 $\boldsymbol{B}'$，这就是顺磁质的磁化.

在抗磁质中，每个分子的分子固有磁矩为零，仅在外磁场作用下，才产生与外磁场方向相反的附加磁场，$\Delta\boldsymbol{B}$ 使整个抗磁质中的磁场略弱于原外磁场.

从物质分子的电结构来分析，许多物质的分子或原子，其内部都是由自旋方向相反的电子对从低能级向上填充电子壳层，形成闭壳层，使电子自旋磁矩相互抵消，轨道磁矩相互抵消，结果分子总磁矩为零，分子无固有磁矩，如惰性气体分子和与其结构相似的离子等都无固有磁矩，属于抗磁质.

碱金属以及相似的离子，如 Li、Na、Be^+、Hg^+ 等，在填满了电子壳层后，最外层还有一个电子，显然存在固有磁矩，这些属于顺磁质. 此外，O_2 的最外层虽有两个电子，但这两个电子不配对，其自旋方向相同，自旋磁矩不能抵消，存在固有磁矩，也属顺磁质.

自由基是生物体内一种非常活泼的分子或原子，它几乎存在于生物体内所有的生化反应过程中，在生命活动中有着特殊的重要作用. 所谓自由基就是指那些有一个或几个不配对电子的原子、分子或基团. 自由基的特点是其分子具有固有磁矩，属顺磁质，因此可以用测定其磁导率或用电子顺磁共振法了解自由基的寿命和活动情况.

铁磁质比较特殊，这是因为铁磁质内部存在着许多小区域，每个小区域内的原子间有一种强相互作用力，使分子电流完全排列整齐，相当于一小块磁性很强的小磁铁，这种状态为自发磁化饱和状态，这种小区域，称为磁畴. 无外磁场时，各磁畴磁化方向杂乱无章，它们产生的磁场互相抵消，对外不显示磁效应. 当加上磁场后，磁畴的磁化方向都将趋向于沿外磁场方向有规则地排列. 由于每个磁畴都是饱和磁化状态，从而产生极强的磁感应强度 $\boldsymbol{B}'$ 远大于原磁场 $\boldsymbol{B}_0$.

7.6 生物磁场

7.6.1 生物体磁性与环境

1. 生物体的磁性及其原因

在无外磁场(除地磁场外)时的正常情况下，生物体作为整体是弱磁性的. 主要原因是：生物体主要成分是水，水是抗磁质，而组成生物的其他无机物和有机物的离子是顺磁质，两者相互抵消. 在有外磁场时，显示的磁性也很弱. 例如，在 1MT 磁场作用于人体表面时，皮肤上出现的反磁性磁场只有 100pT，人感觉不到.

生物体磁场产生的原因：一是与生物组织成分结构有关，体内组分多为弱磁质，有些组织则含强磁质 Fe_3O_4，如鸽子、金枪鱼、鲸、海豚、蜜蜂等体内(有的在脑部)就含有此种强磁质；二是生命过程伴随着离子运动产生的生物电流，例如心电、脑电、肌电等. 静息电位实际上也是离子运动的动态平衡.

2. 生物的向磁性和背磁性

这方面事例很多. 例如，黄瓜胚芽向北时，雌花数量占优势；将玉米种子胚根分别朝地磁南北极放置，在其他条件相同的情况下，其中向地磁南极的玉米发芽可提前几天，根茎也较壮，即使向地磁北极放置的玉米，长出的幼芽也有弯向地磁南极的趋势.

据有关文献报道，植物种子在磁场中，如向南极或北极取向时，有着功能的不对称性及左倾或右倾的不同反应. 在强磁场中植物体内原生质流动方向如垂直磁力线方向则较难，而顺磁力线方向流动则较容易. 流动变易可促进生化反应速度. 资料表明，植物新芽的伸长方向如同磁场方向一致时，有促进芽生长的效应，且胚芽在形成阶段，对磁场的作用特别敏感. 另外，许多动物在居住、休息、运动时，也表现出对地磁场的敏感性. 例如，白蚁营巢恒取南北向，欧洲鸽常休息在笼子的北侧，家鸽飞行几千里不迷失方向，候鸟的长途迁移，海龟从巴西到南太平洋阿森松岛产卵后又返回巴西等.

1975 年，美国东海岸曾发现一种对地磁场有定向反应的微生物，电子显微镜观察表明，该细菌的质膜部分有一个排列成一行的磁偶极子，传给细胞以磁矩，使菌体能在磁场中转动. 在自然情况下，这些菌体依靠这一磁矩，指向北部运动. 这一发现重又引起人们关于信鸽回巢、鳗鱼回游、蜗牛定向运动以及候鸟迁徙等动物导航机制的讨论. 长期以来，人们纷纷推测，某些动物的定向运动，是同对地磁场的感受机制有关. 但迄今为止，仍未找到像细菌体那样富含磁铁物质结构，以证明其导航的磁学机制，这尚需进一步研究.

3. *生物的磁环境*

生物生活环境有磁场因子，它们来自于宇宙、太阳、月球、地球以及周围的电气设备等. 地球是一个磁体. 地球表面附近的磁场，由地球产生的基本磁场(占 94%)和来自高空电离层的变化磁场叠加形成的. 而地磁场各处也不相同，热带的为 3×10^{-5}T，高纬度的为约 6×10^{-5}T，平均 5×10^{-5}T.

卫星测得地面以下 10 万米处仍有磁性. 地磁场日变化约 $1\times10^{-8}\sim4\times10^{-8}$T，主要是受太阳活动的影响，亦受月球影响. 在小环境里，输电线、家用电器和其他电磁设备的运行，都会影响周围的磁场.

7.6.2　人体的磁场

生物体中由于各种生命活动会产生如电子传递、离子转移、神经电活动等生物电过程，这些生物电过程便会产生频率和强度不同、波形各异的生物电流和相伴随的微弱的生物磁场. 一般情况下，生物磁场非常微弱，远远低于地磁场，难于进行观测和研究. 直到 20 世纪 60 年代末期，由于生物磁学的发展，测量微弱磁场技术和设备的进步，才陆续发现和开始研究一些生物和人体的生物磁场，目前已经测到人的心脏、大脑、肺部、肌肉和神经等产生的微弱磁场. 生物磁场现象的研究和生物电现象的研究相类似，可以了解一些重要的生命现象和过程，如心磁场、脑磁场等.

1. *心磁场*

从大量的实验观测，已经知道人体的许多部分都为磁场源. 心脏的心耳和心室肌肉的周期性收缩和舒张，会产生复杂的交变电流，由此产生心磁场. 这样测得的心磁场强度随时间变化的曲线，称为心磁图(MCG)，如图 7.19 所示. 心磁场强度习惯上采用的单位为奥斯特(Oe)，它与国际单位 $\mathrm{A\cdot m^{-1}}$ 的换算关系为 $1\mathrm{Oe}=\frac{1000}{4\pi}\mathrm{A\cdot m^{-1}}$. 在长直细导线中，通过 10A 稳定电流时，在距导线 2cm 处的磁场强度定义为 1Oe. 这与医院常用的心电图(ECG)相类似，但由于心磁场很微弱，实验上观测较心电图更为复杂和困难，故目前心磁图技术还未能达到临床应用. 从实验观测可以看出，心磁图与心电图之间呈现一定的关系. 经过电子计算机的处理，可以由测得的体外心磁场分布，计算出体内心电流的分布情况. 这是不能由心电场的观测得到的. 当心脏受到损伤或出现病变时，将产生微弱的恒定电流和恒定磁场. 这种恒定磁场可以测量出来，但恒定的心电流却不能用心电仪测量出来，因为心电仪只能测量变化的电流和电场. 一些心脏方面的疾病，如心肌梗塞、心室动脉瘤和心绞痛等，常伴随着产生恒定的心磁场，因此可能利用心磁场的观测来研究和诊断这些心脏疾病，而这正好是不能用心电图观测到的.

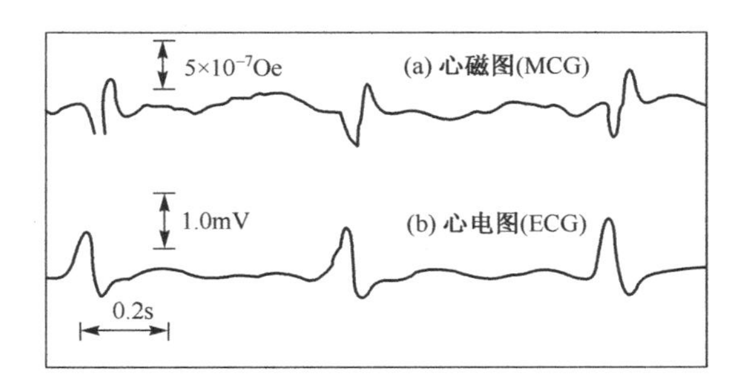

图 7.19 人的心磁图(MCG)和心电图(ECG)

2. *脑磁场*

人的脑磁场比心磁场更微弱.对磁强计的灵敏度和磁屏蔽室的要求更高.但如用超导式磁场梯度计,在一定条件下也可以不用磁屏蔽室.测得的脑磁场强度随时间变化的曲线称为脑磁图(MEG).脑磁图与脑电图(EEG)之间也存在一定的关系.图 7.20 是一个正常的 18 岁青年在磁屏蔽室中睡眠时,所测得的脑磁图和脑电图.可以看出,两者虽有若干相似的地方,但频率和相位分布却可能有差异.当人受到各种信号刺激时,大脑中也会产生反应,表现为脑电活动,引起相应的脑电场和脑磁场.例如,图 7.21 便是由闪光灯引起的脑磁图和脑电图.

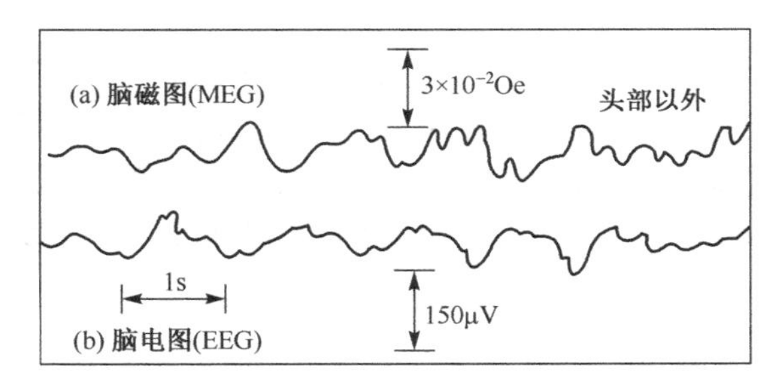

图 7.20 正常的 18 岁青年在磁屏蔽室中睡眠时的脑磁图和脑电图

图 7.21(a)中最前面的尖峰是闪光本身所引起.由于正常人和脑部患病者的脑电活动有所不同,因此对他们的脑磁图或脑电图作比较研究,便可能提供生理学、病理学和临床诊断有用的资料.

此外,当生物和人体的神经元受到刺激时,也会产生生物电脉冲,因而也会产生相应的生物磁场.实验已经发现神经活性电位传输时伴随着微弱的神经磁场,例如,测量青蛙受刺激时,产生的神经的磁场,曾发现一些目前尚不能解释的奇异现象,1980 年在柏林举行的生物磁学讨论会上,神经磁场、脑磁场和心磁场等都是主要的研究课题.

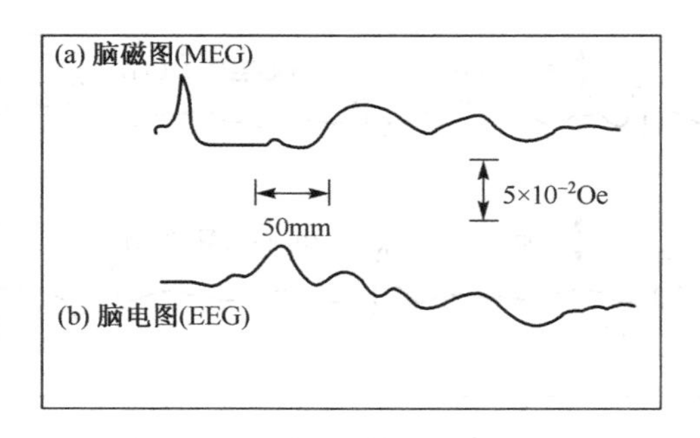

图 7.21　由闪光灯引起的脑磁图(a)和脑电图(b)；
(a)中最前面的尖峰为闪光本身引起

7.7　磁致生物效应

7.7.1　磁场生物效应的宏观特点

磁场的生物效应和生物磁现象表现的是一些宏观现象. 这些宏观现象与生物体内的微观过程和机制有着密切的联系. 磁场对生物的作用，从宏观现象方面来看，主要有以下几个特点.

1. *阈(临界)磁场效应*

生物受到磁场或梯度磁场作用时，它们的强度必须超过一定数值，才会引起磁场的生物效应. 如果强度低于这一定的数值，则不会产生效应. 这一定的磁场或磁场梯度分别称为阈(临界)磁场或阈(临界)磁场梯度. 不同的生物或生命现象的阈磁场或阈磁场梯度是不相同的. 在研究磁场对生物的影响时，磁场的强度和梯度是一个重要的因素.

2. *磁场场型效应*

磁场对生物的影响除与磁场强度有关，即具有阈磁场效应以外，还与磁场分布的均匀程度，即磁场梯度的大小，与磁场是否随时间变化，即是恒定磁场或交变磁场都有关系. 如人眼的磁闪光效应，只在受到变化磁场时才出现，而且磁闪光的强度和特性还与交变磁场的频率有关，但在恒定磁场中却不会出现磁闪光效应. 这些效应上的差别，从磁学方面看，是由于不同的磁场类型所引起的物理效应也不相同，从而导致不同的生物效应. 至于磁的物理效应与生物效应之间的关系，在目前还是研究得很少，对这个问题也还很不清楚.

3. *磁场矢量效应*

磁场强度和磁场梯度都是具有大小和方向的矢量. 它们引起的物理效应，例如产生的作用力矩等，也具有矢量的性质. 如果在磁场作用过程中，这些矢量发生变化，所引起的生物效应也与此有关，磁场生物效应就会在磁场大小和方向发生变化的过程中，产生减弱甚至抵消的效果.

4. *磁致滞后效应*

磁场引起的生物效应，在一般情况下并不是施加磁场后立刻发生的，而是有一段时间上的滞后，磁场生物效应也并不是立刻消失的，而是也有一段时间上的滞后. 这种生物效应在时间上落后于磁场的现象称为磁致滞后. 这是因为一种物理效应总是在受到作用(原因)后，经过或长或短的时间延迟，才产生明显的效应(结果)，生物效应则更为复杂，在时间上的延迟程度更是长短不一，使得磁场引起的生物效应总有一段时间上的滞后.

5. *磁场累积效应*

磁场引起的生物效应不但与磁场强度和磁场梯度有关，而且还与磁场作用时间的长短有关. 一般说来，作用的磁场和磁场梯度越强，作用的时间越长，引起的生物效应也越显著. 当然这是指超过阈磁场的情况. 因此，可以把磁场强度或磁场梯度与时间的乘积称为磁场(作用)剂量或磁场梯度(作用)剂量.

6. *磁致放大效应*

外加磁场的能量常常是很小的，但磁场所引起的生物效应的能量却往往是较大的，即显示出一种放大效应. 这好像收音机收到的外来信号虽极微弱，但通过放大作用，可以把信号显著放大一样. 生物虽然与非生物的收音机是两种根本不同的物质运动形态，但是，生物是一个具有反馈和放大功能的系统. 当外加磁场作为一种刺激(外来信号)作用到生物体时，通过生物体内的放大作用，可以产生能量远大于磁场能量的生物效应. 这时，磁场起的仅是一种触发作用.

7. *磁致生物层次效应*

对于生物来说，磁场是一种物理刺激因素，它同光线、X 射线、放射性辐射、超声波等物理刺激因素有若干相似的地方. 这些物理因素对于生物整体，对生物体的生物大分子、细胞、组织和器官等不同生物层次，都有影响，产生可观测到的效应. 试验表明，磁场对不同的生物层次都有影响，这些影响也因生物层次的不同而异，称为磁致生物层次效应.

8. *磁致功能效应*

磁场对于生物的影响，可以表现为生物体内某些组织结构上的变化，也可以表现为生物体某些功能上的变化. 例如,磁场可以抑制小鼠肿瘤的长大,还可以使小鼠肾上腺皮层的丛生带组织破坏和变窄,骨髓中巨核细胞数减少,脾脏中巨核细胞数增多,肝组织细胞中有丝分裂数增加. 这些都表明磁场会引起一些生物体内的某些组织结构发生变化.

9. *磁致发育效应*

磁场对于虽属同一种、但发育阶段不同的生物,其影响也可能是不同的. 一般说来,生物在发育初期阶段受磁场作用的影响较大,到幼年期和成熟期,磁场的作用将依次递减. 一种看法是认为生物发育初期新陈代谢作用较强,磁场的影响较为显著.

10. *磁致遗传效应*

一些磁场生物效应的实验表明,磁场会使某些生物的性状发生变异. 这些变异还可以遗传多代,只不过逐代减弱. 磁场可以影响一些生物的遗传和变异,其可能的机制是磁场会影响 DNA 中氢键的结构,因而引起生物遗传上的变异,称为磁致变异.

7.7.2　磁场生物效应应用

一般说来,磁生物效应是多种多样的. 不但不同类型的磁场,例如,恒定(直流)磁场和变化磁场、均匀磁场和非均匀磁场、强磁场和弱磁场等产生的生物效应很不相同,而且即使是同样类型的磁场,对于不同的生物层次(如生物分子、细胞、组织、器官和生物活体)或不同的生物(如微生物、植物、动物和人类)的作用也有差别. 感兴趣的读者请查阅有关生物磁学的书籍,这里我们主要介绍磁场生物效应在农业上的应用.

目前磁场生物效应在农业上的应用和研究十分活跃. 大量的实验结果表明,用磁场处理种子具有遗传变异,提高作物种子的发芽势和发芽率,加速植株的生长和发育,缩短生长期,提高产量及其质量的积极效果. 利用适当强度的磁场处理一些作物种子会发生遗传性状的改变. 如有人将浸种后的大麦种子经 0.35～0.40T 的磁场处理后,发现在第二代虽未再经磁场处理,但已观察到它们的叶绿体缺失突变,染色体畸变,酯酶谱和光密度都出现显著的差异,这表明磁场处理能引起遗传变异. 利用适当强度的磁场处理一些作物种子,可以提高和加速种子发芽率,促进生长,起到增产的效果. 例如,小麦种子经过 0.05～0.06T 的磁场处理后播种,与未经磁场处理的对照组比较,其出苗率增加,长势也好,结穗也多.

利用磁场处理一些蚕类和禽畜也有明显影响. 如用 0.11T 的恒定磁场处理柞蚕卵,可使蚕卵孵化率比对照组提高 8%～13%,且结茧率和卵的千粒重提高,而龄期缩短. 用 0.5T 的磁场处理家蚕“褐圆斑淡化”卵后,蚕体第五对龙角变小或消失,褐圆斑淡化，有遗传变异现象发生. 在磁场中饲养的小鸡比对照组的增重快，它们经过阉割手术后，也比对照组愈合快.

磁化水是农业上另一引人注目的应用. 利用磁化水浸种灌溉，可以提高一些作物种子的发芽率，促进幼苗生长，实现增产的效果. 例如，水稻用磁化水浸种、灌溉秧田和大田，可增产 8%～23%. 用磁化水浸泡甜菜种子，不但可提高出芽率和产量，而且也使甜度增加. 许多蔬菜如番茄、菠菜、韭菜、芹菜、黄瓜、辣椒等用磁化水浸种和浇灌，其增产效果都比较明显，采用磁化水培养黑木耳，利用磁化水灌溉向日葵、西红柿都具有明显的增产效果.

在饲养鱼类和禽畜等用磁化水，可以提高存活率，促进生长及防治某些疾病的作用. 用磁化水养鱼，明显加快鱼卵的胚胎发育，提高鱼的存活率，并促进生长发育. 用磁化水喂猪，与对照组比较，在饲养管理、饲料及消耗量都一样的情况下，猪的日增重可提高 8%，出肉率可提高 3%，且猪肉质量也有所改善. 其主要原因是磁化水能提高猪对饲料的利用率. 用磁化水喂牛，观察到可提高奶牛的产奶量.

目前，国内外学者一方面正在积极扩大磁场生物效应研究和应用的成果和范围. 研究磁场生物效应与使用磁场的种类、强度、均匀度和作用时间的关系以及磁场对不同层次、发育阶段和生物功能的作用效果，探索磁场生物效应的宏观规律；另一方面又在深入研究磁场生物效应的微观生物过程和作用机理.

7.7.3 磁场生物效应的微观机理

当前磁场生物效应在国内外日益获得广泛的应用，发展十分迅速，而且取得了不少引人瞩目的成果. 但对磁场生物效应的作用机理研究则较少，理论研究大大落后于应用. 磁场(包括磁化水)生物效应的作用机理尽管十分复杂，但从物理学来看，其生物效应的物理基础乃是磁的力学效应、电学效应、磁共振效应、高频磁场及热效应. 归纳起来磁场生物效应的作用机理主要有以下几种.

1. 外磁场可以引起生物体内电子传递改变

如在生命过程中的氧化还原反应、光合作用、神经冲动的传导等都与生命物质中的电子传递有关. 电子在磁场中受到洛伦兹力作用，因此磁场可影响电子的运动，从而影响与电子传递有关的过程. 生物体内的氧化作用和还原作用，从微观过程来看，都包含着电子的传递过程，这些电子传递过程都会受到磁场的影响.

2. 外磁场可以影响自由基活动的变化

自由基是指带有一个或多个未配对电子的原子或原子团. 这些未配对的电子可以形成化学键. 通常分子中的电子是成对存在的，处于稳定的状态，而自由基的寿命却很短，处于不稳定状态. 但是一个自由基中的未配对电子耦合起来，构成化学键，使这两个自由基形成稳定的分子. 如种子的发芽、植物光合作用、动物的衰老，辐射损伤等生命活动都与自由基产生、转移和消失有关. 而自由基具有一个未被抵消的电子——自旋磁矩，这个自旋磁矩在磁场作用下要产生转动，并在不均匀磁场中还要产生平动，从而磁场可影响自由基团的正常生理活动，进而影响与自由基活动有关的过程.

3. 外磁场可改变酶和蛋白质的活性

蛋白质是构成生物体的重要组成部分，是由多种氨基酸形成的多肽链生物大分子. 实验结果表明，外磁场可促使过氧化物酶(POD)活性升高，使过氧化物酶酶促反应体系反应时间过程加快，反应速度提高. 这是因为活性蛋白质结构中含有微量过渡金属元素，这些微量金属元素往往是酶和蛋白质的活性中心. 对于带有不同电荷基团的大分子酶和蛋白质则因在磁场下受到洛伦兹力的作用，由于不同电荷的运动方向不同而导致酶和蛋白质的构象的变形或扭曲，从而改变了酶和蛋白质的活性.

4. 外磁场可引起生物膜通透性的变化

生物膜包括外壁(细胞膜)、细胞内的细胞核和细胞器(如线粒体、叶绿体等)与细胞质的界壁(内膜)，以及神经细胞轴突上膜等. 一般说来，生物膜的功能主要是创造和维持一个稳定的化学组分区域，通过选择性的扩散和输送进行膜两侧的物质交换(渗透)，有效地提供、补充作用物质和排出产物及废物；进行能量的转化反应，控制着各种生物反应的速度. 有人将细胞置于 5×10^{-5} T 的恒定磁场和约 10～100Hz 的交变磁场同时作用下，发现细胞膜对一些有重要生物意义的离子，如 Na^+ 、K^+ 、Ca^{2+} 和 Mg^{2+} 的通透性发生改变. 这与外磁场作用下，这些离子发生回旋共振效应有关.

5. 外磁场可引起生物半导体特性的改变

生物体内有些物质(如叶绿体和某些激素)具有半导体的性质；生物膜，特别是具有双膜的有序分子结构也能显示半导体的性质. 外磁场可以改变半导体中的能带结构及载流子的数量和运动，从而导致相关的生命活动过程的变化.

总之，磁场生物效应的作用机理研究涉及物理、化学、生物等多方面的基础知识. 具体的磁场生物效应究竟与哪种具体的生物学过程和作用机理相关，这是一个十分复杂而又困难的问题，也是当前生物磁学中有待深入研究和解决的问题.

本章小结

1. 毕奥-萨伐尔定律，电流元的磁场：$\mathrm{d}\boldsymbol{B}=\frac{\mu_0}{4\pi}\frac{I\mathrm{d}\boldsymbol{l}\times\boldsymbol{r}}{r^3}$.

上式中 $I\mathrm{d}\boldsymbol{l}$ 表示恒定电流的一个电流元，$\boldsymbol{r}$ 表示从电流元到场点的距离.

2. 安培环路定理：$\oint_L \boldsymbol{B}\cdot\mathrm{d}\boldsymbol{l}=\mu_0\sum I$.

当式中电流 I 的方向与回路 L 的绕行方向符合右手螺旋关系时，I 为正，否则为负.

3. 安培力

电流元 $I\mathrm{d}\boldsymbol{l}$ 在磁场中所受的力为：$\mathrm{d}\boldsymbol{F}=I\mathrm{d}\boldsymbol{l}\times\boldsymbol{B}$.

一段有限长载流导线 L 受的磁场力为：$\boldsymbol{F}=\int_L I\mathrm{d}\boldsymbol{l}\times\boldsymbol{B}$.

4. 载流线圈的磁矩：$\boldsymbol{P}_{\mathrm{m}}=IS\boldsymbol{n}$.

载流线圈受的磁力矩为：$\boldsymbol{M}=\boldsymbol{P}_{\mathrm{m}}\times\boldsymbol{B}$.

5. 洛伦兹力：$\boldsymbol{F}=q\boldsymbol{v}\times\boldsymbol{B}$.

6. 磁介质与磁场：$\boldsymbol{B}=\boldsymbol{B}_0+\boldsymbol{B}'$.

相对磁导率：$\mu_{\mathrm{r}}=\dfrac{B}{B_0}$.

顺磁质，$\mu_{\mathrm{r}}>1$；抗磁质，$\mu_{\mathrm{r}}<1$；铁磁质，$\mu_{\mathrm{r}}\gg 1$.

7. 磁致生物效应：磁致生物效应的宏观特点与电场生物效应相似，但事实上，磁致生物效应比电场生物效应研究得更早，其应用也较多. 不过，至今其微观机理还不是十分清楚，尚不能完全解释各种宏观生物效应现象.

思 考 题

1. 磁石、磁铁、生物及载流导线产生磁现象的原因都是什么？
2. 磁 N 极、磁 S 极是否可以像正、负电荷一样单独存在？为什么？
3. 在与电流元等距离的球面上磁感应强度大小是否相同？怎样分布？
4. 是否可以用安培环路定理求一段有限长载流直导线的磁场？为什么？
5. 长度一定、所通电流强度一定的软导线，做成什么形状，能够产生较大的磁场？
6. 电动机通过什么力做功将电能转换为机械能的？
7. 顺磁质处在外磁场中时，分子磁矩怎样运动？产生的宏观效果如何？
8. 永久磁铁是顺磁质吗？它的磁性是怎样产生的？怎样做会使它的磁性减弱甚至消失？为什么？
9. 磁场的生物效应可以在哪些方面得到应用？

习 题 7(A)

1. 有一个圆形回路 1 及一个正方形回路 2，圆直径和正方形的边长相等，二者中均通有大小相等的电流，则它们在各自中心所产生的磁感应强度的大小之比 B_1/B_2 为 [ ]

(A) 0.90. (B) 1.00. (C) 1.11. (D) 1.22.

2. 如题图 7.1 所示，在一圆形电流 I 所在的平面内，选取一个同心圆形闭合回路 L，则由安培环路定理可知 [ ]

(A) $\oint_L \boldsymbol{B}\cdot\mathrm{d}\boldsymbol{l}=0$，且环路上任意一点 $B=0$.

(B) $\oint_L \boldsymbol{B} \cdot \mathrm{d}\boldsymbol{l} = 0$，且环路上任意一点 $B \neq 0$.

(C) $\oint_L \boldsymbol{B} \cdot \mathrm{d}\boldsymbol{l} \neq 0$，且环路上任意一点 $B \neq 0$.

(D) $\oint_L \boldsymbol{B} \cdot \mathrm{d}\boldsymbol{l} \neq 0$，且环路上任意一点 $B =$ 常量.

3. 如题图 7.2 所示，边长为 $2a$ 的等边三角形线圈，通有电流为 I，则线圈中心处的磁感应强度的大小为__________.

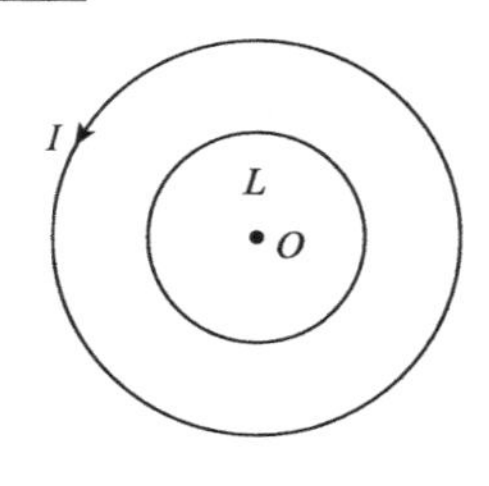

题图 7.1

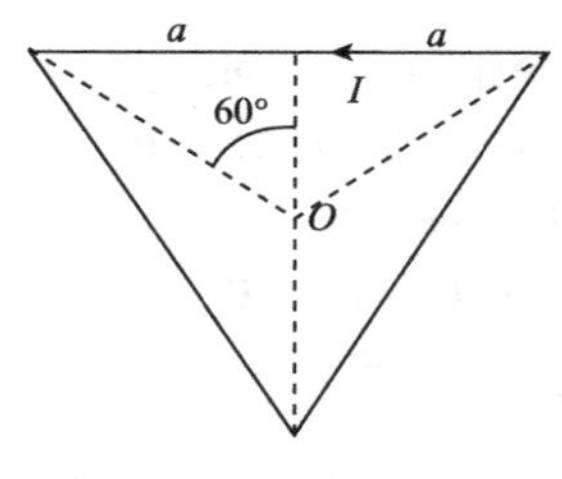

题图 7.2

4. 有两根导线，分别长 2m 和 3m，将它们弯成闭合的圆，且分别通以电流 I_1 和 I_2，已知两个圆电流在圆心处的磁感强度大小相等. 则圆电流的比值 $I_1/I_2 =$__________.

5. 一条无限长直导线通有 10A 的电流. 在距它 0.5m 远的地方它产生的磁感应强度 B 为__________.

6. 一无限长导线弯成如题图 7.3 所示的形状，设各线段都在同一平面内(纸面内)，其中第二段是半径为 R 的四分之一圆弧，其余为直线. 导线中通有电流 I，求图中 O 点处的磁感应强度.

7. 一无限长通有电流 I 的直导线在一处折成直角，P 点位于导线所在平面内，距一条折线的延长线和另一条导线的距离都为 a，如题图 7.4 所示，求 P 点的磁感应强度.

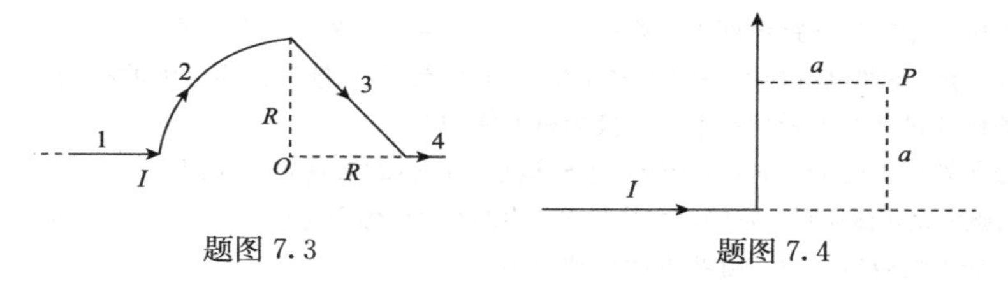

题图 7.3　　题图 7.4

习　题　7(B)

1. 均匀磁场的磁感强度 $\boldsymbol{B}$ 垂直于半径为 r 的圆面，今以该圆周为边线，作一半球面 S，则通过 S 面的磁通量的大小为　　[　　]

(A) $2\pi r^2 B$.　　(B) $\pi r^2 B$.　　(C) 0.　　(D) 无法确定的量.

2. 若一平面载流线圈在磁场中既不受力，也不受力矩作用，这说明：　　[　　]

(A) 该磁场一定均匀，且线圈的磁矩方向一定与磁场方向平行.

(B) 该磁场一定不均匀，且线圈的磁矩方向一定与磁场方向平行.

(C) 该磁场一定均匀，且线圈的磁矩方向一定与磁场方向垂直.

(D)该磁场一定不均匀,且线圈的磁矩方向一定与磁场方向垂直.

3. 磁介质有三种,用相对磁导率 μ_r 表征它们各自的特性时 [ ]

(A)顺磁质 $\mu_r>0$,抗磁质 $\mu_r<0$,铁磁质 $\mu_r\gg1$.

(B)顺磁质 $\mu_r>1$,抗磁质 $\mu_r=1$,铁磁质 $\mu_r\gg1$.

(C)顺磁质 $\mu_r>1$,抗磁质 $\mu_r<1$,铁磁质 $\mu_r\gg1$.

(D)顺磁质 $\mu_r>0$,抗磁质 $\mu_r<0$,铁磁质 $\mu_r>1$.

4. 若电子在垂直于磁场的平面内运动,均匀磁场作用于电子上的力为 F,轨道的曲率半径为 R,则磁感应强度的大小应为__________.

5. 在 $B=0.2\text{T}$ 的均匀磁场中,放置一根长 $l=2\text{m}$ 的载流直导线,已知导线中的电流 $I=5\text{A}$,导线与磁场的夹角为 60°,则该载流导线所受磁场力的大小是__________.

6. 在磁场中某点有一很小的试验线圈.若线圈的面积增大一倍,且其中电流也增大一倍,则该线圈所受的最大磁力矩将是原来的__________倍.

7. 如题图 7.5 所示,一通有电流 I_1 的长直导线,旁边有一个与它共面通有电流 I_2 每边长为 a 的正方形线圈,线圈的一对边和长直导线平行,线圈的中心与长直导线间的距离为 $3a/2$,在维持它们的电流不变和保证共面的条件下,将它们的距离从 $3a/2$ 变到 $5a/2$,求磁场对正方形线圈所做的功.

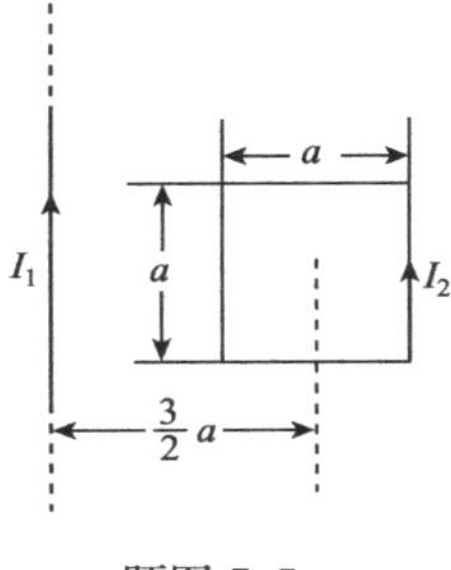

题图 7.5

物理科技

核磁共振

1946 年,美国哈佛大学的珀塞尔和斯坦福大学的布洛赫宣布,他们发现了核磁共振现象.他们的工作是各自独立完成的,为此两人分享了 1952 年的诺贝尔物理学奖.

核磁共振是一种利用原子核在磁场中的能量变化来获得关于核的信息的技术.和电子具有自旋一样,原子核也具有自旋运动.又因为原子核有电荷,所以也具有自旋磁矩.核的磁矩 μ 和它的自旋角动量 I 成正比

$$\mu=\gamma I$$

式中比例常数 γ 为核的旋磁比,它随核的结构不同而不同.对于氢核,即质子,$\gamma_p=2.647\times10^8\text{T}^{-1}\text{s}^{-1}$,核磁矩比电子的自旋磁矩一般小 10^{-3} 数量级.

在外磁场中,核的自旋角动量也是空间量子化的.以外磁场 $\boldsymbol{B}$ 的方向为 z 轴正向,则核自旋角动量的空间量子化表示为

$$I_z=M\hbar$$

式中 M 是核自旋磁量子数.对不同的核,M 可以是整数或半整数.

根据核磁矩和角动量的正比关系，可得

$$\mu_z = \gamma I_z = \gamma M \hbar$$

磁矩在外磁场中具有和它的指向相联系的能量，这能量的大小为

$$E = -\mu \cdot B = -\mu_z B = -\gamma M \hbar B$$

此式说明，核在外磁场中的能量也是量子化的，两个相邻能级之差为 $\Delta E = \gamma \hbar B$. 因此当用电磁波照射核时，它将只吸收如下频率的电磁波：

$$\nu = \frac{\Delta E}{h} = \frac{\gamma \hbar B}{h} = \frac{\gamma B}{2\pi}$$

这种在外磁场中的核吸收特定频率电磁波的现象叫核磁共振. 用经典的概念理解，这种现象是由于外来电磁波的频率和核的特定的固有频率相等而发生共振的结果.

对实验中常用到的氢核，即质子来说，$M = \pm \frac{1}{2}$，所以 $I_z = \pm \frac{\hbar}{2}$. 这说明质子在外磁场中只有两个可能取向. 由于 $\mu_z = \gamma_p I_z = \pm \gamma_p \hbar/2$，所以质子在外磁场中的能量为

$$E = \mp \frac{1}{2} \gamma_p B \hbar$$

即只有两个能级. 因此在外磁场中的氢核只能吸收如下频率的电磁波：

$$\nu = \frac{\Delta E}{h} = \frac{\gamma_p B}{2\pi}$$

此式表明，为了使氢核发生核磁共振，可以保持外磁场不变，而连续改变入射电波的频率；也可以用一定频率的电磁波照射而调节磁场的强弱. 由上式可以算出，要使在1.4T的磁场中氢核发生核磁共振，入射电磁波的频率应为59.6MHz，这是射频段的无线电波的频率，相应的波长约为5m. 此外，由共振频率还可算出 $h\nu = 0.2456 \times 10^{-6}$ eV，这就是相应的核子能级间的裂距，可见此裂距是较小的(原子能级间的能量间隔为eV量级).

核磁共振已在众多的领域中有了十分广泛的应用. 早期，核磁共振主要用于核结构和性质的研究，后来则广泛应用于分子(如有机分子、生物大分子)组成和结构的分析，生物组织、活体组织的分析，病理分析，医疗诊断，产品无损检测等方面，并可用于观测一些动态过程(如化学反应、生化过程等)的变化.

从技术手段上来说，核磁共振的应用主要是核磁共振波谱的应用以及近年发展起来的核磁共振成像的应用两个方面.

由于氢核的核磁共振信号最强，所以核磁共振在研究有机化合物的分子结构时特别有用. 由于磁场，包括交变电磁场可以穿入人体，而人体的大部分(75%)是水(一个水分子有两个氢核)，体内不同组织的水含量不同，而且这些水以及其他富含氢的分子的分布可因种种疾病而发生变化，所以可以利用氢核的核磁共振来进行医疗诊断.

图 T7.1 为人体核磁共振成像仪的示意图，病人躺在一个空间不均匀的磁场中，磁场在人体内各处的分布已知. 激发单元用来产生射频电磁波，以激发人体内各处的氢核发生核磁共振. 接收单元接收核磁共振信号，由于人体内各处的磁场不同，与之相应的共振电磁波的频率也就不同，改变电磁波的频率就可以得出人体内各处的核磁共振信号. 这信号经过计算机处理就可以三维立体图像或二维断面像的形式由显示单元显示出来. 将病态的图像和正常态的组织图像加以对比，就可以作出医疗诊断.

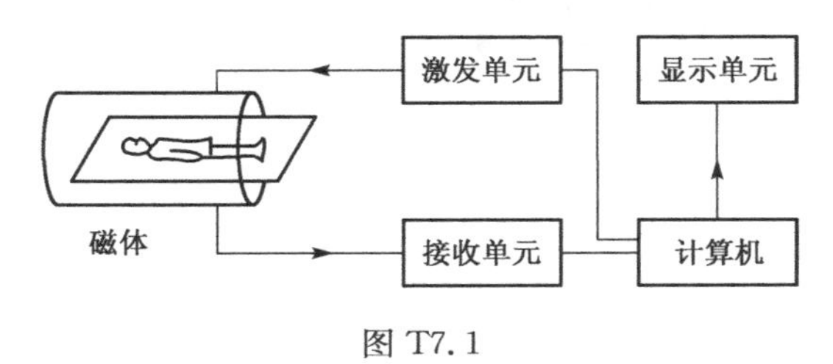

图 T7.1

当前，核磁共振成像的研究仍在迅速发展之中. 其中一个前沿课题是对人脑的功能和高级思维活动进行研究的功能性核磁共振成像(FMRI). 人们对大脑的组织已很了解，但对大脑是怎样工作的，为何有如此的高级功能却知之甚少. 美国贝尔实验室于 1988 年开始了这方面的研究，很快就有人预言，FMRI 将会发展成为了解人的思维过程的“思维阅读器”. 这表明，一个脑科学研究的新时代的到来. 1994 年，美国威斯康星医学院利用 FMRI 已经拍摄到数千张人脑工作时的实况图像，从而可以使科学家得到详细的大脑工作“电影”. 也许，不久的将来，人们可以像看电影或看电视直播那样来观看人脑工作的实际过程.

与其他方法相比，FMRI 具有很多优点. 它可以直接对生物活体进行观测，而且是在被测对象有意识的清醒状态(非麻醉状态)下进行观测. 此外，还有无辐射损伤、成像速度快、时空分辨率高(近期可望分别达到几十 ms 和 100μm)、可检测多种元素(^{1}H、^{31}F、^{31}P、^{23}Na、^{13}C 等)、化学位移可选择性(可对人脑组织中水、糖、脂肪等分别进行选择性成像)等多方面优点.

第8章

电磁场及其与生物体的相互作用

由于不同温度物体的热辐射作用,生物生活的环境中存在着各种频率的电磁场(波),所以电磁场是生物生活中一个重要的环境因子.电磁场是一个比较复杂的物理场,而生物体也是一个复杂系统,因此电磁场与生物体的相互作用是十分复杂的.为了深入探索电磁场与生物体的相互作用,本章先介绍电磁场的基本规律和电磁波,然后根据电磁波谱中不同的波段,介绍各种电磁波的应用及其所引发的生物学效应.

本章基本要求:

1. 了解电磁场的基本规律和电磁波的基本性质,掌握电磁波谱.

2. 理解微波生物效应的热效应现象和非热效应现象,了解非热效应的特点.

3. 掌握红外辐射规律,了解红外技术的应用.

4. 理解X射线的产生和特点,了解X射线的应用.

8.1 电磁场的基本规律

8.1.1 法拉第电磁感应定律

法拉第电磁感应定律

1820年奥斯特发现了电流产生磁场的现象，即电流的磁效应. 那么，能否利用磁场来产生电流呢？科学家们从此开始进行实验研究. 1831年法拉第从实验中发现，当通过闭合回路所包围的面积的磁通量发生变化时，回路中就产生电流. 这种由于磁通量的变化而产生电流的现象就是我们所说的电磁感应现象.

在发现电磁感应现象的过程中，人们做了许多这方面的实验，所有实验大体上可归结为两大类：一类是磁铁与线圈有相对运动时，线圈中产生了电流；另一类是当一个线圈中电流发生变化时，在它附近的其他线圈中也产生了电流. 法拉第将这些现象与静电感应现象类比，把它们称为“电磁感应”现象.

大量实验结果表明，当穿过一个闭合导体回路所限定的面积的磁通量发生变化时，回路中就出现电流. 这个电流被称为感应电流. 在闭合导体回路中出现了电流，一定是由于回路中产生了电动势. 由这一原因产生的电动势称为感应电动势.

感应电动势的大小和通过导体回路的磁通量的变化率成正比，感应电动势的方向有赖于磁场的方向和它的变化情况. 以 Φ_m 表示通过闭合导体回路的磁通量，以 $\mathscr{E}$ 表示磁通量发生变化时在导体回路中产生的感应电动势，由实验总结出的规律是

$$\mathscr{E}=-\frac{\mathrm{d}\Phi_m}{\mathrm{d}t} \tag{8-1}$$

这一公式就是法拉第电磁感应定律的一般表达式.

法拉第的这一重大发现不仅进一步揭示了电与磁的内在联系，而且使人们对电磁现象的实质有一个更深入的了解.

8.1.2 麦克斯韦的两个假说

为了深入研究电与磁的关系，全面揭示电磁场的基本规律，麦克斯韦集前人之大成，创造性地提出了感应电场和位移电流两个假说. 这两个假说为完整的宏观电磁场理论的建立奠定了基础.

1. 感应电场

麦克斯韦在深入分析了电磁感应现象以后，提出变化的磁场在空间激发出感应电场(亦称涡旋电场). 无论空间中是否存在导体或导体回路，无论有无介质存在，变化的磁场激发的感应电场总是客观存在的. 感应电场是无源场，用于形象地描写感应电场的电场线是闭合曲线.

2. 位移电流

提出感应电场假说,即变化的磁场在空间激发出感应电场后,麦克斯韦又提出了位移电流假说,即变化的电场在空间激发出感应磁场,这个磁场好像是由一个电流激发的,这个电流称为位移电流.

8.1.3　麦克斯韦方程组

在第 6～7 章中,我们已经根据实验事实,用场的概念,把有关真空中的静电场和恒定磁场的基本规律进行了描述,总结起来可以归纳为四条基本规律,即

$$
\left.\begin{aligned}
&\text{静电场的高斯定理}\quad \oint_S \boldsymbol{E}\cdot \mathrm{d}\boldsymbol{S}=\frac{1}{\varepsilon_0}\sum q\\
&\text{静电场的环路定理}\quad \oint_L \boldsymbol{E}\cdot \mathrm{d}\boldsymbol{l}=0\\
&\text{恒定磁场的高斯定理}\quad \oint_S \boldsymbol{B}\cdot \mathrm{d}\boldsymbol{S}=0\\
&\text{恒定磁场的安培环路定理}\quad \oint_L \boldsymbol{B}\cdot \mathrm{d}\boldsymbol{l}=\mu_0\sum I
\end{aligned}\right\}\tag{8-2}
$$

麦克斯韦不仅引入了感应电场和位移电流两个重要概念,而且还将其予以量化,对静电场和恒定电流的磁场所遵从的方程组加以修正和推广,使之可适用于一般的电磁场. 他认为,一般情况下,电场可能既包括静电场,也包括感应电场;磁场既包括传导电流产生的磁场,也包括位移电流所产生的磁场. 因此,一般的电磁场所遵从的基本规律即麦克斯韦方程组

$$
\left.\begin{aligned}
&(1)\oint_S \boldsymbol{E}\cdot \mathrm{d}\boldsymbol{S}=\frac{1}{\varepsilon_0}\sum q\\
&(2)\oint_L \boldsymbol{E}\cdot \mathbf{d}\boldsymbol{l}=-\frac{\mathrm{d}\Phi_{\mathrm{m}}}{\mathrm{d}t}\\
&(3)\oint_S \boldsymbol{B}\cdot \mathrm{d}\boldsymbol{S}=0\\
&(4)\oint_L \boldsymbol{B}\cdot \mathrm{d}\boldsymbol{l}=\mu_0\sum I+\frac{1}{c^2}\frac{\mathrm{d}\Phi_{\mathrm{e}}}{\mathrm{d}t}
\end{aligned}\right\}\tag{8-3}
$$

各个方程的物理意义如下:

方程(1)是电场的高斯定理,它说明电场强度和电荷的联系. 尽管电场和磁场的变化也能有联系(如感应电场),但电场和电荷的联系总是服从这一高斯定理.

方程(2)是法拉第电磁感应定律,它说明变化的磁场和电场的联系. 虽然电场和电荷也有联系,但总的电场和磁场的联系总符合这一规律.

方程(3)是磁通量连续原理,它说明目前的电磁场理论认为在自然界中没有单一的"磁荷"(或磁单极)存在.

方程(4)是一般形式下的安培环路定理，它说明磁场和电流(即运动的电荷)以及变化的电场的联系.

从这一组方程式出发，通过数学推导，可以得出电磁场的各种性质. 在已知电荷和电流分布的情况下，这组方程可以给出电场和磁场的唯一分布. 特别是当初始条件给定后，这组方程还能唯一地预言电磁场此后变化的情况. 正像牛顿运动方程能完全描述质点的动力学过程一样，麦克斯韦方程组能完全描述电磁场的动力学过程. 麦克斯韦方程组不仅能够说明当时已知的所有电磁现象，而且还成功地预言了电磁波的存在，并且推测出光辐射就是一定频率范围内的电磁辐射. 麦克斯韦的这一成就是物理学发展的一次飞跃，被认为是从牛顿力学理论到爱因斯坦相对论的提出的这段时期中物理学史上最重要的理论成果.

8.2 电 磁 波

电磁波

电磁感应现象表明，变化的磁场伴随产生感应电场；变化的电场伴随产生感应磁场. 设在空间某区域内有变化电场(或变化磁场)，那么在邻近区域内将引起变化磁场(或变化电场)；这个变化磁场(或变化电场)又在较远的区域内引起新的变化电场(或变化磁场)，从而使变化的电场和磁场交替产生，由近及远，以一定的速度在空间内传播开来. 也就是说如果空间某处存在着周期性变化的电场或磁场，它就引起周期性的电磁场向四周传播. 这种周期性变化的电磁场在空间的传播叫作电磁波.

8.2.1 电磁波的辐射和传播

在我们所熟悉的 LC 振荡电路中，电量和电流都做周期性变化，因而在它附近有周期性变化的电磁场，所以振荡电路能辐射电磁波. 但是在一般振荡电路中，振荡频率较低，而且电场和磁场几乎分别集中在电容器 C 和自感线圈 L 中，因此这种电路不利于辐射电磁波，如图 8.1(a)所示. 要增强振荡电路的辐射，必须改变电路的形式，一方面提高振荡频率，另一方面尽量使电磁场分散在周围空间里. 例如把电容器 C 的两个极板间的距离逐渐增大，并使两极板缩成两个小球，同时使线圈各匝拉开，最后变成一条直线，如图 8.1(d)所示. 显然，电路变成直线时，电场和磁场就分散在周围空间中，而且这时电路的电容 C 和自感 L 都很小，因而振荡频率很高. 在电磁振荡过程中，图 8.2 所示的直导线两端的电量在做周期性变化，相当于电矩做周期性变化的电偶极子，叫作振荡电偶极子. 以它为波源就能向周围辐射电磁波. 实际上，广播电台的天线虽可达几十米长，但在距天线几千米乃至几十、几百千米外考察该天线时，仍可把它看成振荡偶极子. 如果在离振荡偶极子较远处，只考察局部空间电磁波时，可把它看作平面电磁波. 如果平面电磁波沿 x 轴正方向传播，则电磁波的电场强度和磁感应强度的大小可用方程组表达如下：

$$E = E_0 \cos\omega\left(t - \frac{x}{u}\right) \tag{8-4}$$

$$B = B_0 \cos\omega\left(t - \frac{x}{u}\right) \tag{8-5}$$

式中 u 为电磁波的传播速度，ω 为振荡圆频率.

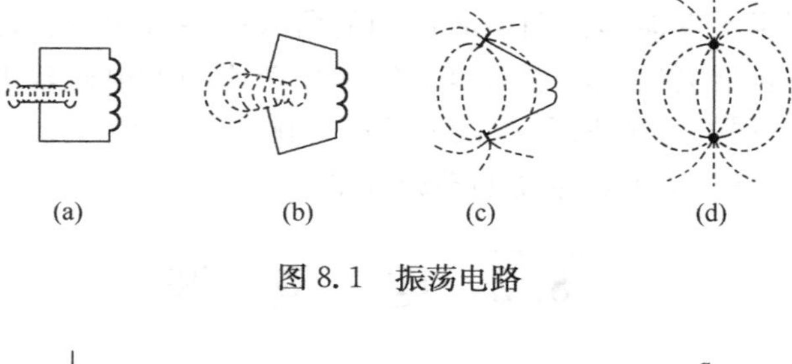

图 8.1　振荡电路

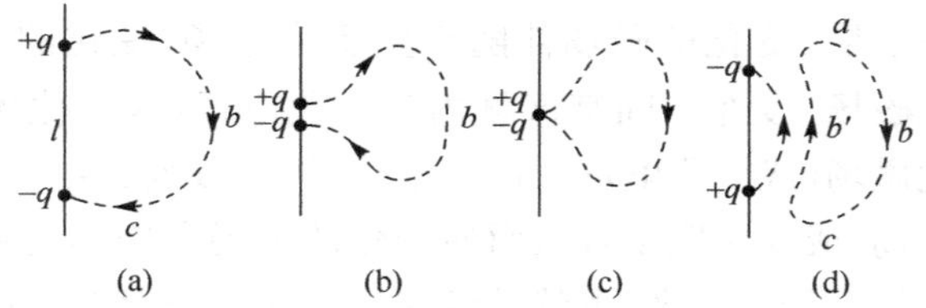

图 8.2　偶极振子附近电场线变化过程

下面介绍电磁波的性质.

(1) 任一给定点的电场强度 $\boldsymbol{E}$、磁感应强度 $\boldsymbol{B}$ 和电磁波的传播方向三者相互垂直，所以电磁波是横波，它的传播方向就是矢量积($\boldsymbol{E}\times\boldsymbol{B}$)的方向(图 8.3).

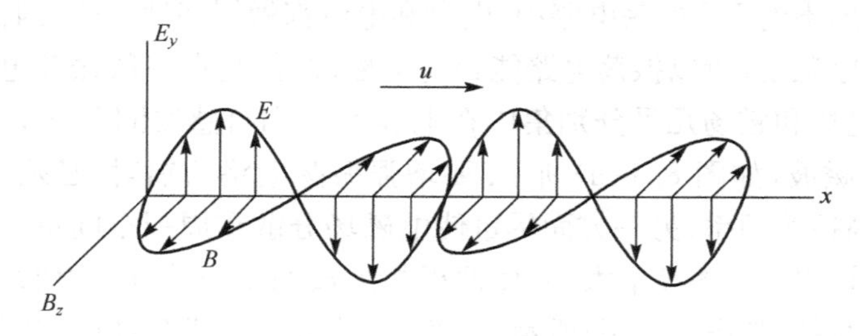

图 8.3　某一定时刻平面偏振电磁波的示意图，波向 $+x$ 传播

(2) 任一给定点的 $\boldsymbol{E}$ 和 $\boldsymbol{B}$ 都做周期性变化，两者始终同频率、同相位. 也就是 $\boldsymbol{E}$ 和 $\boldsymbol{B}$ 同时达到最大值，同时变为零(图 8.3).

(3) 任一给定点的 $\boldsymbol{E}$ 和 $\boldsymbol{B}$ 在量值上有如下关系：

$$\sqrt{\varepsilon}E = \frac{1}{\sqrt{\mu}}B \tag{8-6}$$

(4) 电磁波传播速度的大小 u 决定于介质的介电常量 ε 和磁导率 μ，即

$$u=\frac{1}{\sqrt{\varepsilon\mu}} \tag{8-7}$$

由于真空的介电常量 $\varepsilon_0=8.854\times10^{-12}\,\mathrm{F/m}$，真空磁导率 $\mu_0=4\pi\times10^{-7}\,\mathrm{H/m}$，则真空中电磁波的传播速度为 $u=\dfrac{1}{\sqrt{\varepsilon_0\mu_0}}\approx2.998\times10^8\,\mathrm{m/s}$. 它与真空中的光速 c 一致，这为确定光是一种电磁波提供了依据.

(5) 振荡电偶极子所辐射的电磁波的频率等于该电偶极子的振荡频率. 电磁波的强度和频率的四次方成正比，这也说明了高频波源比低频波源更容易辐射电磁波的原因. 它和机械波一样，电磁波的波长 λ 也由下式决定：

$$\lambda=uT=\frac{u}{\nu} \tag{8-8}$$

即电磁波的波长由波源和介质性质共同决定. 对于一定的波源频率，因不同介质中波速不同，所以波长也不同，我们平常所说的电磁波波长是指它在真空中的波长.

8.2.2 电磁波谱

1865 年麦克斯韦建立了完整的电磁场理论，并预言了电磁波的存在及电磁波的波速就是光速. 1887 年赫兹用实验证实了麦克斯韦的预言，并且证实了电磁波和光波一样，具有反射、折射、干涉、衍射、偏振等现象；同时又证实了电磁波的传播速度与光速相同. 自赫兹的实验之后，人们又进行了许多实验，相继发现了 X 射线(伦琴射线)、γ 射线等都是电磁波，不同频率的电磁波在真空中具有不同的波长. 为了对各种电磁波有个全面的了解，人们按照电磁波在真空中的波长或频率的顺序把各种电磁波排列起来，这就是电磁波谱(图 8.4).

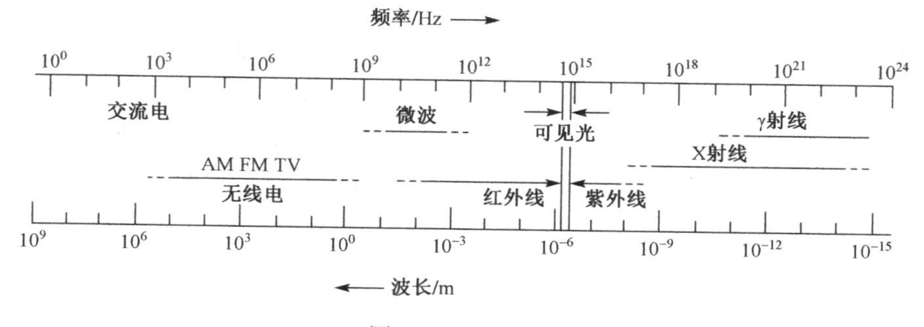

图 8.4 电磁波谱

目前已发现并得到利用的电磁波波长有长达 $10^4\,\mathrm{m}$ 以上的，也有短到 $10^{-15}\,\mathrm{m}$ 数量级的. 在电磁波谱中，各波段的电磁波，由于其波长或频率的不同，而表现出不同的特性，因而具有不同的应用. 下面对各种不同波长的电磁波分别作些简单的介绍.

无线电波是由电磁振荡电路产生电磁振荡，再通过天线发射的，波长可由几千

米到几毫米，并进一步细分为长波(波长在 3×10^4m 到 3×10^3m 之间)、中波(波长在 3×10^3m 到 50m 之间)，短波(波长在 50m 到 10m 之间). 无线电波主要用于无线电广播和通信、电视、雷达、无线电导航等.

微波实际上是波长较短的无线电波，波长范围是 10m 至 1mm，它主要是由电子自旋和核自旋产生的，除了应用于电视、雷达、无线电导航、卫星通信之外，还可用于医疗等其他专业方面.

光波是由原子或分子等微观客体的振荡所激发产生的. 波长范围可从零点几毫米到 5nm，其中能引起人眼的视觉波长在 400～760nm 的一段，称为可见光. 波长大于 760nm 的光波称为红外线(或红外光)；小于 400nm 的称为紫外线(或紫外光).

X 射线和 γ 射线是波长很短的电磁波，分别由内层电子和原子核所激发产生的，它们也在医疗、材料科学等许多领域得到应用.

本章后几节介绍微波生物效应、红外线和 X 射线在农业或生物领域中的应用；对可见光部分将在波动光学一章中进行讨论.

8.3　微波的生物效应

8.3.1　微波生物效应现象

电磁波与生物体的相互作用，从利用的角度来考虑，可分为有益的功能，如把它的有关特殊性用于医学方面，使电磁辐射成为诊断和治疗疾病的有效工具；另外是它的有害作用，使用不当或防护不好，可能会对人体造成危害，导致某些疾病的出现或者加重. 从研究的方法上考虑，则可分为电磁场的热效应和非热效应.

1. 热效应现象

所谓热效应，是指电磁波照射到生物体中，使生物体的温度升高，从而促进细胞的代谢水平，并由此引起生物体的各种生理和病理变化过程. 受照射的生物系统产生的能量吸收和热分布是不均匀的，在高含水量的组织中，如肌肉、脑组织、皮肤和内脏器官等，吸收电磁能的数值多，穿透深度小，而在低含水量的组织中，如脂肪和骨骼中吸收的电磁能量少，二者有时候可以相差到一个数量级. 另外在不同组织(有不同的介电常量和电导率)的交界面上，由于反射特性的不同，例如电磁波从脂肪传向肌肉时，由于反射，会在脂肪中产生很强的驻波电场，在驻波最大的地方产生"热点"；当电磁波从骨肉传向脂肪时，交界面上可能出现最大场强值等. 用一定功率的微波束照射动物时，可能会出现皮肤烧伤现象.

2. 非热效应现象

所谓非热效应，是指电磁场通过热效应以外的方式来改变生物体生理、生化过程的效应;或者说电磁场除了对生物组织的加热作用外,电磁辐射对生物体的其他生理影响,这种影响是用别的手段提供热时不会出现的.这种说法当然是很笼统的,但是到目前为止,还不能给非热效应下一个确切的定义.

例如,呈悬浮状的单细胞生物体,如红细胞、白细胞在微波低频段的连续波或脉冲波的作用下,会形成平行电场线的珠链状.这个效应称"珠链效应",可以认为这是由介电泳力形成的,即外场与其邻近的粒子的偶极场(感应偶极场)的相互作用形成的.由于粒子要移动到保持能量最小的条件,从而使外场的畸变也最小.根据生物体偶极子的电特性和外场的性质,这种珠链状可以和电场线方向垂直,也可以和电场线平行排列,或者两种排列并存.一般情况是,频率低于 2000MHz 的外电场才可能引起珠链效应.这种效应可能改变物质的物理、化学性能,从而对生物体肌体造成不良影响.用新生鸡离体前脑组织做实验,在正弦调制的电磁波作用下,当载波频率是 147MHz,调制频率在 5～20Hz 之间时,大脑组织钙的溢出量急剧增加,这就是典型的"频率窗"效应;同时所加功率处于 0.1～1m · W/cm^{2}之间时,溢出量最高,这就是"功率窗"效应.

8.3.2 热效应和非热效应的基本特点

根据目前的资料,我们可把热效应和非热效应的特点总结如下.

电磁波致热生物效应的主要特点是:在生物体的平衡态附近,生物系统对电磁波的应答(即响应)是属于线性范围,这种范围一直可达到场强值为 10V/m 的区域.生物系统产生的热正比于场强的平方,并且这种热效应和用其他不同的加热方式(如红外线和热水浴)加热生物系统所产生的热效应是相同的.

电磁场的非热效应有如下的一些特点:①生物系统对满足一定条件的电磁波的应答是非线性的.这种应答在生物学上与免疫反应相类似,在化学上与自催化学反应相类似,在物理学上与相变过程相类似.这种应答方式有时可用协同性或相干性来说明.②非热效应的生物应答有频率特异性,即只对一定频率的电磁波有明显的应答,一般将其称为"频率窗"效应.③除了"频率窗"外,还有所谓的"功率窗"或"振幅窗"效应.如前所述的新生鸡离体前脑组织的钙离子的"功率窗"效应.④在应答的时间上和强度上,非热效应发生要快得多,强得多,而且能直接反映出来.常常有这种情况,引起非热效应的入射功率密度可能是十分微弱的,但在引起非热效应时,生物系统的应答常常是很强烈的.

8.3.3 非热效应的一些机理问题讨论

电磁场与生物体的相互作用通常可分为热效应和非热效应,历史上长时期主要是研究热效应,所以非热效应的研究相对来说要少一些,至今非热效应的微观机理还不很清楚,但是总体上说可能有下列几种情况.

(1) 大分子和亚细胞结构(生物膜)中的结合水可以被认为类似于“冰层”,它由于吸收了微波能而被“熔化”. 这种大分子和亚细胞结构中结合水层的改变,势必对生物学功能产生深远的影响.

(2) 由电磁场在肌体细胞中引起的离子流,可能改变细胞膜附近的离子流分布,这也可能影响它们的电气特性和功能.

(3) 在确定神经细胞敏感性变化的可能机制时,可以认为有机体的许多部分是一种半导体,因此它的正反向电阻不同. 这种生物物质具有一定的整流性质和非线性的伏安特性曲线,也将影响细胞膜的电气特性,并影响到生物学功能.

(4) 电磁能与生命系统的相互作用,应当以量子效应为依据. 微波量子被生物体吸收后,发生生物分子的激发,当它们返回到非激发态时,可能产生能量转移,增加分子的动能,发射较低能量的量子,或在分子内部转移和重新排列.

由于非热效应最初是在研究低水平辐射的生物效应时发现的,所以很多机理问题都是根据弱电磁场与生物体相互作用的特点提出的. 其特点是对照射频率和功率强度的依赖性较弱、很低的能量分解率等,这些现象已经不能用以热平衡过程为基础的经典生物物理来解释. 某些生物系统或某些生物过程是非平衡过程,那么对这些效应的解释也只能依据非平衡热力学. 电磁场提出供初始刺激,需要经过生物系统的放大才可能引起特殊的生物反应.

关于弱电磁场与生物系统的相互作用,其原发作用位点似乎是在细胞膜上. 不过上述提出的几个机理假设,仍然需要进一步研究证实. 总之,这是一个既新又重要的研究领域,目前也是电磁场生物效应研究的热点. 但是由于电磁场与生物体的相互作用是一门新兴的边缘学科,需要从事生物学、物理学、电子学、医学及工程学的科技工作者的共同努力,才可能取得进一步的突破性进展.

8.4 红外技术

8.4.1 红外辐射

1800 年英国天文学家威廉 · 赫谢尔在研究太阳光谱的辐射热时,发现产生热效应最大的位置是在可见光谱的红端之外,从而首先发现了太阳光谱中还包含着看不见的辐射能. 当时他称这种辐射为“看不见的光线”,后来人们称为红外线(或红外光). 由于人们最早对红外线的认识是从它所引起的热效应开始的,因此,通常把它称作热辐射.

在电磁波谱中,红外线是介于可见光和微波之间,波长范围是 0.75～1000μm. 在红外技术领域中,为研究方便,特别是考虑到不同波长的红外辐射在地球大气层中传输性的差异,又把整个红外辐射划分为几个波段,即近红外：波长范围为 0.75～3μm.

中红外：波长范围为 3～6μm.

远红外：波长范围为 6～15μm.

极远红外：波长范围为 15～1000μm.

8.4.2 热辐射规律

红外辐射最显著的特性是热效应，遵从热辐射的一般规律.

众所周知，任何物体不管其冷热程度和周围情况如何，都不断地以电磁辐射形式向外发射能量. 温度越高，辐射越强，且辐射的波长分布情况也是随温度而变化. 温度较低时，主要是不可见的红外辐射，在 500℃以上的更高温度时才渐次发射较强的可见光，以至紫外辐射. 这种发射能量的量值和按照波长分布规律都与温度有关的辐射，就叫作热辐射或温度辐射.

对一个物体来说，若它在某波长范围内发射电磁辐射的本领越大，则它吸收该波长范围内电磁辐射的本领也越大；反之亦然. 在热平衡条件下，物体表面单位时间内的辐射的能量，无论在波长和强度等方面，都必定与它所吸收的辐射相等，这样才能保持恒定的温度，且与周围环境温度相同.

通常的物体对于外来的电磁辐射，只吸收其中的一部分，另外部分则被反射. 我们把能够吸收一切外来的电磁辐射的物体模型，叫作黑体. 黑体的吸收本领最大，因而它的辐射本领也最大. 一般物体的辐射本领（或吸收本领）除与温度有关外，还和材料种类、表面状态等因素有关. 而黑体的辐射本领却只与温度有关. 这对于热辐射规律的研究十分有意义.

人们由实验和理论总结出以下两条有关黑体辐射的规律.

(1) 斯特藩-玻尔兹曼定律

黑体的单位表面上在单位时间内发出的热辐射（包括全部波长范围）总能量（即辐出度）E_0和它的热力学温度 T 的四次方成正比，即

$$E_0 = \sigma T^4 \tag{8-9}$$

式中 $\sigma = 5.670 \times 10^{-8} \mathrm{W/m^2 \cdot K^4}$，称为斯特藩常量. 它表明温度越高黑体辐射总能量越大.

(2) 维恩位移律

黑体辐射中能量最强的波长（称为峰值波长 λ_m）与热力学温度 T 成反比，即

$$\lambda_m T = b \tag{8-10}$$

式中常量 $b = 2.898 \times 10^{-3} \mathrm{m \cdot K}$. 它表明随着温度的升高，黑体具有最大辐射能的波长要向短波方向移动.

上述两条辐射定律也是红外技术研究和应用的理论基础.

8.4.3　红外技术应用

1. 红外遥感

红外遥感就是利用红外线感知物体，即用一定的技术设备、系统，在远离被测目标的位置上对被测目标的特性进行测量与记录.我们知道各种不同的物体都在不断地进行热辐射，而且各自都有不同的辐射光谱.若用红外探测器接收这些红外辐射，经一系列处理后，绘制成各种图像供分析使用.如红外扫描辐射计，把它装在卫星或飞机上，在某一瞬间辐射计可以接收地面某一小面积上的红外反射和辐射，这一小面积称为“地面瞬间视场”，其大小与视场角、仪器距地面的距离有关，瞬时视场越小，对目标探察得越细微.若使扫描仪垂直于飞行方向扫描地面，则每扫一次得到地面的一长条地带信息，在飞行中不断地扫描，就可以得到一大片地带的信息.通过信息处理，把记录下来的信息整理成为图像.为了识别图像，必须了解地面不同目标所辐射和反射的红外光谱.通过分析获得有关地面的变化情况，如预测农作物产量、统计森林分布、区分树木的种类以及普查矿产资源，等等.

2. 军用红外技术

红外技术是近代光电子技术的一个重要组成部分.它的发展过程大体上经历了三个阶段:20世纪50年代末以后，红外跟踪与制导系统主要采用单元红外探测器，误差信号用调制盘进行处理;60年代末以后，系统开始采用多元红外探测器及一维扫描体制，实现了边搜边跟踪;进入80年代以后，热成像跟踪与制导技术颇受世界各国军方的高度重视，特别是发射波长为10.6μm的二氧化碳激光器技术的发展，向武器系统中使用无线电波段进行搜索、侦察、导航、精密跟踪与制导方式提出了有力的挑战.

近代红外技术始于1940年前后.当时的德国发展了硫化铅红外探测器，并利用它研制和生产了一些军用装备.但未等这装备发挥作用，德国就无条件投降了.美国接收了这些成果，又在严格保密条件下，发展了十多年.其间，主要的标志是研制生产了“响尾蛇”红外制导空空导弹.直到1959年9月才以学报的专刊形式公布了红外技术的大致内容.红外技术先是在军事应用中发展起来的，至今在军事技术中仍占有重要的地位.这主要是因为红外技术用于军事目标的侦察、搜索、跟踪和通信等方面有其独特的优点.例如，红外辐射不可见，可以避开敌方的目视观察;可以昼夜使用，尤其是适于夜战需要;可用无源被动系统，保密性强，不易受到干扰;利用目标和背景辐射特性差异，可以识别各种军事特别是能揭示伪装的目标等.

3. 其他方面的应用

红外技术在国防和国民经济中起着越来越大的作用，除红外遥感和军事上的应用外，如红外加热、红外测温、红外无损检测、红外光谱分析、红外热成像等技术都已在医疗卫生、环境监测、宇宙空间、科学研究等领域得到了广泛的应用. 对此感兴趣的读者可以察看有关的书籍，由于篇幅所限，这里不作介绍.

8.5　X射线及其应用

X射线(或X光)是1895年伦琴首先发现的，也称伦琴射线. 1912年劳厄等人揭示了X射线是一种波长极短的电磁波，波长范围在10^{-3}～10nm，其中波长大于0.1nm的称为软X射线，波长小于0.1nm的称为硬X射线. 1914年莫塞莱发现原子序数与元素辐射特征线之间的关系，证实了X射线是由原子中内层电子跃迁所发生的辐射，奠定了X射线光谱学的基础.

8.5.1　X射线的产生

X射线人为的产生方法是利用X射线管，图8.5是X射线管的示意图.

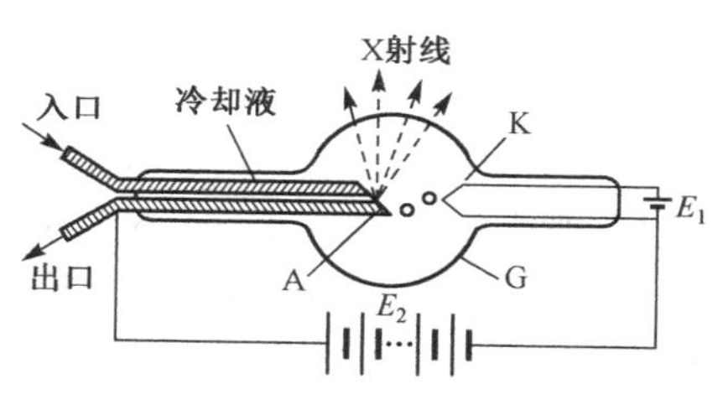

图8.5　X射线管的示意图

管内抽成真空，K是由钨丝制成的阴极，A是由重金属材料制成的阳极. 两极间加上高压，由阴极逸出的热电子，在电场的加速下获得能量，以很高的速度撞击阳极(称为靶)；电子的一部分能量转变为热能，向外辐射，辐射的射线就是波长极短的电磁波——X射线.

8.5.2　X射线的特点

X射线强度随波长的分布曲线，称为X射线谱. X射线谱由两部分组成，即由宽波带组成的连续谱和叠加于连续谱上很强的线状谱组成，如图8.6所示. 线状谱的波长与靶的材料有关，故称为特征谱.

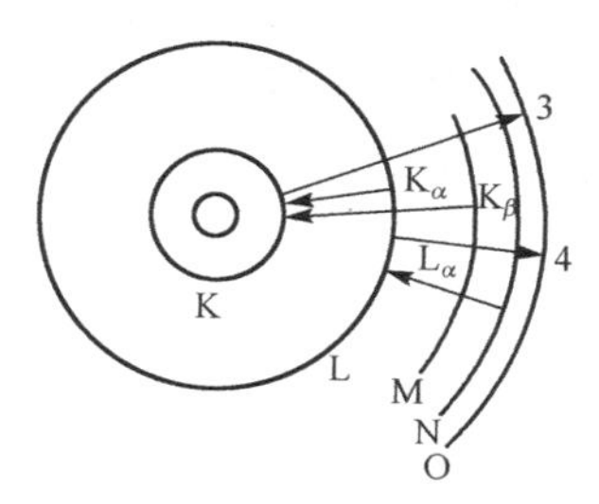

图8.6　X射线谱

1. X射线的连续谱

当高速电子射向阳极表面时，电子的速度骤然下降，其周围的电磁场发生急剧变化，使一部分(或全部)能量成为电磁辐射，这种辐射称为轫致辐射. 由于电子打到靶上时，转变为热能的多少不同，因而相应的辐射X射线光子的能量也不同，形成X射线连续谱.

2. X 射线的特征谱

当加速电子的电压超过.某一临界值时，产生了 X 射线线状光谱. 由实验可知，这一光谱波长是极短的，约为 10^{-10}m 数量级，是一般原子光谱电子能量的 $10^3 \sim 10^4$ 倍，这样大的能量，不可能是由原子外层的电子跃迁产生的，而且不同材料的阳极产生不同的谱线，每种元素对应一套一定波长的谱线，成为这种元素的特征，如图 8. 7 所示.

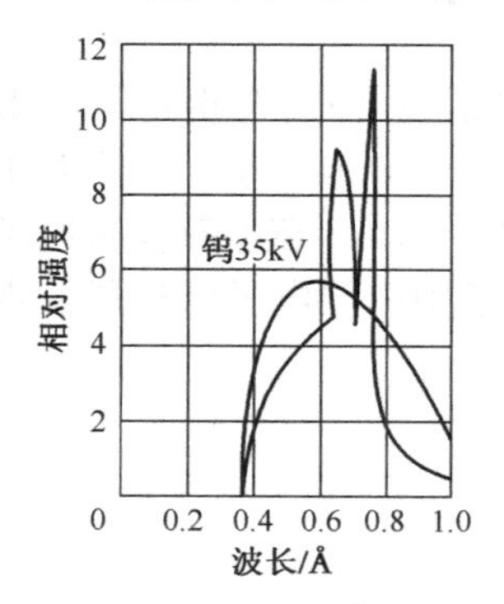

图 8. 7　特征谱的产生

特征谱产生的原因可用原子的电子壳层结构理论来解释.

由于加速电压很高，电子能量很大，撞击阳极靶上时，可以与原子序数很高的原子的内层电子相碰撞，把能量传给内层电子，使内层电子激发到高能级上，在内层上留下了"空穴". 这样外层电子就跃迁到内层而发射光子，产生了 X 射线的特征谱，如图 8. 6 所示. 如果被电离的电子在 K 壳层，则在电离之后，L、M、N 等壳层上的电子都可以跃迁到 K 壳层上而发出 X 射线光子，这就产生一谱线系，称为 K 系谱线，K 系谱线由 K_α、K_β、K_γ 等谱线组成. 若被电离的电子在 L、M、N 等壳层，相应地产生 L、M、N 等谱线系. 特征谱反映了原子结构的情况，因而它成了研究原子结构的重要手段.

8. 5. 3　X 射线的应用

X 射线的应用十分广泛，几乎遍及物理学、化学、分子生物学、医学、药学、金属学、材料科学、高分子科学、工程技术以及地质、矿物、陶瓷、半导体等各个学科领域. X 射线之所以获得这样广泛的应用，主要是由于 X 射线的波长在 0. 001～10nm 之间，恰好和物质的结构单元尺寸具有相同的数量级，因此各个学科领域的科学工作者都把 X 射线作为探针，用作获得物质微观结构和晶体结构有关信息的手段.

1. X 射线的晶体衍射

X 射线是一种电磁波，有干涉和衍射现象. 但由于 X 射线波长太短，用普通光栅观察不到 X 射线的衍射现象. 1912 年德国物理学家劳厄用晶体作为 X 射线的三维空间光栅. 在他的实验中，第一次圆满地获得了 X 射线的衍射图样，从而证实了 X 射线的波动性. 劳厄实验装置简图如图 8. 8 所示.

图 8. 8 中有一铅板，板上有一小孔，X 射线由小孔通过. 然后通过晶体衍射，射到照相底片上. 使底片感光. 在底片上形成衍射斑的定量研究，涉及空间光栅的衍射原理，这里不作介绍.

下面介绍一种原理比较简单，X 射线在晶体表面上反射时的干涉.

X射线照射晶体时，晶体中每一个微粒都是发射子波的衍射中心，向各个方向发射子波，这些子波相干叠加，就形成衍射图样. 晶体由一系列平行平面（晶面）组成，各晶面间距离称为晶面间距，用 d 表示，如图 8.9 所示.

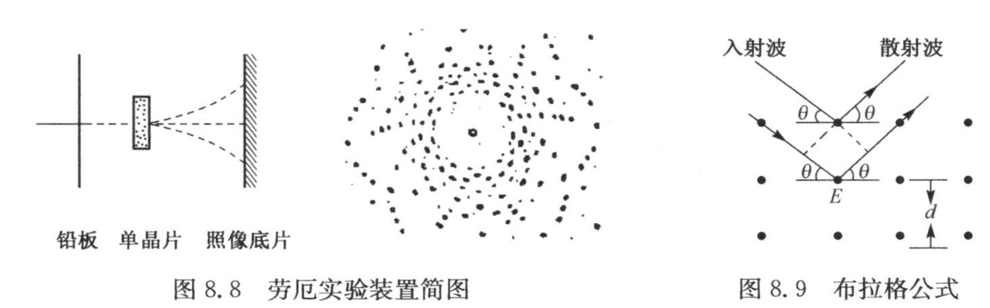

图 8.8　劳厄实验装置简图

图 8.9　布拉格公式

当一束 X 射线以掠射角 θ 入射到晶面上时，在符合反射定律的方向上应该得到最大的射线. 但由于各个晶面上衍射中心发出的子波的干涉，这一强度也随掠射角的改变而改变. 如图 8.9 所示，相邻两个晶面反射的两条光线干涉加强的条件为

$$2d\sin\theta = k\lambda, \qquad k = 1,2,3,\cdots \tag{8-11}$$

此式称为布拉格方程，$k=1,2,3,\cdots$分别为第一、二、三……级反射线束.

应该指出，同一块晶体的空间点阵，从不同方向看去，可以看到粒子形成取向不相同，间距也各不相同的许多晶面族，其掠射角 θ 不同，晶面间距 d 也不同. 凡是满足(8-11)式的，都能在相应的反射方向得到加强.

布拉格方程是 X 射线衍射的基本规律，它的应用是多方面的. 若测出了晶面间距，就可以根据 X 射线实验由掠射角 θ 算出入射 X 射线的波长，进而研究产生 X 射线的原子结构. 反之，若用已知波长的 X 射线投射到某种晶体的晶面上，由出现最大强度的掠射角可以算出相应的晶面间距，用以研究晶体结构，进而研究材料性能. 这些研究在科学和工程技术上都是很重要的.

2. X 射线衍射结构分析

X射线衍射分析法，对确定化合物的原子和分子结构以及生物大分子的空间构型，是迄今为止最有效的方法. 生物大分子包含有大量的分子和原子，通过 X 射线衍射，能够形成上万个衍射极大值，将这些数据输入计算机，从而确定生物大分子的空间结构.

1953 年华生、克罗克正是根据 DNA 的 X 射线衍射图片(图 8.10)，确定了 DNA 的双螺旋结构，从而揭开了遗传信息的秘密，这一成就具有划时代的意义.

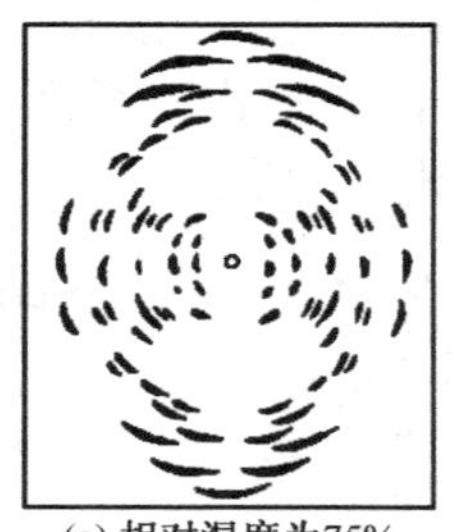

(a) 相对湿度为75%

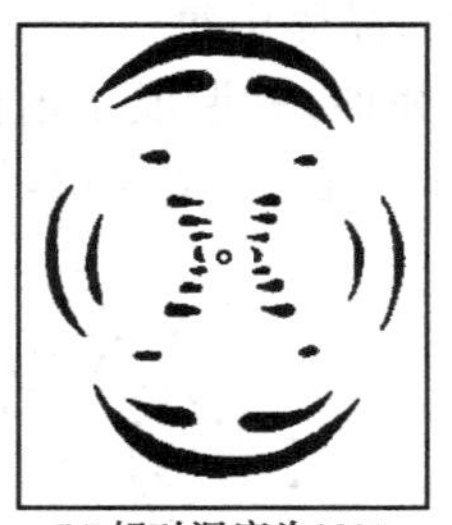

(b) 相对湿度为92%

图 8.10 DNA 的 X 射线衍射图

3. 其他方面

X 射线应用领域很多,除了上述之外,还有 X 射线照相术、X 射线吸收谱分析、X 光电子能谱及 X 射线貌相术等.

本章小结

1. 法拉第电磁感应定律:$\mathscr{E}=-\dfrac{\mathrm{d}\Phi_{\mathrm{m}}}{\mathrm{d}t}$.

2. 麦克斯韦方程组

(1) $\oint_S \boldsymbol{E}\cdot\mathrm{d}\boldsymbol{S}=\dfrac{1}{\varepsilon_0}\sum q$.

(2) $\oint_L \boldsymbol{E}\cdot\mathrm{d}\boldsymbol{l}=-\dfrac{\mathrm{d}\Phi_{\mathrm{m}}}{\mathrm{d}t}$.

(3) $\oint_S \boldsymbol{B}\cdot\mathrm{d}\boldsymbol{S}=0$.

(4) $\oint_L \boldsymbol{B}\cdot\mathrm{d}\boldsymbol{l}=\mu_0\sum I+\dfrac{1}{c^2}\dfrac{\mathrm{d}\Phi_{\mathrm{e}}}{\mathrm{d}t}$.

3. 电磁波谱

……无线电—微波—红外光—可见光—紫外线—X 射线—γ 射线……

4. 电磁波的性质

电磁波是一种横波,传播方向就是矢量积 $\boldsymbol{E}\times\boldsymbol{B}$ 的方向.

真空中电磁波的传播速度为 2.998×10^8 m/s.

电磁波的波长 $\lambda=uT=\dfrac{u}{\nu}$.

5. 微波生物效应

热效应——是指电磁波照射到生物体中,使生物体的温度升高,从而促进细胞的代谢水平,并由此引起生物体的各种生理和病理变化过程.

非热效应——电磁场除了对生物组织的加热作用外,电磁辐射对生物体的其他生理影响,这种影响是用别的手段提供热时不会出现的效应.

6. 红外辐射

黑体辐射规律：$E=\sigma T^4$.

维恩位移律：$T\lambda_m=b$.

7. X射线

特点：连续谱和特征谱.

X射线晶体衍射的布拉格方程：$2d\sin\theta=k\lambda$，　$k=1,2,3,\cdots$.

思考题

1. 麦克斯韦在建立电磁场理论过程中引进了哪两个假定？这些假定又是怎样被证明是正确的？

2. 麦克斯韦所建立的电磁场理论包括了前人哪些研究成果？

3. 简述麦克斯韦方程组中各方程的物理意义.

4. 涡旋电场与静电场的性质有何不同？由运动电荷产生的磁场与变化的电场产生的磁场性质是否相同？

5. 电磁波的基本性质是什么？

6. 微波、红外线、X射线的生物效应各有什么特点？还有哪些可能的应用？

习题 8

1. 将形状完全相同的铜环和木环静止放置，并使通过两环面的磁通量随时间的变化率相等，则　　[　　]

(A)铜环中有感应电动势，木环中无感应电动势.

(B)铜环中感应电动势大，木环中感应电动势小.

(C)铜环中感应电动势小，木环中感应电动势大.

(D)两环中感应电动势相等.

2. 在加热黑体过程中，其最大单色辐出度(单色辐射本领)对应的波长由0.8μm变为0.4μm，则其辐射出射度(总辐射本领)增大为原来的　　[　　]

(A)2倍.　　(B)4倍.　　(C)8倍.　　(D)16倍.

3. 广播电台的发射频率为640kHz，已知电磁波在真空中传播的速率为$c=3\times10^8$m/s，则这种电磁波的波长为________.

4. 请按频率递增的顺序，写出比可见光频率更高的电磁波谱的名称________、________、________.

5. 若太阳(看成黑体)的半径由R增为$2R$，温度由T增为$2T$，则其总辐射功率为原来的________倍.

6. 如题图8.1所示，有一根长直导线，载有直流电流I，近旁有一个两条对边与它平行并与它共面的矩形线圈，以匀速度v沿垂直于导线的方向离开导线. 设$t=0$时，线圈位于图示位置，求

(1)在任意时刻t通过矩形线圈的磁通量；

(2)在图示位置时矩形线圈中的电动势.

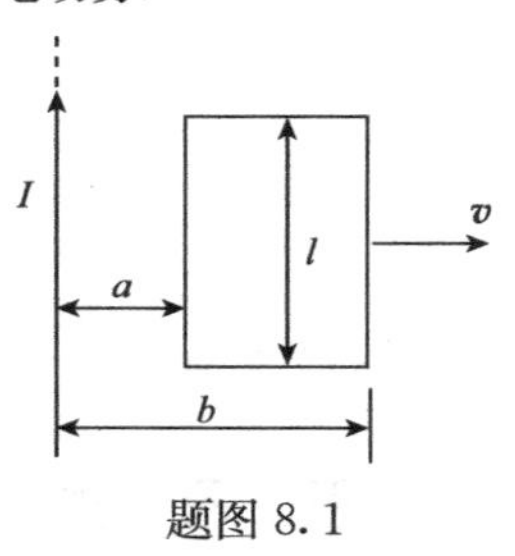

题图 8.1

物理科技

遥感技术

遥感技术是 20 世纪 60 年代兴起并迅速发展起来的一门综合性探测技术. 它是在航空摄影测量的基础上,随着空间技术、电子计算机技术等当代科技的迅速发展,以及由于地学、生物学等学科发展的需要,发展形成的一门新兴技术学科.

一、遥感技术的基本概念

广义来说,遥感(remote sensing)是指用间接的手段来获取目标状态信息的方法. 但一般多指从人造卫星或飞机对地面观测,通过电磁波(包括光波)的传播与接收,感知目标的某些特性并加以进行分析的技术. 从以飞机为主要运载工具的航空遥感,发展到以人造地球卫星、宇宙飞船和航天飞机为运载工具的航天遥感,大大地扩展了人们的观察视野及观测领域,形成了对地球资源和环境进行探测和监测的立体观测体系,推动了遥感技术的发展.

遥感技术包括传感器技术,信息传输技术,信息处理、提取和应用技术,目标信息特征的分析与测量技术等. 完成上述功能的全套系统称为遥感系统,其核心组成部分是获取信息的遥感器. 遥感器的种类很多,主要有照相机、电视摄像机、多光谱扫描仪、成像光谱仪、微波辐射计、合成孔径雷达等. 传输设备用于将遥感信息从远距离平台(如卫星)传回地面站. 信息处理设备包括彩色合成仪、图像判读仪和数字图像处理机等.

二、遥感技术的基本原理

遥感技术的物理基础主要是电磁波理论. 任何物体都具有光谱特性,具体地说,它们都具有不同的吸收、反射、辐射光谱的性能. 在同一光谱区各种物体反映的情况不同,同一物体对不同光谱的反映也有明显差别. 即使是同一物体,在不同的时间和地点，由于太阳光照射角度不同，它们反射和吸收的光谱也各不相同. 遥感技术就是根据这些原理，对物体作出判断.

遥感技术通常是使用绿光、红光和红外光三种光谱波段进行探测. 绿光段一般用来探测地下水、岩石和土壤的特性；红光段探测植物生长、变化及水污染等；红外段探测土地、矿产及资源. 此外，还有微波段，用来探测气象云层及海底鱼群的游弋.

三、遥感的分类

1. 按遥感平台的高度分类

按遥感平台的高度分类大体上可分为航天遥感、航空遥感和地面遥感.

航天遥感又称太空遥感(space remote sensing)泛指利用各种太空飞行器为平台的遥感技术系统，以地球人造卫星为主体，包括载人飞船、航天飞机和太空站，有时也把各种行星探测器包括在内. 卫星遥感(satellite remote sensing)为航天遥感的组成部分，以人造地球卫星作为遥感平台，主要利用卫星对地球和低层大气进行光学和电子观测.

航空遥感泛指从飞机、飞艇、气球等空中平台对地观测的遥感技术系统.

地面遥感主要指以高塔、车、船为平台的遥感技术系统，地物波谱仪或传感器安装在这些地面平台上，可进行各种地物波谱测量.

2. 按所利用的电磁波的光谱段分类

按所利用的电磁波的光谱段分类可分为可见光/反射红外遥感、热红外遥感、微波遥感三种类型.

可见光/反射红外遥感，主要指利用可见光(0.4～0.7μm)和近红外(0.7～2.5μm)波段的遥感技术统称，前者是人眼可见的波段，后者即是反射红外波段，人眼虽不能直接看见，但其信息能被特殊遥感器所接受.

热红外遥感，指通过红外敏感元件，探测物体的热辐射能量，显示目标的辐射温度或热场图像的遥感技术的统称. 遥感中指8～14μm 波段范围.

微波遥感，指利用波长1～1000mm 电磁波遥感的统称. 通过接收地面物体发射的微波辐射能量，或接收遥感仪器本身发出的电磁波束的回波信号，对物体进行探测、识别和分析.

3. 按研究对象分类

按研究对象分类可分为资源遥感与环境遥感两大类.

资源遥感：以地球资源作为调查研究的对象的遥感方法和实践，调查自然资源状况和监测再生资源的动态变化，是遥感技术应用的主要领域之一.

环境遥感:利用各种遥感技术,对自然与社会环境的动态变化进行监测或作出评价与预报的统称.

4. 按应用空间尺度分类

按应用空间尺度分类可分为全球遥感、区域遥感和城市遥感.

全球遥感:全面系统地研究全球性资源与环境问题的遥感的统称.

区域遥感:以区域资源开发和环境保护为目的的遥感信息工程,它通常按行政区划(国家、省区等)和自然区划(如流域)或经济区进行.

城市遥感:以城市环境、生态作为主要调查研究对象的遥感工程.

四、遥感技术的特点

遥感作为一门对地观测综合性技术,它的出现和发展既是人们认识和探索自然界的客观需要,更有其他技术手段与之无法比拟的特点.遥感技术的特点归结起来主要有以下三个方面.

1. 获取的数据具有综合性

遥感探测所获取的是同一时段、覆盖大范围地区的遥感数据,这些数据综合地展现了地球上许多自然与人文现象,宏观地反映了地球上各种事物的形态与分布,真实地体现了地质、地貌、土壤、植被、水文、人工构筑物等地物的特征,全面地揭示了地理事物之间的关联性.并且这些数据在时间上具有相同的现实性.

2. 能动态反映地面事物的变化

遥感探测能周期性、重复地对同一地区进行对地观测,这有助于人们通过所获取的遥感数据,发现并动态地跟踪地球上许多事物的变化.同时,研究自然界的变化规律.尤其是在监视天气状况、自然灾害、环境污染甚至军事目标等方面,遥感的运用就显得格外重要.

3. 探测范围广、采集数据快

遥感探测能在较短的时间内,从空中乃至宇宙空间对大范围地区进行对地观测,并从中获取有价值的遥感数据.航摄飞机高度可达10km左右;陆地卫星轨道高度达到910km左右.一张陆地卫星图像覆盖的地面范围达到3万多平方千米,约相当于我国海南岛的面积.我国只要六百多张左右的陆地卫星图像就可以全部覆盖.这些数据拓展了人们的视觉空间,为宏观地掌握地面事物的现状情况创造了极为有利的条件,同时也为宏观地研究自然现象和规律提供了宝贵的第一手资料.

4. 受地面条件限制少、手段多、获取的信息量大

遥感技术不受高山、冰川、沙漠和恶劣条件的影响.可用不同的波段和不同的遥感仪器,取得所需的信息;不仅能利用可见光波段探测物体,而且能利用人眼看不见的紫外线、红外线和微波波段进行探测;不仅能探测地表的性质,而且可以探测到目标物的一定深度;微波波段还具有全天候工作的能力;遥感技术获取的信息量非常大,以四波段陆地卫星多光谱扫描图像为例,像元点的分辨率为 79×57m,每一波段含有 7.6×10^6 个像元,一幅标准图像包括四个波段,共有 3200 万个像元点.

五、遥感技术的应用

遥感技术广泛用于军事侦察、导弹预警、军事测绘、海洋监视、气象观测和毒剂侦检等.在民用方面,遥感技术广泛用于地球资源普查、植被分类、土地利用规划、农作物病虫害和作物产量调查、环境污染监测、海洋研制、地震监测等方面.现就遥感技术在环境领域的应用作以简要介绍.

1. 在大气环境监测中的应用

遥感技术在大气环境监测中的应用主要包括对大气气溶胶的监测,其弥补了一般地面监测难以反映气溶胶空间具体分布和变化趋势的缺陷.对沙尘暴的监测、对臭氧层的监测、对有害气体的监测以及对城市热导效应的监测等.

2. 在水污染中的应用

当水体出现富营养化时,由于浮游植物中的叶绿素对近红外光具有明显的“陡坡效应”,因而水体兼有水体和植物的光谱特征,在图像上呈现红褐色或紫红色.

水体中泥沙含量的增加,会使水的反射率提高.随着水中悬浮泥沙浓度的增加以及悬浮泥沙的泥粒径增加,水体反射量也逐渐增加,反射峰也随之向长波方向移动,即红移.

废水由于水色与悬浮物性状千差万别,特征曲线上的反射峰的位置和强度也不一样.废水污染一般用多光谱合成图像监测,有的根据温度差异也可以用热红外方法测定.

3. 在海洋监测中的应用

通过对遥感信息的仿真、分析和模拟,可以获得影响海洋变化的生物过程.如海水运动、海流循环模式、海表面等温线分布、叶绿素浓度等相关参数.在现代海洋渔业中,遥感已经成为渔情分析和预报的重要手段之一.在海洋污染监测方面,卫星遥感可实现对海洋大范围、全天候的污染监测,有很高的实用价值.

4. 在地表监测中的应用

应用遥感技术不但能够圈定地面污染的分布范围，而且能够对地面污染进行规划性的预防. 例如利用航空红外扫描仪和地面红外测温仪，按地表温度的细微差异圈定隐火区，区分出燃烧区和燃尽区，分析其蔓延方向和规律，为大规模整治煤炭隐火提供了新的方法和经验.

遥感技术能快速准确地获取城市绿地的分布和绿化覆盖信息，了解城市绿地景观的组成、种类和布局.

当前，遥感技术朝着多传感器、多分辨率、多光谱、多时相的信息获取和快速智能化处理方向继续发展，其应用将进一步趋向实用化. 遥感图像的空间分辨率、光谱分辨率和时间分辨率，以及对遥感图像自动判读的精确性、可靠性和定量量测的精度都会有极大的提高.

电磁学部分综合习题

1. 两个同心均匀带电球面，半径分别为 R_a 和 R_b（$R_a<R_b$），所带电量分别为 Q_a 和 Q_b，设某点与球心相距 r，当 $R_a<r<R_b$ 时，该点的电场强度的大小为 [ ]

(A) $\frac{1}{4\pi\varepsilon_0}\cdot\frac{Q_a+Q_b}{r^2}$.　　(B) $\frac{1}{4\pi\varepsilon_0}\cdot\frac{Q_a-Q_b}{r^2}$.

(C) $\frac{1}{4\pi\varepsilon_0}\cdot\left(\frac{Q_a}{r^2}+\frac{Q_b}{r_b^2}\right)$.　　(D) $\frac{1}{4\pi\varepsilon_0}\cdot\frac{Q_a}{r^2}$.

2. 如综图 1 所示，两个“无限长”的、半径分别为 R_1 和 R_2 的共轴圆柱面均匀带电，轴线方向单位长度上的带电量分别为 λ_1 和 λ_2，则在内圆柱面里面、距离轴线为 r 处的 P 点的电场强度大小为 [ ]

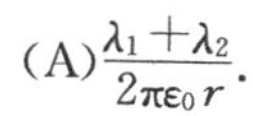

(A) $\frac{\lambda_1+\lambda_2}{2\pi\varepsilon_0 r}$.　　(B) $\frac{\lambda_1}{2\pi\varepsilon_0 R_1}+\frac{\lambda_2}{2\pi\varepsilon_0 R_2}$.

(C) $\frac{\lambda_1}{2\pi\varepsilon_0 R_1}$.　　(D) 0.

综图 1

3. 关于静电场中某点电势值的正负，下列说法中正确的是 [ ]

(A) 电势值的正负取决于置于该点的试验电荷的正负.

(B) 电势值的正负取决于电场力对试验电荷做功的正负.

(C) 电势值的正负取决于电势零点的选取.

(D) 电势值的正负取决于产生电场的电荷的正负.

4. 某电场的电场线分布情况如综图 2 所示，一负电荷从 M 点移到 N 点. 有人根据这个图得出下列几点结论，正确的是 [ ]

(A) 电场强度 $E_M<E_N$.

(B) 电势 $U_M<U_N$.

(C) 电势能 $w_M<w_N$.

(D) 电场力的功 $W>0$.

5. 如综图 3 所示，一封闭的导体壳 A 内有两个导体 B 和 C. A、C 不带电，B 带正电，则 A、B、C 三导体的电势 U_A、U_B、U_C 的大小关系是 [ ]

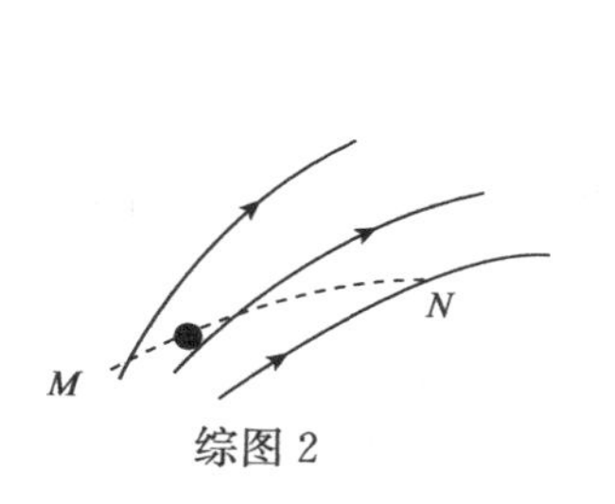

综图 2

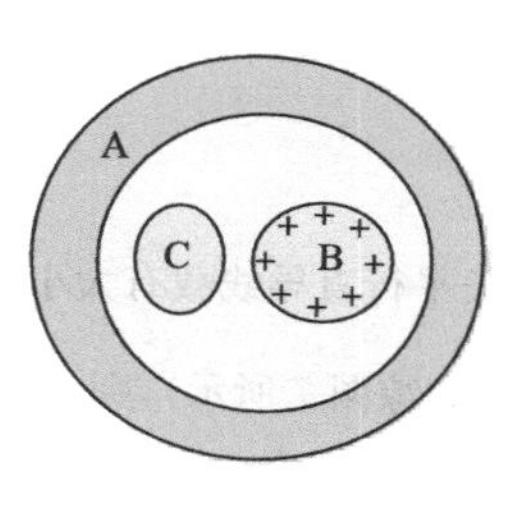

综图 3

(A)$U_B=U_A=U_C$.　　(B)$U_B>U_A=U_C$.

(C)$U_B>U_C>U_A$.　　(D)$U_B>U_A>U_C$.

6. 一个未带电的空腔导体球壳内半径为R. 在腔内离球心的距离为d处($d<R$)固定一电量为q的点电荷,用导线把球壳接地后,再把地线撤去,选无穷远处为电势零点,则球心O处的电势为　　[　　]

(A)0.　　(B)$\frac{q}{4\pi\varepsilon_0 d}$.　　(C)$\frac{q}{4\pi\varepsilon_0 R}$.　　(D)$\frac{q}{4\pi\varepsilon_0}\left(\frac{1}{d}-\frac{1}{R}\right)$.

7. 如综图 4 所示,在磁感应强度为$\boldsymbol{B}$的均匀磁场中作一半径为r的半球面S,S边线所在平面的法线方向单位矢量$\boldsymbol{n}$与磁感应强度为$\boldsymbol{B}$的夹角α,则通过半球面S的磁通量为　　[　　]

(A)$\pi r^2 B$.

(B)$2\pi r^2 B$.

(C)$-\pi r^2 B\sin\alpha$.

(D)$-\pi r^2 B\cos\alpha$.

8. 如综图 5 所示,载流的圆形线圈(半径a_1)与正方形线圈(边长a_2)均通有相同电流I. 若两个线圈的中心O_1、O_2处的磁感应强度大小相同,则半径a_1与边长a_2之比$\frac{a_1}{a_2}$为　　[　　]

S
α
B
n

综图 4

I
O_1
a_1
O_2
I
a_2

综图 5

(A)$1:1$.　　(B)$\sqrt{2}\pi:1$.　　(C)$\sqrt{2}\pi:4$.　　(D)$\sqrt{2}\pi:8$.

9. 如综图 6 所示,两根直导线ab和cd沿半径方向被接到一个截面处处相等的铁环上,恒定电流I从a端流入而从d端流出,则磁感应强度$\boldsymbol{B}$沿图中闭合路径L的积分$\oint_L \boldsymbol{B}\cdot \mathrm{d}\boldsymbol{l}$等于

[　　]

(A)$\mu_0 I$.　　(B)$\frac{1}{3}\mu_0 I$.

(C)$\frac{1}{4}\mu_0 I$.　　(D)$\frac{2}{3}\mu_0 I$.

10. 两根无限长平行直导线载有大小相等方向相反的电流I,I以$\frac{\mathrm{d}I}{\mathrm{d}t}$的变化率增长,一矩形线圈位于导线平面内(如综图 7 所示),则　　[　　]

(A)线圈中无感应电流.　　(B)线圈中感应电流为顺时针方向.

(C)线圈中感应电流为逆时针方向.　　(D)线圈中感应电流方向不确定.

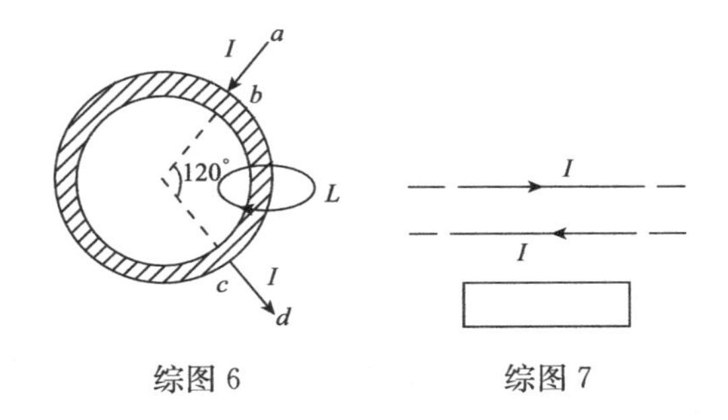

综图 6　　综图 7

11. 两块“无限大”的带电平行电板，其电荷面密度分别为 $\sigma(\sigma>0)$ 及 -2σ，如综图 8 所示，试写出各区域的电场强度 $\boldsymbol{E}$ 的大小和方向 .

1 区 $\boldsymbol{E}$ 的大小__________，$\boldsymbol{E}$ 方向__________（方向用“向左”“向右”表示）.

2 区 $\boldsymbol{E}$ 的大小__________，$\boldsymbol{E}$ 方向__________（方向用“向左”“向右”表示）.

3 区 $\boldsymbol{E}$ 的大小__________，$\boldsymbol{E}$ 方向__________（方向用“向左”“向右”表示）.

12. 如综图 9 所示，真空中一半径为 R 的均匀带电球面，总电量为 $Q(Q>0)$. 今在球面上挖去非常小块的面积 ΔS(连同电荷)，假设不影响原来的电荷分布，则挖去 ΔS 后球心处电场强度的大小 $E=$__________.

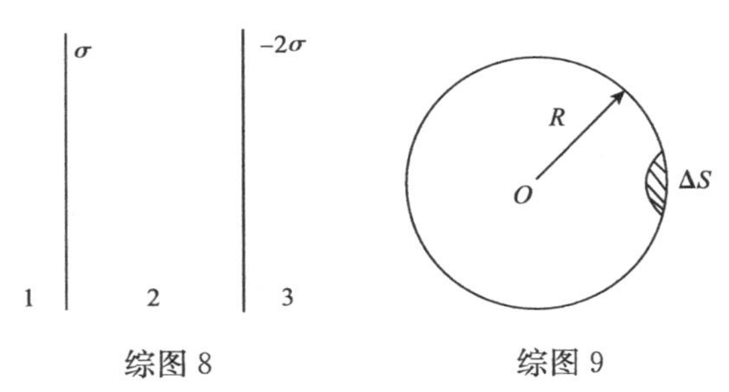

综图 8　　综图 9

13. 一质量为 m、电量为 q 的小球，在电场力作用下，从电势为 U 的 a 点，移动到电势为零的 b 点. 若已知小球在 b 点的速率为 v_b，则小球在 a 点的速率 v_a ____________.

14. 如综图 10 所示为一边长均为 a 的等边三角形，其三个顶点分别放置着电量为 q、$2q$、$3q$ 的三个正点电荷. 若将一电量为 Q 的正点电荷从无穷远处移至三角形的中心 O 处，则外力需做功 $W=$____________.

15. 在一根通有电流 I 的长直导线旁，与之共面地放着一个长、宽分别为 a 和 b 的矩形线框，线框的长边与载流长直导线平行，且二者相距为 b，如综图 11 所示. 在此情况下，线框内的磁通量 $\Phi=$____________.

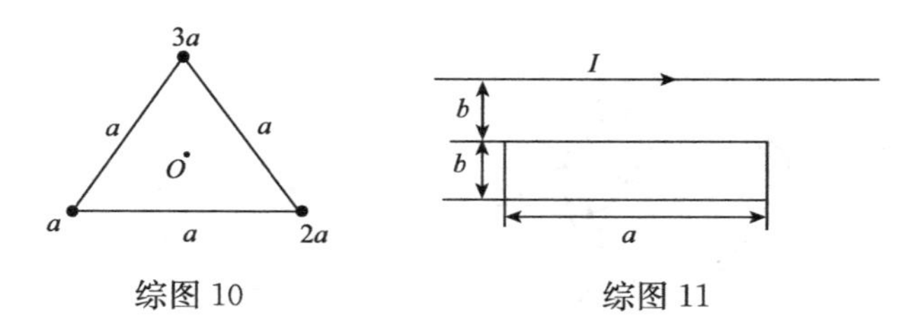

综图 10　　综图 11

16. 一质点带有电荷 $q=8.0\times10^{-19}$C，以速度 $v=3.0\times10^{5}$ m/s 在半径为 $R=6.0\times10^{-8}$ m 的圆周上做匀速圆周运动. 则该带电质点在轨道中心所产生的磁感应强度大小 $B=$________，该带电质点轨道运动的磁矩大小 $P_{\mathrm{m}}=$________.

17. 两根长直导线通有电流 I，综图 12 所示有三种环路，在每种情况下，$\oint_L \boldsymbol{B}\cdot \mathrm{d}\boldsymbol{l}$ 等于：

________(对于环路 a)；

________(对于环路 b)；

________(对于环路 c).

18. 如综图 13 所示，在真空中有一半径为 a 的 3/4 圆弧形的导线，其中通以恒定电流 I，导线置于均匀外磁场 $\boldsymbol{B}$ 中，且 $\boldsymbol{B}$ 与导线所在平面垂直，则该载流导线 $\widehat{bc}$ 所受的磁力大小为 $F=$________.

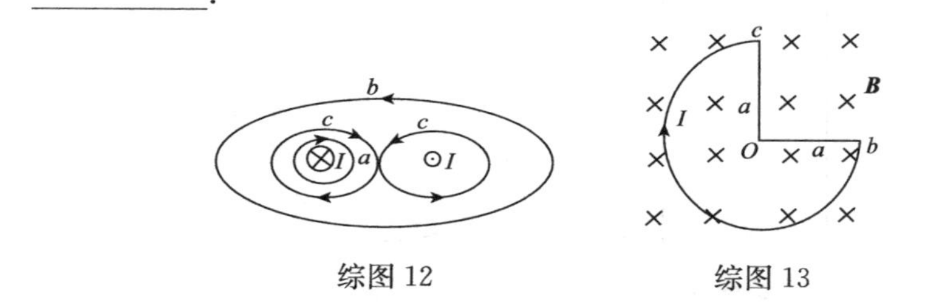

综图 12　　综图 13

19. 反映电磁场基本性质和规律的麦克斯韦方程组积分形式为

$$\oint_S \boldsymbol{D}\cdot \mathrm{d}\boldsymbol{S}=\sum_{i=1}^{n} q_i \cdots\cdots ① \qquad \oint_L \boldsymbol{E}\cdot \mathrm{d}\boldsymbol{l}=-\frac{\mathrm{d}\Phi_{\mathrm{m}}}{\mathrm{d}t}\cdots\cdots ②$$

$$\oint_S \boldsymbol{B}\cdot \mathrm{d}\boldsymbol{S}=0\cdots\cdots ③ \qquad \oint_L \boldsymbol{H}\cdot \mathrm{d}\boldsymbol{l}=\sum_{i=1}^{n} I_i+\frac{\mathrm{d}\Phi_{\mathrm{e}}}{\mathrm{d}t}\cdots\cdots ④$$

试判断下列结论是包含或等效于哪一个麦克斯韦方程式的，将你确定的方程式用代号填在相对应结论的空白处.

(1)变化的磁场一定伴随有电流：________；

(2)磁感应线是无头无尾的：________；

(3)电荷总伴随有电场：________.

(填入上面公式后面的数字 1、2、3 或 4)

20. 如综图 14 所示，一半径 $r_1=5$cm 的金属球 A，带电量为 $q_1=2.0\times10^{-8}$C；另一内半径为 $r_2=10$cm、外半径为 $r_3=15$cm 的金属球壳 B，带电量为 $q_2=4.0\times10^{-8}$C，两球同心放置. 若以无穷远处为电势零点，试求 A 球电势 U_{A} 和 B 球电势 U_{B}（其中 $\frac{1}{4\pi\varepsilon_0}=9\times10^{9}\ \mathrm{N\cdot m^2\cdot C^{-2}}$）.

21. 如综图 15 所示，一内半径为 a、外半径为 b 的金属球壳，带有电量 Q. 在球壳空腔内距离球心 r 处有一点电荷 q，设无限远处为电势零点，试求：

(1)球壳内外表面上的电荷；

(2)球心 O 点处，由球壳内表面上电荷产生的电势；

(3)球心 O 点处的总电势.

22. 一线圈由半径为 0.2m 的 1/4 圆弧和相互垂直的二直线组成，通以电流 2A，把它放在磁感应强度为 0.5T 的均匀磁场中(磁感应强度 $\boldsymbol{B}$ 的方向如综图 16 所示). 求：

(1)线圈平面与磁场垂直时，圆弧 $\widehat{AB}$ 所受的磁力；

(2)线圈平面与磁场成 60°角时，线圈所受的磁力矩.

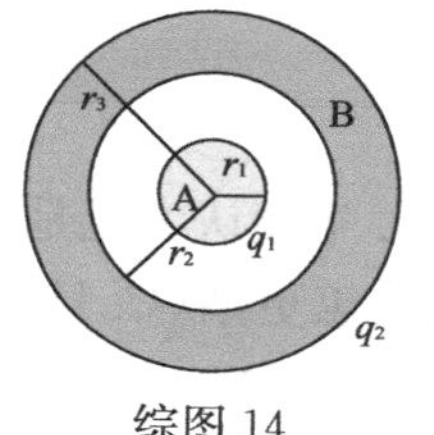

综图 14

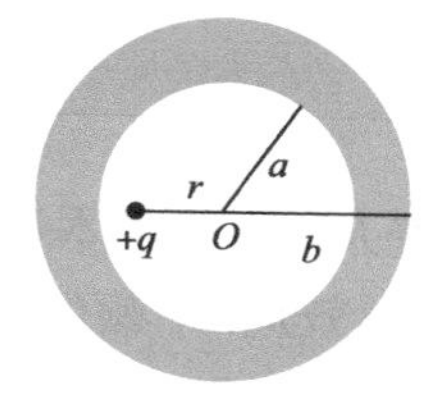

综图 15

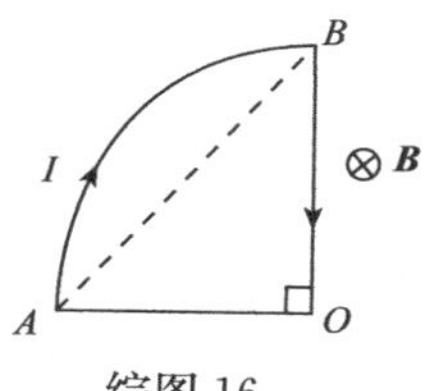

综图 16

第 9 章

波动光学

光是什么？光学发展史贯穿着人们对光的本性的探索.牛顿认为光是一股粒子流，并用光的微粒说解释了许多光学效应.牛顿的同时代人惠更斯(C. Huygens)则相信光由波组成，并开创了光的波动论. 1864 年麦克斯韦(J. C. Maxwell)提供了光是电磁场中的横波的有力的理论依据.随着科学的发展，人们逐渐认识到光具有波动性和粒子性的双重性质，并且这两种性质不是互相排斥，而是互相补充的，是光在不同场合表现出来的两种属性，我们不能用其中任一属性来概括光的全部性质.

光学大致可分为几何光学、波动光学、量子光学和现代光学四大部分.以光的直线传播性质为基础，研究光在透明介质中的反射和折射规律的称为几何光学.以光的波动性质为基础，研究光的传播及其规律的称为波动光学.以光的量子性为基础，深入到微观领域研究光与物质相互作用的称为量子光学.通常人们把波动光学和量子光学统称为物理光学. 1960 年，梅曼(T. Maiman)研制成功了第一台红宝石激光器.此后，激光科学和技术得到了迅速发展，进而形成了研究非线性光学、激光光谱学、信息光学、全息术、光纤通信、集成光学和统计光学等方面问题的现代光学.

本章着重讨论光的波动理论，即以光的波动性质为基础，讨论光在传播过程中，显现的干涉、衍射和偏振等现象和规律.至于光的量子性，我们将在下一章讨论.

本章基本要求：

1. 理解相干光的获得及半波损失概念，理解光程和光程差.
2. 理解杨氏双缝干涉，掌握薄膜干涉原理及增透膜的应用.
3. 理解单缝、圆孔衍射及衍射光栅，掌握光学仪器分辨率.
4. 了解自然光与偏振光的概念，理解偏振光的获得方法和马吕斯定律.
5. 了解椭圆偏振光、圆偏振光、圆二色性和旋光现象.
6. 了解视觉灵敏度，理解三原色原理.
7. 了解各种光源及其生物效应；了解常用光学仪器原理.

9.1　光源及光的颜色生物效应

在电磁波谱的讨论中，我们知道光是电磁波的特例，可见光是波长(真空中)为 4000～7600Å 之间的电磁波. 电磁波是横波，由两个互相垂直的振动矢量即电场强度 $\boldsymbol{E}$ 和磁场强度 $\boldsymbol{H}$ 来表征，而 $\boldsymbol{E}$ 和 $\boldsymbol{H}$ 都与电磁波的传播方向相垂直. 在光波中，产生感光作用与生理作用的是电场强度 $\boldsymbol{E}$，因此将 $\boldsymbol{E}$ 称为光矢量，$\boldsymbol{E}$ 的振动称为光振动. 在以后的讨论中，以 $\boldsymbol{E}$ 振动为主.

光源及光的颜色生物效应

9.1.1　光源

任何发光的物体都可以叫作光源. 太阳、蜡烛的火焰、白炽灯、水银灯等，都是我们日常生活中熟悉的光源. 光源不仅可用来照明，为了各种科学研究的需要，人们还常使用形式多样的特殊光源，如各种电弧和气体辉光放电管等. 激光器则是一种与前面提到的所有光源性质不同的崭新光源.

光既然是一种电磁辐射，就要有某种能量的补给来维持其发射. 按能量补给的方式不同，光源大致可分为两大类. 一类是利用热能激发的光源，如太阳、白炽灯等，称为热光源；另一类是利用化学能、电能或光能激发的光源，称为冷光源. 各种气体放电管(如日光灯、水银灯等)管内的发光过程是靠电场来补给能量的，这过程叫作电致发光. 某些物质在放射线、X 射线、紫外线、可见光或电子束的照射或轰击下，可以发出可见光来，这种过程叫作荧光. 日光灯管壁上的荧光物质、示波管或电视显像管中的荧光屏的发光属于此类. 有的物质在上述各种射线的辐照之后，可以在一段时间内持续发光，这种过程叫作磷光，夜光表上磷光物质的发光属于此类. 由于化学反应而发光的过程，叫化学发光，如腐物中的磷在空气中缓慢氧化发出的光. 生物体(如萤火虫)的发光叫作生物发光. 它是特殊类型的化学发光过程. 由于能量形式可相互转化，上述光的各种发射过程是不能截然分开的，同一光源中光的发射过程也往往不是单一的.

9.1.2　单色光与复色光

在前面的讨论中，我们知道在各种波长的电磁波中，能为人类的眼睛所感受的，只有 4000～7600Å 的狭小范围. 在这个范围内不同波长的光引起不同的颜色感觉. 大致说来，波长与颜色的对应关系为

7600　6300　6000　5700　5000　4500　4300　4000Å

红	橙	黄	绿	青	蓝	紫

由于颜色是随波长连续变化的，上述各种颜色的分界线带有人为约定的性质.

具有单一频率的光称为单色光. 光源中一个分子在某一瞬时所发出的光具有一定的频率，但总是有一定宽度的，并不是严格单色性的. 若光源中有大量分子或原子所发出的光具有各种不同的频率，这种由各种频率复合的光称为复色光(如太阳光、白炽灯光等).

当复色光通过三棱镜时,由于不同频率的光在玻璃中的传播速度各不相同,折射率也不同,因此复色光中各种不同频率的光将按不同的折射角分开,形成光谱,这种现象称为色散. 在光学实验中常需具有一定频率的单色光. 我们可以用狭缝把某一频率的单色光从复色光的光谱中分析出来,如图 9.1 所示.

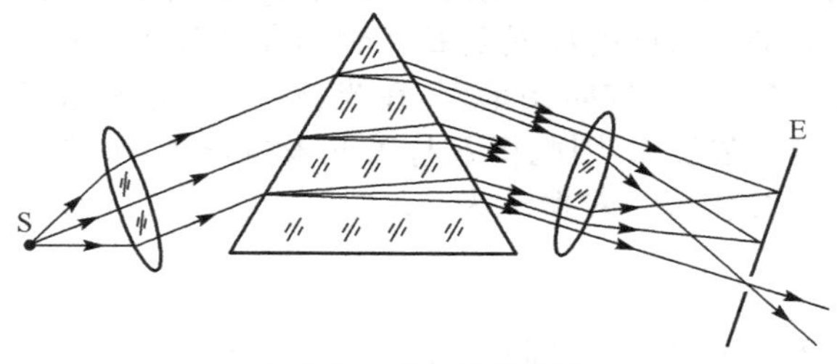

图 9.1　单色光的获得

此外,也可利用某些具有选择吸收性能的物质制成滤光片,复色光透过滤光片后,透射光就是所需要的单色光. 在实验室中通常采用钠光灯作为单色光源. 实际上的钠光光谱中包含黄色光的两条谱线,波长分别为 5890Å 和 5896Å,但这两条谱线靠得很近,其频率可视为近似相同,因此钠光可当作单色光. 此外,激光的单色性正好是它的几个基本特性之一.

9.1.3　光环境的生态影响

由于光合作用在植物代谢中的重要作用,因此光是植物最重要的环境因素. 长波辐射对调节植物温度具有十分重要的生态意义. 太阳辐射具有提供代谢能量及控制植物温度的双重影响,因此植物对日光的反应可以既不是光合作用的,又不是光形态建成的. 例如,北极的花呈浅碟形,朝向太阳,犹如无线电望远镜,将热量集中于花蕊繁殖器官,吸引昆虫到热区,它与大气的温差可达 7℃以上. 生理上,光通过光合作用直接影响代谢,间接地影响生长和发育.

后两者是代谢反应的直接结果,更精巧地受光形态建成控制. 光对发育的控制遍及整个植物生长过程,甚至对下一代有遥控影响.

光反应由三种重要接受系统传递:叶绿素吸收 6600Å 附近的光进行光合作用;植物色素以两种可交换形式吸收 6600Å 和 7300Å 的光波作光形态建成反应;还有类胡萝卜素吸收 4500Å 附近光波供趋向性及高能光形态建成反应.

9.1.4　人工光源及其生物效应

不同颜色的光可以引起各种各样的生物效应,见表 9.1.

用来栽培植物的人工光源,必须具有为一般植物特别是对所栽培植物所需的光谱成分和一定的功率,而且还应当经济耐用和使用方便,现简单介绍几种常用的电光源.

1. 白炽灯

它是靠加热到很高温度(2850K)的钨丝来发射连续光谱的. 图 9.2 是几种白炽灯的光谱能量分布曲线. 由图可见,白炽灯辐射的能量主要是红外线区,红外辐射的能量可达总能量的 80%～90%，生理辐射只占总辐射的 10%～20%，主要是橙红光，而蓝紫光很少，几乎不含紫外线.

表 9.1 光对植物的颜色效应

颜色	生物效应
波长小于 3000Å 的紫外线	灭生性辐射，引起强烈抑制甚至植物死亡
3000～4000Å 的紫外线	抑制植物过分延长，有"造型"作用
4000～5000Å 的蓝紫光	引起植物开花延迟
5000～6000Å 的绿光	无明显的作用
6000～7600Å 的红橙光	引起植物发育显著加速，使它们较早开花和结实
7600～8000Å 的近红外光	往往与红光作用相反
8000～10500Å 的远红外线	非生理效应

2. 气体放电灯

这是一类种类特别繁多的电光源. 这种灯的光谱是线状的，谱线的相对强度决定于放电气体的压强和玻璃的不同吸收程度.

(1) 水银灯

水银灯是由水银蒸气放电而产生辐射的光源，分为低压、高压和超高压三种. 低压水银灯的水银蒸气压为 0.004 大气压，高压水银灯的压强在 0.5～1 大气压之间，而超高压水银灯的压强则大于 1.5 大气压.

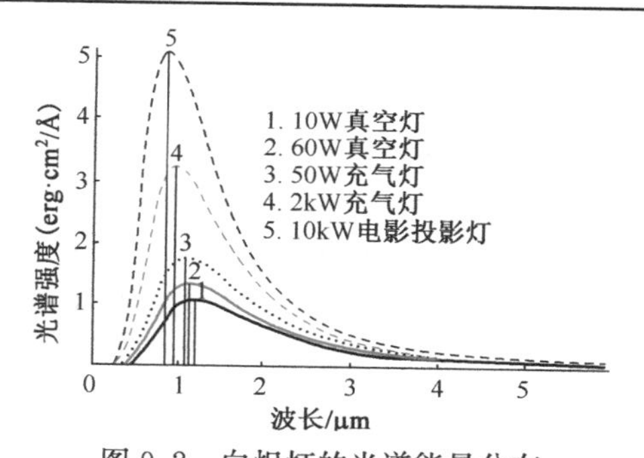

图 9.2 白炽灯的光谱能量分布

低压水银灯的辐射光谱如图 9.3 所示，辐射中生理辐射占 85%，红外辐射仅占 15%. 生理辐射中的 85%～90%是可见光.

高压的水银灯的辐射光谱如图 9.4 所示，含可见光 80%～90%，此外这种灯的光谱在橙红光部分出现连续光谱背景.

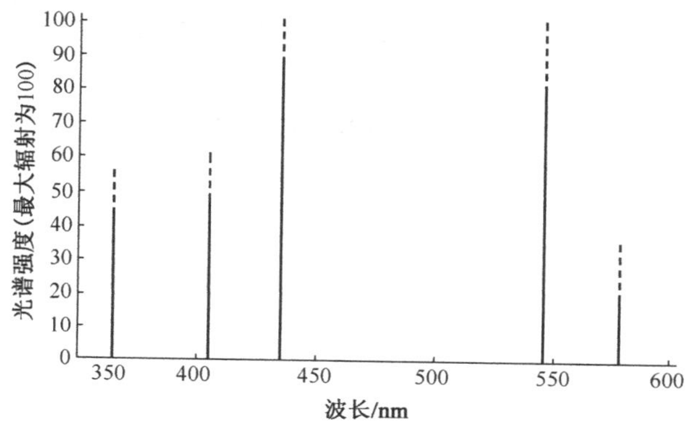

图 9.3 低压水银灯光谱的能量分布

图中线的总高度相当于相对强度，实线部分代表被叶绿素吸收的部分，虚线部分代表被叶绿素透过及反射的部分

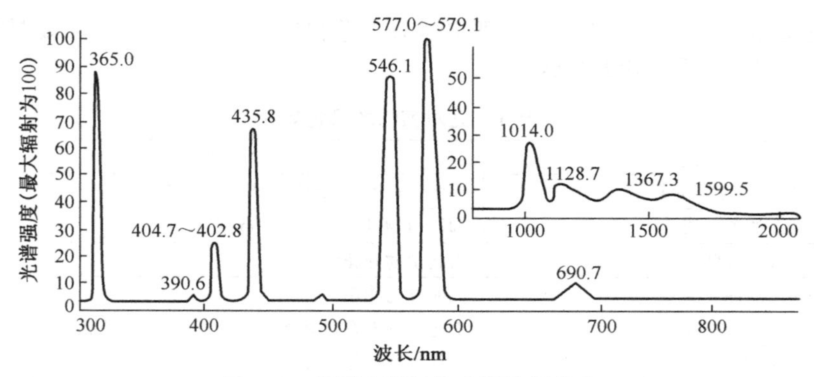

图 9.4　高压水银灯的光谱能量分布

(2) 钠光灯

这种灯辐射的黄光(5890～5896Å)占总辐射的76%,占生理辐射的98%,红外辐射占辐射的22%.

(3) 氖灯

这是在广告上和航空信号上常用的灯.氖灯发出的辐射完全集中在生理上最有价值且只被叶绿素吸收的橙-红光,如图9.5所示.

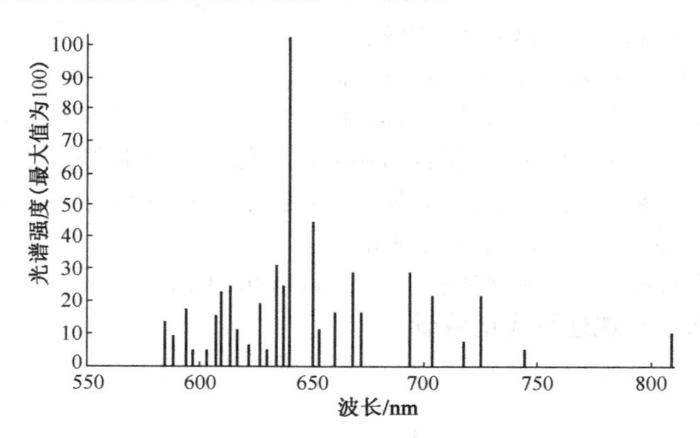

图 9.5　氖灯的光谱能量分布曲线

(4) 氦灯

氦灯的辐射几乎完全是橙-红光和紫光,如图9.6所示.叶子的色素可吸收这种灯的辐射能的90%,其中80%为叶绿素所吸收,这对植物生理过程的正常进行是极为有利的.

3. 荧光灯

这是另一大类的电光源.这种光源用氖灯或水银灯作为放电管,管的内壁覆盖一层荧光物质.低压汞灯发射出的2537Å,高压汞灯辐射出的3650Å或氖灯辐射的

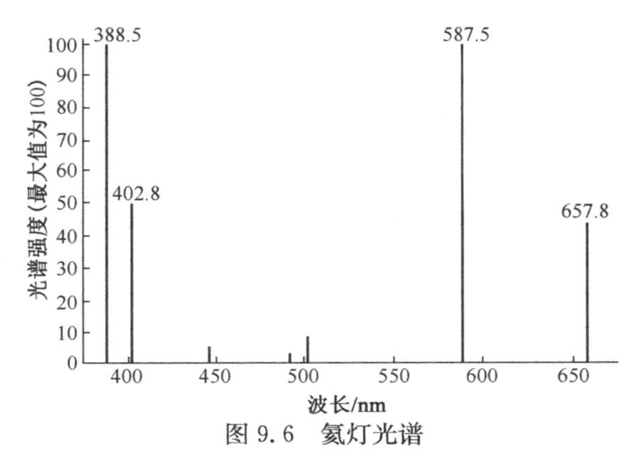

图 9.6 氦灯光谱

2500Å、3800Å 等紫外线，被荧光的物质吸收后，变为长波的可见光辐射出来. 根据荧光物质的不同，有蓝光荧光灯、绿光荧光灯、红光荧光灯、白光荧光灯以及日光荧光灯等.

现在已制造出一种特殊灯，专供植物光照用的，叫“园艺灯”. 它发出的光能主要集中于蓝光和红光部分，如图 9.7 所示. 由图可见园艺灯的光谱功率分布曲线与叶绿素光合作用的光谱活性相似，这说明其光能的利用率很高.

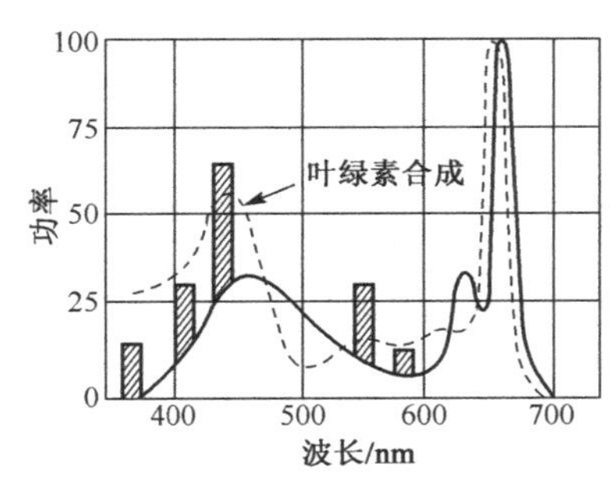

图 9.7 园艺灯的光谱功率分布曲线与叶绿素光合作用的光谱特性曲线

9.2 光的干涉

光既然是电磁波，就会具有波动的一般特征. 波动的一个重要特征是能产生干涉现象. 对光来讲，干涉现象应表现为两束光叠加时，光的强度(或明暗)在空间稳定分布的现象. 实际上，不但已经观察到了光的干涉现象，而且这种现象在现代科学技术中已有了广泛的应用，例如用来测量波长、精密测距、改善光学系统的透光性等.

9.2.1 相干光源

相干光源

光既然能产生干涉现象，为什么通常用两个灯泡照明时，不会发生光的强度的稳定分布呢? 不但如此，在实验室内使两个单色光源(例如两个钠光灯)发出的光相遇，甚至是同一只钠光灯的两个发光点发出的光相遇，也还是观察不到有明暗稳定分布的干涉现象. 这是因为并不是任何两列波相遇时都能发生干涉现象. 讨论机械波时曾指出只有由两个频率相同、振动方向相同、相位相同或相位差恒定的波源所发出的两列波相遇时才能产生干涉现象,这两列波称为相干波. 这些条件,对机械波来说,比较容易满足,而对于光来讲就显得复杂了(不过,随着激光器的问世,这些条件也很容易满足了).

实际上利用普通光源获得相干光的方法的基本原理是把由光源上同一点发出的光设法分成两部分,然后再使这两部分叠加起来. 由于这两部分光的相应部分实际上都来自同一发光原子的同一次发光,所以它们将满足相干条件而成为相干光.

如图 9.8 所示,光从 Q 点经过几种折射率(n_i)不同的均匀介质到达 P 点,所需时间为

$$t=\sum_i \frac{S_i}{u_i}=\frac{1}{c}\sum_i n_i S_i=\frac{L}{c} \tag{9-1}$$

其中

$$L=\sum_i n_i S_i$$

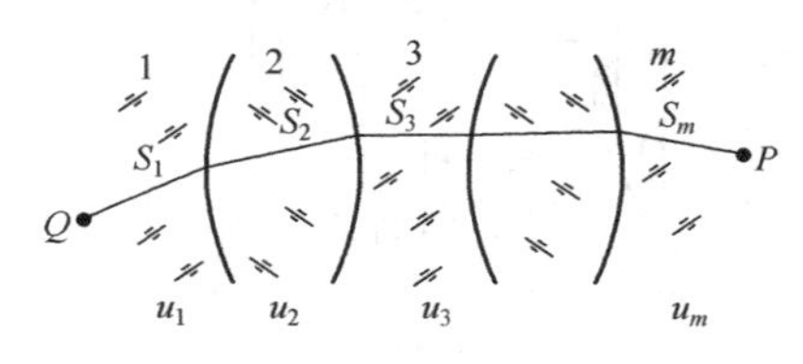

图 9.8　光程

由(9-1)式可以看出,光程表示在相同的时间内光在真空中所通过的路程,即 $L=ct$. 光程是将光在介质中所走过的路程,折算为光在真空中的路程,这样便于比较光在不同介质中所走过的路程的长短. 可以证明物点与其像点之间各光线的光程都相等. 因此,当我们用透镜等光学仪器观测干涉现象时,观测仪器并不会带来附加的光程差.

相位差的计算在分析光的叠加现象时十分重要. 光在折射率为 n 的均匀介质中传播时,光振动的相位沿传播方向逐点落后. 以 λ' 表示光在这种介质中的波长,则通过几何的路程 r 时,光振动相位落后

$$\Delta\varphi=\frac{2\pi}{\lambda'}r$$

同一频率的光在不同介质中传播时的波长不同. 以 λ 表示光在真空中的波长,则有 $\lambda'=\lambda/n$, 将此关系代入上式中,可得

$$\Delta\varphi=\frac{2\pi}{\lambda}nr=\frac{2\pi}{\lambda}L \tag{9-2}$$

由(9-2)式可知,同一频率的光在折射率为 n 的介质中通过 r 的几何路程时引起的相位落后和在真空中通过 nr 的距离时引起的相位落后相同. 这样折合的好处是可以统一地用光在真空中的波长来计算光的相位变化. 在本书中,如无特殊说明,光的波长均指光在真空中的波长.

9.2.2　杨氏双缝干涉

杨氏双缝干涉

杨氏双缝干涉实验如图 9.9 所示. 屏上可见一系列稳定的明

暗相间的条纹，称为干涉条纹. 这些条纹都与狭缝平行，条纹间的距离彼此相等.

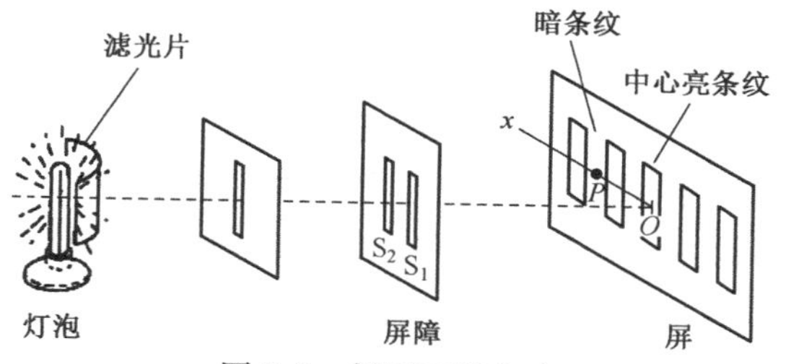

图 9.9 杨氏双缝实验

来自灯泡的光通过滤光片后成为单色光，然后光通过准直缝和两平行缝 S_1 和 S_2，缝的大小和间隔及双缝干涉图样的尺寸均被夸张以看得更清楚

在这一实验中，由光源发出的光的波阵面同时到达 S_1 和 S_2，这时 S_1 和 S_2 即构成一对相干光源. 由于 S_1 和 S_2 是同一波阵面的两部分，所以这种获得相干光的方法称为分波阵面法. 又由于产生相干光的两子光源是两条相互平行的狭缝 S_1 和 S_2，所以这实验称为双缝干涉实验.

我们可以用叠加原理来确定双缝干涉图样中条纹的位置. 如图 9.10 所示，考虑屏上任一点 P，其角位置为 θ，由图可见光从缝 S_1 和 S_2 到达 P 点传播的距离不同，来自 S_1 的光传播距离为 r_1，来自 S_2 的光传播距离为 r_2. 图中为了清晰，将缝间间距 d 相对于屏的距离 D 大大地夸大了. 在实验中，d 远远地小于 D. 因而光程差 $\delta = r_1 - r_2 \approx d\sin\theta$.

到达 P 点的两个光振动的相位差为 $\Delta\varphi = 2\pi\delta/\lambda$，按干涉条件，若 $\Delta\varphi = \pm 2k\pi$ 即

$$\delta = \pm k\lambda, \qquad k = 0,1,2,\cdots \tag{9-3}$$

则 P 点处是亮的(各明纹中心最亮处). 其中 k 称为明条纹的级次. $k=0$ 的明纹称为零级明纹或中央明纹；$k=1,2,\cdots$的明纹分别称为第一级、第二级……明纹.

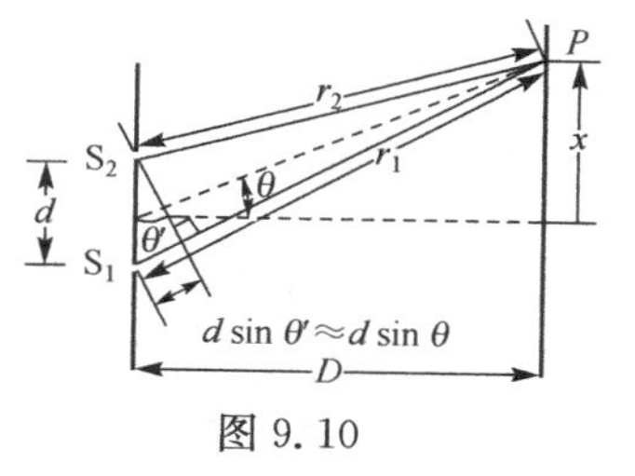

图 9.10

若 $\Delta\varphi = \pm(2k+1)\pi$，即

$$\delta = \pm(2k+1)\frac{\lambda}{2}, \qquad k = 0,1,2,\cdots \tag{9-4}$$

则 P 处是暗的. 与明条纹类似，$k=0,1,2,\cdots$分别称为第一级、第二级……暗纹.

光程差为其他值各点，光强介于最明和最暗之间.

若以 x 表示 P 点在屏上的位置，则 $x = D\tan\theta$. 当 θ 很小时，有 $\tan\theta \approx \sin\theta$，再利用(9-3)式和(9-4)式可得明纹中心的位置为

$$x = \pm k\frac{D}{d}\lambda, \qquad k = 0,1,2,\cdots \tag{9-5}$$

暗纹中心的位置为

$$x = \pm(2k+1)\frac{D}{2d}\lambda, \qquad k = 0,1,2,\cdots \tag{9-6}$$

相邻两明纹或暗纹间的距离都是

$$\Delta x = \frac{D}{d}\lambda \tag{9-7}$$

此式表明 Δx 与级次 k 无关,因而条纹是等间距地排列的.

以上讨论的是单色光的双缝干涉.(9-7)式表明相邻明纹(或暗纹)的间距和波长成正比.因此,如果用白光做实验,除了 $k=0$ 的中央明纹的中部因各单色光重合而显示为白色外,其他各级明纹将因不同色光的波长不同,它们最明处出现的位置将错开而变成彩色的,并且各种颜色级次稍高的条纹将发生重叠以致模糊一片分不清条纹了.

例 9.1 在杨氏双缝实验中,波长为 6328Å 的激光射在间距为 0.022cm 的双缝上.

(1) 求距缝 180cm 处屏上所形成的干涉条纹的间距;

(2)若间距为 0.45cm,距缝 120cm 处的光屏上所形成的干涉条纹的间距为 0.15cm.求光源的波长并说明是什么颜色的光.

解 (1) 已知 $D=180\text{cm}, d=0.022\text{cm}, \lambda=6328\times10^{-8}\text{cm}$,则

$$\Delta x = \frac{D\lambda}{d} = \frac{180\times6328\times10^{-8}}{0.022} = 0.518(\text{cm})$$

(2) 已知 $D=120\text{cm}, d=0.45\text{cm}, \Delta x=0.015\text{cm}$,则

$$\lambda = \frac{\Delta x \cdot d}{D} = \frac{0.015\times0.45}{120} = 5.625\times10^{-5}(\text{cm}) = 5625(\text{Å})$$

为黄色的光.

9.2.3 薄膜干涉

薄膜干涉

在日常生活中看到油膜、肥皂膜在太阳光的照射下呈现彩色条纹,均属薄膜干涉现象.为了减少光学元件(如透镜、棱镜等)表面反射光的损失,也需利用薄膜干涉的原理.

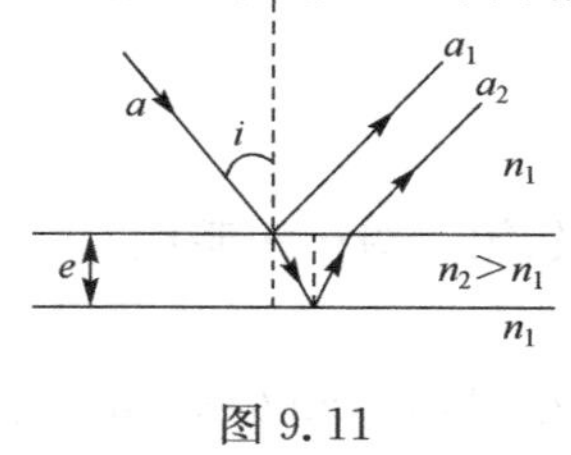

图 9.11

如果一条光线入射到厚度为 e 均匀的平膜上(图 9.11),它在入射点处分成反射光线和折射光线两部分,折射的部分在下表面反射后又能从上表面射出.因为 a_1 、a_2 这两条光线是从同一条入射光线 a,或者说是入射光的波阵面上同一部分分出来的,所以它们一定是相干光.它们的能量也是从同一入射光线分出来的.

由于波的能量和振幅有关,所以这种产生相干光的方法称为**分振幅法**.

当入射光垂直入射时,光线 a_2 比 a_1 在折射率为 n_2 的介质中多走了 $2e$ 的几何路程,与其对应的光程差为 $2n_2e$.此外,考虑到光线从光疏介质到光密介质界面上反射时产生半波损失,所以光线 a_2 和 a_1 的光程差为 $2n_2e-\frac{\lambda}{2}$,由干涉条件,当光程差

$$\delta = 2n_2e - \frac{\lambda}{2} = k\lambda, \qquad k = 0,1,2,\cdots \tag{9-8}$$

反射光相互加强；而当光程差

$$\delta = 2n_2e - \frac{\lambda}{2} = (2k+1)\frac{\lambda}{2}, \qquad k = 0,1,2,\cdots \tag{9-9}$$

反射光相互减弱.

对透射光来说，也有干涉现象.不过，由于不存在半波损失，所以当反射光相互加强时，透射光将相互减弱；当反射光相互减弱时，透射光将相互加强.

在现代光学仪器中，为了减少入射光能量在透镜等元件的玻璃表面上反射所引起的损失，常在镜面上镀一层厚度均匀的透明薄膜，它的折射率介于玻璃的折射率 n 与空气折射率 n_0 之间，通常取 $\sqrt{n_0 n}$. 当膜的厚度适当时，可使所使用的单色光在膜的两个表面上反射的光因发生干涉而相消，于是这单色光就几乎完全不发生反射而透过薄膜，这种使透射光增强的薄膜称为**增透膜**. 利用类似的方法，可采用多层涂膜制成透射式的干涉滤色片，使某一特定波长的单色光能透过滤色片，而其他波长的光则因干涉而抵消掉；同样，也可制成反射式滤色片.

例 9.2 空气中的水平肥皂膜($n_2 = 1.33$)厚 $0.32\mu m$，如果用白光垂直照射，肥皂膜将呈现什么颜色？

解 由于空气的折射率 n_1 小于肥皂膜的折射率 n_2，所以由肥皂膜上表面反射时产生半波损失. 由肥皂膜上、下两表面反射形成相干光的光程差 $\delta = 2n_2e - \dfrac{\lambda}{2}$，由(9-8)式知，干涉加强的光波波长

$$\lambda = \frac{2n_2e}{k + \dfrac{1}{2}}, \qquad k = 0,1,2,\cdots$$

将 $n_2 = 1.33$，$e = 0.32\mu m$ 代入，得

$$k = 0, \qquad \lambda_0 = 4n_2e = 1.70\mu m$$

$$k = 1, \qquad \lambda_1 = \frac{4}{3}n_2e = \frac{1}{3}\lambda_0 = 0.567\mu m$$

$$k = 2, \qquad \lambda_2 = \frac{4}{5}n_2e = \frac{1}{5}\lambda_0 = 0.314\mu m$$

其中只有 $\lambda_1 = 0.567\mu m$ 的绿光在可见光范围内，所以肥皂膜呈现绿色.

例 9.3 在一折射率为 n 的玻璃基片上均匀镀一层折射率为 n_1 的透明介质膜. 今使波长为 λ 的单色光由空气(折射率为 n_0)垂直入射到介质膜表面上. 若介质膜上、下表面反射的光干涉相消，介质膜至少应多厚？设 $n_0 < n_1 < n$.

解 以 e 表示介质膜厚度，由于在膜上、下两表面反射时均产生半波损失，所以两束反射光的光程差 $\delta = 2n_1e$，由干涉相消条件(9-9)式得干涉相消的介质膜厚度

$$e = \frac{(2k+1)\dfrac{\lambda}{2}}{2n_1}, \qquad k = 0,1,2,\cdots$$

当 $k=0$ 得最小厚度 $e_0 = \dfrac{\lambda}{4n_1}$.

由于反射光相消，所以透射光加强，此透明介质膜即为增透膜. 一定的膜厚只对应一种波长的光. 在照相机和助视光学仪器中，往往使膜厚对应于人眼最敏感的波长 5500Å 的黄绿光.

以上我们介绍了平行光束垂直入射在厚度均匀的薄膜上所产生的干涉条纹现象. 在厚度不均匀的薄膜上所产生的干涉现象也是常见的，现介绍两个重要例子.

1. 劈尖的干涉

如图 9.12(a)所示，两块平面玻璃片，一端互相叠合，另一端夹一薄纸片(为了便于说明问题，图中纸片的厚度放大了很多). 因此，在两玻璃片之间形成一劈尖形空气薄膜，称为空气劈尖. 两片的交线称为棱边，在平行于棱边的线上劈尖的厚度是相等的.

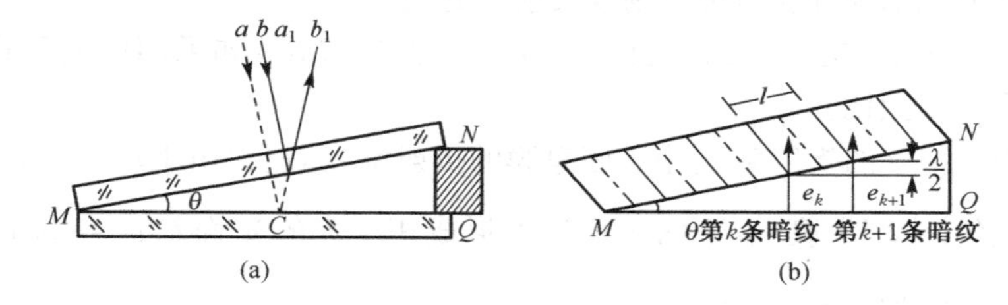

图 9.12　劈尖的干涉

当平行单色光垂直($i=0$)入射于这样的两块玻璃片时，在空气劈尖($n_2=1$)上下两表面所引起的反射光线将形成相干光. 劈尖在 C 点处的厚度为 e，光线 a、b 在劈尖上下表面反射，形成两相干光线 a_1、b_1. a_1、b_1 两光线之间的光程差 $\delta = 2e + \dfrac{\lambda}{2}$，所以，反射光的干涉条件为

$$\left.\begin{aligned} \delta &= 2e + \frac{\lambda}{2} = k\lambda, & k &= 1,2,3,\cdots,\text{明条纹} \\ \delta &= 2e + \frac{\lambda}{2} = (2k+1)\frac{\lambda}{2}, & k &= 0,1,2,\cdots,\text{暗条纹} \end{aligned}\right\} \tag{9-10}$$

在两块玻璃片相接触处，$e=0$，$\delta = \dfrac{\lambda}{2}$，所以应看到暗条纹，如图 9.12(b)所示，任何两个相邻的明条纹(或暗条纹)之间所对应的空气层厚度之差为

$$e_{k+1} - e_k = \frac{1}{2}(k+1)\lambda - \frac{1}{2}k\lambda = \frac{\lambda}{2}$$

所以任何两个相邻的明条纹(或暗条纹)之间的距离 l 由下式决定：

$$l\sin\theta = e_{k+1} - e_k = \frac{\lambda}{2}$$

式中 θ 为劈尖的夹角. 显然 θ 愈小,干涉条纹愈疏;θ 愈大,干涉条纹愈密. 如果劈尖的夹角 θ 相当大,干涉条纹将密得无法分开. 因此,干涉条纹只能在很尖的劈上看到.

2. 牛顿环

在一块光平的玻璃片 B 上,放一曲率半径 R 很大的平凸透镜 A(见图 9.13),在 A、B 之间形成一劈形空气薄层. 当平行光束垂直地射向平凸透镜时,由于透镜下表面反射的光和平面玻璃片的上表面所反射的光发生干涉,将呈现干涉条纹. 这些干涉条纹是以接触点 O 为中心的许多同心环,称为牛顿环.

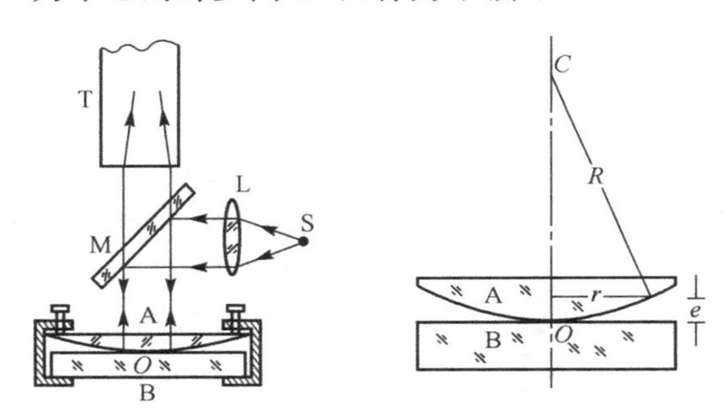

(a) 观察牛顿环的仪器简图　　(b) 牛顿环的半径的计算用图

图 9.13

形成牛顿环处的空气层厚度 e,显然适合下列条件:

$$\left.\begin{aligned} 2e + \frac{\lambda}{2} &= k\lambda, & k &= 1,2,3,\cdots,\text{明环} \\ 2e + \frac{\lambda}{2} &= (2k+1)\frac{\lambda}{2} & k &= 0,1,2,\cdots,\text{暗环} \end{aligned}\right\} \tag{9-11}$$

由图 9.13(b)可以看出

$$r^2 = R^2 - (R-e)^2 = 2Re - e^2$$

因 $R \gg e$,可将 e^2 略去,故

$$e = \frac{r^2}{2R} \tag{9-12}$$

上式说明 e 与 r 的平方成正比,所以离开中心愈远,光程差增加愈快,所看到的牛顿环也变得愈来愈密.

将(9-12)式代入(9-11)式,求得在反射光中的明环和暗环的半径分别为

$$\left.\begin{aligned} r &= \sqrt{\frac{(2k-1)R\lambda}{2}}, & k &= 1,2,3,\cdots,\text{明环} \\ r &= \sqrt{kR\lambda}, & k &= 0,1,2,\cdots,\text{暗环} \end{aligned}\right\} \tag{9-13}$$

9.3 光的衍射

9.3.1 光的衍射现象

作为电磁波,光的另一个特性是衍射,即光在其传播路径上遇到障碍物能绕过障碍物的边缘而进入几何阴影内传播的现象. 由于只有当障碍物的大小与波长在数量级上很接近时,才能观察到明显的衍射现象,而光的波长又较短,所以在一般光学实验中都表现为光在均匀介质中是沿直线传播的. 但是,当障碍物的大小比光的波长大得不多时,例如小孔、狭缝、小圆屏、毛发和细针等,就能观察到明显的光衍射现象.

图 9.14 所示的实验中,遮光屏 C 上开了一条宽度不足 1mm 的狭缝,并在缝的前后分别放两个透镜,线光源 S 和观察屏 H 分别置于这两个透镜的焦平面上. 这样入射到狭缝的光就是平行光束,光透过它后又被透镜会聚到观察屏 H 上. 实验中发现,屏 H 上的亮区也比狭缝宽了许多,而且是由明暗相间的许多平直条纹组成的.

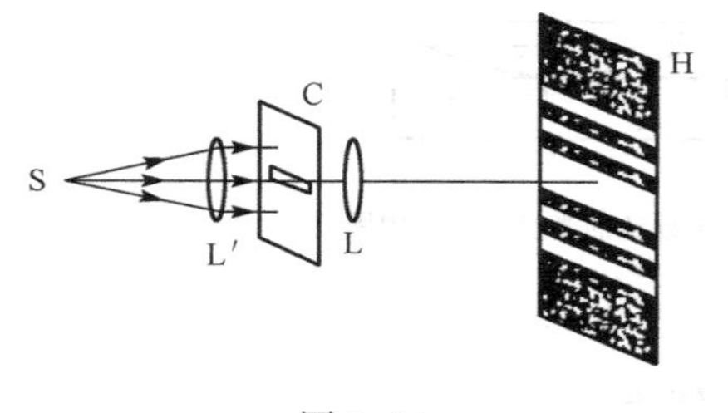

图 9.14

根据观察方式的不同,通常把衍射现象分二类. 一类光源和观察屏(或二者之一)离开衍射孔(或缝)的距离有限,这种衍射称菲涅耳衍射. 另一类是光源和观察屏都在离衍射孔(或缝)无限远处,这种衍射为夫琅禾费衍射. 夫琅禾费衍射实际上是菲涅耳衍射的极限情况. 在图 9.14 中,两个透镜的作用是,对狭缝来讲,相当于把光源和观察屏都推到无穷远处了,因此是夫琅禾费衍射.

对于衍射的理论分析,在前面曾提到过惠更斯原理:波在介质中传达到的各点,都可看作是发射子波的波源,其后任一时刻,这些子波的包迹就决定新的波阵面. 根据惠更斯原理只能定性地解决衍射现象中光在遇到障碍物后拐弯的现象. 为了说明光波衍射图样中的强度分布,菲涅耳又补充指出:从同一波阵面上各点所发出的子波,经传播而在空间某点相遇时,也可相互叠加而产生干涉现象,经过这样发展了的惠更斯原理,称为惠更斯-菲涅耳原理.

为了比较简单地阐述衍射的规律,同时考虑到夫琅禾费衍射有许多重要的应用,下面我们主要讨论夫琅禾费衍射.

9.3.2 单缝夫琅禾费衍射

单缝夫琅禾费衍射的光路图如图 9.15 所示. 为了清楚,扩大了缝的宽度 a. 根据惠更斯-菲涅耳原理,单缝后面空间任一点 P 的光振动是单缝处波阵面上所有子波波源发出的子波传到 P 点的振动的相干叠加. 为了考虑在 P 点的振动的合成，我们可以在衍射角 θ 为某些特定值时将单缝宽度为 a 的波阵面 AB 分成许多等宽度的纵长条带，并使相邻两带上的对应点，例如每条带的最下点，发出的光在 P 点的光程差为半个波长，这样的条带称为半波带，如图 9.16 所示. 利用这样的半波带来分析衍射图样的方法叫半波带法.

衍射角 θ 是衍射光线与单缝平面法线间的夹角. 衍射角不同，单缝处波阵面分出的半波带个数不同. 半波带的个数取决于单缝面边缘处衍射光线之间的光程差 $\overline{AC}=a\sin\theta$. 当 $\overline{AC}$ 等于半波长的奇数倍时，单缝处波阵面可分为奇数个半波带［图 9.16(a)］. 当 $\overline{AC}$ 是半波长的偶数倍时，单缝处波阵面可分为偶数个半波带［图 9.16(b)］.

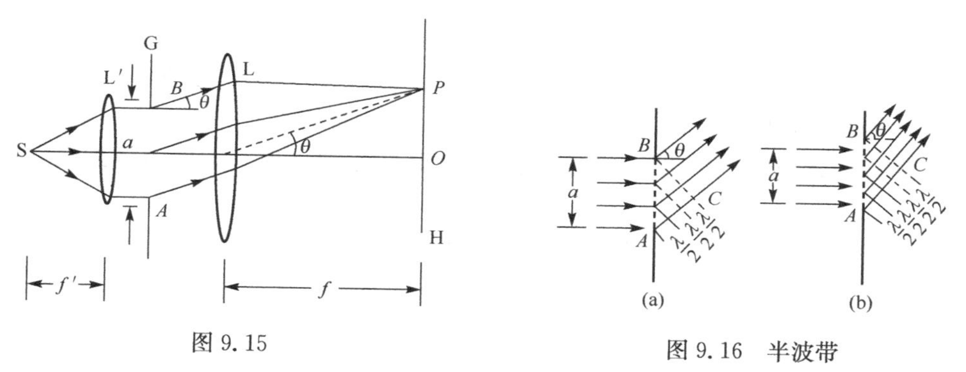

图 9.15

图 9.16 半波带

这样分出的各个半波带，由于它们到 P 点的距离近似相等，因而各个带发出的光在 P 点的振幅近似相等，而相邻两带的对应点发出的光到 P 点的光程差为半个波长，即在 P 点的光振动相位差为 π. 因此相邻两波带发出的光在 P 点合成时将互相抵消. 这样，如果单缝处波阵面被分成偶数个半波带，由于一对对相邻的半波带发出的光分别在 P 点相互抵消，所以合振幅为零，此时 P 点应是暗条纹的中心，与之对应的衍射角 θ 满足

$$a\sin\theta=\pm k\lambda,\quad k=1,2,\cdots \tag{9-14}$$

如果单缝处波阵面被分为奇数个半波带，则一对对相邻的半波带发出的光分别在 P 点相互抵消后，还剩一个半波带发出的光到达 P 点，这时 P 点应近似为明条纹的中心，与之对应的衍射角 θ 满足

$$a\sin\theta=\pm(2k+1)\frac{\lambda}{2},\quad k=1,2,\cdots \tag{9-15}$$

θ 角越大，半波带面积越小，所以光强越小. 因此单缝衍射图样中各极大处的光强是各不相同的. 当 $\theta=0$ 时，各衍射光光程差为零，通过透镜后会聚在透镜焦平面上，这就是中央明纹(零级明纹)的中心位置，该处光强最大. 对于任意其他的衍射角 θ，单缝处波阵面一般不能恰巧分成整数个半波带，此时形成介于最明和最暗的中间区域.

单缝衍射图样中各极大处的光强是不相同的,中央明条纹光强最大,其他明纹光强迅速下降.

两个第一级暗条纹中心间的距离为中央明条纹宽度,中央明条纹的宽度最宽,约为其他明条纹宽度的两倍.考虑到一般 θ 角较小,中央明条纹的半角宽度为

$$\theta \approx \sin\theta = \frac{\lambda}{a} \tag{9-16}$$

以 f 表示透镜的焦距,则在观察屏上中央明条纹的线宽度为

$$\Delta x = 2f\tan\theta \approx 2f\frac{\lambda}{a} \tag{9-17}$$

此式表明单缝越窄,衍射越显著;缝越宽,衍射越不明显.当 $a \gg \lambda$ 时,各级衍射条纹向中央靠拢,密集得无法分辨,只显示单一明条纹,此时即为光的直线传播现象.由此可见,通常所说光的直线传播现象,只是光的波长较障碍物的线度很小,即衍射现象不显著时的情况.对于透镜成像,仅当衍射不显著时,才能形成物的几何像.如果衍射不能忽略,则透镜所成的像将不是物的几何像,而是一个衍射图样.

若以白光照射,中央明纹将是白色的,而其两侧则呈现一系列由紫到红的彩色条纹.

例 9.4　在一单缝夫琅禾费衍射实验中,缝宽 $a = 5\lambda$,缝后透镜焦距 $f = 40\text{cm}$,试求中央条纹和第一级亮纹的宽度.

解　由(9-14)式可得第一级和第二级暗条纹的中心对应的衍射角(只取正角的一组)θ_1 、θ_2 分别满足

$$a\sin\theta_1 = \lambda, \qquad a\sin\theta_2 = 2\lambda$$

因此第一级和第二级暗纹中心在屏上的位置分别为

$$x_1 = f\tan\theta_1 \approx f\sin\theta_1 = f\frac{\lambda}{a} = 40 \times \frac{\lambda}{5\lambda} = 8\text{cm}$$

$$x_2 = f\tan\theta_1 \approx f\sin\theta_2 = f\frac{\lambda}{a} = 40 \times \frac{2\lambda}{5\lambda} = 16\text{cm}$$

由此得中央亮纹宽度为

$$\Delta x_0 = 2x_1 = 2 \times 8 = 16(\text{cm})$$

第一级亮纹的宽度为

$$\Delta x_1 = x_2 - x_1 = 16 - 8 = 8(\text{cm})$$

由此可见,第一级亮纹的宽度只是中央亮纹宽度的一半.

9.3.3　光栅衍射

由大量等宽等间距的平行狭缝所组成的光学元件称为**光栅**.缝的宽度 a 和刻痕的宽度 b 之和,即 $a+b=d$,称为**光栅常数**.光栅和棱镜一样,是一种可将光束分离为其成分波长或颜色的器件.

如图 9.17 所示，一束平行单色光垂直照射在光栅上，光线经过透镜 L 后，将在屏幕 E 上呈现各级衍射条纹.

对光栅中每一狭缝来说，前面讨论的单缝衍射的结果完全适用. 但是，由于光栅中含有大量等面积的平行狭缝，所以各个狭缝所发出的光波之间还要发生干涉. 光栅的衍射条纹应看作衍射与干涉的总效果.

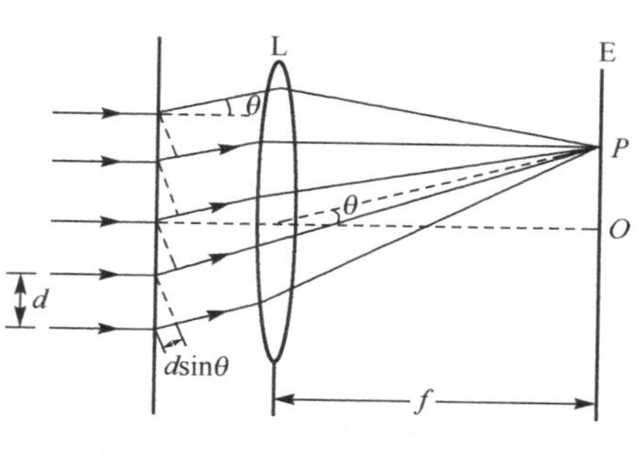

图 9.17 光栅的多光束干涉

当衍射角 θ 适合条件

$$d\sin\theta = \pm k\lambda,\qquad k = 0,1,2,\cdots \tag{9-18}$$

时，由所有相邻狭缝射出的光线的光程差都是波长的整数倍，因而相互加强，形成明条纹，称为光栅的衍射条纹. 这些明条纹，因细窄而明亮，又称为**主极大条纹**. 显然，光栅上狭缝的条数愈多，这些主极大条纹就愈明亮. (9-18)式称为**光栅公式**，是合成光光强最大的必要条件，式中的整数 k 表示衍射条纹的级数. 对不满足光栅公式的其他角 θ，形成暗条纹的机会远比形成明条纹的机会多，这样就在这些主极大明条纹之间充满大量的暗条纹. 当光栅狭缝数 N 很大时，在主极大明条纹之间实际上形成一片黑暗背景.

还应指出的是，由于单缝衍射的光强分布在某些衍射角 θ 时可能为零，即当

$$a\sin\theta = \pm k'\lambda,\qquad k' = 1,2,\cdots \tag{9-19}$$

时，即使对应于这些 θ 值按多光束干涉应该出现某些级的主极大条纹，满足光栅公式，这些主极大条纹也将消失，这种衍射调制的特殊结果称为**缺极现象**.

假设有一光源发出两个分立波长(或颜色)的光，$\lambda_v = 4000\text{Å}$(紫色)，$\lambda_r = 7600\text{Å}$(红色)，为简单起见，假设两种颜色的光等强度发射. 图 9.18 显示了光栅常数为 1.7μm的光栅 $k=0$ 和 $k=1$ 主极大条纹的强度与 θ 关系. 对应于零级极大条纹的中心($\theta=0$)处的光是红光和紫光的混合，这与入射光相同；$\theta = 0$ 两侧的第一级极大则紫光和红光在空间分离. 光源以如上分立波长的形式发射时，极大条纹以彩色线形式出现在屏上，所以它的光谱称为线状谱.

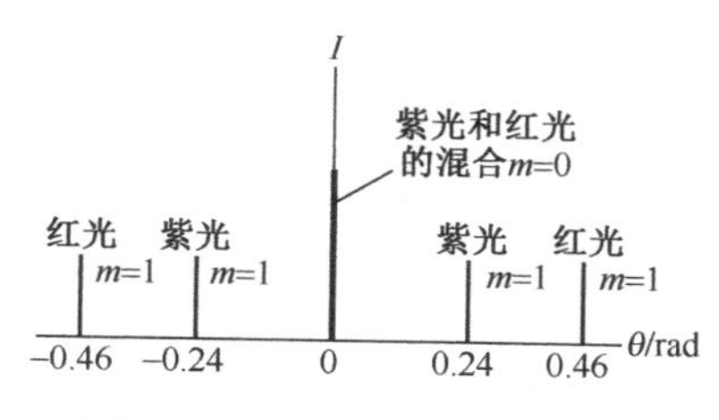

图 9.18 光源发出等强度的分立波长光时光的一级干涉极大

一些光源，如太阳或白炽灯泡，发出波长在有限范围内连续分布的光. 光栅将把此光分离为各级连续光谱. 当观察来自这类光源的一级光谱时，看到所有可见光波长范围内的颜色都分布在屏上. 此时，在图 9.18 中将在 $\theta = 0.24$rad 至 0.46rad之间看到“彩虹”.

例 9.5 用含有两种波长 $\lambda = 600$nm 和$\lambda' = 500$nm 的复色光垂直入射到每毫米有 200 条刻

痕的光栅上，光栅后置一焦距为 $f=50\text{cm}$ 的凸透镜. 在透镜焦平面处放置一屏幕，求以上两种波长的光的第一级谱线的间距 Δx.

解 由光栅公式(9-18)知第一级谱线满足

$$\sin\theta_1=\frac{\lambda}{d}$$

又

$$x_1=f\tan\theta_1$$

考虑到 θ_1 较小，有 $\sin\theta_1\approx\tan\theta_1$，所以

$$x_1=f\frac{\lambda}{d}$$

由此可求得波长为 λ 和 λ' 的两种波长的光的第一级谱线的间距

$$\Delta x=x_1-x'_1=f(\lambda-\lambda')/d=1\text{cm}$$

9.3.4 光学仪器分辨本领

借助光学仪器观察细小物体时，不仅要有一定的放大倍数，还要有足够的分辨本领才能把微小物体放大到清晰可见的程度. 分辨本领是仪器对两相邻点物产生分开像的能力的衡量. 由于光的波动性，所有光学仪器的分辨本领都存在一个最终极限.

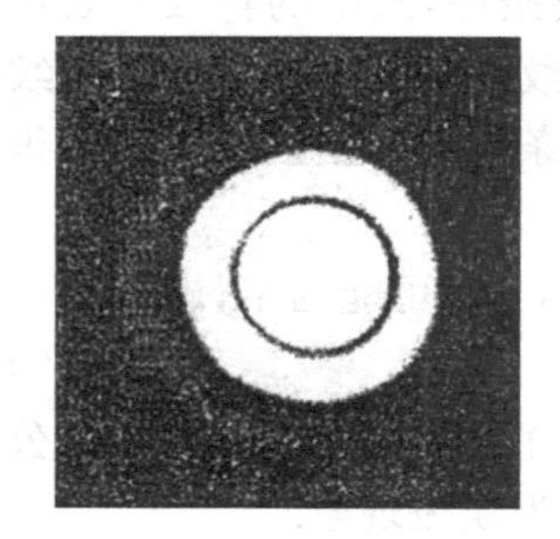

图 9.19 夫琅禾费圆孔衍射

光学仪器，如眼睛的瞳孔、望远镜、显微镜、照相机的物镜等，一般都具有圆孔径. 如图 9.19 所示，圆孔产生的衍射图样与单缝的衍射图样相似，只不过它是圆对称的. 与单缝相似，围绕明亮的中央极大的第一个暗环的角位置 θ_1 满足

$$\sin\theta_1=1.22\frac{\lambda}{d}\tag{9-20}$$

式中 d 是圆孔直径，θ_1 为圆锥的半角，如图 9.20 所示.

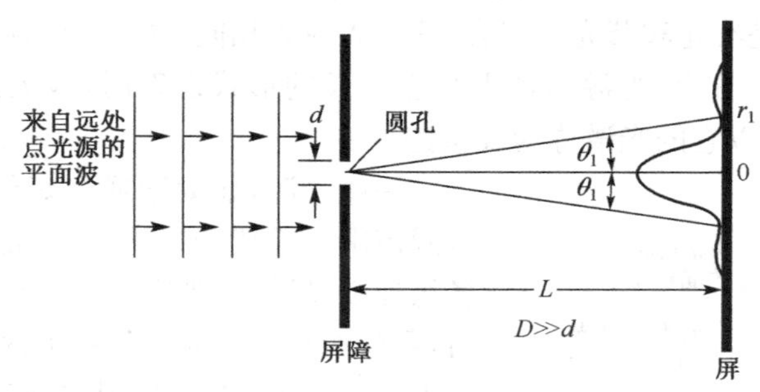

图 9.20 夫琅禾费圆孔衍射中确定第一个暗环位置的角 θ_1 是圆锥的半角，圆锥的底由第一个暗环围成，锥顶在孔的中心

θ_1 通常很小,故 $\theta_1 \approx \sin\theta_1$,所以

$$\theta_1 \approx 1.22\frac{\lambda}{d} \tag{9-21}$$

假设用望远镜观察太空中一对双星,它们的像是两个圆形衍射斑. 如果这两个物点的像之间的角距离 $\delta\theta$ 大于衍射斑的角半径 $\theta_1 = 1.22\lambda/d$ 时,很明显,我们能够看出是两个圆斑,从而也就知道有两颗星[图 9.21(a)]. 但是,当两个像之间的角距离 $\delta\theta$ 比 $\theta_1 = 1.22\lambda/d$ 小时,两个圆斑几乎重叠在一起,由于两个物点的光是非相干的,强度直接叠加,这时我们就看不出是两个圆斑,因而也就无从知道是两颗星[图 9.21(c)].

为了给光学仪器规定一个最小分辨角的标准,通常采用瑞利判据. 根据这一判据,若一个图样中央极大的中心落在另一个的第一暗环处,则两像刚好分辨[图 9.21(b)]. 因此,当 $\delta\theta > \delta\theta_m$ 时,两个被 $\delta\theta$ 分开的点物可分辨,这里

$$\theta_m = 1.22\frac{\lambda}{d} \tag{9-22}$$

这就是望远镜的最小分辨角公式,其中 d 是物镜的直径. 由此可见,为了提高望远镜的分辨本领,即减小其最小分辨角,必须加大物镜的直径.

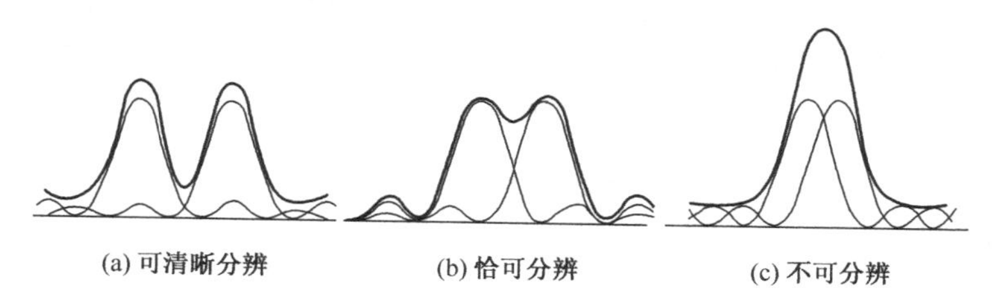

图 9.21 瑞利判据

例 9.6 在天文探测望远镜中,孔径一般很大,因此望远镜的极限分辨角很小. 美国帕洛玛山望远镜的直径为 5.1m,当用波长为 5500Å 的光时,求此望远镜的最小分辨角.

解 由(9-22)式最小分辨角为

$$\delta\theta_m = 1.22\frac{\lambda}{d} = 1.22\times\frac{5500\times10^{-10}}{5.1} \approx 0.13\times10^{-6}\,\text{rad}$$

这一角度小于"大气模糊"引起的极限角. 即使将探测望远镜放到地球轨道中来避免大气问题,最小分辨角也是不可避免的,因为此极限是由光的波动性引起的.

9.4 光的偏振

9.4.1 光的偏振态

光的偏振态

光的电磁理论指出光是电磁波,为横波. 光矢量的振动方向是垂直于光的传播方向的.

在垂直于光传播方向的平面内，光矢量的振动状态有各种不同的方式，称为光的偏振状态. 通常光的偏振态大体上可分为五种：自然光、线偏振光、部分偏振光、椭圆偏振光和圆偏振光.

1. 线偏振光

光矢量只沿一个固定方向振动的光称为线偏振光，如图 9.22(a)所示. 光矢量的方向和光的传播方向构成的平面称为振动面. 由于线偏振光的振动面是固定不动的，所以又称其为平面偏振光. 图 9.22(b)为线偏振光的表示法，图中短线表示光振动在纸面内，圆点表示光振动垂直于纸面.

2. 自然光

光是由光源中大量原子或分子发出的. 普通光源中各个原子或分子发出的光的波列不仅初相位彼此不相关，而且光振动的方向也是彼此不相关的. 在垂直于光传播方向的平面内，沿各个方向振动的光矢量都有. 平均说来，光矢量具有轴对称而且均匀的分布，各方向光振动的振幅相同，这种光称为自然光，如图 9.23(a)所示. 通常用图 9.23(b)的图示法来表示自然光. 图中的短线和圆点分别代表在纸面内和垂直于纸面的光振动. 圆点和短线交替均匀画出，表示光矢量对称且均匀分布.

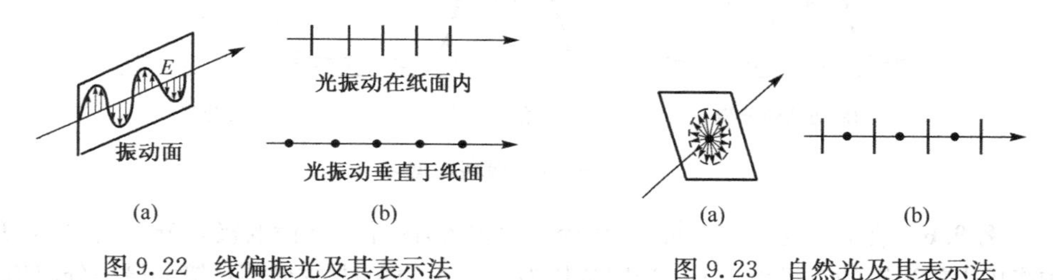

图 9.22　线偏振光及其表示法　　图 9.23　自然光及其表示法

3. 部分偏振光

这是介于线偏振光与自然光之间的一种偏振光. 在垂直于这种光的传播方向的平面内，各方向的光振动都有，但它们的振幅不相等，如图 9.24(a)所示. 部分偏振光用数目不相等的圆点和短线来表示，见图 9.24(b). 部分偏振光各方向的光矢量之间也没有固定的相位关系.

4. 圆偏振光和椭圆偏振光

这两种光的特点是在垂直于光的传播方向的平面内，光矢量按一定频率旋转(左旋或右旋). 如果光矢量端点轨迹是一个圆，这种光叫圆偏振光[图 9.25(a)]；如果光矢量端点轨迹是一个椭圆，这种光叫椭圆偏振光[图 9.25(b)]. 根据相互垂直的简谐振动的合成规律，圆偏振光和椭圆偏振光中光矢量的转动都相当于两个相互垂直的振动的合成. 因此，用两个相互垂直的光振动表示圆偏振光或椭圆偏振光时，这两个分振动是有确定的相位关系的.

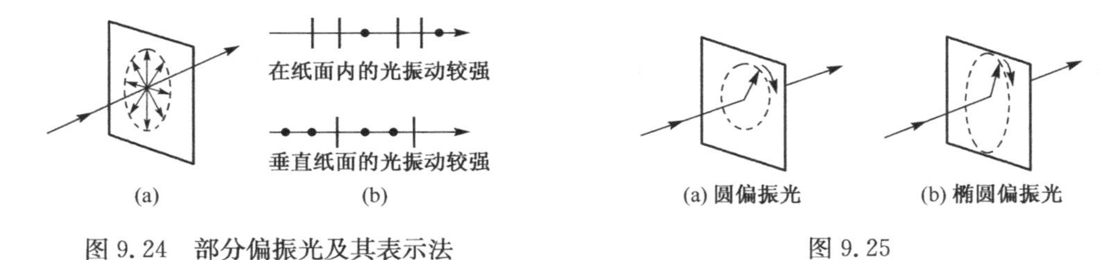

图 9.24 部分偏振光及其表示法

图 9.25

9.4.2 偏振光的获得

1. 用二向色性晶体获取偏振光

某些晶体对某一方向的光矢量有强烈吸收，而对与其垂直的方向的光矢量的吸收却很少，这种性质叫作晶体的二向色性. 用这种晶体做成的晶体片称为偏振片. 由于二向色性，偏振片基本上只允许振动面在某一特定方向的偏振光通过，这一特定方向称为偏振片的通光方向或偏振化方向，这样就获得了线偏振光.

2. 利用反射和折射获取偏振光

自然光在两种各向同性介质分界面上反射和折射时，不仅光的传播方向要改变，而且偏振状态也要发生变化. 一般情况下，反射光和折射光不再是自然光，而是部分偏振光. 在反射光中垂直于入射面的光振动多于平行于入射面的光振动，而在折射光中平行于入射面的光振动多于垂直于入射面的光振动，如图 9.26 所示.

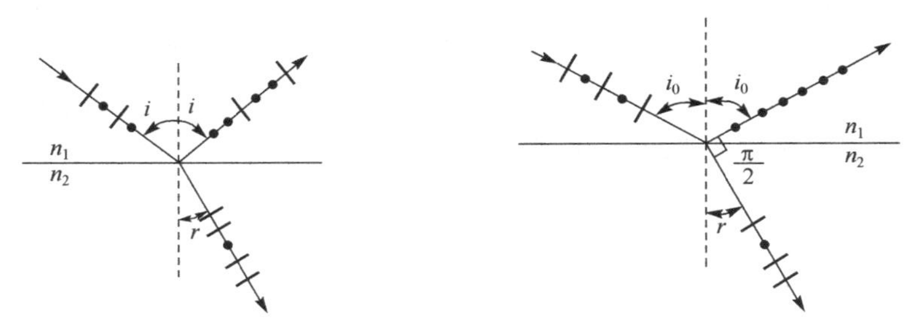

图 9.26 自然光反射和折射后产生部分偏振光

图 9.27 起偏振角

理论和实验都证明，反射光的偏振化程度和入射角有关. 当入射角等于某一特定值 i_0 时，反射光是光振动垂直于入射面的线偏振光，如图 9.27 所示. 这个特定的入射角 i_0 称为**起偏振角**，或称为布儒斯特角. 实验发现，当光线以起偏振角入射时，反射光和折射光的传播方向相互垂直，即 $i_0 + r = \frac{\pi}{2}$. 又根据折射定律，有 $n_1 \sin i_0 = n_2 \sin r = n_2 \cos i_0$. 所以

$$\tan i_0 = \frac{n_2}{n_1} = n_{21} \tag{9-23}$$

式中 n_{21} 是介质 2 与介质 1 的相对折射率. 上式称为**布儒斯特定律**.

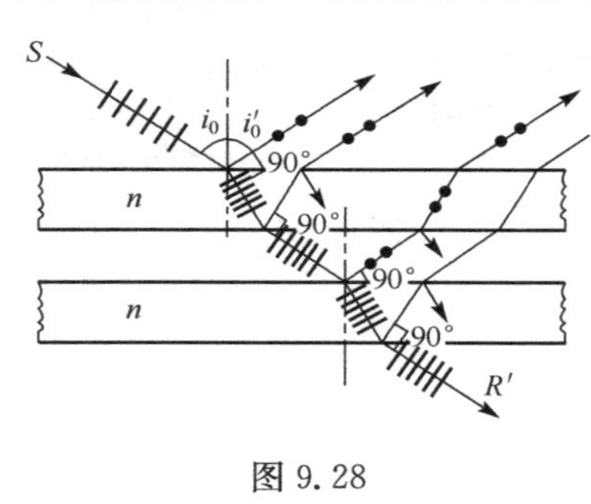

图 9.28

当自然光以起偏振角 i_0 入射时，由于反射光中只有垂直于入射面的光振动，所以入射光中平行于入射面的光振动全部被折射. 又由于垂直于入射面的光振动也大部分被折射，而反射的仅是其中的一部分，所以，反射光虽然是完全偏振光，但光强较弱；而折射光是部分偏振光，光强却很强. 为了增强反射光的强度和折射光的偏振化程度，可将许多相互平行的玻璃片装在一起，构成一玻璃片堆. 当自然光以布儒斯特角 i_0 入射时，光在各层玻璃片上反射和折射，这样就可以使反射光的光强得到加强的同时，折射光中的垂直分量也因多次反射而减小. 当玻璃片足够多时，透射光就接近线偏振光了，而且透射光和反射光的振动面相互垂直. 如图 9.28 所示.

3. 利用双折射产生偏振光

一束光线在两种各向同性介质的分界面上折射时，遵守通常的折射定律，这时只有一束折射光线在入射面中传播，方向由下式决定：

$$\sin i / \sin r = n_{21} \tag{9-24}$$

但是，当一束光线折入各向异性介质时，将产生特殊的折射现象. 例如通过方解石观察物体时，物体的像是双重的. 这一现象是由于光线进入方解石晶体后，分裂成为两束光线并沿不同方向折射而引起的，这种现象称为**双折射现象**. 实验表明，改变入射角 i 时，两束折射线之一遵守通常的折射定律，满足(9-24)式. 这束光线称为**寻常光线**，通常用 o 表示并简称 o 光. 另一束光线不遵守折射定律，即当入射角 i 改变时，$\sin i / \sin r$ 的值不是一个常数，该光束一般也不在入射面内，这束光线称为**非常光线**，并用 e 表示，简称 e 光，如图 9.29(a)所示. 甚至在入射角 $i = 0$ 时，寻常光线沿原方向前进，而非常光线一般不沿原方向前进，如图 9.29(b)所示. 这时如果使方解石以

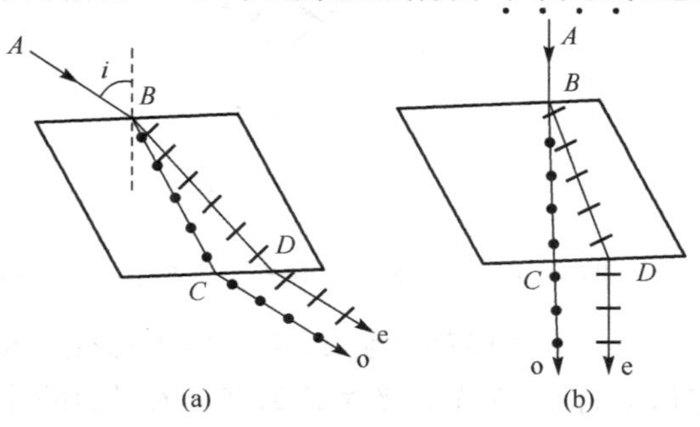

图 9.29　寻常光线和非常光线

入射光线为轴旋转，将发现 o 光不动，而 e 光却随之绕轴旋转.

马吕斯定律

9.4.3 马吕斯定律

图 9.30 中画出了两个平行放置的偏振片 P_1 和 P_2，它们的偏振化方向分别用它们上面的虚平行线表示. 当自然光垂直入射于 P_1 时，透过的光将成为线偏振光. 由于自然光中光矢量对称均匀，所以将 P_1 绕光的传播方向慢慢转动时，透过 P_1 的光强不随 P_1 的转动而变化，但它只有入射光强的一半. 偏振片 P_1 是用来产生偏振光的，故称起偏器. 再使透过形成的线偏振光入射于偏振片 P_2，这时如果将 P_2 绕光的传播方向慢慢转动，因为只有平行于 P_2 偏振化方向的光振动才允许通过，所以透过 P_2 的光强将随 P_2 的转动而变化. 当 P_2 的偏振化方向平行于入射光的光矢量方向时，光强最强. 当 P_2 的偏振化方向垂直于入射光的光矢量方向时，光强为零，称为消光. 将 P_2 旋转一周时，透射光将出现两次光强最强、两次消光. 这种情况只有在入射到 P_2 上的光是线偏振光时才会发生. 偏振片 P_2 是用来检验光的偏振状态的，故称之为**检偏器**.

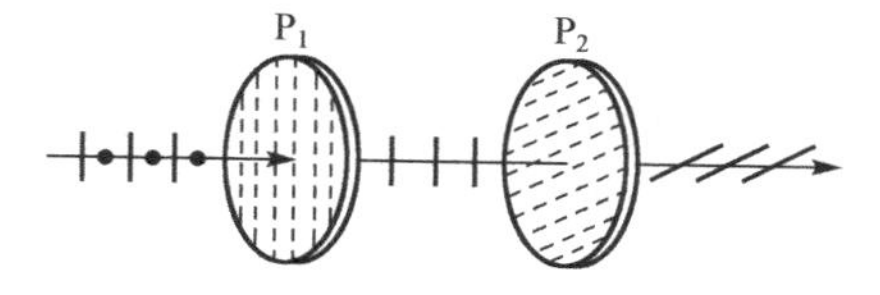

图 9.30 起偏和检偏

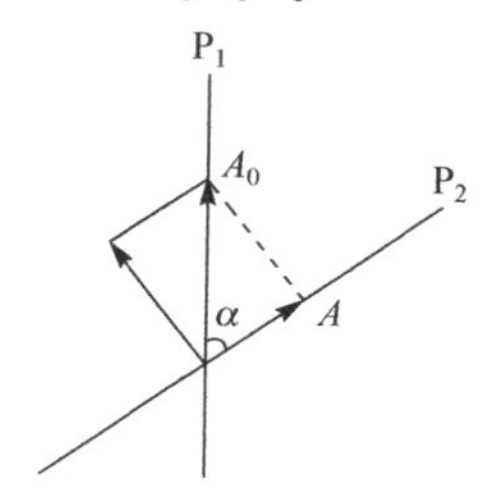

图 9.31 马吕斯定律示意图

以 A_0 表示偏振光的光矢量的振幅，当入射的线偏振光的光矢量振动方向与检偏器的偏振化方向成 α 角时如图 9.31 所示，透过检偏器的光矢量振幅 A 只是 A_0 在偏振化方向的投影，即 $A = A_0 \cos\alpha$. 因此，以 I_0 表示入射偏振光的光强，则透过检偏器后的光强 I 为

$$I = I_0 \cos^2\alpha \tag{9-25}$$

这一公式称为**马吕斯定律**. 由此式可知，当 $\alpha = 0$ 或 π 时，$I = I_0$，光强最大. 当 $\alpha = \frac{\pi}{2}$ 或 $\frac{3}{2}\pi$ 时，$I = 0$，没有光从检偏器射出，这就是两个消光位置. 当 α 为其他值时，光强 I 介于 0 和 I_0 之间.

在阳光充足的白天驾驶汽车，从路面或周围建筑物的玻璃上反射过来的耀眼的阳光，常会使眼睛睁不开. 由于光是横波，所以这些强烈的来自上空的散射光基本上是水平方向振动的. 因此，只需戴一副只能透射竖直方向偏振光的偏振太阳镜便可挡住部分的散射光.

人的眼睛对光的偏振状态是不能分辨的，但某些昆虫的眼睛对偏振却很敏感. 例如，蜜蜂飞行的主要参考物是太阳，但即使在太阳被云遮住的日子里，只要能见到任何一块蓝天，蜜蜂仍能从光的偏振方向推断出太阳的位置，从而按照正确的方向飞行.

9.4.4 旋光现象

1811 年阿拉果(D. T. Araso)发现，当偏振光沿光轴方向在石英中传播时，偏振光的振动面将以光的行进方向为轴旋转一个角度，这种现象称为**旋光现象**. 能使偏振光振动面旋转的物质称为旋光性物质，如石英晶体、糖类溶液、松节油、酒石溶液等都是旋光性物质.

可采用图9.32的装置来研究物质的旋光性. 图中S为自然光源，P_1、P_2为两个偏振片，E为能获得单色光的滤光器，B为旋光性物质容器. 实验时，B中不放溶液，通过E后的单色偏振光又通过空容器照到偏振片P_2上，旋转P_2使P_1、P_2的偏振化方向垂直，这时视场一片黑暗，出现了消光现象. 然后把旋光性物质的溶液倒进容器B，发现视场由黑暗变亮. 转动偏振片P_2，使视场再由亮变暗，记下偏振片转过的角度，即是旋转后的偏振光振动方向和原偏振光振动方向之间的夹角，也就是振动面旋转的角度φ. 它与晶片的厚度d成正比，即

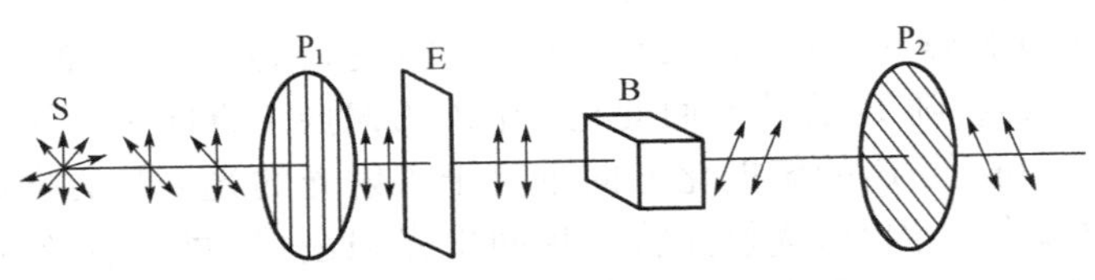

图9.32　旋光现象的实验装置简图

$$\varphi = \alpha d \tag{9-26}$$

其中比例系数α称为该晶体的旋光率，它还与入射光的波长有关. 例如，1mm厚的石英晶片，对于沿光轴传播的红色、黄色和紫色的线偏振光的转角φ分别为15°、22°和51°. 因此，当采用白光光源时(拿掉图9.32装置中的滤光器)，在视场中将会看到色彩的变化，这种现象称为旋光色散.

对于溶液而言，φ还与溶液的质量浓度ρ_s成正比，即

$$\varphi = \alpha' \rho_s d \tag{9-27}$$

其中α'称为该溶液的比旋光率. 溶液的旋光性已广泛应用于制糖、制药和化工等工业中.

光的振动面究竟向左还是向右旋转，与旋光物质的结构有关. 迎面观察通过旋光物质的光，振动面按顺时针方向旋转的称为右旋，按逆时针方向旋转称为左旋. 石英晶体具有左旋和右旋两种变体，它们的外形完全相似，只是一种是另一种的镜像反演. 许多有机物质也具有左右两种旋光异构体. 例如，从一种链丝菌培养液中提取出来的天然氯霉素是左旋的，而人工合成的"合霉素"则是左右旋各半的混合物，其中只有左旋成分有疗效. 驱虫药回咪唑也是左右旋成分的混合物，其中有效的也是左旋成分. 人们还发现了一些生物物质的旋光性，例如自然界和人体中的葡萄糖是右旋的，而不同的氨基酸和DNA等也有左右旋的不同等.

如果旋光的物质对特定波长的入射光有吸收，而且对左旋和右旋圆偏振光的吸收能力不同，那么在这种情况下不仅左旋和右旋圆偏振光的传播速度不同，而且振

幅也不同.于是,随着时间的推移,左右旋圆偏振光的合光光振动矢量的末端,将循着一个椭圆的轨迹移动.这就是说,由速度不同振幅也不同的左右旋圆偏振光叠加所产生的不再是线偏振光而是椭圆偏振光,这种现象称为圆二色性.

在研究分子的内旋转、分子的相互作用以及微细立体结构方面,旋光法和圆二色性法有着其他方法不可替代的作用.例如,当用其他方法得到了有机化合物的几个可能的结构时,利用旋光法和圆二色性法可以从中确定出该有机化合物的实际结构.

例 9.7 一束自然光以 58°角入射到玻璃表面,发现反射光成为线偏振光,求:

(1) 折射光的折射角;

(2) 玻璃的折射率.

解 (1)当光线以起偏振角入射时,反射光和折射光的传播方向相互垂直,所以折射光的折射角

$$r_0 = 90° - i_0 = 32°$$

(2) 由布儒斯特定律得

$$\tan i_0 = \frac{n_2}{n_1} = n_2 \quad (n_1 = 1)$$

所以

$$n_2 = \tan 58° = 1.6$$

即玻璃的折射率为 1.6.

例 9.8 使自然光通过两个偏振化方向成 60°角的偏振器,透射光的强度为 I_1,在两个偏振器之间再插入一个偏振器,它的偏振化方向与前面两个偏振器的偏振化方向均成 30°角,则透射光强度为多大?

解 设入射光光强为 I_0,根据马吕斯定律

$$I_1 = \frac{1}{2} I_0 \cos^2 60° = \frac{1}{8} I_0$$

在两个偏振器之间再插入一个偏振器后,透射光的强度

$$I = \frac{1}{2} I_0 \cos^2 30° \cos^2 30° = \frac{9}{32} I_0 = \frac{9}{32} \cdot 8 I_1 = \frac{9}{4} I_1$$

9.5 光和视觉

9.5.1 人眼的结构

人类的眼睛是最奇妙的一部光学仪器.它能感受到的光的强度范围可相差 10^9 倍,视场超过 180°.它可以快速地把焦点从很近的距离一直移到无穷远,而且分辨力接近衍射的极限.它的阈值灵敏度可以与由光的量子性质决定的理论极限值相比.

迄今为止，现代技术还未能发明出一种在敏感、灵巧和可靠性上能与人眼相比的光学仪器. 眼睛及其把光学信号传到大脑的生物电网络，是人体里最精密的系统，我们得到的大部分信息都是从这个系统获得的.

成年人的眼睛是直径大约为一英寸(2.54cm)的球状结构. 里面的细软部分被包在坚韧的弹性结缔组织的皮套(巩膜)里. 当光射在眼睛上时，它首先通过的外层保护窗称为角膜. 接着，光就通过液体晶状液，穿过瞳孔和眼球晶体，进入眼睛的中央区，这个用透明胶状物质充满的区域称作玻璃体. 最后，在眼睛的后部，聚焦的光被视网膜表面的视杆细胞和视锥细胞探测到，并通过视觉神经把信号传送到大脑.

通过角膜和眼球晶体的联合作用，在视网膜上产生看到的景物的像. 光线在空气和角膜之间的弯曲的交界面上被折射，再在眼球晶体进一步折射，把光聚焦在视网膜表面上. 眼球晶体的折射度(焦距)是由睫状肌控制的，睫状肌可使眼球晶体变得比较扁平或更圆凸. 如果被观察的物体较远，为了把光聚焦在视网膜上，眼球晶体必须要比较平[图 9.33(a)]. 另外，对近处物体来的光，只有眼球晶体变得更圆，才会被适当的聚焦[图 9.33(b)]. 有人睫状肌无力以致无法适当地调节眼球晶体表面的曲率；只有为眼睛提供人工设备(如眼镜)，才能使眼睛重新聚焦以恢复视力的灵敏度.

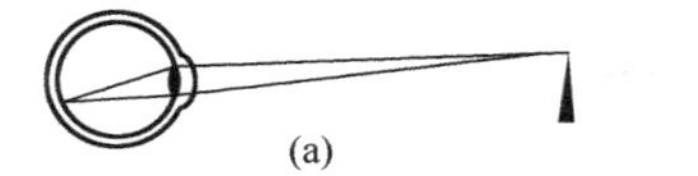
(a)

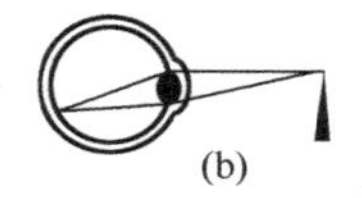
(b)

图 9.33　睫状肌控制眼球晶体的形状，通过调节眼球晶体，使它能聚焦从远处或近处来的光

人眼能做出反应的光强范围可相差 10^9 倍. 在此范围的上限，眼睛会有些不舒服的感觉，而对更高强度的光(如直接看太阳)则能使肉眼产生永久性的损伤. 根据光的强度，虹膜里的肌肉会控制光的入口(即瞳孔)的大小. 当光暗时，瞳孔就放大(直径可达 7 或 8mm)，以使尽可能多的光进入眼球晶体. 当光亮时，为了防止眼内进入过度的辐射，瞳孔就缩小(直径为 2 或 3mm).

9.5.2　视杆细胞和视锥细胞

眼睛对光敏感的部分是位于视网膜表面的密集着视杆细胞和视锥细胞的传感器. 每个人眼大约含有一亿二千个视杆细胞和六百万个视锥细胞. 电信号从这些光敏元件通过视觉神经里的几乎一百万条神经纤维构成的网络传到大脑. 视杆细胞和视锥细胞具有不同功能，而且在视网膜表面有着不同的分布. 在视网膜的中心处有一个凹斑，称为黄斑. 黄斑处全部是视锥细胞. 在其周围是两种细胞共同存在的区域，且离黄斑越远，视锥细胞的比例就越小，视网膜的外围则全部是视杆细胞. 视杆细胞对光比视锥细胞敏感 500 倍. 但是,视锥细胞对颜色敏感,而视杆细胞对颜色只有很小的敏感性. 因此,在弱光的情况下,视杆细胞几乎能提供所有看得见的信息,而我们只能看到灰暗的颜色. 当光亮的时间,视锥细胞很活跃,并且很容易觉察到颜色. 猫头鹰眼睛中的视杆细胞所占的比例比人眼要高得多,因而猫头鹰在黑暗中的视力特别好.

9.5.3 视觉灵敏度

光是一种电磁波,所以光的传播过程,也是能量的传递过程,光源的能量不断向外辐射出去. 单位时间内通过某面积的光能量称为通过该面积的辐射能量. 例如,从太阳达到地球的辐射通量,在地面和太阳光线成直角的每平方米面积上,辐射通量大约是 1320 瓦特.

人眼对不同的波长的光波有不同的灵敏度,即在相同面积上,不同波长的光波,即使辐射通量相等,但在视觉上并不一定引起相同的明亮程度. 若电磁波中只有红外线或紫外线而没有可见光,即使具有很大的辐射通量,也完全不能引起视觉. 相反地,由对人眼特别敏感的光线所组成的光波,即使只具有很小的辐射通量也可以引起较强的视觉. 为了定量描述人眼对各种不同波长光波的敏感性,我们引进视觉灵敏度:设有两个相邻近的波长 λ_1 和 λ_2 的光波在相同面积上引起同样强弱视觉所需要的辐射通量分别为 $\Delta E(\lambda_1)$ 和 $\Delta E(\lambda_2)$,则这两波长的视觉灵敏度 $V(\lambda_1)$ 和 $V(\lambda_2)$ 之比为

$$\frac{V(\lambda_1)}{V(\lambda_2)}=\frac{\Delta E(\lambda_1)}{\Delta E(\lambda_2)}$$

此式表明:当两种光引起同样强弱的视觉时,所需辐射通量小的那种光比较灵敏,其视觉灵敏度大,所需辐射通量大的那种光比较不灵敏,其视觉灵敏度就小.

实验表明,在较明亮的环境中,人眼对于波长为 5550Å 的绿色光线最敏感,其视觉灵敏度最大. 若取此光波的视觉灵敏度的数值为 1,则所有其他波长的光的视觉灵敏度 $V(\lambda)=\frac{\Delta E(5550\text{Å})}{\Delta E(\lambda)}$ 均小于 1,称为视见函数. 表 9.2 中列出了国际公认的视见函数值. 视见函数曲线如图 9.34 所示,实线为比较明亮的环境中的视见函数曲线,虚线代表在比较昏暗的环境中的视见函数曲线. 可以看出,在昏暗的环境中,视见函数的极大值朝短波方向移动. 所以在月色朦胧的夜晚,我们总感到周围一切笼罩着一层蓝绿的色彩,便是这个缘故.

表 9.2 平均眼的视见函数

λ/Å	$V(\lambda)$	λ/Å	$V(\lambda)$	λ/Å	$V(\lambda)$
3800	0.0000	4000	0.0004	4200	0.0040
3900	0.0001	4100	0.0012	4300	0.0116

续表

λ/Å	V(λ)	λ/Å	V(λ)	λ/Å	V(λ)
4400	0.023	5600	0.995	6900	0.0082
4500	0.038	5700	0.952	7000	0.0041
4600	0.060	5800	0.870	7100	0.0021
4700	0.091	5900	0.757	7200	0.00105
4800	0.139	6000	0.631	7300	0.00052
4900	0.208	6100	0.503	7400	0.00025
5000	0.323	6200	0.381	7500	0.00012
5100	0.503	6300	0.265	7600	0.00006
5200	0.710	6400	0.175	7700	0.00003
5300	0.862	6500	0.107	7800	0.000015
5400	0.954	6600	0.061		
5500	0.995	6700	0.032		
5550	1.000	6800	0.017		

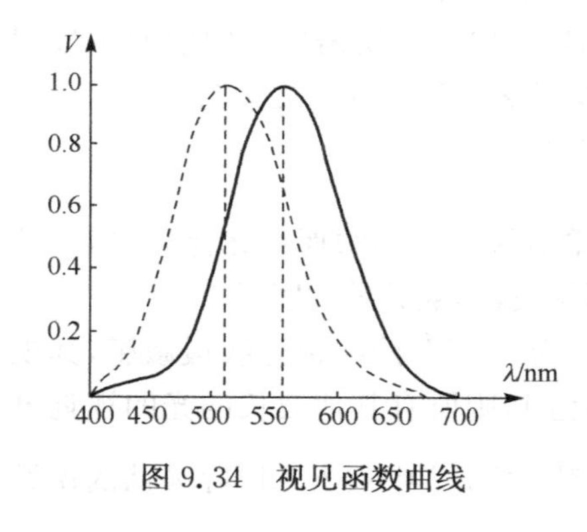

图 9.34　视见函数曲线

9.5.4　色觉

不同波长的可见光引起人的不同颜色感觉.饶有兴趣的是,正是所谓"红得发紫",波长最长的红光与最短的紫光在人的感觉上又连接起来了.实际上,各种颜色之间是连续变化的,没有明显的界线.此外,还有些我们难以叫出名字的颜色.人的视觉辨认颜色能力在不同波长是不一样的.在可见光的某些波段,只要改变波长 1nm,人眼便能辨别颜色的差别.但在多数波段要改变 1~2nm 才能认出颜色的变化.从整个可见光谱上,人们可以分辨出一百多种颜色.

对于某些波长,我们看到的颜色和波长的关系并不是完全固定的,这些颜色随光强度变化而变化.除了 5720Å(黄)、5030Å(绿)和 4780Å(蓝)是不变的颜色外,其他颜色在光强度增加时,都略向红色或蓝色变化.例如,如果 6600Å 红色的视网膜照度减弱时,必须减少些波长才能保持原来的色调,而 5250Å 绿色在同样条件下需增加些波长才能保持色调不变.此外,颜色只表达外貌,而不能表达它的光谱组成.

格拉斯曼颜色混合定律告诉我们:一定亮度的红光(R)、绿光(G)、蓝光(B)混合后可以产生白光(W),以数学形式可表示为

$$W = R + G + B \tag{9-28}$$

式中 R、G 和 B 三色是线性无关的，即它们中任何一个不能由其余两个相加混合出来，称为三原色或三基色.(9-28)式也称视觉三原色原理.用三原色合成其他颜色有两种方法.一种是以红、绿、蓝三原色的两种以上色光按一定比例混合，产生其他颜色的加色法；另一种是从白光中减去其中一种或两种原色光而产生的彩色称为减色法.例如由加色法可得

$$\left.\begin{aligned} R + G &= Y(黄) \\ B + R &= M(品红) \\ G + B &= C(青) \end{aligned}\right\} \tag{9-29}$$

由三原色原理与上式可得

$$\left.\begin{aligned} Y + B &= W \\ M + G &= W \\ C + R &= W \end{aligned}\right\} \tag{9-30}$$

由(9-30)式可推知下列减色法：

$$\left.\begin{aligned} Y &= W - B \\ M &= W - G \\ C &= W - R \end{aligned}\right\} \tag{9-31}$$

图 9.35 是与(9-29)式和(9-31)式对应的三基色示意图，图中 BL 为黑色.

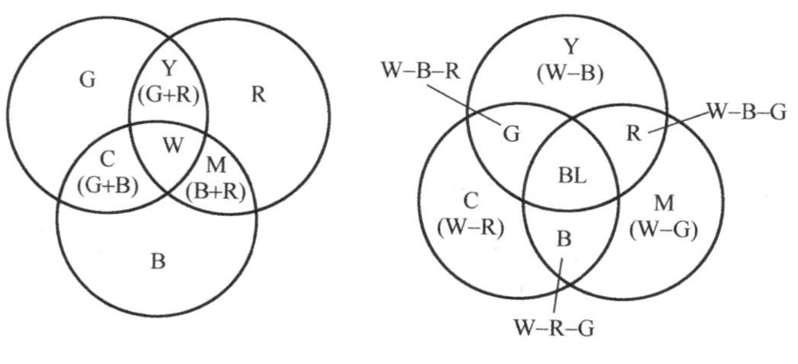

(a) 相加混色图(色光的合成)　　(b) 相减混色图(颜料的合成)

图 9.35　三基色示意图

若两种色光叠加后为白光(如 Y 与 B，M 与 G，C 与 R)，则称它们为互补色光.

一种色视觉理论指出：视网膜上视锥细胞有三种类型，每一种视锥细胞里含有一种色素，这三种色素分别对应三种原色.当视锥细胞接受到光时，三种色素分别吸收与之相应的色光，并通过每一细胞通往大脑的神经，把信息送到大脑，大脑综合来自各视锥细胞传来的信息而得出对颜色的判断.

这里我们还需补充说明：①三原色不一定是红、绿、蓝三色，也可以是其他三种颜色，只要这三种颜色满足线性无关的条件即可，即任何一种颜色不能由其余两种

颜色混合出来. 实验证明,用红、绿、蓝三原色产生其他颜色最方便,所以它们是最优的三原色. ②由三原色混合成的颜色只表达颜色外貌,而不能表达它的光谱组成. 例如,由红、绿、蓝三个颜色混合的白光与连续光谱的白光在视觉上一样,但它们的光谱组成却不一样,我们称它们为“同色异谱”.

此外,还应说明的是人们平时看到的颜色有两种不同的来源,一种是色光源,即眼睛接收的是直接射来的色光. 比如各种彩灯,经过滤色镜后的阳光以及彩色电视荧光屏等;另一种是物体的反射光,比如红旗因吸收了其他各色光并只反射红光,因而呈现红色. 由于物体的颜色是反射的结果,所以反射情况与入射光的成分有密切关系,红旗反射红光而吸收其他各种色光,如果入射光中没有红光,则红旗只能吸收光,而不能反射光,此时红旗呈黑色,所以只有在白光或红光照射下红旗才呈红色. 为了与绘画相比较,我们顺便说一下美术的混色. 美术上的三基色为红、黄、蓝. 划分色为基色,但并不是相加混色所致,即用红绿两色颜料并不能配出黄色. 这是因为颜料的混合不是相加混色,相加混色是指光源而言. 颜料的色彩是反射光,它不遵从相加混色规律. 红色颜料的红色是入射的白色中绿色和蓝色被吸收了(减去)而只反射红色的缘故,所以颜料起的是“滤色镜”作用. 即颜料的配色遵从相减混色规律. 简单地说:“色光越拼越白,颜料越涂越黑”.

9.6 光学仪器

9.6.1 望远镜

望远镜适用于放大远距离物体的视角,或者增加眼睛接收远距离光源的光通量. 望远镜的主要功能之一,是把弱光源来的光会聚起来,进而把光线束集中,以使眼睛(或照相底片)能看到(或记录)物体的像.

一般类型的现代望远镜具有不同的结构,但不用发散透镜. 图 9.36 是一个简单的设计图,这里用了两片会聚透镜. 我们注意到像点的顶部与物体顶部的指向相反,即像是倒立的. 在观察地球上的物体时,正立像是重要的,但是对于天文观测,正立像则不必要了. 为了产生正立像,必须要加上第三个透镜或棱镜(普通双筒望远镜,是用棱镜产生正立像的).

运用透镜的折射性质制作的望远镜称为折射望远镜或折射镜. 如果要使折射望远镜具有很强的聚光能力(天文观测必须的),透镜必须要非常大. 而加工大的透镜是困难的,所以制做大直径折射望远镜并不实际,现在也只有很少的折射望远镜在天文研究上使用.

在 1667 年牛顿发明了一种依靠曲面反射性质制做的望远镜. 图 9.37 为反射望远镜的原理图. 从远距离光源来的平行光线入射在望远镜底部的反射镜上. 因为镜

面是弯曲的，这些光线向焦点会聚. 但是，在到达焦点以前一块小的平面镜改变聚焦光线方向，使之转向望远镜外面的目镜上.

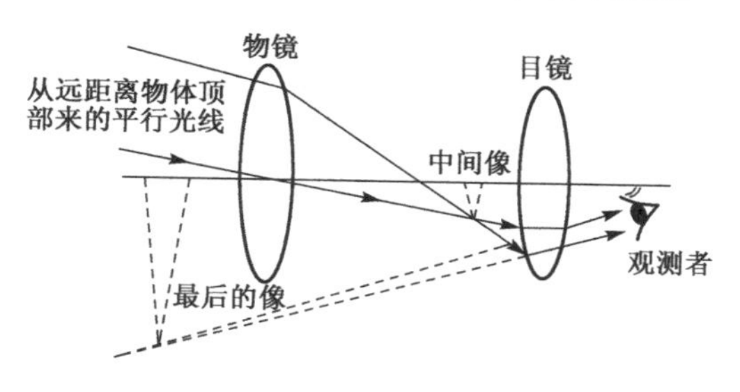

图 9.36 产生倒像的双透望远镜示意图

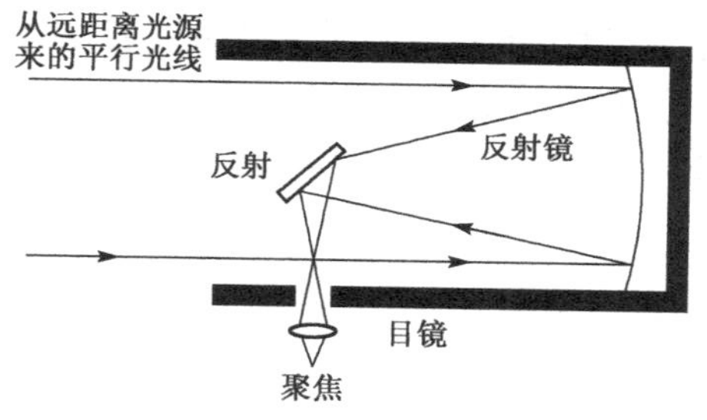

图 9.37 牛顿反射望远镜

现在用于天文观测中的望远镜几乎全是反射望远镜. 苏联天文学家把一架直径为 6 米的望远镜安装在高加索山上. 美国最大的反射望远镜坐落在夏威夷州，是口径为 10 米的凯克望远镜. 所有这些望远镜，除了配有反射镜致偏器以外，为了摄影和许多不同的研究计划，还装备有能使聚焦光束指向各种位置的设备，以便观测或摄影.

9.6.2 光学显微镜

用适当组合起来的几片透镜可产生各种光学效应. 图 9.38 为一个简单的双透镜系统组成的显微镜. 被放大物体附近的透镜（物镜）在两个透镜之间产生一个实像. 这第一个像作为第二个透镜（目镜）的“物体”，使第二个透镜产生一个能用眼睛观察到的放大的物体虚象.

现代研究使用的显微镜是将几个透镜组合起来，使之能为视觉观察和显微摄影提供鲜明清晰的像. 通过变化物镜和目镜的组合方式，可制成放大 10 倍、20 倍甚至 1000 倍的显微镜. 鉴于严重的畸变效应，为产生放大倍数很高的有用的像，通常要使用专门的技术.

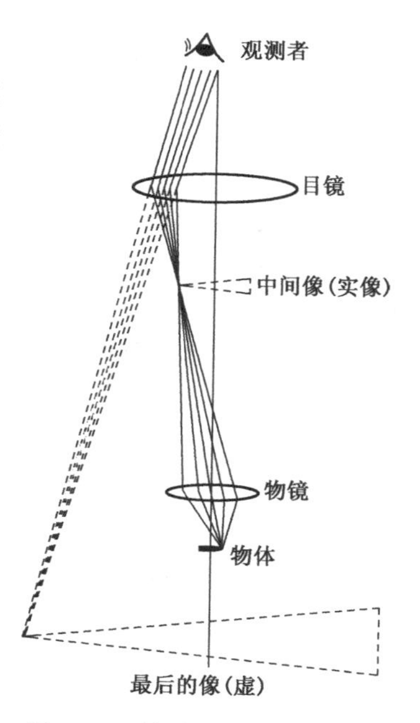

图 9.38 简单的双透镜显微镜

9.6.3 分光光度计

图 9.39 是 721 型分光光度计光路图. 这种光度计由光源、单色器、比色器、光电转换器、微安表五大部分组成.

光源发出的连续光波反射至入射狭缝，狭缝正好位于球面准直镜的焦平面上. 入射光经准直镜反射后，成一束平行光射向棱镜（棱镜背面镀铝），光线在棱镜中色散. 入射光从铝面反射后，比原路稍偏转一个角度出射，再经准直镜反射，会聚在出射狭缝上，出射狭缝和入射狭缝是一体的. 单色光透过狭缝射到比色器上，比色器内有四个位置，可以分别推到光路上. 经比色器出射的单色光，由光电转换器转变为微电流，微电流被放大后流经微安表，从仪器面板上可直接读出吸光度 A 和透光率. 这样就测定了物质的吸收光谱曲线. 研究吸收峰，是对物质进行定量、定性分析的有力手段.

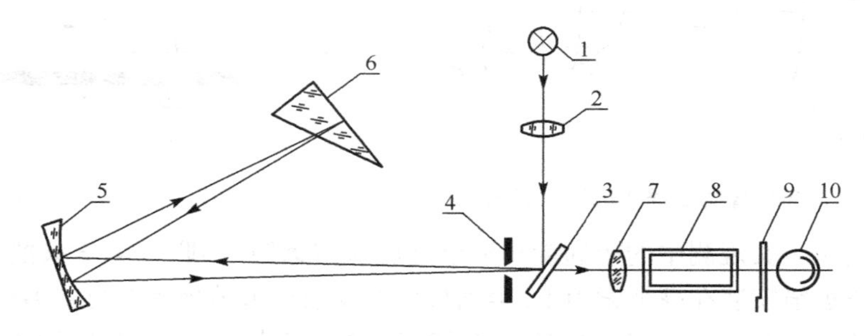

图 9.39　721 型分光光度计光路图

1. 光源灯　2. 聚光透镜　3. 反射镜　4. 狭缝　5. 准直镜
6. 色散棱镜　7. 聚光透镜　8. 比色器　9. 光门　10. 光电管

本章小结

1. 普通光源发光特点

原子发光是断续的，每次发光形成一长度有限的波列. 各原子各次发光相互独立，各波列互不相干.

2. 光程

与在折射率为 n 的介质中的几何路程 x 相对应的光程为 nx；

$$\text{相位差} = 2\pi\,\frac{\text{光程差}}{\lambda}\quad(\lambda\text{ 为真空中波长})$$

半波损失相当于 $\frac{\lambda}{2}$ 的光程，透镜不引起附加的光程差.

3. 光的干涉

获得相干光的方法有分波阵面法和分振幅法两种.

(1) 杨氏双缝干涉，属分波阵面法. 干涉条纹是等间距的直条纹，条纹间距 $\Delta x = \frac{D}{d}\lambda$.

(2) 薄膜干涉，属分振幅法. 光垂直照射在薄膜上、下表面反射的光为相干光. 将薄膜置于空气中，反射加强时有

$$\delta = 2n_2 e - \frac{\lambda}{2} = k\lambda,\qquad k = 0,1,2,\cdots$$

反射减弱时有

$$\delta = 2n_2 e - \frac{\lambda}{2} = (2k+1)\,\frac{\lambda}{2},\qquad k = 0,1,2,\cdots$$

4. 光的衍射

(1) 单缝夫琅禾费衍射:当单色光垂直入射时,衍射暗纹中心位置有

$$a\sin\theta = \pm k\lambda,\quad k = 1,2,\cdots$$

(2) 光栅衍射:在黑暗的背景上显现窄细明亮的谱线. 缝数越多,谱线越细越亮. 单色光垂直入射时,主极大的位置满足

$$d\sin\theta = \pm k\lambda,\quad k = 0,1,2,\cdots$$

谱线强度受单缝衍射调制,有时会出现缺级现象.

(3) 光学仪器分辨本领:这是仪器对两相邻物点产生分开像的能力的衡量. 最小分辨角

$$\theta_m = 1.22\frac{\lambda}{d}$$

5. 光的偏振

光波是横波,具有自然光、线偏振光、部分偏振光、椭圆偏振光和圆偏振光五种偏振态. 可用偏振片产生和检验线偏振光.

马吕斯定律: $I = I_0\cos^2\alpha$.

也可用反射光产生线偏振光

布儒斯特定律: $\tan i_0 = n_{21}$.

6. 光和视觉

人眼对不同的波长的光波具有不同的灵敏度.

三原色原理:W=R+G+B.

思 考 题

1. 为什么要引入光程的概念? 如何理解“光程”? 光程差和相位差的关系是什么?

2. 照相机镜头一般呈淡紫色,试运用光学原理解释此现象.

3. 为什么声波衍射比光波衍射现象显著? 为什么无线电波能绕过建筑物而光波不能? 为什么收音机不管在一楼还是在五楼接收效果一样? 而电视机的接收效果就不一样呢?

4. 在单缝衍射中若做如下一些情况的变动时,屏幕上的衍射条纹如何变化?

(1)用 632.8nm 的氦氖激光代替钠黄光;(2)将整个装置浸入水中,使缝宽 a 不变,而将屏幕右移至新装置的焦平面上;(3)将单缝向上做小位移;(4)将透镜向上做小位移.

5. 你能说出几种测量光波波长的实验吗? 哪种方法测得的波长最精确? 为什么?

6. 光学仪器的分辨本领与哪些因素有关? 如何提高显微镜的分辨率?

7. 什么叫视觉灵敏度? 人眼对哪种波长的光最敏感?

8. 为什么天文望远镜的直径做得很大? 用显微镜对物体做显微摄影时,为什么用波长较短的光照效果较好?

9. 有哪些方法可以获得线偏振光?

10. 某束光可能是(1)线偏振光;(2)部分偏振光;(3)自然光. 你如何用实验确定这束光究竟是哪一种光?

11. 根据三原色原理混合成的某种颜色的光谱组成是否单一的? 为什么?

12. 自然光不能通过两个正交的偏振片,如果把第三个偏振片放在这两个偏振片之间,是否会

有光通过这三个偏振片？为什么？

13. 光在某两种介质界面上的临界角是45°，它在界面同一侧的起偏振角是多少？

14. 什么是o光和e光？它们是否为相干光？两者在同一种晶体中的折射率是否相同？振动方向是否相同？

15. 什么是旋光现象？什么是旋光物质？

习　题　9(A)

1. 用白光光源进行双缝实验，若用一个纯红色的滤光片遮盖一条缝，用一个纯蓝色的滤光片遮盖另一条缝，则　[　　]

(A)干涉条纹的宽度将发生改变.

(B)产生红光和蓝光两套彩色干涉条纹.

(C)干涉条纹的亮度将发生改变.

(D)不产生干涉条纹.

2. 一束白光垂直照射在一双缝上，在形成的同一级干涉光谱中，偏离中央明纹最远的是　[　　]

(A)绿光.　　(B)红光.　　(C)黄光.　　(D)紫光.

3. 一束波长为λ的单色光由空气垂直入射到折射率为n的透明薄膜上，透明薄膜放在空气中，要使反射光得到干涉加强，则薄膜最小的厚度为　[　　]

(A)$\lambda/4$.　　(B)$\lambda/(4n)$.　　(C)$\lambda/2$.　　(D)$\lambda/(2n)$.

4. 在双缝干涉实验中，所用光波波长$\lambda=5.461\times10^{-4}$ mm，双缝与屏间的距离$D=300$mm，双缝间距为$d=0.134$mm，则中央明条纹两侧的两个第三级明条纹之间的距离为________.

5. 在双缝干涉实验中，两缝间距离为0.2mm，双缝与屏幕相距2m，波长$\lambda=5500$Å的平行单色光垂直照射到双缝上，求：

(1)中央明纹两侧的两条第10级明纹中心的距离.

(2)用一厚度为$e=6.6\times10^{-6}$m薄的云母片($n=1.58$)覆盖其中的一条狭缝，零级明纹将移到原来的第几明纹处？

6. 白光垂直照射到空气中一厚度为$e=3800$Å的肥皂膜上，肥皂膜的折射率$n=1.33$，在可见光的范围内(4000～7600Å)，哪些波长的光在反射中增强？

7. 在折射率$n=1.50$的玻璃上，镀上$n'=1.35$的透明介质膜，入射波垂直于介质膜表面照射，观察反射光的干涉，发现对$\lambda_1=6000$Å的波长干涉相消，对$\lambda_2=7000$Å的波长干涉相长. 且在6000Å到7000Å之间没有别的波长是最大限度相消或相长的情形，求所镀介质膜的厚度？

习　题　9(B)

1. 波长为λ的单色光垂直入射在缝宽$a=4\lambda$的单缝上，对应于衍射角$\theta=30°$，单缝处的波面可划分为半波带的数目为　[　　]

(A)2个.　　(B)4个.　　(C)6个.　　(D)8个.

2. 波长$\lambda=5500$Å的单色光垂直入射于光栅常数$d=2\times10^{-4}$ cm的平面衍射光栅上，可能观

察到的光谱线的最大级次为 [ ]

(A)2. (B)3. (C)4. (D)5.

3. 用波长 $\lambda=632.8\text{nm}$ 的平行光垂直入射在单缝上，缝后用焦距 $f=50\text{cm}$ 的凸透镜把衍射光会聚于焦平面上. 测得中央明条纹的宽度为 3.4mm，则单缝的宽度 $a=$__________mm.

4. 在单缝夫琅禾费衍射实验中，观察屏上第 3 级暗纹所对应的单缝处波阵面可划分为__________个半波带. 若将缝宽缩小一半，原来第三级暗纹处将是__________.

5. 在用白光做单缝夫琅禾费衍射的实验中，测得波长为 λ 的第 3 级明纹中心与波长为 $\lambda'=6300\text{Å}$ 的红光的第 2 级明纹中心相重合. 求波长 λ.

6. 一束平行光垂直入射到某个光栅上，该光束有两种波长的光，$\lambda_1=440\text{nm}$，$\lambda_2=660\text{nm}$，实验发现，两种波长的谱线(不计中央明纹)第二次重合于衍射角 $\theta=60°$ 的方向上，求此光栅的光栅常数 d.

7. $\lambda=0.5\mu\text{m}$ 的单色光垂直入射到光栅上，测得第三级主极大的衍射角为 30°，且第四级为缺级. 求：

(1)光栅常数 d；

(2)透光缝最小宽度 a；

(3)对上述 a、d 屏幕上可能出现的谱线数目.

习 题 9(C)

1. 一束自然光自空气射向一块平板玻璃(题图 9.1)，设入射角等于布儒斯特角 i_0，则在界面 2 的反射光是 [ ]

(A)自然光.

(B)完全偏振光且光矢量的振动方向垂直于入射面.

(C)完全偏振光且光矢量的振动方向平行于入射面.

(D)部分偏振光.

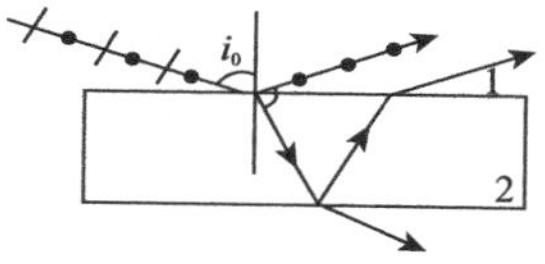

题图 9.1

2. 应用布儒斯特定律可以测介质的折射率，测得此介质的起偏振角 $i_0=60°$，这种物质的折射率为__________.

3. 两个偏振片叠放在一起，强度为 I_0 的自然光垂直入射其上，若通过两个偏振片后的光强为 $\frac{I_0}{8}$，则此两偏振片的偏振化方向间的夹角(取锐角)是__________，若在两偏振片之间再插入一片偏振片，其偏振化方向与前后两个偏振片的偏振化方向的夹角(取锐角)相等. 则通过三个偏振片后的透射光强度为__________.

4. 一束光线入射到光学单轴晶体后，成为两束光线，沿着不同方向折射，这样的现象称为双折射现象. 其中一束折射光成为寻常光，它__________；另一束光线成为非常光，它__________.

5. 将两个偏振片叠放在一起，此两偏振片的偏振化方向之间的夹角为 60°，一束光强为 I_0 的线偏振光垂直入射到偏振片上，该光束的光矢量振动方向与二偏振片的偏振化方向皆成 30°角.

(1)求透过每个偏振片后的光束强度；

(2)若将原入射光束换为强度相同的自然光，求透过每个偏振片后的光束强度.

6. 用两偏振片装成起偏器和检偏器. 在它们偏振化方向成 30°角时，观测一光源，又在 60°角时，观测同一位置处的另一光源，两次所得的强度相等. 求两光源的强度之比.

物理科技

I　激光技术

激光英文全名为 light amplification by stimulated emission of radiation (laser)，于1960年面世，是一种因刺激产生辐射而强化的光. 激光具有单色性好、方向性强、亮度高等特点. 现已发现的激光工作物质有几千种，波长范围从软X射线到远红外.

一、激光产生的原理

任何具有发光能力的物质都可以认为是由一些基本的微观粒子(原子、分子、离子等)所组成的. 这些组成物质的粒子可分别处于具有不同能量的状态中，换句话说，可分别处于具有不同能量水平的能级上. 一般情况下，粒子的能量状态的分布是不连续的，因此粒子的能级分布也是分立的. 当粒子所处于的能量状态发生变化，或者说当粒子从一个能级向另外一个能级发生跃迁时，必然伴随着该粒子与其本身以外的其他客体(包括其他粒子、外部光场、外部声场等)发生作用与交换能量的过程. 这里只考虑粒子与外界光场之间的相互作用与交换能量过程：当粒子由较高能级向较低能级跃迁时发射出光子；反之，当粒子由较低能级向较高能级跃迁时吸收光子.

1. 自发辐射与受激辐射

自发辐射是在没有任何外界作用下，激发态原子自发地从高能级向低能级跃迁，同时辐射出个光子. 处于高能级上的原子，受到外来光子的激励，由高能级受迫跃迁到低能级，同时辐射出一个与激励光子全同的光子，称为受激辐射.

对于一个已经处于较高能级上的粒子而言，它可以两种方式向较低能级跃迁并同时发射出一个光子：一种是以不依赖于外界光场存在与否，自发地发射出一个光子，即自发辐射过程. 如图 T9.1(a)所示；另外一种方式是在一定频率的外界光场(光子)作用下，被迫或受激地发射出一个光子的过程，即受激辐射过程，如图 T9.1(b)所示. 两种情况下所发射出的光子性质有所区别：自发辐射出的光子，在其传播方向、偏振等特性方面具有随机

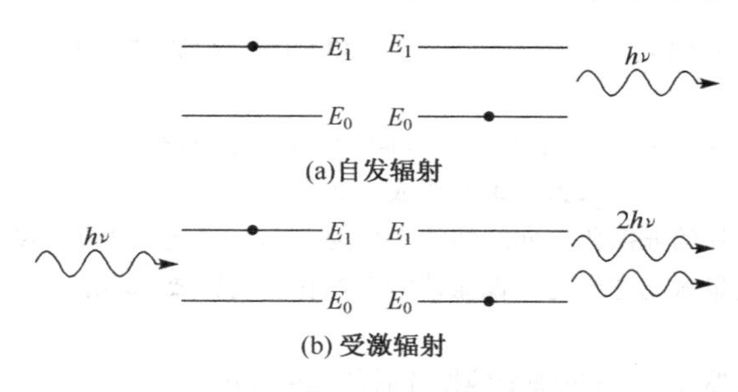

图 T9.1　自发辐射和受激辐射

性质;而受激辐射出的光子,其频率、传播方向、偏振等特性则保持与入射光子全同.

2. 粒子数反转

受激吸收与低能级的原子数成正比,受激辐射与高能级的原子数成正比.当高能级的原子数远小于低能级的原子数时发生受激辐射远少于发生受激吸收,是不可能实现光放大的.要实现光放大,必须采取特殊措施,打破原子数在热平衡下的玻尔兹曼分布,使高能级的原子数大于低能级的原子数.我们称体系的这种状态为粒子数反转(或“负温度”体系).所以,产生激光的首要条件是实现粒子数反转.能够实现粒子数反转的介质称为激活介质.要造成粒子数反转分布,首先要求介质有适当的能级结构,其次还要有必要的能量输入系统.供给低能态的原子以能量,促使它们跃迁到高能态去的过程称为抽运过程.

3. 光学谐振腔

在激光器中利用光学谐振腔来形成所要求的强辐射场,使辐射场能量密度远远大于热平衡时的数值,从而使受激辐射概率远远大于自发辐射概率.光学谐振腔的主要部分是两个互相平行的并与激活介质轴线垂直的反射镜,有一个是全反射镜,另一个是部分反射镜.在外界通过光、热、电、化学或核能等各种方式的激励下,谐振腔内的激活介质将会在两个能级之间实现粒子数反转.这时产生受激辐射,在产生的受激辐射光中,沿轴向传播的光在两个反射镜之间来回反射、往复通过,已实现了粒子数反转的激活介质,不断引起新的受激辐射,使轴向行进的该频率的光得到放大,这个过程称为光振荡.这是一种雪崩式的放大过程,使谐振腔内沿轴向的光骤然增强,所以辐射场能量密度大大增强,受激辐射远远超过自发辐射.这种受激的辐射光从部分反射镜输出,它就是激光.沿其他方向传播的光很快从侧面逸出谐振腔,不能被继续放大.而自发辐射产生的频率也得不到放大.因此,从谐振腔输出的激光具有很好的方向性和单色性.

二、激光的特点

由于激光器的工作原理是基于特定能级间粒子数反转体系的受激辐射过程,因此就决定了它所发出的激光辐射具有一系列与普通光辐射不同的鲜明特点.

1. 高定向性

由激光器发射出的激光辐射以定向光束的方式(几乎是不发散)沿空间极小的立体角范围(一般为 $10^{-5}\sim10^{-8}$ 球面度)向前传输.激光的高定向性,主要是由受激辐射放大机理和光学共振腔的方向限制作用(限横模作用)所定的.

2. 高单色性

由激光器发射出的激光辐射能量,通常只集中在十分窄的频率(光谱)范围内,因此具有很高的单色性.这首先是因为工作物质的粒子数反转只能在有限的能级之间发生,因此相应的激光发射也只能在有限的光谱线(带)范围产生;其次是即使在上述光谱范围内,也不是全部频率都能产生激光振荡,由于光学共振腔内多光束干涉引起的共振选择作用(限纵模作用),使得真正能产生振荡的激光频率范围进一步受到更大程度的压缩.

3. 高亮度

光源的亮度,是表征光源定向发光能力强弱的一个重要参量指标,它定义为光源单位发光表面沿给定方向上单位立体角内发出的光功率的大小.普通光源的亮度值相当低,例如对自然界中最强的光源太阳而言,其发光亮度值大约为 $L \approx 10^3\,\mathrm{W/(cm^2 \cdot sr)}$ 数量级;而目前大功率激光器的输出亮度,可高达 $L \approx 10^{10} \sim 10^{17}\,\mathrm{W/(cm^2 \cdot sr)}$ 数量级左右.

4. 高光子简并度

按照辐射的量子理论,可以认为光辐射场是一群光子的集合.而占据着空间一定体积、一定立体角和一定频率范围的光子集合,又是分别处于一定数目的彼此可以区分开的量子状态(或称模式)之内;每个量子状态内的平均光子数,定义为光子简并度,它表示有多少个性质全同的光子(它们具有相同的能量、动量和偏振)共处于一个量子状态之内.对太阳来说,在可见光谱区的光子简并度大约为 $10^{-3} \sim 10^{-2}$ 数量级左右;对其他各种人造光源来说,光子简并度数值也远小于1.对于激光器而言,由于光学共振腔对激光振荡模式有较强的限制作用(见激光共振腔技术),从而可使输出激光辐射的光子简并度达到较高的数值,例如对于大功率激光器而言,输出光子简并度可高达 $10^{14} \sim 10^{17}$ 数量级.

5. 高相干性

由于激光具有高单色性和高定向性特点,因此从经典电磁场的观点来看,激光辐射比较接近于理想的单色平面波(不聚焦时)或单色球面波(聚焦时),即比较接近于理想的完全相干的电磁波场.光场的纵向相干长度由其单色性决定(与光谱线的频宽成反比),单色性越好则纵向相干长度越长,对激光而言,由于其谱线宽度可压缩到非常窄的程度,因此纵向相干长度可大幅度提高.综上所述,激光的高相干性,主要是由其高定向性和高单色性所决定的.

三、激光技术的应用

1. 激光在工业上的应用

(1) 激光在加工工业的应用

利用激光的高亮度和高定向性的特点,可以把激光辐射能量集中在较小的一定空间范围内，从而获得比较大的光功率密度，产生几千摄氏度到几万摄氏度以上的高温，在此高温下，任何金属和非金属材料都会迅速熔化或者汽化，因此可利用激光进行多种特殊的非接触特种加工作业. 由于激光的空间控制性和时间控制性很好，对加工对象的材质、形状、尺寸和加工环境的自由度都很大，特别适用于自动化加工. 激光加工系统与计算机数控技术相结合可构成高效自动化加工设备，这已成为企业实行适时生产的关键技术，为优质、高效和低成本的加工生产开辟了广阔的前景.

(2) 激光在化学工业中的应用

在化学工业中，利用激光的高亮度、高单色性和可调谐等特点，可以对特定的化学反应进行控制，从而实现光学催化、光学聚合、光学合成、光学提纯和光学分离等过程.

在大型装备和建筑施工中，激光准直与定向技术有广泛而富有成效的应用. 例如，利用氦氖激光器制成的激光指向仪、激光铅直仪、激光水准仪和激光经纬仪等，在大型船舶制造、大型建筑和筑路施工、管道和电缆铺设以及隧道开凿和矿井掘进等工程中，应用效果都很好.

2. 激光在农业、生物学和医学上的应用

在农业方面，利用激光辐射作用可达到选择和培育优良品种的目的. 利用激光还可以研究植物从发芽直到成熟结籽的各种基本过程以及光合作用的基本机理，以及研究病虫害的发生发展规律及防治方法、各种农副产品的保管方法. 此外，还可以利用激光遥测对农作物产量进行估算和预报等.

在医学领域，随着激光技术的出现，一种新型的以激光为基础的医疗和诊断手段得到了迅速的发展，激光治疗的方式包括辐照、烧灼、汽化、焊接、光刀切割以及光针针灸等. 激光美容是经过产生高能量、聚焦准确、具有一定穿透力的单色光，作用于人体组织而在部分产生高热量从而达到去除或毁坏目的组织的目的，目前，除了临床治疗外，激光还可作为研究医学和生物学课题的有效工具.

3. 激光通信

激光是一种光频波段的相干电磁波辐射，因此自然可以利用激光作为光频电磁载波而传递各种信息. 激光通信的优点主要是：传送信息容量大、通信距离远、保密性高以及抗干扰性强. 激光通信可分为地面大气通信、宇宙空间通信和光学纤维通信等几大类.

在地球大气层外的宇宙空间，激光束基本上不受任何衰减和干扰影响，因此可实现极远距离间的定向通信联系.

利用激光的高定向、高亮度以及可沿空间不同方向和不同位置进行精细扫描的特性，人们可实现激光传真通信，即把图片、文件、样本、字迹等信息，通过激光束的

扫描作用而转变为被调制了的电信号发送出去，在接收端通过解调制作用和显示设备，再把所传送的图像信号复现出来.激光传真技术可应用于书写电话、书写电报以及报纸、文件、样本等图像文字信息的快速远距离传输.在电视和录像技术中，可利用定向的激光束扫描代替定向的电子束扫描，从而实现高空间分辨、高保真的图像显示；此外还可利用红外激光扫描在黑暗环境中进行录像.

基于定向激光束扫描记录和扫描检测的原理，人们还制成了商品化的视频录像盘，利用一张普通唱片大小但却是特制的塑料膜盘，可记录约一小时的电视节目或录像节目，然后借助激光检测设备，可把塑料膜盘录下的节目随时在电视机上复映出来.

4. 激光雷达和激光精密测量

尽管现代无线电和微波雷达已发展到非常完善的程度，并已取得十分明显的成就，但在某些情况下，它们仍存在一定的局限性和不足.这主要表现在雷达系统的测距与方位测量精度受到脉冲宽度和载波波长等因素的限制；由于受到地面假回波影响而不能很好地探测地面和低空目标；此外，普通雷达还很容易受到各种电磁干扰和核爆炸等因素的干扰.

激光技术出现后，利用高亮度、高定向性和脉冲持续时间十分短的激光束来代替普通雷达的微波或无线电波射束，可以大幅度提高测距和测方位精度.激光雷达与测距的另一个优点，是可以不受地面假回波影响而测量各种地面和低空目标，从而填补了普通雷达的低空盲区空白.此外，激光雷达与测距完全不受各种电磁干扰，不但使目前已有的各种雷达干扰手段完全失效，而且还可突破诸如导弹再入弹头周围等离子体层的屏蔽作用，或者核爆炸产生的电离云的干扰作用.

Ⅱ 光谱技术

光谱(spectrum)是复色光经过色散系统(如棱镜、光栅)分光后，被色散开的单色光按波长(或频率)大小而依次排列的图案，全称为光学频谱.光谱中最大的一部分可见光谱是电磁波谱中人眼可见的一部分，在这个波长范围内的电磁辐射被称作可见光.光谱并没有包含人类大脑视觉所能区别的所有颜色，譬如褐色和粉红色.

光谱是电磁辐射按照波长的有序排列，根据实验条件的不同，各个辐射波长都具有各自的特征强度.通过光谱的研究，人们可以得到原子、分子等的能级结构、能级寿命、电子的组态、分子的几何形状、化学键的性质、反应动力学等多方面物质结构的知识.但是，光谱学技术并不仅是一种科学工具，在化学分析中它也提供了重要的定性与定量的分析方法.

一、光谱的分类

复色光经过色散系统(如棱镜、光栅)分光后,按波长(或频率)的大小依次排列的图案.例如,太阳光经过三棱镜后形成按红、橙、黄、绿、蓝、靛、紫次序连续分布的彩色光谱.红色到紫色,相应于波长由7700Å～3900Å的区域,是为人眼所能感觉的可见光部分.红端之外为波长更长的红外光,紫端之外则为波长更短的紫外光,都不能为人眼所觉察,但能用仪器记录.

因此,按波长区域不同,光谱可分为红外光谱、可见光谱和紫外光谱;按产生的本质不同,可分为原子光谱、分子光谱;按产生的方式不同,可分为发射光谱、吸收光谱和散射光谱;按光谱表观形态不同,可分为线状光谱、带状光谱和连续光谱.

1. 线状光谱

线状光谱由狭窄谱线组成.单原子气体或金属蒸气所发的光波均有线状光谱,故线状光谱又称原子光谱.当原子能量从较高能级向较低能级跃迁时,就辐射出波长单一的光波.严格说来这种波长单一的单色光是不存在的,由于能级本身有一定宽度和多普勒效应等原因,原子所辐射的光谱线总会有一定宽度(见谱线增宽),即在较窄的波长范围内仍包含各种不同的波长成分.原子光谱按波长的分布规律反映了原子的内部结构,每种原子都有自己特殊的光谱系列.通过对原子光谱的研究可了解原子内部的结构,或对样品所含成分进行定性和定量分析.

2. 带状光谱

带状光谱由一系列光谱带组成,它们是由分子所辐射,故又称分子光谱.利用高分辨率光谱仪观察时,每条谱带实际上是由许多紧挨着的谱线组成.带状光谱是分子在其振动和转动能级间跃迁时辐射出来的,通常位于红外或远红外区.通过对分子光谱的研究可了解分子的结构.

3. 连续光谱

连续光谱是包含一切波长的光谱,赤热固体所辐射的光谱均为连续光谱.同步辐射源(见电磁辐射)可发出从微波到X射线的连续光谱,X射线管发出的轫致辐射部分也是连续光谱.

二、光谱分析

由于每种原子都有自己的特征谱线,因此可以根据光谱来鉴别物质和确定它的化学组成.这种方法叫作光谱分析.

做光谱分析时,可以利用发射光谱,也可以利用吸收光谱.这种方法的优点是非常灵敏而且迅速. 某种元素在物质中的含量达10^{-10}g,就可以从光谱中发现它的特征谱线,因而能够把它检查出来.

光谱分析在科学技术中有广泛的应用. 例如,在检查半导体材料硅和锗是不是达到了高纯度的要求时,就要用到光谱分析. 在历史上,光谱分析还帮助人们发现了许多新元素. 例如,铷和铯就是从光谱中看到了以前所不知道的特征谱线而被发现的. 光谱分析对于研究天体的化学组成也很有用. 十九世纪初,在研究太阳光谱时,发现它的连续光谱中有许多暗线. 仔细分析这些暗线,把它跟各种原子的特征谱线对照,人们就知道了太阳大气层中含有氢、氦、氮、碳、氧、铁、镁、硅、钙、钠等几十种元素.

复色光经过色散系统分光后按波长的大小依次排列的图案,如太阳光经过分光后形成按红、橙、黄、绿、蓝、靛、紫次序连续分布的彩色光谱. 有关光谱的结构、发生机制、性质,以及其在科学研究、生产实践中的应用已经累积了很丰富的知识并且构成了一门很重要的学科——光谱学. 光谱学的应用非常广泛,每种原子都有其独特的光谱,犹如人们的"指纹"一样各不相同. 它们按一定规律形成若干光谱线系. 原子光谱线系的性质与原子结构是紧密相联的,是研究原子结构的重要依据. 应用光谱学的原理和实验方法可以进行光谱分析,每一种元素都有它特有的标识谱线,把某种物质所生成的明线光谱和已知元素的标识谱线进行比较就可以知道这些物质是由哪些元素组成的,用光谱不仅能定性分析物质的化学成分,而且能确定元素含量的多少. 光谱分析方法具有极高的灵敏度和准确度. 在地质勘探中利用光谱分析就可以检验矿石里所含微量的贵重金属、稀有元素或放射性元素等. 用光谱分析速度快,大大提高了工作效率. 还可以用光谱分析研究天体的化学成分以及校定长度的标准原器等.

三、光谱技术

利用光与物质相互作用是研究物质结构的物理特性和化学结构性质的一种重要方法. 红外光谱技术可鉴别化合物官能团、测定分子的非对称性、研究化合物的反应机理和缔合作用、研究高分子的链结构分析研究物质的表面和界面成分及结构. 拉曼光谱技术,在物理方面可用于研究晶体的晶格振动和晶格振动模、体内与表面的电磁耦合声子、固体能谱、铁电体相变、半导体的杂质与局域态,以及分子瞬态寿命、相干时间等. 在化学方面可用于鉴别化合物中基团振动模,确定化合物的分子结构、分子对称性等. 顺磁波谱技术可用于一般有机高分子材料结构分析和化学反应过程的机理分析,捕捉带有未耦合电子的反应中间产物,在生物科学方面可用来诊断早期乳腺癌等病理等.

在环境科学方面,广泛应用于大气和海洋环境监测的激光遥感技术是运用激光光谱技术来确定大气成分、浓度及空间分布等,对人类是十分有意义的!

生物学方面，用激光光谱技术可以研究生物分子和细胞等. 例如激光微束仪又称为激光显微镜，是激光器与显微镜相结合的一种光学仪器，可以研究各种DNA分子结构等；拉曼光谱是研究分子振动的有力工具，所以激光拉曼光谱可以研究生物分子的结构和动力学等信息.

医学上，运用激光光谱技术可以治疗各种疾病，比如光敏疗法可进行诊断和治疗癌症；光化学方法应用激光光谱技术治疗皮肤病；激光拉曼光谱可用于检测体内气体等.

光学部分综合习题

1. 如综图 1 所示，折射率为 n_2、厚度为 e 的透明介质薄膜的上方和下方的透明介质的折射率分别为 n_1 和 n_3，知 $n_1<n_2<n_3$. 若用波长为 λ 的单色光垂直入射到该薄膜上，则从薄膜上、下两表面反射的光束(用①与②示意)的光程差是 [ ]

综图 1

(A) $2n_2e$. (B) $2n_2e-\dfrac{\lambda}{2}$. (C) $2n_2e-\lambda$. (D) $2n_2e-\dfrac{\lambda}{2n_2}$.

2. 真空中波长为 λ 的单色光，在折射率为 n 的均匀透明介质中，从 A 点沿某一路径传播到 B 点，路径的长度为 l. A、B 两点光振动相位差记为 $\Delta\varphi$，则 [ ]

(A) $l=\dfrac{3\lambda}{2}$，$\Delta\varphi=3\pi$. (B) $l=\dfrac{3\lambda}{2n}$，$\Delta\varphi=3n\pi$.

(C) $l=\dfrac{3\lambda}{2n}$，$\Delta\varphi=3\pi$. (D) $l=\dfrac{3n\lambda}{2}$，$\Delta\varphi=3n\pi$.

3. 在双缝干涉实验中，两缝隙间距离为 d，双缝与屏幕之间的距离为 $D(D\gg d)$. 波长为 λ 的平行单色光垂直照射到双缝上. 屏幕上干涉条纹中相邻暗纹之间的距离是 [ ]

(A) $\dfrac{2\lambda D}{d}$. (B) $\dfrac{\lambda d}{D}$. (C) $\dfrac{dD}{\lambda}$. (D) $\dfrac{D\lambda}{d}$.

4. 使一光强为 I_0 的平面偏振光先后通过两个偏振片 P_1 和 P_2. P_1 和 P_2 的偏振化方向与原入射光光矢量振动方向的夹角分别是 α 和 $90°$，则通过这两个偏振片后的光强 I 是 [ ]

(A) $\dfrac{1}{2}I_0\cos^2\alpha$. (B) 0. (C) $\dfrac{1}{4}I_0\sin^2 2\alpha$. (D) $\dfrac{1}{4}I_0\sin^2\alpha$.

5. 一束光强为 I_0 的自然光，相继通过三个偏振片 P_1、P_2、P_3 后，出射光的光强为 $I=\dfrac{I_0}{8}$. 已知 P_1 和 P_3 的偏振化方向相互垂直，若以入射光线为轴，旋转 P_2，要使出射光的光强为零，最少要转过的角度是 [ ]

(A) $30°$. (B) $45°$. (C) $60°$. (D) $90°$.

6. 某种透明介质对于空气的临界角(指全反射)等于 $45°$，光从空气向此介质的布儒斯特角是 [ ]

(A) $35.3°$. (B) $40.9°$. (C) $45°$. (D) $54.7°$.

7. 自然光以 $60°$ 的入射角照射到不知其折射率的某一透明介质表面时，反射光为线偏振光，则

可知 [ ]

(A)折射光为线偏振光,折射角为 30°.

(B)折射光为部分偏振光,折射角为 30°.

(C)折射光为线偏振光,折射角不能确定.

(D)折射光为部分偏振光,折射角不能确定.

8. 如综图 2 所示,在双缝干涉实验中$\overline{SS_1}=\overline{SS_2}$.用波长为$\lambda$的光照射双缝$S_1$和$S_2$,通过空气后在屏幕$E$上形成干涉条纹.已知$P$点处为第三级明条纹,则$S_1$和$S_2$到$P$点的光程差为________.若将整个装置放于某种透明液体中,P点为第四级明条纹,则该液体的折射率$n=$________.

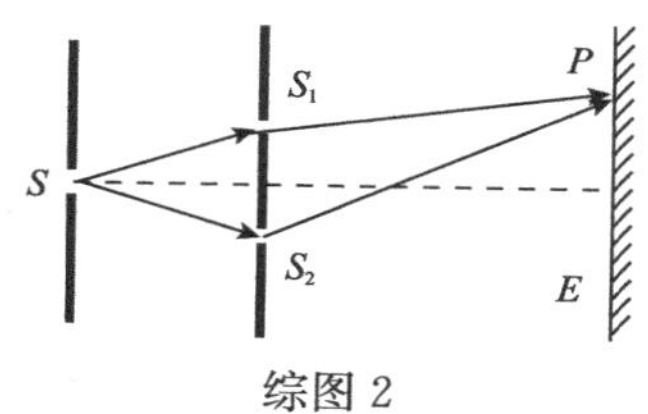

综图 2

9. 一束波长为$\lambda=600\text{nm}$的平行单色光垂直入射到折射率为$n=1.33$的透明薄膜上,该薄膜是放在空气中的.要使反射光得到最大限度的加强,薄膜最小厚度应为________Å.

10. 可见光的波长范围是 400~700nm.用平行的白光垂直入射在平面透射光栅上时,它产生的不与另一级光谱重叠的完整的可见光光谱是第________级光谱.

11. 一束单色光垂直入射在光栅上,衍射光谱中共出现 5 条明纹.若已知此光栅缝宽度与不透明部分宽度相等,那么在中央明纹一侧的两条明纹分别是第________级和第________级谱线.

12. 用波长为λ的单色平行光垂直入射在一块多缝光栅上,其光栅常数$d=3\mu\text{m}$,缝宽$a=1\mu\text{m}$,则在单缝衍射的中央明纹中共有________条谱线(主极大).

13. 平行单色光垂直入射于单缝上,观察夫琅禾费衍射.若屏上P点处为第二级暗纹,则单缝处波面相应地可划分为________个半波带.若将单缝宽度缩小一半,P点将是________级________纹.

14. 薄钢片上有两条紧靠的平行细缝,用波长为$\lambda=546.1\text{nm}$的平面光波正入射到钢片上.屏幕距双缝的距离为$D=2.00\text{m}$,测得中央明条纹两侧的第五级明条纹间的距离为$\Delta x=12.0\text{mm}$.

(1)求两缝间的距离;

(2)从任一明条纹(记作 0)向一边数到第 20 条明条纹,共经过多少距离?

15. 在某个单缝衍射实验中,光源发出的光含有两种波长λ_1和λ_2,并垂直入射于单缝上.假如λ_1的第一级衍射极小与λ_2的第二级衍射极小相重合,试问:

(1)这两种波长之间有何关系?

(2)在这两种波长的光所形成的衍射图样中,是否还有其他极小相重合?

第 10 章 波粒二象性

19 世纪末一系列重大发现，揭开了近代物理学的序幕. 1900 年普朗克(Planck)为了克服经典理论解释黑体辐射规律的困难，引入了能量子概念，为量子理论奠下了基石. 随后，爱因斯坦针对光电效应实验与经典理论的矛盾，提出了光量子假说，并在固体比热问题上成功地运用了能量子概念，为量子理论的发展打开了局面. 以后，玻尔(N. Bohr)、索末菲(Sommerfeld)和其他许多物理学家为发展量子理论花了很大力气，却遇到了严重的困难. 要从根本上解决问题，只有待于新的思想——波粒二性象. 光的波粒二象性早在 1905 年和 1916 年就由爱因斯坦提出，并于 1916 年和 1923 年先后得到密立根(R. A. Millikan)光电效应实验和康普顿(A. H. Compton)X 射线散射实验证实，而物质粒子的波粒二象性却晚至 1923 年才由德布罗意(L. de Brodie)提出，后经戴维孙(C. J. Davisson)和革末(L. H. Germer)等在实验上发现电子衍射而证明了物质波的存在.

本章基本要求：

1. 掌握光电效应中入射光频率的影响.
2. 理解光子概念及其对光电效应的解释.
3. 理解光的二象性.
4. 理解实物粒子的波粒二象性.
5. 了解光合作用.

10.1 光电效应

1886 年,赫兹(H. R. Hertz)用紫外线照射加有高电压的两平行金属板的板面,发现极间产生火花放电现象. 1897 年发现电子后,了解到这是由于紫外线从金属板内“打”出电子而引起的. 这种光照射到金属表面时,电子从金属表面逸出的现象称为光电效应. 对这一现象的研究,在历史上对于光的本性的认识和量子论的发展都起到重要的作用.

光电效应的实验装置简图如图 10.1 所示. 图中 GD 为光电管(管内为真空). 当光通过石英窗口照射阴极 K 时,就有电子从阴极表面逸出,这电子叫光电子. 光电子在电场加速下向阳极 A 运动,就形成光电流. 从实验中可得出以下结论:

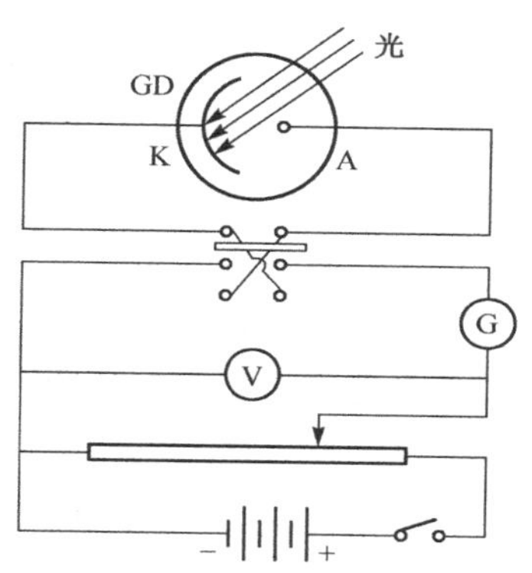

图 10.1 光电效应实验装置简图

第一,从光照开始到光电流出现的弛豫时间 t 非常短,即使光强减弱到 $10^{-10}\,\mathrm{W/m^2}$ 的数量级,弛豫时间 t 也小于 $10^{-9}\,\mathrm{s}$. 也就是说,光电流几乎是在光照到金属表面后立即发出的.

第二,光的频率 ν 与端电压 U 一定时,光电流 i 与光强 I 成正比,也就是说,在光照下从阴极飞出的光电子数与光强成正比.

第三,光的频率 ν 与强度 I 一定时,光电流随加速电压 U 的增加而增加,当加速电压增加到一定值时,光电流不再增加,而达到一饱和值 i_{m} 如图 10.2 所示. 饱和电流 i_{m} 与光强成正比,即饱和光电子数与光强成正比,电压在反向增加时,存在一个使光电流减小到零的反向截止电压 U_{c},它与光强无关,即光电子初动能有一与光强无关的上限

$$\frac{1}{2}mv_{\mathrm{m}}^{2} = eU_{\mathrm{c}} \tag{10-1}$$

其中 m 和 e 分别是电子的质量和电量,v_{m} 是光电子逸出金属表面时的最大速度.

第四,截止电压 U_{c} 和入射光的频率 ν 有关,如图 10.3 所示. 不同的曲线是对不同的阴极金属做的. 这一关系为线性关系,可用数学式表示为

$$U_{\mathrm{c}} = K\nu - U_0 \tag{10-2}$$

式中,K 是直线的斜率,是与金属材料无关的一个普适恒量. 对不同金属来说,U_0 的量值不同;而对同一金属,U_0 为恒量. 将(10-1)式代入(10-2)式中有

$$\frac{1}{2}mv_{\mathrm{m}}^{2} = eK\nu - eU_0 \tag{10-3}$$

此式表明:光电子的初动能随入射光的频率 ν 线性地增加,而与入射光的强度无关.

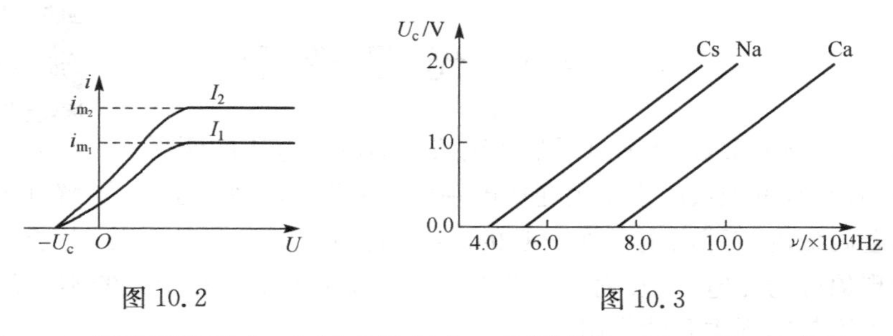

图 10.2　　图 10.3

从(10-3)式还可以看出，入射光的频率 ν 必须满足 $\nu > U_0/K$ 的条件，$\nu_0 = U_0/K$ 称为光电效应的红限频率. 实验表明，不同的物质具有不同的红限频率. 当光照射某一给定金属时，无论光的强度如何，如果入射光的频率小于这一金属的红限频率 ν_0，就不会产生光电效应.

上述光电效应的实验事实和光的波动说的基本概念有着深刻的矛盾. 按照经典电磁理论，波传递的能量正比于它的强度，即正比于振幅的平方，而与频率无关. 但从以上光电效应实验的几个结论可知，光的频率才是决定性的因素.

10.2　光子与光的二象性

光电效应是 1905 年爱因斯坦首先加以圆满解释的. 他在普朗克提出的量子概念的基础上提出了光子理论. 该理论认为，光在空间传播时，也具有粒子性. 一束光就是一束以光速运动的粒子流. 这些粒子称为光量子，简称光子. 不同颜色的光的光子的能量不同. 频率为 ν 的光的一个光子具有的能量为

$$\varepsilon = h\nu \tag{10-4}$$

其中 h 是普朗克常量，国际科学技术数据委员会(CODATA)于 2019 年 6 月 10 日公布的普朗克常量建议值为 $h=6.62607015\times10^{-34}\,\text{J}\cdot\text{s}$.

光子理论对光电效应的解释如下：

用频率为 ν 的单色光照射金属时，一个光子会被一个电子所吸收而使电子动能增加 $h\nu$，动能增大的电子有可能脱离金属表面. 以 A 表示电子从金属表面逸出时克服阻力需要做的功(称逸出功)，则由能量守恒可得一个电子逸出金属表面后的最大动能应为

$$\frac{1}{2}mv_{\mathrm{m}}^2 = h\nu - A \tag{10-5}$$

将上式与(10-3)式相比，完全解释了光电效应的红限频率和截止电压的存在

$$A = eU_0$$
$$\nu_0 = \frac{A}{eK} = \frac{A}{h} \tag{10-6}$$

(10-5)式成功地解释了光电子的动能与入射光频率之间的线性关系. 入射光的强度增加时,光子数也增多,因而单位时间内释出的光电子数目也将随之增加. 这很自然地说明了光电子数与光的强度之间的正比关系. 又根据光子假说,当光照射金属时,一个光子的全部能量将一次地被一个电子所吸收,不需要积累能量的时间,这也自然地说明了光电效应的瞬时性的时间问题. 按照光子理论,如果电子吸收一个光子的能量 $h\nu$ 小于逸出功 A,显然就不能产生光电效应. 而当电子所吸收的能量全部消耗于电子的逸出功时,入射光的频率 ν_0 即为红限频率.

在第 9 章中,我们曾讲过 19 世纪人们认识到光是一种波动. 进入 20 世纪,人们又认识到光是一种粒子(光子). 综合起来,近代关于光的本性的认识是:光既具有波动性,又具有粒子性,即光具有波粒二象性. 在有些情况下(如光在传播过程中),光突出地显示出其波动性,而在另一些情况下(如与物质相互作用),则突出地显示出其粒子性.

光的波动性用光波的波长 λ 和频率 ν 描述,光的粒子性用光子的质量、能量和动量描述. 按照量子理论,光子的能量 ε 为 $h\nu$. 根据相对论的质能关系 $\varepsilon = mc^2$,则光子的质量为

$$m = \frac{h\nu}{c^2} = \frac{h}{\lambda c} \tag{10-7}$$

相对论中粒子质量 m 和速度 v 的关系为

$$m = \frac{m_0}{\sqrt{1-\left(\frac{v}{c}\right)^2}} \tag{10-8}$$

其中 m_0 为粒子的静止质量. 对于光子,$v = c$,而 m 是有限的,所以只有 $m_0 = 0$,即光子是静止质量为零的一种粒子. 但由于光子对于任何参照系都不会静止,所以在任何参照系中光子的质量实际上都不会是零.

光子的动量 $p = mc$,将(10-7)式代入得

$$p = \frac{h}{\lambda} \tag{10-9}$$

(10-4)式和(10-9)式是描述光的性质的基本关系式,式中左侧的量描述光的粒子性,右侧的量描述光的波动性.

例 10.1 波长为 450nm 的单色光射到纯钠的表面上,求(1)这种光的光子的能量和动量;(2)光电子逸出钠表面时的动能;(3)若光子的能量为 2.40eV,其波长为多少(钠的逸出功为 2.28eV)?

解 (1) 光子的能量

$$\varepsilon = h\nu = h\frac{c}{\lambda} = 6.63\times10^{-34}\times\frac{3.00\times10^8}{450\times10^{-9}}$$

$$= 4.42\times10^{-19}(\text{J}) = 2.76(\text{eV})$$

$$(1\text{eV} = 1.60 \times 10^{-19}\text{J})$$

光子的动量

$$p = \frac{h}{\lambda} = \frac{\varepsilon}{c} = \frac{4.42 \times 10^{-19}}{3 \times 10^{8}} = 1.47 \times 10^{-27}(\text{kg} \cdot \text{m/s})$$

(2) 由爱因斯坦方程,有

$$\frac{1}{2}mv_{\text{m}}^{2} = h\nu - A = 2.76 - 2.28 = 0.48(\text{eV})$$

(3) 光子能量为2.40eV时,其波长

$$\lambda = \frac{hc}{\varepsilon} = \frac{6.63 \times 10^{-34} \times 3.00 \times 10^{8}}{2.40 \times 1.60 \times 10^{-19}} = 5.20 \times 10^{-7}(\text{m})$$

例10.2　设有一半径为1.0×10^{3}m的薄圆片,它距光源为1m,此光源的功率为1W,发射波长为5890Å的单色光.试计算在单位时间内落在薄圆片上的光子数.假设光源向各个方向发射的能量是相同的.

解　单位时间内落在圆片上的能量为

$$E = p\frac{S}{4\pi R^{2}} = 1 \times \frac{\pi \times (1.0 \times 10^{-3})^{2}}{4\pi \times 1} = 2.5 \times 10^{-7}(\text{J/s})$$

故单位时间落在圆片上的光子数为

$$N = \frac{E}{h\nu} = \frac{E\lambda}{hc} = \frac{2.5 \times 10^{-7} \times 5.89 \times 10^{-7}}{6.63 \times 10^{-34} \times 3 \times 10^{4}} = 7.4 \times 10^{11}(\text{个/s})$$

即每秒钟有7.4×10^{11}个光子落在圆片上.

1923年康普顿(A. H. Compton)研究了X射线通过物质时向各方向散射的现象.他们在实验中发现,在散射的X射线中,除了有波长与原射线相同的成分外,还有波长较长的成分.这种有波长改变的散射称为康普顿散射(或称康普顿效应).这种散射可以用光子理论加以圆满的解释:只需比爱因斯坦更进一步,假定一个光子不仅有一份能量$E = h\nu$,而且带一份动量$p = \frac{E}{c} = \frac{h\nu}{c} = \frac{h}{\lambda}$,且动量的方向沿着波的传播方向.然后考虑这个光子与一个质量为m的静止的自由电子发生碰撞从而改变了运动方向.假定碰撞是完全弹性的(即同时遵从能量守恒定律和动量守恒定律),则碰撞后(即被散射后)的光子失去了一定额的能量和动量,即波长增大了.

继爱因斯坦对光电效应的解释之后,康普顿的发现进一步证实了电磁辐射的"粒子性",他因此获得1927年诺贝尔物理学奖.在他的研究工作中,中国学者吴有训做出了重要的贡献.

10.3　光合作用

光合作用是将光能转变为稳定化学能的过程,这个过程包括色素对光的吸收、能量传递、反应中心对能量的捕获或稳定、启动从给体分子到受体分子的化学反应.

光合作用的时间范围是很宽的. 吸收一个光子并产生激发态大约需 10^{-15}s，而二氧化碳固定的酶促反应和细胞的合成大约发生在几秒或几分钟内.

从根本上讲，绿色植物的光合作用是从水中移出电子（或氢），并将它们加到二氧化碳上，以形成碳水化合物并释放出作为废物的氧. 这是一个"爬坡"的过程，因此需要叶绿素分子所捕获的能量.

可以把光合作用最初始的阶段看作一个捕获光子的过程. 色素分子捕获光子后处于激发态. 处于激发态的色素分子或是通过不同的途径以无用形式将能量丧失，或是将能量传递给叫反应中心的一种特殊环境下的叶绿素，而光能转变为化学能就是在反应中心进行的. 在反应中心的叶绿素被激发后便放出一个电子而氧化. 由反应中心放出的电子被称为原初受体的另一些化合物所接收，这些化合物便被还原. 由于反应中心吸收一个光子而使一个电子跃迁到受体的较高能级的过程类似于一个水泵把水由低处抽到高处，原初受体可以把电子传递给次级受体，次级受体又可将电子传递给第三个受体……依次类推，这个序列便称为电子的输运. 所有这些次级电子的输运反应都是下坡的. 它们沿着热力学梯度进行，正如水向低处流一样，细菌光合作用只有一个与电子输运系统相连的光转换步骤，而植物利用了两个独立的反应中心，每个反应中心都能克服热力学梯度而把电子提到较高能级.

这两个反应中心是串接在一起的，于是由一个光反应逐出的电子沿着输运链经过若干从一个载体到另一个载体的电子传递而最终到达另一个反应中心. 在这个过程中，电子的能量以形成 NADPH 和 ATP 而作为化学能储存起来，这两个产物是光合作用的高能终产物，它们在固定二氧化碳的暗反应中用来生产碳水化合物(CH_2O).

光合作用的总反应是

$$2H_2O \xrightarrow{h\nu} O_2 + 4e^- + 4H^+$$

$$2NADP^+ + 4e^- + 2H^+ \longrightarrow 2NADPH$$

$$2NADPH + 2H^+ + CO_2 \longrightarrow 2NADP^+ + H_2O + (CH_2O)$$

净反应是

$$CO_2 + H_2O \xrightarrow{h\nu} (CH_2O) + O_2 \quad (\text{需 8 个光子})$$

光合作用是一个在氧化剂二氧化碳（其氧化还原电压为－0.4V左右）和还原剂水（其氧化还原电压约＋0.8V）之间的氧化还原过程，这个过程需要克服约 1.2V 的总梯度把 4 个 e^- 输运到较高的能级. 因此，在光合作用中，把 4 个电子从水移到 CH_2O所需要的能量是 4.8eV.

到达地球的光的波长范围大约是从 290～1100nm. 不同的光合作用生物体中，有着能够在这个波长范围内吸收光的一些色素（见图 10.4）. 细菌中的细菌叶绿素吸

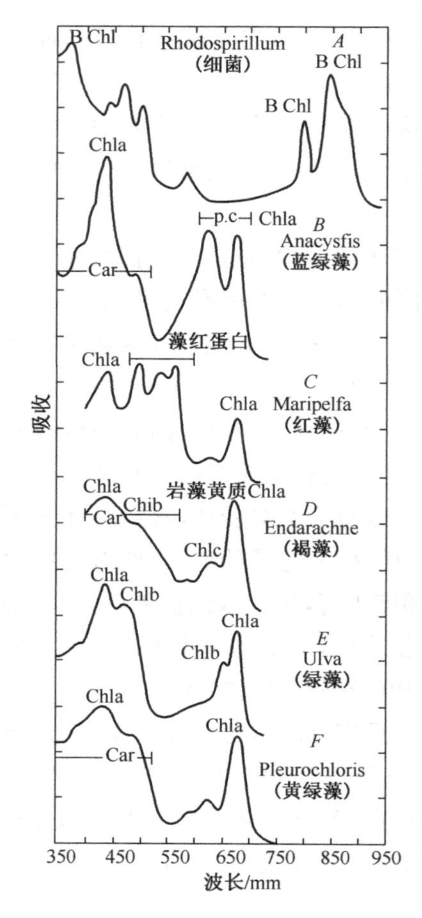

图10.4　对几种主要光合作用生物所测定的活体吸收光谱

图中给出光合作用色素大致的吸收最大值，某些情况下给出吸收范围. Car代表类胡萝卜素，p. c代表藻青蛋白

收近紫外和红外波段的辐射，而藻类和高等植物中的叶绿素在此波段不具有有效吸收. 相反，叶绿素的最大吸收分别在440nm附近的蓝区和680nm附近的红区. 其他光合作用色素如叶绿素b和c、类胡萝卜素、藻红蛋白和藻青蛋白吸收最大值位于400～650nm之间.

10.4　粒子的波动性

1924年法国青年物理学家德布罗意在光的二象性的启发下猜想：自然界在许多方面都是明显地对称的，如果光具有波粒二象性，则实物粒子(如电子)，也应该具有波粒二象性. 在博士论文中，他提出："整个世纪以来，在光学中，比起波动的研究方法来，是过于忽略了粒子的研究方法；在实物粒子的理论上，是否发生了相反的错误，把粒子的图像想得太多，而过分忽视了波的图像呢?"于是，他大胆地提出假设：一切实物粒子也具有波粒二象性. 进一步，他把光子的能量-频率关系式(10-4)式和动量-波长关系式(10-9)式借来，认为一个实物粒子的能量E和动量p和与它相联系的波的频率ν和波长λ的定量关系跟光子一样，也为

$$E = mc^2 = h\nu \tag{10-10}$$

$$p = mv = \frac{h}{\lambda} \tag{10-11}$$

这些公式称为德布罗意公式或德布罗意假设. 与实物粒子相联系的被称为物质波或德布罗意波.

德布罗意是采用类比法提出他的假设的. 当时并没有任何直接的证据. 三年后戴维孙和革末做了电子束在晶体表面上的散射实验，观察到了和X射线衍射相类似的电子衍射现象，首先证实了电子的波动性. 同年，汤姆孙做出了电子束等过多晶薄膜后的衍射现象,如图 10.5 所示. 他在照相屏上得到了和 X 射线通过多晶薄膜后产生的衍射图样相类似的环状衍射图样,从而也证明了电子的波动性,后来又在实验上证实了中子、质子以及原子、分子等都具有波动性,而且证实了德布罗意公式对这些粒子是正确的.

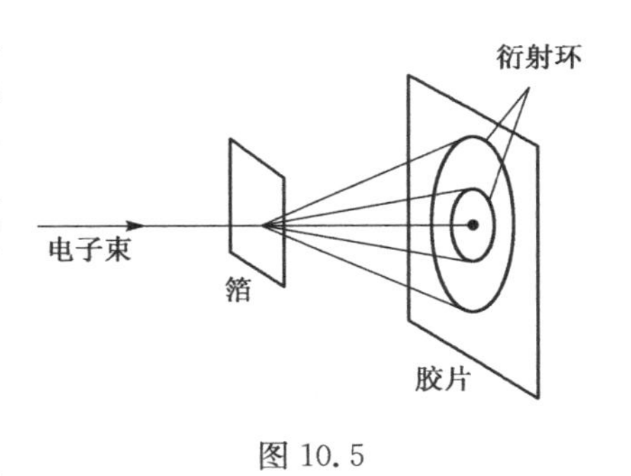

图 10.5

进一步的研究表明,德布罗意波是描述自由粒子运动的波,是量子力学基本方程在自由粒子情形的解. 德布罗意提出的粒子具有波动性的上述猜测,拉开了量子力学的革命序幕,导致薛定谔波动力学的建立. 德布罗意因此获 1929 年诺贝尔物理学奖.

例 10.3 计算电子经过 $U_1=100\text{V}$ 和 $U_2=10000\text{V}$ 的电压加速后的德布罗意波长 λ_1 和 λ_2 分别是多少?

解 经过电压 U 加速后,电子的动能为

$$\frac{1}{2}mv^2 = eU$$

由此得

$$v=\sqrt{\frac{2eU}{m}}$$

根据德布罗意公式,此时电子波的波长为

$$\lambda=\frac{h}{mv}=\frac{h}{\sqrt{2emU}}$$

将已知数据代入得

$$\lambda_1 = 1.23\text{Å},\quad \lambda_2 = 0.123\text{Å}$$

这都和 X 射线的波长相当. 可见一般实验中电子波的波长是很短的,所以观察电子衍射时就需要利用晶体.

例 10.4 计算质量 $m=1\text{g}$、速率 $v=300\text{m/s}$ 的子弹的德布罗意波长.

解 由德布罗意公式可得

$$\lambda=\frac{h}{mv}=\frac{6.63\times10^{-34}}{0.001\times300}=2.21\times10^{-35}(\text{m})=2.21\times10^{-25}(\text{Å})$$

由此可见,宏观物体的波长小到实验难以测量的程度,所以宏观物体的粒子性表现突出.

本章小结

1. 光电效应

爱因斯坦方程:$\frac{1}{2}mv_{\text{m}}^2 = h\nu - A$.

红限频率：$\nu_0 = \dfrac{A}{h}$.

2. 光的波粒二象性

光子能量：$\varepsilon = h\nu$.

光子动量：$p = mc = \dfrac{h}{\lambda}$.

光子质量：$m = \dfrac{\varepsilon}{c^2} = \dfrac{h\nu}{c^2}$.

3. 实物粒子的波粒二象性

粒子的能量：$E = mc^2 = h\nu$.

粒子的动量：$p = mv = \dfrac{h}{\lambda}$.

4. 光合作用

光合作用净反应：$CO_2 + H_2O \xrightarrow{h\nu} (CH_2O) + O_2$　(需8个光子).

思　考　题

1. 在图10.2的光电伏安特性曲线中，当外加电压略大于截止电压$-U_c$时，光电流为什么不会垂直地增加到其饱和值？

2. 光电效应和康普顿效应，都包含电子与光子的相互作用，那么这两个过程有什么不同？

3. 在实验中能否用可见光来观察康普顿效应？为什么？

习　题　10

1. 用频率为ν的单色光照射某种金属时，逸出光电子的最大动能为E_k；若改用频率为2ν的单色光照射此种金属时，则逸出光电子的最大动能为　[　　]

(A)$h\nu+E_k$.　(B)$2h\nu-E_k$.　(C)$h\nu-E_k$.　(D)$2E_k$.

2. 如果两种不同质量的粒子，其德布罗意波长相同，则这两种粒子的　[　　]

(A)动量相同.　(B)能量相同.　(C)速度相同.　(D)动能相同.

3. 电子显微镜中的电子从静止开始通过电势差为U的静电场加速后，其德布罗意波长是0.4Å，则U约为($h=6.63\times10^{-34}$J·s)　[　　]

(A)150V.　(B)330V.　(C)630V.　(D)940V.

4. 在光电效应实验中，测得某金属的遏止电压$|U_c|$与入射光频率ν的关系曲线如题图10.1所示，由此可知该金属的红限频率$\nu_0=$__________Hz；逸出功$A=$__________eV.

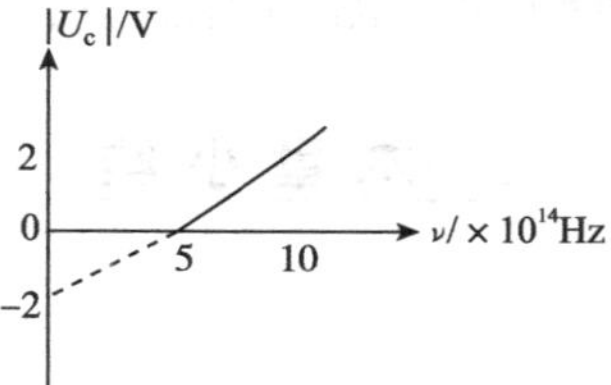

题图10.1

5. 光电管的阴极用逸出功为 $A=2.2\text{eV}$ 的金属制成，现用一单色光照射此光电管，阴极发射出光电子，测得遏止电势差为 $|U_c|=5.0\text{V}$，试求：

(1)光电管阴极金属的光电效应红限波长；

(2)入射光波长.

(普朗克常量 $h=6.63\times10^{-34}\text{J}\cdot\text{s}$，基本电荷 $e=1.6\times10^{-19}\text{C}$.)

6. 以波长 $\lambda=410\text{nm}$ 的单色光照射某一金属，产生的光电子的最大动能 $E_K=1.0\text{eV}$，求能使该金属产生光电效应的单色光的最大波长是多少(普朗克常量 $h=6.63\times10^{-34}\text{J}\cdot\text{s}$)?

7. 当电子的得布罗意波长与可见光波长($\lambda=5500\text{Å}$)相同时，求它的动能是多少电子伏特(电子质量 $m_e=9.11\times10^{-31}\text{kg}$，普朗克常量 $h=6.63\times10^{-34}\text{J}\cdot\text{s}$，$1\text{eV}=1.6\times10^{-19}\text{J}$)?

物理科技

同步辐射技术

1947年4月16日，美国纽约州通用电气公司的实验室，科学家在调试一台新设计的能量为70MeV的电子同步加速器时，从反射镜中看到了在水泥防护墙内的加速器发出强烈的“蓝白色的弧光”. 其颜色随电子的能量变化而变化：当电子能量为40MeV时，为黄色；当电子能量为30MeV时，为红色；并且随着电子能量的降低，光强度变弱. 当电子能量为20MeV时，观察不到任何颜色的“弧光”. 研究表明，这个“蓝白色的弧光”不是气体放电，而是由加速运动的电子产生的. 由于这种“蓝白色的弧光”是在同步加速器上首先被发现的，人们将其称为“同步加速器辐射”，简称“同步辐射”.

一、同步辐射的性质

同步辐射是速度接近光速的电子在运动中改变方向时所发出的电磁辐射. 早在19世纪末，人们认识到，一个具有加速度的带电粒子会发出电磁辐射，这是无线电广播、电视广播的物理基础. 当变速电子的速度接近光速时，发出同步辐射并具有奇特的性质.

1. 同步辐射的波长连续可调

同步辐射的波长(或能量)分布是连续的，它的光谱形状完全由加速器中的电子能量和运行轨道的曲率半径决定的. 配合单色器或分光器可以得到所需要的波长的单色光、连续光或在一个波段范围内波长可连续变化的单色光. 同步辐射具有非常宽阔的频谱分布：包括从红外、可见、紫外、真空紫外、软X射线到硬X射线这样广阔的频谱区域. 现今已知的人工光源和天然光源(如太阳)，没有哪一种光源含有如此宽广的频谱. 由于同步辐射频谱覆盖了除射频和微波以外的所有频段，所以同步辐射光源涵盖了大多仪器光源的应用范围，在许多研究领域很自然能得到广泛应用.

2. 同步辐射具有高准直性

同步辐射是沿着电子运动轨道的切线方向，在一个很小的角度范围内发射出来的. 能量越高的电子的发射角范围越小. 以北京正负电子对撞机为例，当电子能量为2.2GeV时，所发出的能量为2.1keV的同步辐射的发射张角φ为0.25mrad. 同步辐射几乎是平行光束，堪与激光媲美，再经过聚焦可大大提高同步辐射的亮度，用于极小样品和材料中微量元素的研究.

3. 同步辐射的亮度高

由于在加速器中电子束流的截面积在几百微米量级，而同步辐射的散射角很小且同步辐射光功率强(可达上万瓦)，所以同步辐射的亮度高. 同步辐射亮度比最强的X射线管的特征线的亮度强3个数量级，比最强的X射线管的连续谱的亮度高6个数量级. 同步辐射的高亮度，可以获得很高的光信号检测信噪比，使测量精度和检测灵敏度大为提高，这一优点使过去很困难或无法进行的测试和研究工作，现在可以在同步辐射实验站顺利完成. 同步辐射X射线光束的亮度比一般的X射线提高了万倍至几亿倍，使许多测量得以在短时间内实现. 如同步辐射产生的X射线使人们可以在样品受损伤之前就收集到所需要的实验数据，而普通X射线源则无法企及.

4. 同步辐射具有脉冲性

同步辐射光源为脉冲光源. 电子在加速器中是以束团形式运动的，束团的长度决定脉冲的宽度，而束团数及加速器的周长决定脉冲频率. 如北京正负电子对撞机，当电子以单束团方式运动时，脉冲频率是1.47MHz，脉冲宽度为200ps. 由于电子运动具有特定的脉冲时间结构，可利用时间分辨光谱和时间分辨衍射研究与时间有关的化学反应、物理激发过程、生物细胞的变化等. 第三代同步辐射光源的最小光脉冲时间约达30ps，已在晶体学、化学和生物学方面获得应用.

5. 同步辐射具有偏振性

在电子轨道平面中的同步辐射是完全的线偏振光，光的电场矢量在电子的轨道平面内. 偏离轨道面发出的同步辐射是椭圆偏振光. 利用偏振光可以研究生物分子的旋光性，也可以用于研究磁性材料.

6. 同步辐射是极度纯净的

从光谱纯度的角度来说，同步辐射是极度纯净的. 因为同步辐射是电子在超高真空的环境中做加速运动而产生的，没有通常光源由于电极杂质、窗口等产生的难以避免的杂质辐射. 利用同步辐射的纯净性, 可用于微量元素的分析、表面物理研究、超大规模集成电路的光刻等.

7. 同步辐射具有高度稳定性

利用先进的加速技术, 可以使电子束流在加速器中寿命达到数十个小时, 从而使辐射光强有高度的稳定性. 这对于要求高精度、高分辨率的重复性的实验是十分重要的. 此外, 同步辐射还有一个重要特性, 就是它的谱分布和谱亮度都是可以精确计算的. 利用这个性质, 可将同步辐射作为标准来校准其他光源.

二、同步辐射的应用

"同步辐射"被发现后, 被认为是继电光源、X 光源和激光之后, 给人类文明带来革命性影响的第四种新光源. 电光源使人类战胜了黑暗, 消除了白天与黑夜的差别; X 射线把人们的视野拓展到肉眼无法看到的物体内部和微观领域, 揭示了物质由原子和分子构成、生物遗传基因的存在及其结构, 在医疗、工业、地质等领域得到了广泛应用. 激光因其具有好的单色性、方向性、相干性, 在工业、通信、信息、医疗甚至艺术等领域得到了广泛的应用. 同步辐射的研究与应用使科学与技术发展跃上了一个新台阶, 其应用不仅遍及物理、化学、生物等基础学科, 而且在材料、医学、显微技术、计量科学、表面科学、超大规模集成电路等技术领域得到了十分广泛的应用.

1. 同步辐射在新材料开发中的应用

现代科学离不开具有特殊功能的材料, 同步辐射扩大了可研究材料的范围, 利用同步辐射可研究材料的晶体结构、磁性物质的磁畴、聚合物高分子结构、生物大分子结构及各种材料的超微孔结构等, 还可获得物质亚微观结构的信息, 为物质宏观研究提供更直接、更紧密的微观信息, 更好地认识物质结构与强度、塑性、耐腐蚀性之间的关系. 利用从同步辐射分离出来的准直单色光, 可以测量出晶体点阵参数或取向的微小变化; 由于同步辐射的高通量, 使曝光时间很短, 有利于对晶体生长过程以及晶体在磁场中、高压下或在热处理过程中内部结构变化的动态过程作实时的研究观察.

2. 同步辐射在生命科学领域中的应用

同步辐射在生命科学中的应用涵盖很多方面, 包括结构分子生物学、微生物学、药物学、细胞生物学、生物医学等. 从分子水平研究生命科学是目前生命科学研究的热点. 利用生物大分子晶体学的方法来解析生物大分子的三维空间结构, 并由三维空间结构来研究其功能就是目前生命科学研究的重点方向. 在同步辐射装置上也还有许多其他方法或者可以用作生物大分子晶体学方法的补充, 或者可以单独进行生物大分子结构与功能的研究,如 X 射线小角散射法可以测定低分辨的大分子结构,结合高分辨的晶体学数据就可以得到蛋白质分子的精细结构,而且小角散射法还可以单独用来测定蛋白质分子在溶液状态时的分子外形. 对于生命科学来说,了解生物大分子或细胞的静态结构只是基本层次的研究,生物大分子或生物体结构变化的实时观察则是更高层次的研究. 利用同步辐射光源高亮度、短波长的优势,大大促进和加快了结构基因组学和结构生物学的研究. 同时,同步辐射光源还具有短脉冲(飞秒至皮秒)的时间结构,为实时观测生物分子结构动态变化过程提供了可能性,同步辐射 X 射线自由电子激光光源的出现为这类动态过程的研究提供了革命性的技术手段,可以像看动画那样直接观察生物大分子之间相互作用的细微过程.

在波长为 2.32～4.37nm 波段的软 X 射线,有一种特殊性质,蛋白质对其的吸收率比对水的高将近一个数量级. 这就是所谓的"水窗"."水窗"波段的 X 射线的特殊性质,为其对生物样品的成像提供了天然的对比度增强机制. 加上 X 射线穿透性强的性质,使得利用"水窗"的成像成为对生物样品成像的强有力的竞争者. 目前正在发展中的 X 射线显微术就是这方面的强者. X 射线成像所具有的区分原子,甚至一些特殊的分子键的能力,受到了生物学家的普遍重视. 电子显微镜缺乏这个能力,而光学显微镜的分辨率太低. 利用同步辐射源研制 X 射线显微镜的部分原因就在于此.

记录样品的三维信息是全息术的一大特点. 对于 X 射线全息术而言,它不但记录了样品的表面信息,而且记录了样品深部的信息. 它不但可以按通常的光学方法观察经过放大的全息像,而且还可以用计算机进行数字重现,得到一系列从不同角度观察的深度各异的平面断层图像. 而用电子显微镜获得平面断层图像,需要对样品进行切片处理.

各国在发展同步辐射装置的时候,均把同步辐射的医学应用作为一项重要的内容. 如医学诊断成像,同步辐射的许多性质是其他手段不可替代的,其中高亮度和可选择的单色光尤其重要,攻克冠心病就是目标之一. 现在医学上检查心血管狭窄的最有效方法,是选择性冠状动脉 X 光造影,但目前的心血管造影术要用高浓度的碘剂通过导管插入心脏才能进行,这种侵入性的动脉注入诊断方法操作复杂,对病人有一定的危险性. 利用同步辐射可以实现静脉注射的无创伤冠状动脉造影成像. 同步辐射在医学上的应用还很多. 例如,应用显微 CT 诊断大脑和颈部的早期肿瘤、早期乳房肿瘤和肺癌,可以观测细胞中 DNA 的结构,找到控制癌细胞生长的基因密码,从而有效地制止引起肿瘤病变细胞的无节制增长;利用高度准直的同步辐射光束进行副作用极小的微束放射治疗,准确地在肿瘤位置处释放适当的辐射剂量,杀死肿瘤细胞等.

同步辐射在促进新药物的快速发展中有着重要应用. 传统的医药研究及开发主要是靠经验,往往要通过反复的大量的实践. 通常研制一种安全有效的药品,开发周期一般至少十年.近年来,国际上很多制药公司已从这种传统的药性实验方法,转向分子生物化学水平上的研究.其方法是先研究清楚致病物质的分子(如病毒分子)及周围分子(组织)的三维结构,然后进行计算机模拟,设计出能对致病分子进行屏蔽或抑制的药物分子结构,再合成为新药.这比传统方法周期短3~4年,成本也大大降低.例如,已应用同步辐射X射线衍射技术,研究了感冒病毒KRV14,了解到这种病毒是通过病毒分子表面的峡谷底部与健康细胞的表面分子结合而传染疾病的.所以只要设计一种药物分子,可与这些病毒分子表面的峡谷部位相结合,形成一屏障,使健康细胞不受病毒的侵袭,从而开拓了现代制药的新思路.

总之,同步辐射装置作为一个大型的科学实验装置,可以为生命科学提供多种多样的实验方法和研究手段,是生命科学研究的一个重要的研究平台.

3.同步辐射在微加工技术中的应用

微电子技术的发展很重要的方向是电子元器件和整机系统的微型化,其核心是半导体集成电路技术的发展.先进的光刻技术已能把1亿多个器件组成的电路做在一个大小为10mm×20mm的芯片上,现在正在研究制造几十亿个元器件的硅芯片.为了在一块芯片上存放更多的光器件,这要求不断缩小光刻线.原来的激光光刻的极限分辨率大约是0.2μm.利用短波长的X射线光刻可以缩小光刻线宽.同步辐射光源的发展正好为X射线光刻提供了理想的短波长X射线源.由于它的准直性、亮度高,同步辐射光刻有很高的光刻分辨率.同步辐射光源近年来快速发展的另一个重要方面是X射线深度光刻,这种技术在微机械加工中有极大优越性,可制作微齿轮、微马达、微泵、微照明灯具、微传感器等.这种微机械加工是指线条宽度为几个或几十个微米、高度为几十到几百微米的机件的加工.这种微马达、微照明灯具已被应用于非剖开性的人体内部外科手术.

4.同步辐射在环境监测中的应用

目前,全球环境污染引起人们的广泛关注,新型的用于环境研究的分析测试仪器相继推出,对生物体化学定量化研究发展的步伐不断加快,对成分分析要求日趋严格,元素的检测限一再降低,并逐步向微区、微量,乃至原位微量分析深入,并且不再满足于单纯给出生物体元素的含量,要求对生物体中的元素分布与生长环境之间的相互关联有所了解.而生物体的元素组成和含量,尤其是微量元素的含量受生物生长环境的影响.当今最有效的微区元素成分分析技术是同步辐射X射线荧光分析法,它是通过用同步辐射光照射样品而发出荧光辐射,形成XRF谱线,生物的XRF谱几乎都具有以K、Ga、Mn、Fe为中心的强峰组,峰强的变化及其他特殊强峰的出现与生物种类和环境污染密切相关.同步辐射X射线荧光分析方法具有检出极限小、可检测元素范围大、信噪比高和对样品损伤小等优点,而且对生物样品元素的分析能及时反映环境的变化，是一种效率较高的环境监测方法.

同步辐射对于加速器来说只是一种能量损失，但作为继电光源、X射线、激光器之后的第四代光源，以无与伦比的优异特性吸引了当代科技工作者的注意力. 随着科学技术的发展，学科间高度的交叉和融合日趋明显，同步辐射技术将为生物学、微电子等交叉学科研究提供重要工具. 生物学和医学的科学家应用同步辐射装置已经成功地开辟了许多新的研究领域，如生物分子及蛋白晶体的结构分析，生物体在器官、细胞、细胞核以及分子水平上的结构分析，药物筛选和在活的细胞中化学元素的三维拓扑构象等，这些都是生物学家、医学家、物理学家、化学家、计算机科学家和工程师紧密合作的成果. 这些领域从基本上是静态的、结构的研究被开拓到动态的、功能性的研究，成为21世纪生物学和医学科学研究的重要内容.

第 11 章

原子的量子理论

1897 年，汤姆孙(J. J. Thomson)发现电子并确认电子是原子的组成粒子以后，探索原子结构，从而对光谱的发射和其他原子现象作出正确解释，这成为物理学的中心问题. 玻尔推断原子内部能量必定是量子化的，从而开始了科学发展史上最激动人心的新篇章之一. 量子力学和相对论是现代物理学的两大基石. 如果说相对论给我们提供了新的时空观，就可以说量子力学给我们提供了新的关于自然界的表述方法和思考方法. 量子力学揭示了微观物质世界的基本规律，为原子物理学、固体物理学、核物理学和粒子物理学奠定了基础. 本章介绍量子力学的基本概念和量子力学对原子问题的处理方法.

本章基本要求：

1. 了解波函数的统计意义和薛定谔方程.

2. 理解不确定性关系及普朗克常量的大小在区分经典的波和粒子以及具有二象性的粒子方面的意义.

3. 理解氢原子电子的能量量子化，角动量量子化和角动量的空间量子化的意义.

4. 理解氢原子光谱的形成及理论解释.

5. 了解电子自旋的概念.

6. 理解描述原子中电子运动状态的四个量子数的意义. 了解泡利不相容原理和原子的壳层结构.

11.1　量子力学概述

11.1.1　概率波

在德布罗意提出他的物质波的假设的第二年，1925 年，薛定谔在这一假设的基础上发展创立了量子力学理论，提出了用物质波的波函数来描述粒子运动状态的方法.

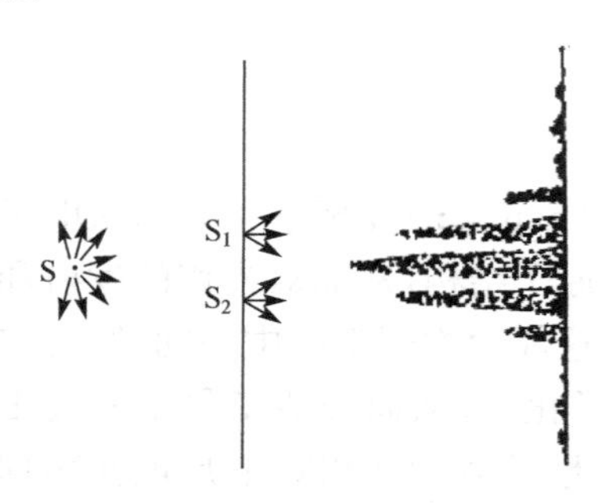

图 11.1　用光子概念解释双缝衍射

如图 11.1 所示，从光源 S 发出的光通过双缝 S_1 和 S_2 后在屏上形成明暗条纹，波动理论指出这是光通过双缝后干涉和衍射的结果. 条纹的明暗表示光的强度不同. 用光子概念来说明这种明暗分布时，由于每个光子都带有相同的一份能量，所以光的强度表示光子数目多少，因此条纹明暗的分布实际上是到达屏上的光子数目的分布，所以，可以把光的强度分布曲线看成是“光子堆积曲线”.

如果光源 S 非常弱，以致它间断地一个一个地发出光子，它只能通过双缝中的某一个缝到达屏上某一点. 至于究竟落在哪一点，则不能肯定. 但是由屏上各处明暗不同可知，落在各处的可能性不同，即落点有一定的概率分布. 这一概率分布就是由波的干涉和衍射所确定的强度分布. 这就是说，光波的强度决定了光子到达屏上各处的概率. 强度大的地方，光子到达的概率也大. 因此，从光子的概念出发，光波是概率波，它描述了光子到达空间各处的概率. 在有非常多的光子入射双缝的情况，到达屏上各处的光子数和概率成正比，概率大处光子数多，因而光强也就显示出由光波的干涉和衍射所确定的强度连续分布的明暗条纹了. 由于光强与光波振幅的平方成正比，所以光子在某处出现的概率与该处光波的振幅平方成正比.

我们应用上述观点分析电子衍射图样（图 10.5），不难得到类似的结论：从电子的粒子性来看，衍射图样上有的地方电子多，有的地方电子少，这表示电子射到各处的概率不同；而从电子的波动性来看，电子数的多少与波的强度有关，所以在某处出现电子的概率是与该处德布罗意波的强度成正比，即与该处德布罗意波的振幅平方成正比. 和电子相联系的物质波也是概率波. 对于电子是这样，对于其他微观粒子也是如此. 也就是说，单个粒子在空间的位置是不确定的，但有一定的概率分布，这分布是由物质波的强度决定的，在物质波强度大的地方，粒子出现的概率大.

11.1.2　不确定性原理

不确定性原理也叫测不准原理，是海森伯（W. Heisenberg）首先提出来的，它反映了微观粒子运动的基本规律，是物理学中又一条重要原理.

实物粒子的波动性说明现实的粒子和牛顿力学所处理的“经典粒子”根本不同. 根据牛顿力学理论，质点的运动都沿着一定的轨道，在轨道上任意时刻质点都有确定的位置和动量. 在牛顿力学中也正是用位置和动量来描述一个质点在任一时刻的运动状态的. 对于现实的粒子，由于其粒子性，可以谈它的位置和动量，但又由于其波动性，它的空间位置需要用概率波来描述，而概率波只能给出粒子在各处出现的概率，所以在任一时刻粒子不具有确定的位置，同时粒子在各时刻也不具有确定的动量，即在任意时刻粒子的位置和动量都有一个不确定量. 量子力学理论证明，在某一方向(如 x 方向)，粒子的位置不确定量 Δx 和在该方向上的动量的不确定量 Δp 有一个简单的关系

$$\Delta x \Delta p_x \geqslant \hbar \tag{11-1}$$

式中 $\hbar = \dfrac{h}{2\pi}$，$h = 6.63 \times 10^{-34}\,\mathrm{J \cdot s}$，为普朗克常量. 这个关系式是由海森伯在 1927 年首先推导出的，故称之为海森伯测不准关系. 海森伯因此在 1932 年获诺贝尔物理学奖.

由于坐标与相应的动量在原则上不能同时测准，所以若测准了粒子的位置，它的速度就完全不确定，从而它在下一时刻的位置也就完全不确定，因而，不可能在位形空间中描绘出现实粒子的运动的轨道. 轨道是经典物理的概念和图像，现实粒子的运动用概率波来代替.

例 11.1 原子的线度为 $10^{-10}\,\mathrm{m}$，求原子中电子速度的不确定量.

解 由题意 $\Delta x = 10^{-10}\,\mathrm{m}$，所以由测不准关系可得

$$\Delta v_x = \frac{\hbar}{m\Delta x} = \frac{1.05 \times 10^{-34}}{9.11 \times 10^{-31} \times 10^{-10}} = 1.2 \times 10^{6}\,(\mathrm{m/s})$$

可见对原子范围内的电子，谈论其速度是没有什么实际意义的. 这时电子的波动性十分显著，描述它的运动时必须抛弃轨道概念而代之以说明电子在空间的概率分布的电子云图像.

例 11.2 设子弹的质量为 0.01kg，枪口的直径为 0.5cm，试用测不准关系计算子弹射出枪口时的横向速度.

解 枪口直径可以作为子弹射出枪口时的位置不确量 Δx，由测不准关系可得

$$\Delta v_x = \frac{\hbar}{m\Delta x} = \frac{1.05 \times 10^{-34}}{0.01 \times 0.5 \times 10^{-2}} = 2.1 \times 10^{-20}\,(\mathrm{m/s})$$

这也就是子弹的横向速度，和子弹飞行速度每秒几百米相比，这一速度引起的运动的偏转是微不足道的. 因此对于子弹这种宏观粒子，它的波动性不会对它的“经典式”运动以及射击时的瞄准带来实际的影响.

11.1.3　薛定谔方程

前面讲过，由于实物粒子的波粒二象性，其运动状态需要用概率波来描述. 表示概率波的数学表达式称为波函数，通常以 Ψ 表示，它一般是时间和空间的函数，即

$$\Psi = \Psi(x, y, z, t)$$

在不同的条件下，粒子的运动状态不同，这就需要用不同的波函数来描述，这正和在牛顿力学中，质点在不同的外力作用下的运动用不同的运动函数来描述类似. 描述粒子运动的波函数和粒子所处条件的关系首先由薛定谔得出，故称之为**薛定谔方程**. 和牛顿定律方程一样，它也是一个微分方程

$$\hat{H}\Psi = \mathrm{i}\hbar\frac{\partial\Psi}{\partial t} \tag{11-2}$$

其中 $\hat{H}$ 称为哈密顿算符，$\hat{H} = -\frac{\hbar^2}{2m}\nabla^2 + U(x, y, z, t)$；$\nabla^2$ 称为拉普拉斯算符，$\nabla^2 = \frac{\partial^2}{\partial x^2} + \frac{\partial^2}{\partial y^2} + \frac{\partial^2}{\partial z^2}$；$U(x, y, z, t)$ 是粒子在势场中的势能函数.

对定态问题，即 $U = U(x, y, z)$ 不随时间而改变，可用分离变量法得到定态薛定谔方程，它的非相对论形式为

$$-\frac{\hbar^2}{2m}\nabla^2\Psi + U\Psi = E\Psi \tag{11-3}$$

式中，m 是粒子的质量，U 是粒子在外力场中的势能函数，E 是粒子的总能量.

一般说来，只要知道粒子的质量和它在势场中的势能函数 U 的具体形式，就可以写出其薛定谔方程，它是一个二阶偏微分方程，再根据给定的初值条件和边界条件求解，就可得出描述粒子运动状态的波函数.

下面我们讨论波函数是如何描述粒子运动状态的. 波函数在任意时刻任意地点的强度用 $|\Psi|^2$ 表示(与机械波的强度用振幅的平方表示类似). 根据概率波概念，以 $\mathrm{d}V$ 表示在空间某点(x, y, z)附近的一个小体积元，则在时刻 t 粒子出现在该体积元内的概率为 $|\Psi|^2\mathrm{d}V$，则粒子出现在单位体积元内的概率就是 $|\Psi|^2$，$|\Psi|^2$ 又称为概率密度. 这是玻恩在 1926 年提出的波函数的统计解释.

根据概率的意义，在任意时刻粒子在整个空间出现的概率应等于 1，即波函数应满足下面的**归一化条件**：

$$\int |\Psi|^2 \mathrm{d}V = 1 \tag{11-4}$$

此式的积分应遍及整个空间.

再考虑到一定时刻在空间某一给定位置粒子出现的概率应该是唯一的，即波函数必须具有确定的物理意义，作为数学表达式，它必须在任意时刻，任一位置只有单一的值，而且在某处不能发生突变，也不能为无穷大值. 这就是说，**波函数必须满足**

单值、连续、有限的条件.

像牛顿定律方程是经典力学的基本方程一样，薛定谔方程是量子力学的基本方程. 经典力学的任务在于求出在各种条件下牛顿方程的解，量子力学对于粒子运动的研究与解决也最后归结为求出各种条件下薛定谔方程的解. 作为一个例子，我们讨论粒子在一种简单的外力场中做一维运动的情形. 粒子在这种外力场中的势能函数为

$$\begin{cases} U(x) = 0, & 0 < x < a \\ U(x) = \infty, & x \leqslant 0 \text{ 或 } x \geqslant a \end{cases}$$

这种势能函数的势能曲线如图 11.2(a)所示. 由于图形像阱，且无限深，所以又称为无限深势阱.

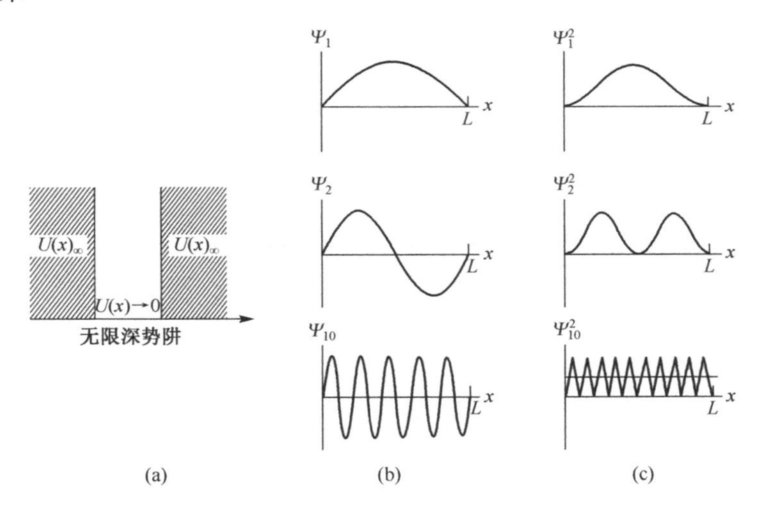

图11.2 (a)无限深势阱，以及(b)$n=1$，$n=2$ 和 $n=10$ 时的波函数 Ψ_n 和(c)概率密度 Ψ_n^2 的图像，对于 Ψ_{10}^2，显示了平均概率密度，它示意着阱中粒子的经典的概率分布

用量子力学研究粒子在无限深势阱中的运动，就是要求薛定谔方程在这种情况下的解. 在阱内，由于势能为常数，所以粒子不受力. 在边界上 $x=0$ 和 $x=a$ 处，由于势能突然增大到无限大，所以粒子受到无限大的指向阱内的力. 因此，粒子的位置不可能到达 $0<x<a$ 的范围以外. 所以粒子出现概率的波函数 Ψ 值在 $x \leqslant 0$ 和 $x \geqslant a$ 的区域应该等于零. 因此只要解出势阱内的波函数就行了. 在势阱内，$U=0$，所以由(11-3)式，可得一维定态薛定谔方程为

$$\frac{\mathrm{d}^2 \Psi}{\mathrm{d}x^2} + \frac{2m}{\hbar^2} E\Psi = 0$$

令 $k^2 = \dfrac{2m}{\hbar^2}E$，则上式变为

$$\frac{\mathrm{d}^2\Psi}{\mathrm{d}x^2}+k^2\Psi=0$$

这一方程具有简谐振动的振动方程的形式,它的通解为 $\Psi(x)=A\cos kx+B\sin kx$. 式中 A 和 B 是由边界条件决定的常数.

由于 $\Psi(x)$ 在 $x=0$ 处必须连续,而在 $x\leqslant 0$ 时, $\Psi=0$, 所以有 $\Psi(0)=A=0$; 又由于 $\Psi(x)$ 在 $x=a$ 处必须连续,而在 $x\geqslant a$ 时, $\Psi=0$, 所以又有 $\Psi(a)=B\sin ka=0$, 由于 $\sin ka=0$, 所以 k 必须满足

$$ka=n\pi \quad 或 \quad k=\frac{n\pi}{a}, \qquad n=1,2,3,\cdots$$

因而波函数的具体形式应为

$$\Psi(x)=B\sin\frac{n\pi}{a}, \qquad 0<x<a$$

由归一化条件得

$$\int_{-\infty}^{\infty}|\Psi(x)|^2\mathrm{d}x=1$$

可解得 $B=\sqrt{\frac{2}{a}}$. 所以最后得到无限深方势阱中粒子运动的波函数为

$$\Psi(x)=\sqrt{\frac{2}{a}}\sin\frac{n\pi}{a}x$$

根据波函数的意义, $|\Psi|^2$ 为粒子在各处出现的概率密度. 根据经典的概念,在势阱内各处,粒子出现的概率是相同. 但是,根据量子力学,由波函数的解求出的粒子出现在势阱内各点的概率密度为

$$|\Psi(x)|^2=\frac{2}{a}\sin^2\left(\frac{n\pi}{a}x\right)$$

这一概率密度是随 x 改变的,粒子在有的地方出现的概率大,在有的地方出现的概率小,而且概率分布还和整数 n 有关系,如图 11.2(c)所示.

和经典力学更为不同的是,由 $k=\frac{n\pi}{a}$ 且 $k^2=\frac{2m}{\hbar^2}$ 可知在无限深方势阱中的粒子能量应该而且只能是

$$E_n=\frac{k^2\hbar^2}{2m}=n^2\frac{\pi^2\hbar^2}{2ma^2}$$

由于 n 是整数,所以粒子能量只能取离散的值,即能量量子化. 整数 n 叫量子数.

例 11.3　在一维无限深方势阱中运动的粒子定态波函数为

$$\Psi(x)=\begin{cases}0, & x<0,x>a\\ \sqrt{\frac{2}{a}}\sin(n\pi x/a), & 0\leqslant x\leqslant a\end{cases}$$

a 为势阱宽度，n 是量子数. 当 $n=2$ 时，求：

(1) 发现粒子概率为最大时的位置；

(2) 距离势阱左壁 $a/4$ 宽度内发现粒子的概率.

解 (1) $n=2$ 时，波函数

$$\Psi(x)=\begin{cases}0, & x<0, x>a \\ \sqrt{\dfrac{2}{a}}\sin\dfrac{2\pi x}{a}, & 0\leqslant x\leqslant a\end{cases}$$

可见粒子概率为最大的位置在 $0\leqslant x\leqslant a$ 范围内，由波函数的统计意义，粒子出现的概率与波函数平方成正比，即

$$|\Psi(x)|^2=\frac{2}{a}\sin^2\left(\frac{2\pi x}{a}\right),\qquad 0\leqslant x\leqslant a$$

概率最大时，$\sin\dfrac{2\pi x}{a}=\pm 1$，即 $\dfrac{2\pi x}{a}=\dfrac{\pi}{2}$ 或 $\dfrac{3}{2}\pi$，所以 $x=\dfrac{a}{4}$ 或 $\dfrac{3}{4}a$ 处概率最大.

(2)
$$P=\int_0^{a/4}|\Psi(x)|^2\mathrm{d}x=\frac{2}{a}\int_0^{a/4}\sin^2\left(\frac{2\pi x}{a}\right)\mathrm{d}x=\frac{1}{4}$$

即在距左壁 $a/4$ 宽度内发现粒子的概率为 1/4.

11.2 氢 原 子

氢原子

11.2.1 玻尔的氢原子理论

1911 年卢瑟福(E. Rutherford)在 α 粒子散射实验的基础上提出了原子的核模型：原子中的全部正电荷和几乎全部质量都集中在原子中央一个很小的体积内，称为原子核. 原子中的电子在核的周围绕核转动.

卢瑟福提出的核型结构尽管有充分的实验基础，但据经典电磁理论，绕核运动的电子既是在做变速运动，必将不断地以电磁波的形式辐射能量. 这样电子的能量将会减小，致使其沿螺旋线逐渐接近原子核，最后落在核上. 因此按经典理论，卢瑟福的核型结构不可能是稳定的系统.

1913 年，玻尔(N. Bohr)在卢瑟福的核型结构的基础上，把量子概念应用于原子系统，提出三个基本假设作为他的氢原子理论的出发点，解决了原子稳定性问题，使人们对氢原子核外电子的分布的认识向前跨进了大胆的一步. 这三个基本假设如下.

(1) 原子系统只存在一系列不连续的能量状态，处于这些状态的原子，其相应的电子只能在一定的轨道上绕核做圆周运动，但不辐射能量. 这些状态称为原子系统的稳定态(简称定态)，相应的能量分别取不连续的量值 $E_1, E_2, E_3, \cdots(E_1<E_2<E_3<\cdots)$.

(2) 电子绕核做圆周运动所可能取的轨道决定于下述条件：电子的动量矩 L 必须等于 $\hbar$ 的整数倍，即

$$L = n\hbar, \quad n = 1,2,3,\cdots$$

上式称为量子化条件,n 称为量子数.

(3) 原子中在某一轨道上运动的电子,由于某种原因而发生跃迁时,原子就从一稳定态(E_k)过渡到另一稳定态(E_n),同时吸收或发出单色辐射,其频率 ν 由下式决定:

$$h\nu = |E_n - E_k|$$

上式称为频率公式,E_k和 E_n分别表示原子在发生跃迁前和跃迁后的能量;如果 $E_n > E_k$,这原子是吸收辐射,反之是发出辐射.

玻尔理论对氢原子和类氢离子的光谱的解释获得了很大的成功. 特别是玻尔关于"定态能级"的概念和"能级跃迁决定谱线频率"的假设,仍是现代量子力学理论中两个重要的基本概念. 尽管如此,玻尔理论却是经典理论加上量子化条件的混合物,并不是一个内洽的理论系统,有其严重的局限性.

11.2.2　氢原子的量子理论

氢原子是最简单的原子. 一个电子在核的外面形成量子束缚态,相互作用势能为

$$U = -\frac{e^2}{4\pi\varepsilon_0 r} \tag{11-5}$$

因为核的质量比电子大很多($M \approx 2000\, m_e$),我们忽略它的运动而把坐标原点放在核上. 这时 $r = \sqrt{x^2 + y^2 + z^2}$,其中 x、y、z 是电子波函数中各点的坐标. 在这一近似下,系统的动能完全来自电子的运动. 电子的定态波函数 Ψ 的薛定谔方程为

$$-\frac{\hbar^2}{2m_e}\left(\frac{\partial^2 \Psi}{\partial x^2} + \frac{\partial^2 \Psi}{\partial y^2} + \frac{\partial^2 \Psi}{\partial z^2}\right) + U\Psi = E\Psi \tag{11-6}$$

我们所要寻求的氢原子的性质就包含在波函数中和与之对应的能量 E 之中. 由于求解(11-6)方程过于复杂,我们只给出一些重要结论.

1. 能量量子化

要使解得的波函数满足单值、有限、连续的条件,电子的能量(或说成是整个原子的能量,因为原子核的能量不变)只能是

$$E_n = -\frac{me^4}{(4\pi\varepsilon_0)^2\,(2\,\hbar)^2} \cdot \frac{1}{n^2}, \quad n = 1,2,3,\cdots \tag{11-7}$$

这就是说,氢原子能量只能取分立的值,是量子化的,如图 11.3 所示. n 称为主量子数. 能级的间隔随 n 的增大而减小. 最低的 $n=1$ 的能级称为基态能级. 由(11-7)式可以求出

$$E_1 = -13.6\text{eV} \tag{11-8}$$

$n>1$ 的能级称为激发态能级

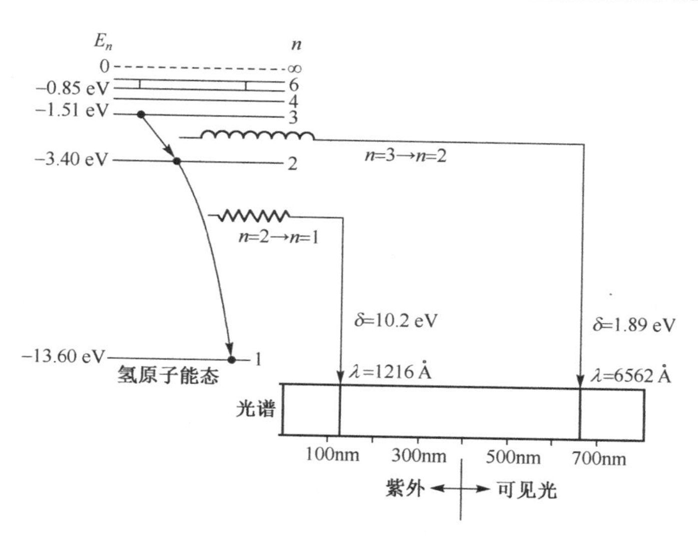

图 11.3 氢原子的某些能级及两种可能的跃迁得到的谱线

$$E_n = -13.6\,\frac{1}{n^2},\quad \begin{cases} E_2 = -3.40\text{eV} \\ E_3 = -1.51\text{eV} \\ E_4 = -0.85\text{eV} \end{cases} \tag{11-9}$$

当 n 很大时，能级间隔非常小，以致能量可以看作是连续地变化的.

由玻尔理论也可以得出上述结果. 在玻尔模型中，能量量子化是由玻尔的关于轨道角动量量子化的假设而来的，而在量子力学中，能量量子化则来源于解薛定谔方程时对波函数所加的边界条件.

2. 角动量量子化

薛定谔方程的波函数还预言电子在绕核转动，这一转动的角动量也是量子化的. 以上表示电子运动的角动量，薛定谔方程给出的角动量的大小

$$L = \sqrt{l(l+1)}\,\hbar,\qquad l = 0,1,2,\cdots,n-1$$

式中 l 称为副量子数或角量子数. 对于一定的 n，l 共有 n 个可能的取值. l 值不同表明电子云绕核转动的情况不同，也表明波函数的不同. 不管 n 如何，$l=0$ 时，$L=0$，即角动量为零，表示电子云不转动. 这种情况下电子云的分布具有球对称性.

3. 角动量的空间量子化

薛定谔方程的波函数解还指出，电子转动的角动量矢量 L 的方向在空间的取向不能连续地改变，而只能取一些特定的方向. 取外磁场方向为 z 轴正方向，薛定谔方程给出角动量 L 在外磁场方向的投影只能取以下离散的值：

$$L_z = m_l\,\hbar,\qquad m_l = 0,\pm 1,\pm 2,\cdots,\pm l$$

式中 m_l 称为磁量子数.

由于一个矢量的分量不可能大于这个矢量的大小，l 值将对 m_l 的可取值有所限制. 设 $l=2$，则 $L=\sqrt{2(2+1)}\,\hbar=\sqrt{6}\,\hbar$，而 L_z 的可能取值为 $m_l\hbar$. $|L_z|<L$，因此 $|m_l\hbar|\leqslant\sqrt{6}\,\hbar$ 或 $|m_l|\leqslant 2.45$. 由此可见 $l=2$ 时，m_l 的最大值为 $+2$，最小值为 -2，m_l 只限于取 $-2,-1,0,+1,+2$ 中的各值，如图 11.4 所示. 对于一定的角量子数 l，m_l 可取值为 $0,\pm1,\pm2,\cdots,\pm l$ 共 $(2l+1)$ 个值，这表明角动量在空间的取向只能有 $(2l+1)$ 种可能.

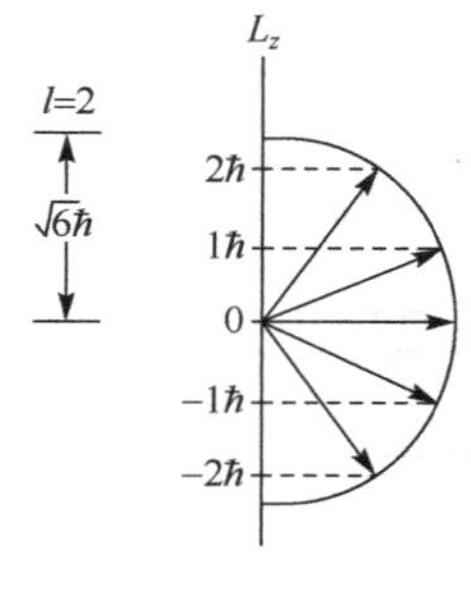

图 11.4

4. 电子云

由薛定谔方程可以解出氢原子中电子波函数模的平方 $|\Psi|^2$，它给出电子在空间各处出现的概率密度. 用此说明电子的运动状态时，引进了电子云的图像. 计算结果表明，氢原子中的电子在基态($n=1$)时，最大概率密度在 $r_1=0.529$Å 处，这一数值称为玻尔半径.

例 11.4　氢原子处于 $n=2$、$l=1$、$m_l=-1$ 态，试确定(1) 原子的能量；(2) 电子的转动角动量大小；(3) 电子的转动角动量 z 分量.

解　由氢原子的能量、电子的转动角动量和角动量 z 分量公式得

(1)
$$E_2=-\frac{13.6\text{eV}}{2^2}=-3.40\text{eV}$$

(2)
$$L=\sqrt{l(l+1)}\,\hbar=\sqrt{1(1+1)}\,\hbar=\sqrt{2}\,\hbar$$

(3)
$$L_2=m_l\hbar=(-1)\,\hbar=-\hbar$$

11.3　氢原子光谱

根据氢原子量子理论可圆满地解释氢原子光谱的基本结构.

一个氢原子可以和外界交换能量，这种交换总伴随着电子的运动状态在各能级之间的变化. 这一能量交换可能以吸收或放出光子的方式进行. 吸收光子时氢原子从低能态跃迁到高能态；当它从高能态跃迁到低能态时放出光子.

以 E_n 和 E_k 来分别表示较高和较低的两能级的值如图 11.5 所示. 则当氢原子从能级 E_n 跃迁到能级 E_k 时发出的光子能量 $h\nu=E_n-E_k$，即发出的光子的频率为

$$\nu=\frac{E_n-E_k}{h}\qquad(11\text{-}10)$$

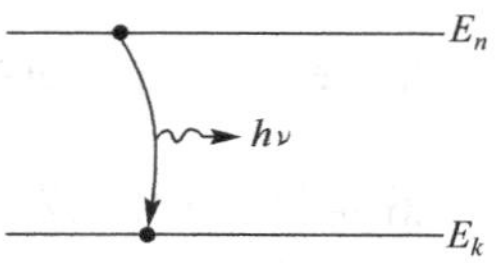

E_n　$h\nu$　E_k

图 11.5

此式称为**频率定则**.

将氢原子能级公式(11-7)代入上式可以得到氢原子发光的可能频率为

$$\nu=\left(\frac{1}{4\pi\varepsilon_0}\right)^2\frac{me^4}{4\pi\hbar^3}\left(\frac{1}{k^2}-\frac{1}{n^2}\right) \tag{11-11}$$

在上式中令 $k=2$（或 3），并令 $n=3,4,5,\cdots$（或 $n=4,5,6,\cdots$），所得谱线即为巴耳末系（或帕邢系）的谱线. 说明巴耳末系谱线是氢原子内的核外电子自 $n>2$ 的各较高能态，向 $n=2$ 的能态跃迁时产生的. 同样，帕邢系则是 $n>3$ 向 $n=3$ 的能态跃迁时产生的.

对氢原子光谱实验的理论解释是量子力学早期的一种应用. 理论与实验的精确相符证明了量子理论的正确性. 在今天，量子力学的应用已远远超出了这个范围. 它实际上已成了近代物理研究物质微观结构的理论基础. 而且，令人惊讶的是，今天对浩瀚宇宙中星体的研究也用到了这一理论.

例 11.5 用能量为 12.6eV 的电子轰击基态氢原子，将可能产生哪些波长的谱线？它们分别属于什么谱线系？

解 设用能量为 12.6eV 的电子轰击基态氢原子，使之跃迁到能量为 E_n 的激发态，则

$$\Delta E=E_n-E_1=E_1\left(\frac{1}{n^2}-1\right),\qquad E_1=-13.6\text{eV}$$

由 $\Delta E=12.6\text{eV}$ 代入，得 $n=3$.

处于 $n=3$ 激发态的电子是不稳定的，可以发生如图 11.6 所示各种形式跃迁，同时向外辐射电磁波.

由 $\Delta E=h\nu$ 得

$$\lambda_{nk}=\frac{hc}{E_n-E_k}=\frac{hc}{\dfrac{E_1}{n^2}-\dfrac{E_1}{k^2}}=\frac{hc}{E_1}\frac{1}{\dfrac{1}{n^2}-\dfrac{1}{k^2}}$$

n=3

n=2

n=1

图 11.6

所以得波长为

$$\left.\begin{aligned}\lambda_{31}&=1028\text{Å}\\ \lambda_{21}&=1219\text{Å}\end{aligned}\right\}\text{(属莱曼系)}$$

$$\lambda_{32}=6581\text{Å}\text{(属巴耳末系)}$$

的三条谱线，分别属于莱曼线系和巴耳末系.

电子自旋

11.4 电子自旋

在 11.2 节中我们已经看到，氢原子的三个量子数 n、l、m_l 是从其薛定谔方程的解中得到的. 预期从薛定谔方程中可以产生三个量子数是因为这个方程把电子描述成为有三个自由度（即在三维空间中运动）的粒子. 在这三个外部自由度之外，许多实验指出电子还有另外一个自由度，这是一个引起内禀角动量的内部自由度. 这一内禀角动量有

时被看作是经典力学中一个旋转物体的角动量的类比，例如地球就既有轨道角动量又有自旋角动量，轨道角动量来源于它绕太阳的年运动，而自旋则来源于它绕自己的地轴的日转动. 与此类比，电子的内部自由度称为电子自旋，与此相应的角动量称为自旋角动量. 电子以外的粒子也有具有自旋的，质子和中子就是例子.

在历史上，自旋这个概念是由解释原子光谱的精细结构而来的. 许多谱线看上去是一条，但在更精密的实验之下却是离得很近的两条或多条. 这一特点称为谱线的精细结构. 精细结构不能用三个量子数 n、l、m_l 去描述. 1925 年，荷兰莱顿大学的两位研究生古兹密特和乌伦贝克提出了电子存在自旋的假设，并用这一假设解释原子光谱的精细结构. 它们给出的结果是：电子自旋角动量 S 的大小为

$$S=\sqrt{s(s+1)}\,\hbar$$

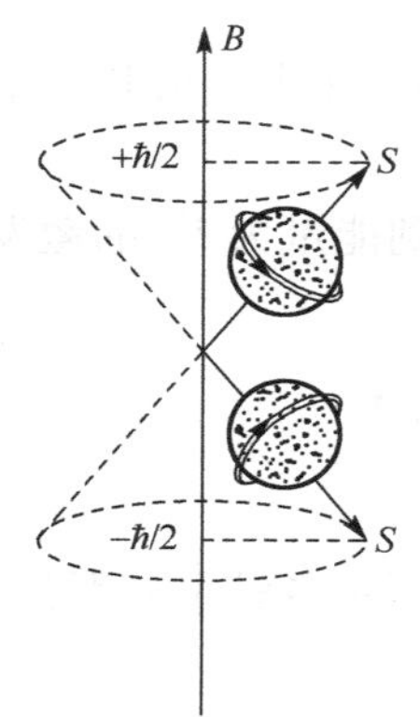

图 11.7　电子自旋的两个可能状态

其中 s 是自旋量子数，它只能取一个值，即 $s=\frac{1}{2}$. 因而电子的自旋角动量大小为 $S=\sqrt{\frac{3}{4}}\,\hbar$. 电子自旋角动量 S 在外磁场方向的投影为 $S_z=m_s\hbar$，其中 m_s 为电子自旋磁量子数，它只能取两个值，即 $m_s=\pm\frac{1}{2}$，因而只能取两个量子的值 $S_z=\pm\frac{1}{2}\hbar$. 电子在磁场中的自旋运动状态的两个可能情况如图 11.7 所示.

总起来，原子中各个电子的运动状态可由 n、l、m_l 和 m_s 这四个量子数来确定.

(1) 主量子数 n ($n=1,2,3,\cdots$). 它大体上决定了原子中电子的能量.

(2) 角量子数 l ($l=0,1,2,\cdots,n-1$). 它决定电子绕核运动的角动量的大小. 一般说来，处于同一主量子数 n，而不同角量子数 l 的状态中的各个电子，其能量也稍有不同.

(3) 磁量子数 m_l ($m_l=0,\pm1,\pm2,\cdots,\pm l$). 它决定电子绕核运动的角动量矢量在外磁场中的指向.

(4) 自旋磁量子数 m_s ($m_s=\pm\frac{1}{2}$). 它决定电子自旋角动量矢量在外磁场中的指向. 它也影响原子在外磁场中的能量.

11.5　元素周期表

在 11.2 节中我们讨论了氢原子中电子的运动状态. 氢原子中只有一个电子，是最简单的原子. 较复杂的原子中有两个或两个以上的电子，这时电子之间的相互作

用也会互相影响着它们的运动状态,它们的薛定谔方程比单电子原子系统的复杂得多.但应用量子力学中的近似计算方法仍可证明,其各个核外电子的状态仍由 n、l、m_l、m_s 四个量子数来确定.至于原子中电子的分布规律,应遵守下面两条原理.

11.5.1 泡利不相容原理

1925 年泡利(W. Pauli)在仔细地分析了原子光谱和其他实验事实后提出:在原子中要完全确定各个电子的运动状态需要用四个量子数 n、l、m_l、m_s,并且在一个原子中不可能有两个或两个以上的电子处于相同的状态,亦即它们不可能具有完全相同的四个量子数.这个结论称为泡利不相容原理.这一原理是微观粒子运动的基本规律之一.以基态氦原子为例,它的两个核外电子都处于 1s 态,其(n,l,m_l)都是(1,0,0).但其 m_s 就只能一个为 $+\frac{1}{2}$,而另一个为 $-\frac{1}{2}$.这一结果已为大量实验所证实.

当 n 给定时,l 的可能值为 $0,1,2,\cdots,n-1$ 共 n 个;当 l 给定时,m_l 的可能值为 $0,\pm1,\pm2,\cdots,\pm l$ 共 $2l+1$ 个.当(n,l,m_l)都给定时,m_s 可有 $+\frac{1}{2}$ 和 $-\frac{1}{2}$ 两个可能值.根据泡利不相容原理,原子中具有相同的主量子数 n 的电子数目最多是

$$Z_n = \sum_{l=0}^{n-1} 2(2l+1) = 2n^2$$

1916 年柯塞尔对多电子原子系统的核外电子,提出形象化的壳层分布模型.n 相同的电子组成一个壳层.对应于 $n=1,2,3,4,5,6,\cdots$ 状态的壳层分别用 K,L,M,N,O,P,…表示.l 相同的电子组成支壳层或分壳层.对应于 $l=0,1,2,3,4,5,\cdots$ 的状态的支壳层分别用 s,p,d,f,g,h,…表示.根据泡利不相容原理,可算出原子内各壳层和支壳层上最多可容纳的电子数见表 11.1.

表 11.1 原子中各壳层和支壳层上最多可容纳的电子数

n \ l	0 s	1 p	2 d	3 f	4 g	5 h	6 i	$Z_n=2n^2$
1,K	2	—	—	—	—	—	—	2
2,L	2	6	—	—	—	—	—	8
3,M	2	6	10	—	—	—	—	18
4,N	2	6	10	14	—	—	—	32
5,O	2	6	10	14	18	—	—	50
6,P	2	6	10	14	18	22	—	72
7,Q	2	6	10	14	18	22	26	98

11.5.2　能量最小原理

能量最小原理指出：原子处于正常状态时，各个电子都要占据低能级. 能级高低大致上决定于主量子数 n，n 越小，能级越低. 根据能量最小原理，电子一般按 n 由小到大的次序填入各能级. 但由于能级还和角量子数 l 有关，所以在有些情况下，n 较小的壳层尚未填满时，n 较大的壳层上就开始有电子填入了，例如 4s 态应比 3d 态先填入电子，钾、钙的原子就是这样. 当核外电子向一个新的壳层填入时，就是元素周期表中一个新的周期的开始.

11.6　生命物质的光谱

11.6.1　原子光谱

原子光谱实质上是由于原子内电子在不同的能量状态之间的跃迁而形成的，这种跃迁和四个量子数有密切的关系. 根据量子理论和实验证明，并不是任意两个不同能级之间都可以发生跃迁的，而要服从一定的选择定则. 例如原子吸收或发射光子时，原子和光子的总角动量必须保持不变. 而光子是有角动量的，所以电子在跃迁时要发射和吸收光子则必须改变它的角动量. 通常电子在跃迁时，它们的转动角动量量子数 l 改变 1. 例如有一个处在基态即 $n=1$，$l=0$ 态的氢原子吸收一个光子，那么只有当它的最后的转动角动量量子数 $l=1$ 时这种吸收过程才可能发生. 在向下跃迁时电子的角动量也必须改变 1，图 11.8 表示氢的最低的五个能级之间的允许的跃迁.

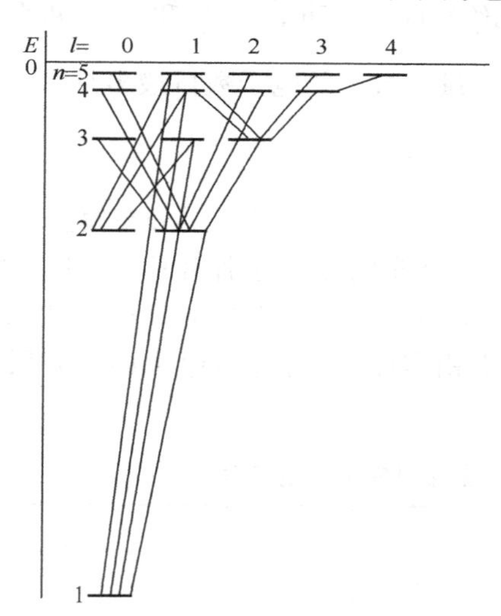

图 11.8　氢中允许的电子跃迁

原子被激发后，通常电子通过允许的跃迁而回到它们的基态. 这些激发态的寿命都是很短的，持续时间不超过 10^{-8}s. 当电子不能通过允许的跃迁回到它们的基态时，它们可以通过发射两个光子而回到基态. 这相对来说是比较慢的过程，这样的亚稳态可以持续秒数量级的时间.

根据电子在不同能量状态之间的跃迁方式，原子光谱分为发射光谱和吸收光谱. 当受激后的原子由高能级向低能级跃迁时就发射出一定波长的光子，大量同类原子发射的光子就在黑暗背景下形成若干条明亮的光谱线，成为原子发射光谱，又称为明线光谱. 当具有连续光谱的白炽灯光通过气体或蒸汽时，这些气体或蒸汽从入射光中吸收某些具有一定波长的光子，由低能级激发到高能级，而使这些被吸收的波长的入射光强度大大减弱，形成一系列暗线，成为原子的吸收光谱，又称暗线光谱. 同一种原子的吸收光谱与发射光谱的波长是一一对应的，因为它们对应着同样的两个能级间的跃迁. 但是吸收光谱中谱线通常远少于发射光谱中的谱线，这是因为原子通常处于基态，所以吸收光谱中通常只有从基态到激发态的谱线，而发射光谱除了有激发态到基态的谱线外，尚有各个激发态之间跃迁谱线.

一般说来，原子的光谱是线状光谱，每条谱线都比较尖锐，谱线半宽度较窄. 每种元素都有它独特的一套发射光谱和吸收光谱，并可以从中找到易识别的特征光谱. 例如，5890Å 和 5896Å 是 Na 的特征光谱，而 5461Å 是 Hg 的特征光谱等. 所以在实际工作中要鉴定某种元素时，并不需要测定它的全部发射光谱线或吸收光谱线，只要找到几条特征光谱线，就可以很容易确定这种元素的存在，同时也可以根据谱线的强弱来确定这种元素的含量.

例如，太阳的大气层分为光球、色球和日冕三部分. 光球厚约 500km，温度从内向外递降，从太阳内部发出的包含一切波长的连续谱辐射被光球外缘较冷的气体产生吸收. 于是，地球上测到的太阳光谱中有多达三万条的暗线，称为夫琅禾费线，它们反映了太阳大气中的元素成分，如表 11.2 所示.

表 11.2 几条主要的夫琅禾费暗线

暗线符号	波长/μm	元素
A	0.7594	氧
B	0.6867	氧
C	0.6563	氢
D_1	0.5896	纳
D_2	0.5890	钾

光球外面的色球，厚约 2000km，因很稀薄，虽然温度更高，但对太阳光谱影响已不大，肉眼只能在日全食时看到它以及最外层更稀薄的日冕(日冕可厚达百万公里).

以上讨论的原子光谱属于光学线状光谱，它是由于原子中外层电子的跃迁引起的. 外层电子不同能态之间能量差值一般为零点几到几个电子伏特，跃迁时形成的光谱范围在可见光区域或其附近(紫外或红外). 另外有一种原子光谱是伦琴线状光谱，它是由于重原子内层电子的跃迁引起的，这些内层电子不同能态之间的能量差值很大，一般为几千到几万电子伏特，相应的波长范围约为 0.4～50Å.

11.6.2　分子光谱

对于复杂的原子光谱理论，要量子力学才能解决. 分子光谱比原子光谱更复杂，这是因为分子结构远比原子结构复杂，分子的运动状况也比原子复杂. 在分子中除了电子的运动外，还多了两种运动状态：一种是分子中的各个原子核在其平衡位置附近振动，另一种是整个分子绕一定对称轴的转动. 根据量子力学理论，这些振动和转动能量也是量子化的，即只取离散的数值. 因此，某一确定状态的分子能量 E 是由电子能量 E_e、振动能量 E_v 和转动能量 E_r 三者之和决定的，即 $E = E_e + E_v + E_r$. 为了明确地表示各个能级之间的关系，仿原子的能级图，用分子能级图来表示分子的能级及电子、振动、转动能级间的关系.

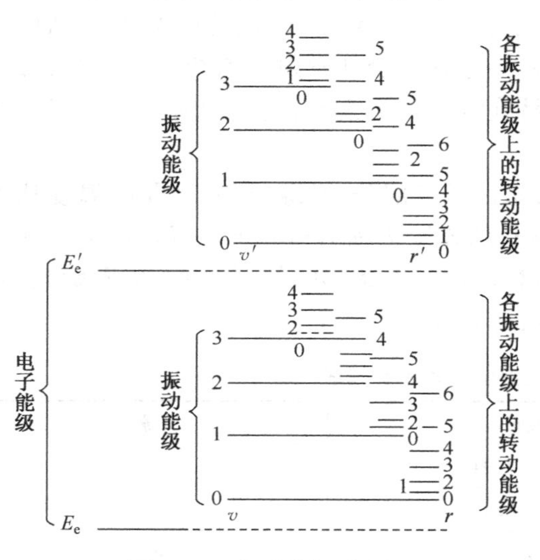

图 11.9　分子能级示意图

图 11.9 为双原子分子能级的示意图，图中 E_e和 E'_e表示电子能级. 在同一电子能级中，分子能量因振动能量差别还要分裂为若干振动能级，图中 $v=0,1,2,\cdots$，表示各振动能级. 当电子能级和振动能级均确定时，它的能量还因转动能量的差别分裂为若干转动能级，图中 $r=0,1,2,\cdots$，表示各转动能级. 转动能级之间的能量差最小，一般小于 0.5eV，甚至小于 10^{-4}eV，对应的波长为远红外至微波. 振动能级之间能量差次之，一般在 0.5eV 至 1.0eV 左右，对应的波长在红外. 电子能级之间的差值最大，一般在零点几至几个电子伏特，对应的波长为可见光至紫外.

与原子跃迁类似，当分子从一能级跃迁到另一能级时，将辐射或吸收一个光子，其频率为

$$\nu = \frac{E' - E''}{h} = \frac{E'_e - E''_e}{h} + \frac{E'_v - E''_v}{h} + \frac{E'_r - E''_r}{h}$$

若依次用低频至高频的单色电磁波通过某类分子，测量它对不同频率光子的吸收程度，就可以得到这类分子的能级分布图. 在单色电磁波低频范围，得到的是这类分子的转动光谱. 当增加频率时，得到这类分子的振动-转动光谱(振动能级和转动能级同时发生变化). 当频率进一步增加时，得到这类分子的电子-振动-转动光谱(电子能级、振动能级和转动能级同时发生变化). 由此可见，一对振动能级之间的跃迁所产生的光谱，由于有转动能级的跃迁，是一组很密集的光谱线，形成一个光谱带. 一对电子能级之间的跃迁包含不同振

动能级的跃迁,因而会产生很多光谱带,形成一些光谱带系,带状是分子光谱的特点,从外形说这类光谱称为带状光谱,图 11.10 是分子光谱的示意图.

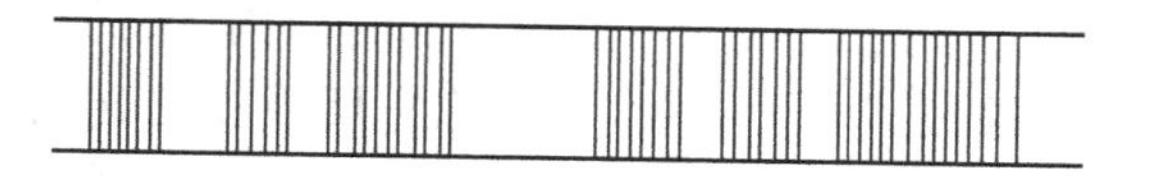

图 11.10　分子光谱的示意图

图 11.11 为一片菠菜叶子以及溶在乙醚中的叶绿素 a 的吸收光谱. 当光子的能量略微比激发态与基态之间的差额大一点时,它被吸收的可能性为最大. 吸收光谱跟物体的颜色有密切的关系,因为只有那些未被吸收的光才能到达眼睛从而产生视觉. 在菠菜叶子的吸收光谱中可见,最少吸收的是远红光(波长约 720nm)和绿光(波长 520～580nm). 我们的眼睛对远红光不十分敏感,因而见到的是绿色的叶子.

植物叶子中最重要的色素是叶绿素 a. 在图 11.11 中也标出了叶绿素 a 以纯净的形式溶于乙醚中时的吸收光谱的模样. 在叶子与溶液的曲线之间的不符之处,不光是由于在溶液中缺乏叶子中的其他色素所致. 叶绿素 a 本身在叶中与在溶液中的吸收光谱也并不完全相同,其部分原因是它在叶中与蛋白质相结合. 此外,全部的叶绿素分子并不以完全相同的方式与蛋白质相结合,也并不都跟某一种蛋白质相结合. 由此之故,不同的叶绿素分子产生了一系列不同的吸收光谱. 这些叶绿素光谱以及其他叶色素的吸收光谱的汇总,才构成了整片叶子的吸收光谱.

在图 11.11 中所示的叶绿素 a 的吸收光谱中,不难看出有两个主峰. 这两个主峰,一个在蓝光波段,另一个在红光波段中,对应于分子中的两个能级(图11.12). 向上指的箭头代表光子的吸收以及分子从基态到一个较高的电子能级的"激发". 这些箭头终止之处要比各个电子能级略高. 这说明光子另外还增大了分子的振动能. 这

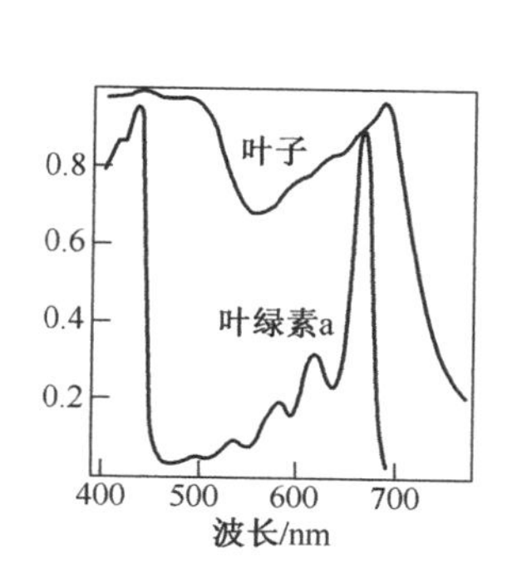

图 11.11　一片菠菜叶子以及溶在乙醚中的叶绿素 a 的吸收光谱

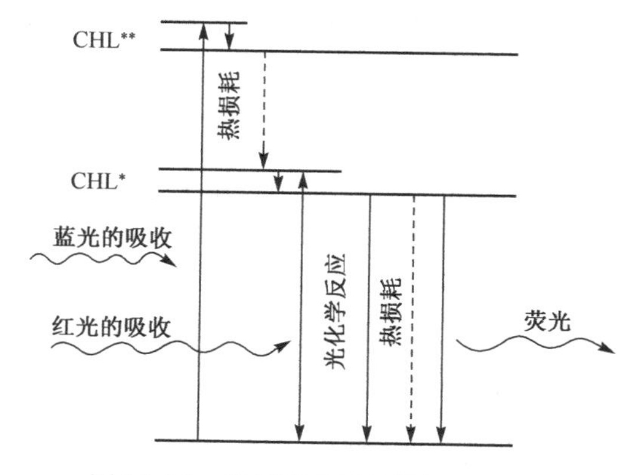

图 11.12　叶绿素分子的能级. 吸收一个蓝光光子,叶绿素分子就从基态 CHL 跃迁到第二激发态 CHL**

种振动能迅速地以热能的形式失散给其他分子. 如果分子已经吸收了一个蓝光光子,从而使它跃迁到了较高的受激电子能级的话,则额外的能量就会迅速地转变成为振动能. 结果是在吸收了光子之后的一段极短的时间内(大约只有十亿分之一秒)分子就已下降到较低的"红光"电子能级,而不论它所吸收的光属于哪一种. 这个能级的寿命也不长,但是分子却有可能以几种不同的方式放出其余的能量.

回到基态的一种可能的方式是把能量的主要部分作为光子而释放出去. 这意味着叶绿素重新发光,即荧光. 在此情况下也有些能量作为热能而损耗掉. 因此荧光光谱(即所辐射的光的波长分布)的高峰比吸收光谱的"红"峰的波长要长一些. 如把叶绿素从植物中提取出来溶解于诸如乙醚一类的溶液中,所吸收的光子中约有三分之一会产生荧光光子. 如把叶绿素溶液暴露在强光之下,例如在太阳光之下,则可看到有红光从溶液中发出来. 与此相反,在活的叶子中,叶绿素的荧光是如此之弱,以至需要用特别灵敏的仪器才能把它检测出来. 植物要是把它所吸收的光子的三分之一都变为荧光辐射,它就会失掉相当大一部分的能量. 因此在活的植物中所吸收的光子只有一小部分才产生荧光光子. 大多数能量丰富的叶绿体分子都通过化学反应消耗它们的能量.

本章小结

1. 概率波:光波或物质波在各处的强度确定光子或实物粒子出现的概率. 波函数表示粒子出现的统计规律性.
2. 测不准关系:是波粒二象性的表现.

$$\Delta x \cdot \Delta p_x \geqslant \hbar$$

3. 薛定谔方程:量子力学基本方程

$$\hat{H}\Psi = \mathrm{i}\hbar \frac{\partial \Psi}{\partial t}$$

波函数 Ψ 必须满足单值、连续、有限、归一等条件.

4. 四个量子数:描述原子中电子运动状态的参数.

主量子数 n:$n=1,2,3,\cdots$.

角量子数 l : $l=0,1,2,\cdots,n-1$.

磁量子数 m_l:$m_l=0,\pm 1,\pm 2,\cdots,\pm l$.

自旋磁量子数 m_s:$m_s=\pm\dfrac{1}{2}$.

5. 氢光谱:频率条件

$$\nu = \frac{|E_n - E_k|}{h}$$

6. 原子中电子排布规则:(1) 泡利不相容原理;(2) 能量最小原理.
7. 原子光谱为线状谱,分子光谱为带状谱.

思考题

1. 原子中与主量子数对应的状态共有多少个?

2. 根据泡利不相容原理,在主量子数 $n=2$ 的电子壳层上最多可能有多少个电子?每个电子所具有的四个量子数 n、l、m_l、m_s 分别是多少?

3. 杨氏双缝干涉实验中,在每条狭缝的后面放一块偏振片,二者偏振化方向互相垂直.当光源非常弱时,以致同时只有一个光子通过某个缝,这样我们可以检查光子是从哪个缝来的.在此装置长时间的记录中,我们可以看到干涉吗?

习题 11

1. 不确定关系式 $\Delta x \cdot \Delta p_x \geqslant \frac{h}{2\pi}$ 表示在 x 方向上

(1)粒子位置不能确定; (2)粒子动量不能确定; (3)粒子位置和动量不能同时确定;

(4)不确定关系不仅适用于电子和光子,也适用于其他粒子.

其中正确的是 [ ]

(A)(1)(2). (B)(2)(4). (C)(3)(4). (D)(4)(1).

2. 已知氢原子从基态激发到某一定态所需能量为 11.19eV,若氢原子从能量为−0.85eV 的状态跃迁到上述定态时,所发射的光子的能量为 [ ]

(A)2.56eV. (B)3.41eV. (C)4.25eV. (D)9.95eV.

3. 若外来单色光把氢原子激发至第三激发态,则当氢原子跃迁回低能态时,可发出的可见光光谱线的条数是 [ ]

(A)1. (B)2. (C)3. (D)6.

4. 电子的自旋磁量子数 m_s 只能取________和________两个值.

5. 多电子原子中,电子的排列遵循________原理和________原理.

6. 用某频率的单色光照射基态氢原子气体,使气体发射出三种频率的谱线,试求原照射单色光的频率(普朗克常量 $h=6.63\times10^{-34}$ J·s,1eV$=1.60\times10^{-19}$ J).

7. 氢原子光谱的巴耳末线系中,有一光谱线的波长为 4340Å,试求:

(1)与这一谱线相应的光电子能量为多少电子伏特?

(2)该谱线是氢原子由能级 E_n 跃迁到能级 E_k 产生的,n 和 k 各为多少?

(3)最高能级为 E_5 的大量氢原子,最多可以发射几个线系?共几条谱线?

请在氢原子能级图中表示出来,并说明波长最短的是哪一条谱线.

物理科技

扫描隧道显微镜

显微术大约始于 15 世纪,当时人们只能用简单的放大镜观察昆虫.对微观世界的探索，是多少世纪以来人类梦寐以求的事业. 自从荷兰人列文虎克(Leeuwenhoek)在1671年用透镜研制出第一台光学显微镜之后，人类历史上第一次揭示出细胞、病原体和细菌的存在，科学史上第一次出现了称为显微术的学科. 光学显微镜的问世大大推动了生物医学、矿物地质、冶金、材料等多项领域的发展. 而今，光学显微技术已发展到了相当复杂和完善的地步. 但由于受衍射的限制，光学显微镜只能分辨到微生物和细胞的程度.

按照德布罗意的波动理论，电子的波长λ(nm)与发射电子的加速电压U(V)之间具有如下关系：

$$\lambda = (1.5/U)^{1/2}(\mathrm{nm})$$

可见，在加速电压为100kV时获得的电子的波长为0.0039nm，这远小于原子直径，因此许多科学家把直接观察原子的希望寄托在电子显微镜上. 德国科学家卢斯卡(Ruska)和科诺尔(Knoll)1933年在柏林制造出世界上第一台电子显微镜，它的原理与光学显微镜相仿，用电子代替了光，用通电线圈做成的电磁透镜代替了光学透镜. 动能为100eV的电子波长是0.12nm，这样，电子显微镜成为研究物质微观结构很有力的工具. 但由于高速电子会穿进样品深处，所以并不适用于研究材料的表面结构. 1981年瑞士苏黎世国际商用机器公司研究实验室的两位科学家宾尼格(Binning)和罗赫尔(Rohrer)研制成了一种扫描隧道显微镜(STM)，可以很精确地观察材料的表面结构，因而成了研究表面物理和其他实验研究的重要显微工具. 由于这一卓越贡献，宾尼格和罗赫尔二人和电子显微镜的发明者鲁斯卡分享了1986年的诺贝尔物理奖.

扫描隧道显微镜的特点是不用光源也不用透镜. 它的显微部件是一枚细而尖的金属探针. 它的工作原理是量子隧道效应.

在两块导电物体之间夹一层绝缘体，若在两个导体之间加上一定的电压，通常是不会有电流从一个导体穿过绝缘层流向另一个导体的. 两个导体之间存在着势垒，像隔着一座山一样，如图T11.1所示.

假如这层势垒的厚度很窄，只有几个纳米时，由于电子在空间的运动呈现波动性，根据量子力学的计算，电子将穿过而不是越过这层势垒，从而形成电流. 形象地看，就像在山腰部打通一条隧道，如同我们常见的火车通过隧道那样，这种现象在量子力学中称为隧道效应.

扫描隧道显微镜示意图如图T11.2所示. 在样品的表面有一表面势垒阻止内部的电子向外运动. 但正如量子力学所指出的那样，表面内的电子能够穿过这表面势垒，到达表面外形成一层电子云. 这层电子云的密度随着与表面的距离的增大而按指数规律迅速减小. 这层电子云的纵向和横向分布由样品表面的微观结构决定. 扫描隧道显微镜就是通过显示这层电子云的分布而考察样品表面的微观结构的.

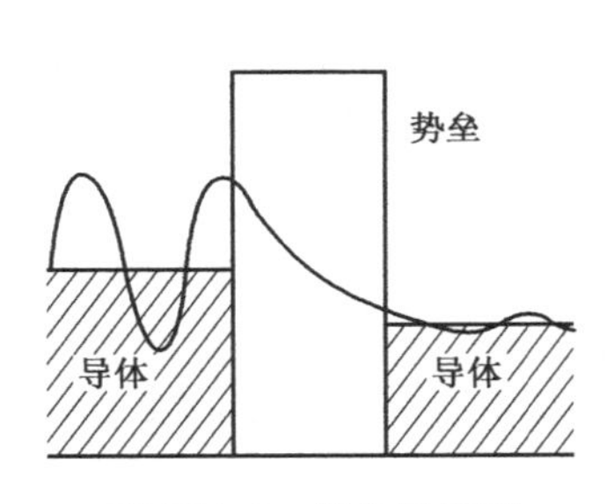

图 T11.1　势垒示意图

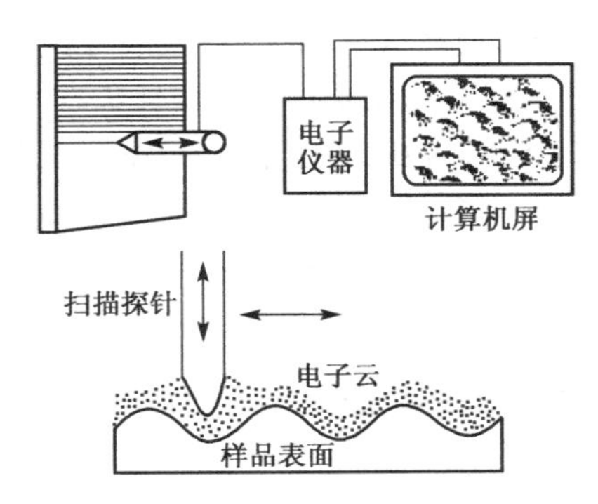

图 T11.2　扫描隧道显微镜示意图

使用扫描隧道显微镜时，先将探针推向样品，直至二者的电子云略有重叠为止．这时在探针和样品间加上电压，电子便会通过电子云形成隧穿电流．由于电子云密度随距离迅速变化，所以隧穿电流对针尖与表面间的距离极其敏感．例如，距离改变一个原子的直径，隧穿电流会变化一千倍．当探针在样品表面上方全面横向扫描时，根据隧穿电流的变化，利用一反馈装置控制针尖与表面间保持一恒定的距离．把探针尖扫描和起伏运动的数据送入计算机进行处理，就可以在荧光屏或绘图机上显示出样品表面的三维图像．和实际尺寸相比，这一图像可放大到 1 亿倍．

探针尖的精密定位和微小步进移动巧妙地利用了压电晶体的电致伸缩性质．可以使针尖每一步只移动 100Å 到 1000Å 的距离．排除外界振动的干扰采用了弹簧支撑和涡电流阻尼的办法．目前，扫描隧道显微镜的纵向（竖直）分辨本领为百分之几埃（原子半径为几个埃），横向（水平）分辨本领和探针与样品间的绝缘介质以及针尖端部的尺寸有关．在真空中进行隧道贯穿时，横向分辨本领一般可达 6Å～12Å．当针尖端部仅为一个原子时，分辨本领可达 2Å，这个原子通常来自样品本身，是在样品和探针尖间的强电场作用下，由样品飞出牢牢地附着在针尖上的．

扫描隧道显微镜自发明以后的第五年，其发明者宾尼希（G. Binnig）和罗雷尔（H. Rohrer）在 1986 年获得了诺贝尔物理学奖，说明其发展速度是异乎寻常的．它在物理学、化学、生命科学、材料科学及微电子等领域得到了广泛的应用，取得了一系列重要成果，并由此诞生了一系列新的学科分支，如纳米生物学、纳米摩擦学等．它的出现，极大地推动了人类科学和技术的飞速发展．

在物理学方面，扫描隧道显微镜已对石墨、硅以及金晶体等的表面状况进行了观察，取得了很好的成果，对超导体表面的电子结构也进行了研究；在化学方面，主要用于研究有机或无机分子在表面的吸附、表面催化、表面腐蚀、表面钝化和电化学动态过程等．扫描隧道显微镜应用于生命科学的研究工作迅速发展，在短短的几年间，就在核酸结构、蛋白质和酶的结构、生物膜结构以及超分子水平的生命结构的研究中取得了一系列成果，显示出在生命科学领域中的强大生命力．

通常的电子显微镜，必须局限在高真空中才能工作，因其远离生命条件将使生物样品丧失活性，所以无法反映其活性状态下的结构. 因此，在生命的天然条件下或准天然条件下(常温、常压、大气下、潮湿条件下或水溶液条件下)，对生物样品的结构进行直接观察，是生命科学家们梦寐以求的，扫描隧道显微镜正是提供了这种可能，因而引起了生命科学家们的广泛兴趣. 它的扫描范围(视野)可以是数纳米到一百微米，使得能分别在接近原子水平、分子水平、超分子水平、亚细水平乃至细胞水平的不同层次上全面地研究生物样品的结构. 例如 1953 年建立了脱氧核酸(DNA)米螺旋结构模型，从而开创了分子生物学以来，人类一直梦想有朝一日能亲眼看到 DNA 分子"庐山真面目"，由于扫描隧道显微镜的发明和应用，人类的这个长期的愿望终于在 20 世纪 90 年代初变成了现实.

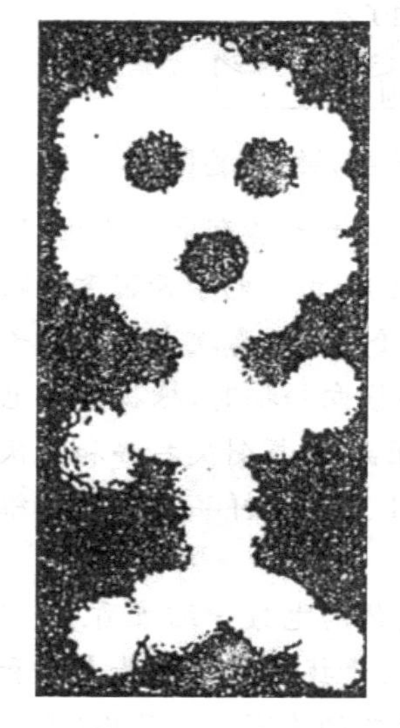

图 T11.3 用一氧化碳分子排成的"分子"人

扫描隧道显微镜不仅用于表面形貌结构观察方面，还可作为一种表面加工工具在纳米尺度上对各种表面进行斜蚀与修饰，实现纳米加工. 制造大规模和超大规模集成电路无疑是发展高级的电子计算机和电子技术的基础，因此进一步缩小固体器件结构尺寸始终是当今世界高技术领域中追求的一个目标. 将现有电子器件的结构尺寸缩小到纳米级，不仅可提高有关器件的集成度，也能改进器件的性能. 扫描隧道显微镜还可以在各种样品表面上进行直接刻写；更为奇妙的是还可以把吸附在表面上的吸附质，如金属小颗粒、原子团及单个原子等从表面某处移向另一处，即对这些小粒子进行操作，图 T11.3为移动了吸附在铂表面 CO 分子，并用这些分子排列成一"人"形结构，创造了分子艺术. 每个白团是单个的 CO 分子，CO 分子是直立在表面上的，氧原子在上面，CO 分子间距约为 0.5nm，这个 CO"人"形从头至脚高为 5nm.

随着科学技术的不断进步，在隧道显微镜的基础上，相继发展起来一系列扫描探针显微镜(SPM)，作为高精尖科学技术，SPM 备受科学工作者们的青睐，这一家族正在不断发展与壮大.

第 12 章 电离辐射生物效应

在人类的生存环境中有各种理化因子，诸如电离和非电离辐射、电磁场、温度以及各种无机和有机化学物质等，这些环境因素在生物以及人类生活中占有重要地位. 随着原子核能的利用和核技术在工农业、医学、食品储藏以及科学研究中应用的日益广泛和深入，电离辐射已成为并将继续成为人类生活中的一个重要环境因素，因而引起了人们的广泛关注.

电离辐射的生物学效应极其复杂多样，它能治癌又能致癌；能引起基因突变亦能诱导生物系统对 DNA 损伤的修复功能；能破坏核酸、蛋白质的结构，抑制其生物合成，引起膜损伤、酶的失活，抑制细胞分裂甚至导致细胞和机体死亡，同时辐射也能刺激核酸、蛋白质的合成和酶活性的提高，加速细胞分裂，促进生物的生长发育并提高产量等. 面对如此繁多的辐射效应和奇特的双重性，我们必须从辐射对机体影响的最基本作用中寻求共同规律，才能深刻揭示辐射与生物系统相互作用的基本过程，并最终阐明其作用本质，这正是辐射生物物理学的基本任务.

辐射生物物理或放射生物物理学，是关于电离辐射对生物系统作用的科学. 它着重研究辐射的物理和化学原初过程和规律(正是这些原初过程起动生物反应链并最终导致一系列辐射生物学效应)，而不是个别生物、器官或组织的具体辐射作用后果(生物效应)，后者属于放射生物学内容. 辐射生物物理学是放射生物学、放射医学、辐射遗传学、辐射生物化学、辐射育种学的基础，同时对于了解基本的生命现象(如生物对有害环境因子的反应，遗传信息的维持与修复等)和阐明癌变、突变及衰老的分子机理也有重要意义.

为了使学生对电离辐射引发的生物效应有一个初步的了解，我们在此编入了电离辐射的基本概念、相关的几个辐射物理量和单位、电离辐射的原发过程和电离辐射后的宏观生物效应等.

本章基本要求：

1. 掌握电离辐射的基本概念.
2. 理解电离辐射与物质的相互作用.
3. 理解水的电离辐射.
4. 了解电离辐射的生物效应.
5. 了解低水平辐射的兴奋效应.

12.1 电离辐射的基本概念

12.1.1 电离辐射的种类

电离辐射是指能引起物质电离的辐射，包括电磁辐射和粒子辐射两大类. 但不是所有的电磁辐射或粒子辐射都可以引起物质电离，有的辐射(如紫外线)不能引起物质分子的电离，只引起分子的振动、转动或电子能级状态的变迁，称为非电离辐射.

辐射按其能量代谢大小可分为低能辐射和高能辐射. 前者量子能量通常在 10eV 以下，如紫外线、红外线和可见光等，后者的量子能量高达 10^4～10^6 eV 甚至更高；前者与物质的相互作用一般只能引起原子的振动和激发，而后者不但能引起原子的激发，而且能引起强烈的电离作用. 因此，高能辐射又叫电离辐射，而低能辐射则属非电离辐射.

所有电离辐射或致电离辐射可分为直接致电离辐射和间接致电离辐射. 高速运动的带电粒子，如电子、质子、α 粒子，能直接引起分子或原子的电离，它们均属于直接致电离辐射；这些带电粒子只要具有足够的动能，就可直接破坏介质的原子结构，引起化学的、生物的变化. 而 X 射线、γ 射线及中子等不带电粒子，它们与物质相互作用时能产生致电离粒子或引起核转变. 例如，γ 射线通过物质时可产生次级电子，中子通过物质时可产生高能粒子或反冲核，因此均属于间接致电离辐射.

1. 电磁辐射

电磁辐射是以电场和磁场交变振荡的方式在空间和物质中传递能量的电磁波，如无线电波、微波、红外线、可见光、紫外线、X 射线、γ 射线均属于电磁辐射，这些电磁辐射在真空中具有相同的波速，但具有不同的波长、频率和能量，其中波长越短，频率越大，其能量就越高，穿透物质的能力越强.

这些电磁辐射中，只有 X 射线和 γ 射线引起物质分子的电离，称为电离辐射. 在辐射生物学上应用最广泛的电离辐射就是 X 射线和 γ 射线，它们均由光子组成，其能谱范围基本相同，二者的区别在于产生的方式不同. X 射线来自核外电子相互作用产生的光子流；而 γ 射线则来自放射性核素的衰变，即原子核从高激发态回到较低激发态或基态时释放的光量子.

2. 粒子辐射

粒子辐射是指一些高速运动的基本粒子或由它们组成的原子核，如 α 粒子、β 粒子、质子、中子、负 π 介子和重离子等形成的粒子流.

α 粒子即氦原子核($^4_2$He)，由两个质子和两个中子组成，带正电荷，可用加速器产生单能 α 粒子；有些放射性核素如铀、镭、氡、钚等，它们在衰变时均产生 α 粒子即 α

射线.

β粒子或电子是带有一个最小单位负电荷的粒子,β粒子可由某些放射性核素释放,如放射性碘、放射性锶和氚等均为重要的β粒子辐射体;实验室可用电子装置如电子感应加速器,可将电子加速到高能水平,达到或接近光子的速度.

质子即氢原子核(^{1}H),带有一个最小单位的正电荷. 质子的主要来源是宇宙射线,宇宙射线中大约79%的带电粒子是质子. 质子的生物效应主要是质子与生物组织中的氢原子核发生弹性散射产生的反冲质子所引起的.

中子具有与质子相同的质量,但不带电荷,主要来源于原子反应堆、加速器及放射性核素. 加速器产生的中子一般是单能中子,而反应堆和放射性核素中子源给出的中子则具有连续能谱. 习惯上将中子按其能量分为:热中子(能量在0.5eV以下)、中能中子(0.5eV～10keV)、快中子(10keV～10MeV)和高能中子(10MeV以上).

介子因其质量介于电子与质子之间而得名,而放射生物学研究领域感兴趣的是负π介子. 负π介子的质量为电子质量的273倍,为质子质量的1/6,一般由加速器加速的高能质子轰击重金属靶产生负π介子,其能量可达40～90MeV,因而在生物组织中的射程可达6～13cm用于放射治疗.

某些原子被剥去或部分剥去外围电子后,形成带正电荷的原子核,即为带电重离子,如氮、碳、硼、氖、氩等的重离子. 由于重离子的自身特性决定了它在放射治疗和辐射生物学研究上的特殊价值.

12.1.2 电离辐射的量和单位

1. 吸收剂量 D

这是辐射剂量和辐射生物学上一个很重要的量. 它适用于任何类型的电离辐射、任何受照射物质,并且适用于内、外照射. 吸收剂量D是$\mathrm{d}\bar{\varepsilon}$除以$\mathrm{d}m$所得的商

$$D = \mathrm{d}\bar{\varepsilon}/\mathrm{d}m$$

其中,$\mathrm{d}\bar{\varepsilon}$是电离辐射给予质量为$\mathrm{d}m$的物质的平均能量;$D$的单位为Gy(戈瑞),1Gy=1J/kg,即1Gy的吸收剂量等于1kg受照射物质吸收1J的辐射能量.

2. 吸收剂量率

吸收剂量率是$\mathrm{d}D$除以$\mathrm{d}t$所得的商,即$\mathrm{d}D/\mathrm{d}t$,其中,$\mathrm{d}D$是在时间间隔$\mathrm{d}t$内吸收剂量的增量. 吸收剂量率的单位为Gy/s.

3. 照射量 X

$$X = \mathrm{d}Q/\mathrm{d}m$$

其中,$\mathrm{d}Q$是在质量为$\mathrm{d}m$的空气中,由X或γ光子释放的全部次级电子完全被阻止

时,在空气中产生同一种符号的离子总电荷的绝对值(不包括体积内由于轫致辐射而引起的电离电荷).

照射量的单位为 C/kg(C 为库仑). 过去常用"伦琴",符号为 R,$1R=2.58\times10^{-4}$ C/kg. 相应地,照射量率单位为 C/(kg · s).

必须指出:照射量 X 是从电离本领的角度说明 X 射线或 γ 射线在空气中的辐射场性质的. 照射量乘上一个转换系数 f 便得吸收剂量

$$D = fX$$

4. 传能线密度(linear energy transfer,LET)

这是描述射线与物质相互作用能力大小的另一个重要物理量. 其严格定义是指带电粒子在介质中穿行距离为 $\mathrm{d}l$,能量转移小于 Δ 的历次碰撞所造成的能量损失为 $\mathrm{d}E$,则该粒子在介质中的 LET 为

$$L_\Delta = \left(\frac{\mathrm{d}E}{\mathrm{d}l}\right)_\Delta \text{(}\Delta\text{ 为能量限值)}$$

换言之,LET 是指直接电离粒子在其单位长度径迹上损失的平均能量,单位是 J/m,但习惯上仍常用 keV/μm 表示.

部分电离辐射的 LET 值见表 12.1.

表 12.1 部分电离辐射的 LET 值

辐射物	L_Δ/(keV/μm)
^{60}Co γ 射线	0.27
250kV X 射线	2.6
反冲质子	1.2
14MeV 中子	12
3MeV 中子	31
α 粒子(氡)	118
重反冲核	≥142
^{84}K 离子(18MeV/u)	3000
^{84}K 离子(18MeV/u)	5000
^{197}Au 离子(0.18MeV/u)	4400
^{197}Au 离子(0.11MeV/u)	2700
^{197}Au 离子(0.05MeV/u)	1500

5. 相对生物效应(relative biological effectiveness,RBE)

一种参考辐射(通常是 X 射线,但近年也用 ^{60}Co γ 射线)产生某一规定的生物效应所需的吸收剂量为 D_1,而另一种辐射引起同样程度的该种生物效应所需的吸收剂量为 D_2,则称 D_1/D_2 为后一种辐射对前一种辐射的相对生物效应. 这是一个被简化

了的量，只要实验是在严格相同条件下进行的，则所得 RBE 值就可方便地比较不同辐射或不同能量的同种辐射的生物效应大小. 但应注意，RBE 值除取决于辐射的 LET 值外，还与所用生物体系及该体系的损伤水平有关. 例如，用培养的哺乳动物细胞为实验体系，当以细胞存活率的 60%和 10%为效应终点时，中子的 RBE 值分别是一大一小，因此常用参数 D_0(X 射线)/D_0(中子)表示中子的 RBE 值，其他类型辐射的 RBE 值可由此类推.

12.2 电离辐射与物质的相互作用

电离辐射对生物分子和机体的作用包括直接和间接作用. 前者指辐射直接在生物分子上沉积能量，引起分子和原子的电离和激发，导致分子结构的改变和生物活性的丧失. 也就是说，直接作用是吸收能量和出现损伤发生于同一分子上；若吸收能量的是某一分子而受损伤的却是另一分子，这就是间接作用. 辐射生物学作用的早期阶段，直接作用占有重要地位，但是在任何情况下，直接和间接作用都是同时存在的，它们的相对贡献取决于诸多因素：辐射性质、靶的状态与大小、组织含水量、照射时的温度、氧的存在与否以及辐射防护剂或增敏剂的存在与否等.

12.2.1 X 射线和 γ 射线与物质的相互作用

X 射线和 γ 射线是由强光子流组成的电磁辐射，它们与物质相互作用，转移其能量. 能量转移通过三种方式实现，即光电效应、康普顿效应和电子对形成.

(1)光电效应：一个低能 γ 光子与介质原子相互作用时，γ 光子将其部分能量转移给一个轨道电子并击出该电子的过程称为光电效应. 所发射的光电子具有的动能(E_e)，根据爱因斯坦方程，该动能(E_e)等于 γ 光子能量(E_γ)减去结合能(E_b)

$$E_e = E_\gamma - E_b$$

(2)康普顿效应：具有较高能量的 γ 光子与原子相互作用时，γ 光子将其部分能量转移给一个轨道电子，产生一个以一定角度发射的反冲电子，失去部分能量的入射光子则偏离其入射方向继续行进，成为康普顿散射光子. 它们的能量关系是

$$E_e' = E_\gamma - (E_\gamma' + E_b)$$

式中，E_e'和 E_γ'分别代表反冲电子和散射光子的能量.

(3)电子对形成：当能量较高的光子(>1.02MeV)经过介质原子核近旁时，因受核的强库仑力作用，光子被完全吸收并同时转变成一对正负电子. 形成的正电子慢化后，最后与一个电子复合而转变为两个方向相反、能量各为 0.51MeV 的光子，这个过程称为湮没辐射.

对放射生物效应而言，三种效应后果的意义没有多大差别，因为三者最终均产生电子，引起物质电离.

12.2.2　带电粒子与物质的相互作用

α粒子带正电荷，其质量较大，在组织中运动较慢，因此单位距离内引起较多的电离事件. 随着α粒子在介质或组织中移动的距离增加，能量渐被消耗. 粒子运动变慢，而慢速粒子又引起更多的电离事件，故在其行径的末端，电离密度明显增大，形成峰值，称为布拉格峰.

在生物组织中α粒子移动的距离比在空气中小得多，1MeV的α粒子只能移动几十微米. 在短距离内释放α粒子的全部能量，产生很高的电离密度，故引起损伤较重.

电子带负电，质量小，故在介质中容易被其他电子排斥所偏转，形成曲折的径迹，其实际穿透的深度(即电子束的射程)小于其径迹的长度. 在其径迹的末端，由于能量逐渐降低，速度减慢，与介质原子作用概率加大，故电离密度增高. 放射治疗中直线加速器产生的电子流，其能量为几至十几兆电子伏(高能电子)，主要在组织深部产生最大的电离作用.

12.2.3　中子与物质的相互作用

中子不带电荷，与带电粒子相比，当质量与能量相同时，中子的穿透力相对较大. 中子只有与原子核发生碰撞时，才将其能量传递给介质的原子核. 中子与物质的相互作用可分为散射和核反应两大类.

散射可分为弹性散射和非弹性散射. 快中子与原子核主要发生弹性散射，将能量传给受碰撞的靶核，形成反冲核. 靶核愈轻，获得能量愈多. 氢反冲核(即反冲质子)获得能量最多，可等于入射中子的能量. 氢是组织中含量最高的原子，这种相互作用的生物学意义不能忽视. 当中子能量高于6MeV时，开始发生非弹性散射，中子被靶核吸收，形成复合核，然后放出一个动能较低的中子，产生γ射线.

核反应包括中子俘获和散裂反应. 中子被核俘获后由激发态返回基态，放出γ光子. 当中子能量大于20MeV时，可使某些原子核碎裂，释放出几个粒子或碎片，称为散裂产物，占生物组织内中子吸收剂量较大份额.

12.3　水的电离辐射

生物体由各种分子组成，包括生物大分子和无机分子. 这些分子多在水环境中存在，水分子组成生物体重量的80%左右. 水分子的电离过程对理解放射生物效应的发生十分重要.

细胞的含水量高达70%以上，因而辐射对水的作用具有特别重要的意义. 换言之，细胞中水辐射分解自由基的作用是间接作用中最重要的一类. 在中性稀水溶液

(如浓度小于 10^{-2}mg/cm^{3}的 DNA)中,辐射导致 DNA 分子的失活作用主要是由水辐解自由基的间接作用所引起的.

12.3.1　水的辐射分解与水自由基

射线直接作用于水分子,引起水分子的电离和激发.激发和电离的原初反应产生生物学上有重要意义的射解产物 $H^{\cdot}$、$OH^{\cdot}$ 和 e_{aq}^- 等——统称为水自由基.

自由基是指独立存在的、带有一个或多个不成对电子的分子、原子、基团或离子.自由基的反应活性很高,这是由于它们具有未配对电子,易与其他电子配对成键.自由基一般为电中性,但有些自由基带有正电荷或负电荷,称为自由基的定义,但它具有很强的电子配对活性,故常将其归入自由基一类.双自由基是指具有两个配对电子的分子或原子团.例如,基态氧分子(O_2)和其他分子不同,一般处于三线态,其两个自旋平行的电子处于不同能级,可以各自与一个自旋方向相反的电子配对.自由基具有高反应性、不稳定性和顺磁性等特点,高反应性表现在很容易发生自由基-自由基反应(两个自由基的不成对电子的配对),自由基易与生物靶分子发生加成、抽氢和电子转移等反应.多数自由基不稳定,其寿命很短.例如,辐射分解形成的羟自由基的半存期为 $10^{-10}\sim10^{-9}$s,水合电子在中性水中的半存期为 2.3×10^{-4}s,在碱性溶液中的半存期为 7.8×10^{-4}s.电子在轨道中自旋运动时产生磁场和相应的磁矩.若在同一轨道上存在成对的电子,因其自旋方向相反,两者的磁矩相抵消,故无磁性,自由基由于存在不配对电子,故产生自旋磁矩.若施加外磁场,电子磁体只能取与外磁场平行或反平行的反向而不能随意取向,这就是自由基的顺磁性.因此,可以采用电子顺磁共振法(ESR)研究自由基特性.

水的辐射分解产生水自由基,它们的形成过程如下:

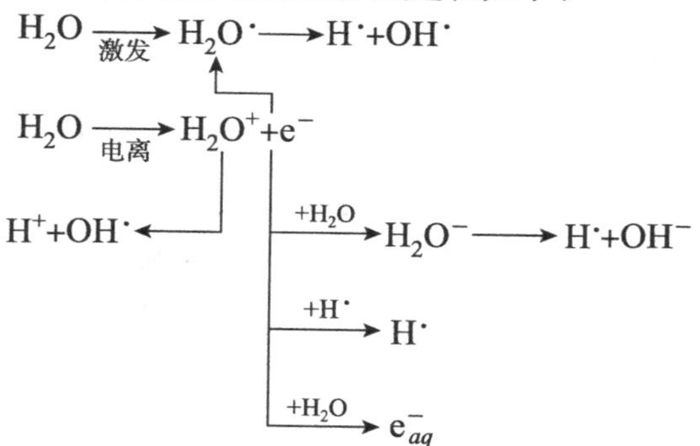

以上原初反应在空间上发生在很小的反应体积内,这个小体积叫作刺团,其平均直径约 1.5nm,反应发生的时间为 $10^{-14}\sim10^{-10}$s.平均每个刺团约含 6 个自由基.在刺团内,水自由基可发生复合,导致分子的次级产物 H_2和 H_2O_2的形成

$$H^{\cdot} + H^{\cdot} \longrightarrow H_2$$

$$OH^{\cdot} + OH^{\cdot} \longrightarrow H_2O_2$$

$$e_{aq}^{-} + e_{aq}^{-} \xrightarrow{2H_2O} H_2 + 2OH^{-}$$

这些分子产物(H_2和 H_2O_2)和水自由基总称为水的原初辐射产物. 在中性环境中,它们的 G 值(粒子沉积 100eV 能量所形成或破坏的分子数)分别为:$OH^{\cdot}$ 的为 2.6,e_{aq}^{-} 2.6,$H^{\cdot}$ 的为 0.6,H_2的为 0.45,H_2O_2的为 0.75.

12.3.2　水自由基的特性及其在细胞中的行为

水自由基形成后,能扩散到足够远处,因而它们与细胞内的生物分子反应的可能性大于它们在刺团内发生复合的可能性.

(1)羟自由基 $OH^{\cdot}$:其辐射化学产额 G 高达 2.6～2.7,扩散系数为 $2.3\times10^{-5}cm^2/s$,属氧化性自由基. 大量研究表明,$OH^{\cdot}$ 是水辐解自由基中致伤能力最强的一种. 在中国仓鼠细胞 V79 中,$OH^{\cdot}$ 与细胞靶分子的反应速率为 $9\times10^{-8}s$,$OH^{\cdot}$ 的平均寿命为 10^{-9}～$10^{-8}s$,从 $OH^{\cdot}$ 在细胞内生成部位到靶分子,其平均扩散距离可达 1.5～3.0nm. 这说明一个自由基清除剂要与 $OH^{\cdot}$ 竞争与靶分子结合,顺应潮流必须用高浓度的清除剂才能有效. 在生物系统中 $OH^{\cdot}$ 主要攻击多酚类化合物的邻二羟基的位置,生成稳定的半醌. 据估计,由水辐解自由基的间接作用引起的有氧细胞失活中,$OH^{\cdot}$ 的贡献约占 60%,由此可见其重要性.

(2)水合电子 e_{aq}^{-}:其辐射化学产额与 $OH^{\cdot}$ 相似,但扩散速度比 $OH^{\cdot}$ 快,同生物靶分子的反应能力也很强. e_{aq}^{-} 为还原性自由基,在酸性条件下可与 H^{+} 或 H_2O 反应形成 $H^{\cdot}$ 自由基;在有氧条件下则易被氧捕获形成超氧化物阴离子 $O_2^{\cdot-}$

$$e_{aq}^{-} + O_2 \longrightarrow O_2^{\cdot-}$$

Locker 等认为,如果射线的直接作用使有氧细胞失活 30%～40%,$OH^{\cdot}$ 使细胞失活 60%,那么由其他水自由基,包括 e_{aq}^{-} 在内对细胞失活的贡献至多只占 10%.

由于 e_{aq}^{-} 在许多反应中的表现很像 $H^{\cdot}$,且 e_{aq}^{-} 和 H^{+} 反应易变为 $H^{\cdot}$,因此 20 世纪 60 年代初一些学者曾把许多由 e_{aq}^{-} 引起的反应误认为是 $H^{\cdot}$ 的作用.

H_2O_2与有机分子的反应速度较上述自由基的反应速度要慢几个数量级;分子 H_2不与细胞靶分子起反应,它对细胞的失活作用不能确定.

(3)超氧化物阴离子 $O_2^{\cdot-}$:$O_2^{\cdot-}$ 是一种离子自由基,它与生物分子的反应速率通常比 $OH^{\cdot}$ 和 e_{aq}^{-} 慢几个数量级,扩散距离较长,这有利于通过超氧化物歧化酶(SOD)除去. 因此,它直接引起的损伤可能不很重要,然而体内产生的 H_2O_2 有可能与 $O_2^{\cdot-}$ 反应形成 $OH^{\cdot}$,后者的致伤作用比 $O_2^{\cdot-}$ 大得多

$$O_2^{\cdot-} + H_2O_2 \longrightarrow O_2 + OH^{-} + OH^{\cdot}$$

这样看来,细胞受照射后将遭遇两次 $OH^{\cdot}$ 的攻击,第一次发生于照射后 10^{-14}～$10^{-10}s$,这是主要的辐射效应;第二次发生于照射后 $10^{-3}s$ 甚至更长时间. 但目前对第二次 $OH^{\cdot}$ 攻击的证实尚缺少直接的实验证据.

12.3.3 水自由基与生物分子的主要反应

水自由基能与生物分子发生多种反应，包括抽氢、加成、电子俘获、氢传递、聚合、分解等. 这里只介绍较重要的三种反应.

1. 加成反应

$OH^·$ 和 $H^·$ 均对 DNA 分子的碱基具有较大亲和力，对嘧啶碱基，它们主要加合于 C_5 和 C_6 的双键上；对嘌呤碱基，$OH^·$ 主要加在咪唑杂环的 7、8 位双键上，先打开双键，与 C_8 结合，然后使咪唑开环. $OH^·$ 与 $H^·$ 与核酸碱基的加成反应是造成碱基损伤的主要原因.

2. 抽氢反应

$OH^·$ 因其强氧化性，容易从生物分子上抽取一个氢原子. 例如，在 DNA 的脱氧戊糖 C_4 上抽去 H，进而造成 C_3 或 C_5 上的磷酸酯键断裂. 这是辐射引起 DNA 链断裂的重要原因之一.

3. 电子俘获反应

e_{aq}^- 因其强还原性，能攻击—S—S—. e_{aq}^- 被二硫化物俘获后形成不稳定的阴离子自由基，最后导致—S—S—断裂，这是电离辐射引起蛋白质、酶失活的一个重要化学过程

$$\mathrm{RSSR} + e_{aq}^- \longrightarrow \mathrm{R\dot{S}SR^-} \longrightarrow \mathrm{R\dot{S}} + \mathrm{RS^-}$$

e_{aq}^- 也能被核酸碱基俘获，形成阴离子自由基，造成碱基损伤.

12.4 电离辐射的生物效应

12.4.1 电离辐射的分子效应

前面已经讨论了电离辐射与水分子的相互作用，我们知道了辐射既可通过水分子的辐射分解产物引起生物大分子的变化，也可直接引起生物大分子的电离和激发. 在这里我们讨论的电离辐射的分子效应主要是电离辐射作用后生物大分子的变化及其在辐射生物效应发生中的意义.

靶学说是放射生物学发展中既古老又不断更新的一个重要假说. 从 20 世纪 20 年代发展起来的定量辐射生物学，其特点是应用量子物理概念和数学方法解释实验结果. 简言之，辐射的作用被作为生物系统吸收辐射能量（辐射剂量）的函数来研究，试图从所得剂量效应曲线形状的统计学分析，得出辐射作用本质的结论. 根据靶学

说，放射生物效应的发生是由于细胞内的靶（某种结构）被电离粒子击中. 就像子弹命中靶（目标）一样，电离粒子命中生物靶结构而使生物大分子失活或细胞死亡. 细胞内这个"靶"是对电离辐射的敏感区域. 目前受重视的靶就是基因组 DNA 和生物膜.

基因组 DNA 是细胞生长、增殖、遗传的重要物质基础，是细胞功能调节器的枢纽. 已有一些事实支持基因组 DNA 是射线作用的靶分子，主要的有：①当大剂量的高比活性^3 H-TdR 掺入细胞基因组 DNA 分子时，由于^3 H 的 β 辐射作用而使细胞死亡，而同样剂量的高比活性氚标氨基酸掺入染色蛋白分子中则无此种效应；②用 5-溴尿脱氧嘧啶核苷(5-BUdR)取代胸腺嘧啶核苷(TdR)参入哺乳动物细胞 DNA 分子可能使细胞膜的放射敏感性增高；③许多哺乳动物细胞处于 DNA 合成酶的诱生期放射敏感性特高；④DNA 修复功能缺陷病人（如 XP、AT 等）的细胞对辐射特别敏感；⑤DNA 含量较高或染色体体积较大的细胞的放射敏感性较高等.

电离辐射对基因组 DNA 靶分子作用的宏观效应有 DNA 结构损伤（如碱基损伤、糖基的破坏等）、DNA 链损伤（如 DNA 链断裂、DNA 交联）、DNA 代谢功能改变（如 DNA 合成抑制、DNA 降解增强等）、DNA 损伤的修复（如回复修复、切除修复、复制后修复、SOS 修复）、辐射对转录调节的影响.

生物膜系包括质膜、核膜或细胞器（线粒体、溶酶体等）膜. 膜亦被视为辐射作用的靶之一. 细胞的膜系具有重要的生物功能，同时又对辐射比较敏感. Alper 提出，细胞可发生两类辐射损伤，即所谓 N 型和 O 型损伤. N 型损伤起因于 DNA 分子中的电离原初事件，受氧的影响较少. O 型损伤的主要部位在膜，可发生膜的脂质过氧化作用，因而氧增强效应明显，溶酶体发生辐射损伤时其氧增强比(OER)可达 5～15，即为一例.

现已从细菌中分出 DNA—膜复合体，它具有继续合成新 DNA 的能力；辐射对这种复合体的损伤，OER 约为 8，也说明膜损伤的重要意义.

12. 4. 2　电离辐射的细胞效应

细胞是复杂机体的功能单元，研究电离辐射对细胞的作用特点，是了解辐射对机体健康影响的基础. 但机体由各种性质与功能不同的细胞组成，它们对辐射的反应存在很大差别. 因此，既要了解电离辐射引起细胞效应的共性，也要阐明各类细胞对电离辐射反应的特点.

1. 细胞的放射敏感性

同一剂量的同一种辐射作用于机体后，体内不同细胞变化的差别很大，有些细胞迅即死亡，另一些细胞则依然如故. 这就说明各种细胞对电离辐射的敏感程度存在很大差异. 生物体内的细胞群体依据其更新速率不同可分为三大类：第一类是不断分裂、更新的细胞群体，对电离辐射的敏感性较高；第二类是不分裂的细胞群体，对电离辐射有相对的抗性(从形态损伤的角度衡量);第三类是细胞在一般状态下基本不分裂或分裂的速率很低,因而对辐射相对地不敏感,但在受到刺激后可以迅速分裂,其放射敏感性随之增高.

2. 环境因素影响细胞的放射敏感性

环境中氧分压对细胞放射敏感性影响十分明显. 在低水平辐射条件下,氧的存在将加强射线对细胞的杀伤力. 细胞所处条件不利于其最佳生长和增殖时,放射敏感性降低. 细胞环境中存在有防护或增敏作用的化学因子,将降低或增高细胞放射敏感性.

3. 电离辐射的细胞致死效应

电离辐射所致细胞死亡可分为两类,即增殖死亡和间期死亡. 增殖死亡发生于分裂、增殖的细胞,照射后依剂量不同细胞可能分裂 1 至数次,或细胞增大而不能分裂,导致细胞增殖死亡. 增殖死亡的发生机制可能与 DNA 损伤和染色体畸变有关. 当很大剂量照射细胞时,细胞立即在有丝分裂的间隙期死亡,称为间期死亡. 间期死亡的发生机制并未完全阐明,其生物化学机制可能与三方面变化有关,一是照射后线粒体氧化磷酸化受抑,使 ATP 合成减少,能量供应不足;二是膜结构损伤,膜通透性增高,DNase 和蛋白水解酶逸出,造成生物大分子破坏和代谢紊乱;三是核结构损伤,其基础是染色质裂解,而染色质裂解取决于蛋白质和 RNA 合成,因为二者的合成抑制剂可使染色质裂解减轻.

4. 电离辐射导致染色体结构变化

正常生物体内细胞的染色体数目和结构都是比较恒定的,实验证明,染色体对电离辐射十分敏感,辐射引起染色体损伤,将影响细胞活动. 辐射诱发和染色体畸变,包括染色体黏着、染色体数量改变和染色体结构改变. 染色体黏着是在细胞分裂时受到照射,因染色体发生黏着或成团,使之难以彼此分开,在分裂隙后期和末期形成黏着的染色体桥,或阻止细胞分裂. 由于染色体黏着可使染色体不分离,因而两个子细胞中,一个多一条染色体,另一个少一条染色体,出现非整倍体细胞. 染色体结构改变,在显微镜下常规检查易于见到的有染色单体型畸变和染色体型畸变.

5. 电离辐射导致细胞功能的变化

电离辐射引起细胞功能的变化,可表现于诸多方面,其中包括调节功能和防卫功能. 电离辐射通过其电离产物(如活性氧)或 DNA 损伤改变转录因子的活性或丰度,从而影响基因表达,进而体现细胞功能的变化. 例如,辐射可促进 c-jun、c-fos 等基因的表达,使其产物增多,从而调节细胞生长和增殖. DNA 损伤可促使细胞内的生长因子释放,生长因子又作用于细胞表面或胞浆的生长因子受体,影响细胞内的转录活动.具有防卫功能的免疫系统涉及许多细胞成分,低剂量辐射引起免疫功能增强,而大剂量辐射可使防卫功能受到抑制,降低机体的抵抗力.

12.5　低水平辐射的兴奋效应

低水平辐射是相对于大剂量辐射而言的,低水平一般是与低剂量相对应的.但是,对于不同种类的生物,低剂量是很难给出一个统一的数值,即使在同一种生物,其不同系统、组织和细胞的反应亦有明显差别.目前多数人认为,0.2Gy 以下的低水平剂量对人体和哺乳动物可列为低剂量.研究低剂量照射下的生物效应,无论实验研究、临床观察和流行病学调查,难度都是较大的.以致癌效应为例,低水平辐射引起癌症发生频度的变化,要求很大样本及相对较长时间,才能使其具有足够的统计学强度.

电离辐射一向被认为是一种有害健康的环境因子,而人类又世代与辐射同在并健康地生存和发育.是不是一个完全没有电离辐射的世界就会让人类活得更好呢?这是一种不现实的也是不必要的,甚至是错误的想法.实际上在长期的进化发展过程中生物体已经适应了各种天然环境因子的作用.一旦消除这些因子反而对生物造成危害.例如,用屏蔽法减少环境辐射可使草履虫的生长和繁殖受抑,只有在培养液中加入适量辐射源以后才恢复其正常生长.适宜量(浓度或强度)的环境因素对人体可能是必须的或是无害的,但超过一定水平,它们将引起损伤或甚至危害健康.因此,确定“适宜量”的范围是科学研究的重要任务.由于这些因素的繁多以及它们之间存在着交互影响,可想而知这项任务的复杂性和艰巨性.放射生物学主要研究辐射,特别是电离辐射的生物效应,绝大部分放射生物学著作将其主要篇幅用于阐述电离辐射作用的一般规律,即发生于中等以上辐射剂量所引起的生物学现象.

12.5.1　低水平辐射刺激基本生命活动

1.低水平辐射对动物生长、繁殖与寿命的影响

如果每天 8h 用剂量为 0.0011～0.088Gy 的电离辐射长期照射小鼠、豚鼠和家兔,实验结果表明,0.0011Gy/d 的长期照射使动物体重的增长显著高于对照,同时生存时间稍有延长.0.0011Gy/d、0.0022Gy/d 和 0.0044Gy/d 的慢性照射也使动物体重增长加快,其幅度甚至比 0.0011Gy/d 的所致者更大,但其生存时间缩短.

每日受 0.0011Gy 照射的小鼠和豚鼠均寿命延长.在小鼠中以雄性更加明显,其延长时间达 100d.类似的寿命延长也见于豚鼠,受照射者较未照射对照的平均寿命延长 85d.

低剂量辐射可促进哺乳动物的繁殖能力.低剂量 γ 射线照射大鼠实验证实,从第 5 至 10 代,80%对照母鼠产仔,97%受照母鼠产仔,较对照组增加 21%;平均每窝

仔鼠数对照组为6.1,受照组为9.0(较对照组增加47.5%),新生鼠平均重量对照组为5.9g,受照组为6.6g(较对照组增加11.9%).

2.低水平辐射对动物防卫、修复与适应的影响

人们早就发现了辐射可增强生物体对细菌感染的抵抗力,例如,足以使正常豚鼠致死的白喉菌感染,给予预先受X线照射的动物却未引起死亡.科学家还发现小剂量的辐射可增强动物对各种应激的抗性,他们观察到预先受较小剂量照射者,致死剂量照射后的死亡率降低,表明其辐射抵抗力由于小剂量作用而增高.

低剂量辐射对修复功能的影响早已受到临床工作者的注意,在抗菌素尚未问世之前曾经将X射线用于治疗炎性疾病,促进病变的修复.实验研究发现低剂量辐射使皮肤切口愈合加快,而大剂量则延缓伤口愈合.这些都是组织水平的修复.细胞水平的修复是指低剂量辐射杀伤细胞群体的一部分成员后,可刺激存留细胞的分裂、增殖,从而保持细胞群体的完整性.低剂量辐射可以刺激分子水平的防卫、修复和适应,其中特别是DNA损伤修复.低剂量辐射和其他环境因子可增强细胞内抗氧化功能,如过氧化物歧化酶、金属硫蛋白等,从而使辐解产物的损伤作用减弱.低剂量辐射和其他致癌剂可增强多聚腺苷二磷酸核糖基化作用,可诱导某些蛋白分子的表达,包括应激蛋白、酶蛋白或保护性蛋白的表达,这些变化均可增强细胞的适应功能.

12.5.2 低水平辐射诱导细胞遗传学适应性反应

机体对环境因子的作用可发生适应性反应.适应性反应的表现形式是多种多样的,低剂量辐射诱导的适应性反应可表现于细胞水平和整体水平.细胞水平的适应性反应多以染色体损伤为观测指标,整体水平的适应性反应则多以寿命、抵抗力和致癌等为观测指标.

无论是体外照射或全身照射,无论是单次照射或慢性照射,均可诱导细胞遗传学适应性反应.这种反应可发生于体细胞(淋巴细胞、骨髓细胞等)和生殖细胞(精母细胞),也可发生于体外培养的细胞系(CHO V79细胞等).例如,人体受极低剂量率辐射长期作用时,亦可诱导外周血淋巴细胞的适应性反应.X射线诊断工作者(工龄5~20年,月剂量当量0.017~0.220)的外周血淋巴细胞在含PHA和秋水仙素的RPMI1640培养液中受1.5Gy的γ射线照射,对照者的外周血淋巴细胞经相同处理,发现X射线诊断工作者淋巴细胞在体外受1.5Gy照射后其染色体畸变率显著低于对照.

动物实验证实,低剂量辐射(特别是0.2Gy以下的低剂量辐射)可以延长生存时间,并在某些情况下降低肿瘤发生率或使肿瘤发生率有下降的趋势.人群调查发现,低水平辐射,特别是剂量在0.2Gy以下的低水平辐射不增加致癌的危险.这些都说明机体对低水平辐射可发生适应.

12.5.3　低水平辐射增强免疫功能

免疫系统包括免疫器官(组织)、免疫细胞和体液性免疫因子. 免疫器官可区分为中枢免疫器官和外周免疫器官两大类. 中枢免疫器官有骨髓、胸腺和腔上囊类似器官,外周免疫器官有脾、淋巴结、扁桃体和其他淋巴组织(如肠道派氏斑等). 体液性免疫因子除抗体、补体等以外,有许多调节性因子,包括细胞因子(其中许多为淋巴因子)、生长因子和其他体液因子. 这些器官、细胞和体液因子在完整机体内相互联系,彼此影响,共同发挥防卫功能.

实验证明低水平辐射可引起机体免疫反应的增强,表现于许多方面.

1. 抗体形成

研究者给家兔静脉注射 SRBC 后,于不同时间检测血清溶血浓度,在中等致死剂量(5～7Gy)全射照射后 0.5～3 天,免疫者抗体反应受抑最深,当全身照射剂量较小时,抗体效价峰值可高于正常范围,以 0.5～4.0Gy 较明显. 在小鼠脾细胞体外 PFC 反应中,以 SRBC 为抗原,加入抗原后不同时间照射,发现 0.25 和 0.50Gy 照射者 PFC 反应增强;1.0Gy 照射者 PFC 反应基本保持于对照水平;2.0～4.0Gy 照射者 PFC 反应抑制. 这些实验结果都表明,低剂量辐射对生物具有免疫刺激作用.

2. 淋巴细胞反应性增高

小鼠受到低剂量 X 或 γ 射线全身照射后,脾脏和胸腺淋巴细胞对丝裂原的反应性增高. 以 0.075Gy 的 X 射线全身照射后 24h 的检测结果为例,同时测得 DNA、RNA 和蛋白质合成量的增高幅度,ConA 刺激者分别为对照组的 3.69、2.81 和 2.58 倍,LPS 刺激者分别为对照组的 1.94、1.68 和 1.50 倍;即使是照射后 2 天和 4 天,脾细胞对 ConA 的反应仍保持于较高水平,为对照组的 1.71 和 1.25 倍.

3. 抗肿瘤的细胞毒作用

低剂量 X 射线全身照射使 C57BL/6 小鼠皮下接种 Lewis 肺癌细胞后肿瘤生长受抑,静脉注射上述癌细胞后肺内播散明显减少. 抑瘤效应的增强与免疫活性细胞的肿瘤杀伤作用增强有关. C57BL/6 小鼠全身照射后脾脏 NK 细胞对 Yac-1 细胞的细胞毒活性随剂量而变化,当剂量小于 1.0Gy 时,细胞毒活性增强,尤以 0.5Gy 最为明显;当剂量小于 1.0Gy 时,则 NK 细胞的杀伤肿瘤细胞的效应下降.

4. 细胞因子的分泌

细胞因子包括淋巴因子、单核因子、集落刺激因子及其他生长因子. 低剂量辐射全身照射刺激某些细胞因子分泌增多,是低剂量辐射增强免疫功能的重要环节. 1L-2是淋巴因子中最重要的一员,低剂量辐射可促进脾细胞 1L-2 的分泌. 前述

0.075Gy全身X射线照射的小鼠，照射后9h经SRBC免疫，脾细胞PFC反应增强。利用CTLL-2细胞系测定脾细胞1L-2的分泌，发现照射和免疫后2天，其分泌量开始高于对照，4天进一步上升，至第7天显著增多，为对照组的1.66倍。低剂量γ射线慢性照射者亦出现类似现象，如极低剂量率（15μGy/min）照射累积剂量达0.065Gy，停止照射后立即用SR-BC免疫，免疫后4天脾细胞1L-2分泌量达对照组的1.37倍。

电离辐射在人类生活环境中无处不在，无时不有。土壤、空气、水、食品、房屋以及许多生活用品中均含有一定水平的放射性。人体内在正常情况下亦含有一定量的放射性核素。在近地球表面宇宙射线因海拔高度而成比例地增加。自从400多万年以前有人类生存以来，天然放射性水平从总体上未曾有大的变化。地球上最初有生命出现时，天然辐射比现今可能高出10倍。看来生命是在放射性环境中不断演化发展起来的，当然环境中除了放射性以外还有其他因子共同作用。这些低水平环境因子与生命的相互作用方式及其在生命演化过程中所起的作用，至今尚未完全被科学揭示。

思 考 题

1. 什么是电离辐射和非电离辐射？下列三种辐射属于哪一类辐射：微波辐射、红外线辐射、X射线辐射？
2. 照射量和吸收剂量有什么关系？如何理解相对生物效应？
3. 电离辐射与物质的相互作用，通过哪几种方式转移能量？
4. 水的电离辐射对理解放射生物学效应有什么意义？
5. 电离辐射导致的自由基形成后，在细胞中有哪些行为？
6. 电离辐射的分子效应和细胞效应有什么生物学意义？
7. 怎样理解低水平辐射及其生物学兴奋效应？
8. 已发现的低水平辐射增强生物免疫功能的主要表现有哪些？

近代物理部分综合习题

1. 已知一单色光照射在钠表面上，测得光电子的最大动能是 1.2eV，而钠的红限波长是 540nm，那么入射光的波长是 [ ]

(A) 535nm.　(B) 500nm.　(C) 435nm.　(D) 355nm.

2. 用频率为 ν 的单色光照射某种金属时，逸出光电子的最大动能为 E_k；若改用频率为 2ν 的单色光照射此种金属时，则逸出光电子的最大动能为 [ ]

(A) $2E_k$.　(B) $2h\nu-E_k$.　(C) $h\nu-E_k$.　(D) $h\nu+E_k$.

3. 若外来单色光把氢原子激发至第三激发态，则当氢原子跃迁回低能态时，可发出的可见光光谱线的条数是 [ ]

(A) 1.　(B) 2.　(C) 3.　(D) 6.

4. 如果两种不同质量的粒子，其德布罗意波长相同，则这两种粒子的 [ ]

(A) 动量相同.　(B) 能量相同.　(C) 速度相同.　(D) 动能相同.

5. 若 α 粒子在磁感应强度为 B 的均匀磁场中沿半径为 R 的圆形轨道运动，则粒子的德布罗意波长是 [ ]

(A) $\dfrac{h}{2eRB}$.　(B) $\dfrac{h}{eRB}$.　(C) $\dfrac{1}{2eRB}$.　(D) $\dfrac{1}{eRBh}$.

6. 关于不确定关系 $\Delta x\cdot\Delta p_x\geqslant\dfrac{h}{2\pi}$ 有以下几种理解：

(1) 粒子的动量不可能确定；

(2) 粒子的坐标不可能确定；

(3) 粒子的动量和坐标不可能同时确定；

(4) 不确定关系不仅适用于电子和光子，也适用于其他粒子.

其中正确的是 [ ]

(A) (1)(2).　(B) (2)(4).　(C) (3)(4).　(D) (4)(1).

7. 光电效应中，当频率为 3×10^{15} Hz 的单色光照射在逸出功为 4.0eV 的金属表面时，金属中逸出的光电子的最大速率为 $v=$__________(普朗克常量 $h=6.63\times10^{-34}$ J·s，电子质量 $m_e=9.11\times10^{-31}$ kg).

8. 以波长为 $\lambda=0.207\mu$m 的紫外光照射金属钯表面产生光电效应，已知钯的红限频率 $\nu=1.21\times10^{15}$ Hz，则其遏止电压 $|U_c|=$__________(普朗克常量 $h=6.63\times10^{-34}$ J·s，基本电荷 $e=1.6\times10^{-19}$ C).

9. 若中子的德布罗意波长为 2Å，则它的动能为 $E_k=$__________(普朗克常量 $h=6.63\times10^{-34}$ J·s，中子质量荷 $m=1.67\times10^{-27}$ kg.)

10. 低速运动的质子 p 和 α 粒子，若它们的德布罗意波长相同，则它们的动量之比 $p_p:p_\alpha=$__________，动能之比 $E_p:E_\alpha=$__________.

11. 静质量为 m_e 的电子，经电势差为 U_{12} 的静电场加速后，若不考虑相对论效应，电子的德布

罗意波长 $\lambda=$____________.

12. 实验发现基态氢原子可吸收能量为 12.75eV 的光子.

(1)试问氢原子吸收该光子后将被激发到哪个能级？

(2)受激发的氢原子向低能级跃迁时，可能发出哪几条谱线？请画出能级图(定性)，并将这些跃迁画在能级图上.

参 考 文 献

敖秀珠,1990. 激光在农牧业中的应用. 呼和浩特:内蒙古大学出版社.
程极济,林克春,1981. 生物物理学. 北京:人民教育出版社.
胡玉才,李玉侠,2004. 大学物理基本原理及生物效应. 北京:中国农业出版社.
胡玉才,汪静,2000. 物理学原理及生物应用. 呼和浩特:内蒙古大学出版社.
李国栋,1983. 生物磁学及其应用. 北京:科学出版社.
刘普和,1992. 物理因子的生物效应. 北京:科学出版社.
倪光炯,王炎森,钱景华,等,2007. 改变世界的物理学. 3 版. 上海:复旦大学出版社.
欧阳钟灿,刘寄星,1994. 从肥皂泡到液晶生物膜. 长沙:湖南教育出版社.
汪静,迟建卫,等,2015. 创新性物理实验设计与应用. 北京:科学出版社.
汪静,徐建萍,2002. 大学物理实验方法与技术. 大连:大连出版社.
王保义,唐敬贤,江汉保,等,1990. 电磁场在生物医学中的应用. 北京:国防工业出版社.
吴百诗,2004. 大学物理学. 北京:高等教育出版社.
习岗,李伟昌,2001. 现代农业和生物学中的物理学. 北京:科学出版社.
杨宏,2018. 载人航天器技术. 北京:北京理工大学出版社.
张汉壮,2019. 力学. 4 版. 北京:高等教育出版社.
张三慧,2009. 大学物理学. 北京:清华大学出版社.
赵凯华,2005. 新概念物理教程. 北京:高等教育出版社.